판타스틱
넘버스

판타스틱 넘버스

—

2023년 11월 8일 초판 1쇄 발행

—

지은이 안토니오 파딜라
옮긴이 송근아
펴낸이 강준규
책임편집 유형일
마케팅지원 배진경, 임혜솔, 송지유, 이원선

—

펴낸곳 (주)로크미디어
출판등록 2003년 3월 24일
주소 서울특별시 마포구 마포대로 45 일진빌딩 6층
전화 02-3273-5135
팩스 02-3273-5134
편집 02-6356-5188
홈페이지 http://rokmedia.com
이메일 rokmedia@empas.com

—

ISBN 979-11-408-1835-8 (03420)
책값은 표지 뒷면에 적혀 있습니다.

—

브론스테인은 로크미디어의 과학, 건강 도서 브랜드입니다.
잘못 만들어진 책은 구입하신 서점에서 교환해 드립니다.

FANTASTIC NUMBERS

물리학 속에 있는 신비한 숫자를 찾아 나서는 여정

판타스틱 넘버스

안토니오 파딜라 **지음 · 송근아** 옮김

⊕ **B**RONSTEIN

차례

PART **2**

LITTLE NUMBERS **작은 수**

PART3

INFINITY 무한대

CHAPTER
01

무한대

수와 관계없는 장

0. 이 숫자가 낡은 오크 테이블 위에 얌전히 놓인 꾸깃꾸깃한 종잇조각 속에서 뻔뻔하게 나를 비웃고 있었다. 나는 단 한 번도 수학 시험에서 0점을 받아 본 적이 없었다. 하지만 종잇조각 속에는 0이 적혀 있었다. 일주일쯤 전에 제출했던 과제물 앞장에 빨간색으로 매섭게 휘갈겨져 있던 0. 케임브리지대학 수학 전공 학부 첫 학기에 받은 점수였다. 나보다 앞서 이 학교를 다녔던 위대한 수학자 유령들이 나를 조롱하는 소리가 들리는 듯했다. 나는 가짜였다. 당시에는 몰랐지만, 0점을 받은 그 수업 후로 많은 것이 변했다. 나와 수학과의 관계만이 아니라 물리학과의 관계도 완전히 달라졌다.

그 수업 과제에는 수학적 증명이 포함되어 있었다. 증명 과정은 보통 몇 가지 가정에서 시작하여 논리적인 결론을 추론하는 것으로 끝난다. 가령 도널드 트럼프가 오렌지색인 동시에 미국 대통령이라고 가정한다면 결론적으로 오렌지색 미국 대통령이 있었다고 추론하는 것이다. 물론 그 수업은 오렌지색 대통령과는 아무 상관이 없지만, 이 증명 과정은 내가 분명하고도 일관적으로 사용해 왔던 수학적 증명 방식이었다. 케임브리지대학의 교수도 이에 동의했지만(온갖 논쟁을 벌였다), 그런데도 내게 0점을 주었다. 그에게는 그 구겨진 종이에 적어 놓은 증명식을 내가 어떻게 쓰게 되었는지가 더 중요했던 것이다.

나는 좌절했다. 그 과제를 해결하려고 힘든 과정을 겪었던 데다, 교수가 지적한 부분이 사소하게 느껴졌기 때문이다. 마치 내가 멋지게 골을 넣었는데, 교수가 비디오 판독관에게 재확인을 요청하는 바람에 오프사이드로 골이 무산된 것 같은 심정이었다. 하지만 이제는 교수가 왜 그랬는지 안다. 그는 내게 엄격함을 알려주려고 노력한 것이다. 수학자의 도구 중에서도 매우 중요한 것을 내 손에 쥐여 주기 위해서였다. 본의 아니게 수학도가 되긴 했지만, 나는 그제야 수학에는 생각보다 더 많은 것이 필요하다는 사실을 깨달았다. 나만의 개성을 가지려면 그래야 했다. 나는 언제나 숫자를 좋아했다. 숫자에 생명을 불어 넣고, 목적을 부여하고 싶었다. 그러려면 물리학이 필요하다는 사실을 깨달았다. 물리적 세계에서 빛나는 숫자의 매력, 이 책은 그게 전부다.

그레이엄 수를 예로 들어보자. 거대한 괴수 리바이어던 같은 이 수는 수학적으로 증명된 가장 큰 수로 기네스북에도 올랐다. 그레이엄 수라는 명칭은 수학을 활용하는 데 있어서 뛰어난 재능을 지녔던 미국 수학자 론 그레이엄Ron Graham의 이름을 딴 것이다. 하지만 그레이엄 수에 생명을 불어넣은 것은 그의 학식이 아니다. 그것을 삶으로, 더 정확하게는 죽음으로 이끈 것은 물리학이었다. 머릿속으로 그레이엄 수를 상상하려고 하면 우리 머리는 그 십진수들로 가득 차다 못해 블랙홀 속으로 빨려 들어갈 것이다. 이 상태를 우스갯소리로 블랙홀에 머리가 터져버렸다고 말한다. 물론 알려진 치료법은 없다.

나는 이 책을 통해 이러한 신비한 숫자들을 알려줄 것이다.

솔직히 말하면 숫자들만이 아닌 더 많은 이야기를 할 것이다. 나는 여러분이 진실이라 믿어 왔던 것에 물음표를 던질 장소로 데려갈 것이다. 이 책이 안내하는 환상적인 숫자에 관한 여정은 우주에서 가장 큰 수와 홀로그램 우주Holographic truth라고 알려진 이론을 이해하기 위한 탐구에서 시작된다. 홀로그램 우주론에 의하면 3차원 세상은 환상에 불과하다는데, 그것이 사실일까? 우리가 정말 홀로그램 안에 갇혀 있는 걸까?

이 질문을 이해하려면 우리를 둘러싼 공간에 주먹을 휘둘러 봐야 한다. 우선 근처에 누가 없는지 잘 확인해야 할 것이다. 그러고 앞뒤, 좌우, 위아래로 주먹을 날려야 한다. 그러면 세 개의 수직 방향으로 이루어진 3차원 공간에서 주먹을 휘두를 수 있다. 글쎄, 정말 그럴까? 홀로그램 우주론은 이러한 차원 중 하나가 가짜라고 주장하는 이론이다. 마치 세상이 3D 영화 속인 것처럼 말이다. 실제 이미지는 2차원 화면에 갇혀 있지만, 관객이 3D 안경을 쓰면 갑자기 3차원 세상이 나타난다. 이 책의 전반부에서 설명하겠지만, 물리학에서는 중력이라는 3D 안경이 제공된다. 세상이 3차원이라는 착각을 일으키는 것이 바로 중력이다.

우리는 중력을 극한까지 끌어모으고 나서야 중력의 마법에 관해 알게 되었다. 이처럼 이 책도 극한에 이르는 책이 될 것이다. 홀로그램 우주론을 이해하기 위한 우리의 탐구는 필연적으로 알베르트 아인슈타인Albert Einstein의 천재성, 상대성이론의 비틀린 탁월성, 그리고 시공간의 기본 구조에서 시작된다. 물론 나는 아인슈타인의 천재성에 딱 맞는 큰 수를 갖고 있다. 바로 1.0000000000000000858이다. 여러분은 동의하지 않겠지만, 나는 이 수를 큰 수라고 부른다. 적어도 이 수가 보여 주는 물리학적 면, 즉 한 인간이 시간의 흐름에 간섭하는 능력에 대해 알고 나면 이것이 왜 엄청나게 큰 수인지 이해할 수 있을 것이다. 그 이유를 제대로 알기 위해서는 전설적인 자메이카 육상 선수 우사인 볼트Usain Bolt와 함께 우리도 달려야 한다. 우리는 태평양의 깊은 바다, 마리아나 해구의 가장 깊은 곳으로 뛰어들어야 한다. 먼 은하계 중심에 있는 별과 행성들을 탐욕스럽게 음미하는 거대한 블랙홀 근처에서 아슬아슬하게 춤을 추며 물리학 끄트머리까지 가야 한다.

하지만 상대성이론과 블랙홀은 시작에 불과하다. 홀로그램 우주론의 진실을 찾기 위해서 우리는 괴물 같은 수 네 개가 더 필요하다. 그것은 구골과 구골플렉스, 그레이엄 수, 그리고 TREE(3)로, 물리학 세계와 충돌할 때마다 살아나는 진정으로 거대한 수이자, 물리학을 부수기 위해 나타날 강력한 수이다. 하지만 사실 이 수들은 우리를 이끌어 주는 인도자 역을 할 것이다. 사납게 요동치는 물리학의 비밀과 무질서로 오해받기 일쑤인 엔트로피의 의미를 가르쳐 줄 것이며, 아무것도 확실하지 않고 모두 우연한 게임에 불과한 양자 세계의 영주, 양자역학을 소개해 줄 것이다. 그 이야기는 먼 세계에 있는 도플갱어의 존재와 우주 초기화에 대한 경고에서부터 시작한다. 우리 우주의 모든 것이 본래 모습으로 돌아가는 피할 수 없는 때로 말이다.

그 여정 끝에 이 거대한 땅에서 우리는 홀로그램 같은 우리의 현실을 발견하게 될 것이다.

나는 홀로그램 우주론을 믿는다. 이 이론은 내가 대학에서 0점을 받았을 즈음에 발표되었다. 당시에는 전혀 몰랐다. 약 5년 후, 내가 박사과정을 시작했을 즈음, 이 이론은 기초물리학에서 약 반세기 안에 밝혀내야 할 가장 중요한 이론으로서 빠르게 인정받고 있었다. 물리학계 사람 모두가 홀로그램 이론에 관해 이야기하는 듯했다. 물론 지금도 여전히 그러고 있다. 학자들은 블랙홀과 양자 중력에 대해 깊고 중요한 질문을 던지고 있으며, 그들은 홀로그램 우주론 속에서 그 답을 찾는 중이다.

그 당시 우리가 새로운 천년을 맞이할 준비를 하면서 모든 사람이 이야기하던 게 하나 더 있다. 그것은 정교하게 움직이면서도 예측 불가능한 우주의 신비에 관한 것이었다. 알다시피 우리 우주는 존재하지 않았을 수도 있다. 하지만 이 우주는 우리에게 삶을 불어넣어 주었으며, 우리에게 생존의 기회를 주었다. 그 모든 역경을 무릅쓰고서 말이다. 그것이 이 책의 두 번째 파트 내용이다. 거대한 숫자 괴물이 아닌 장난꾸러기 같은 작은 수들이 우리를 인도할 것이다.

작은 수는 예상치 못한 사실을 드러낸다. 이 말이 무슨 말인지 설명하기 위해 예를 들겠다. 내가 가수 오디션에서 우승했다고 상상해 보자. 나는 고등학교 시절에 참여한 뮤지컬에서 여러 선생님으로부터 마이크에서 멀리 떨어져 있으라고 경고받았을 만큼 노래를 못했다. 그래서 이 가정은 상상조차 할 수 없을 만큼 터무니없다. 이 사실을 염두에 두었을 때, 내가 그 오디션에서 우승할 확률은 다음 수의 범위 속 어디쯤 될 거라고 말할 수 있다.

$$\frac{1}{\text{영국에 사는 사람 수}} \approx 0.000000015$$

꽤 작은 수다. 역시나 우승은 상상도 못 할 일이다.

우리 우주는 훨씬 더 예측 불가하다. 그런 예측 불가능한 세계를 우리는 작은 수들의 안내에 따라 탐험할 것이다. 작은 수들은 0, 그러니까 대학에서 내게 굴욕을 안겨 준 그 못생긴 수보다는 작지 않다. 그때 내가 0으로 인해 느꼈던 굴욕감은 역사 속에서도 계속 반복되었다. 0은 그 모든 숫자 가운데 가장 예측이 어려운 수이자, 제일 두려운 수였다. 0은 공허와 신의 부재, 그리고 악 그 자체와 동일시되어 왔다.

하지만 0은 악하지도 추하지도 않다. 사실 0은 가장 아름다운 숫자다. 그 아름다움을 이해하려면 우리는 물리학 세계의 우아함에 관해 알아야 한다. 물리학자가 봤을 때 0의 가장 중요한 측면은 연산 부호의 변화 속에서도 대칭을 이룬다는 점이다. 마이너스 0은 플러스 0과 같다. 0은 이러한 특성을 가진 유일한 수다. 자연 속에서 대칭은 어째서 물건이 없어졌는지, 왜 그것을 가상의 숫자인 0이라고 부르는지를 알려주는 열쇠다.

작긴 작은데 0이 아닌 수를 만나면 우리는 혼란스럽다. 우주가 만들어진 방식으로 보이는 부조리함과 그것을 이해하기 위해 고군분투하는 우리의 심리가 그 수에 반영되어 있기 때문이다. 이 책에서는 불안할 정도로 작은 두 개의 수를 통해 이 특별한 이야기가 전개될 것이다. 하나는 극초단파의 신비를, 다른 하나는 우주의 신비를 밝혀 준다. 놀라울 만큼 작은 0.0000000000000001 얇기의 프리즘을 통해 우리는 글루온과 뮤온, 전자와 타우가 아무렇게나 춤추며 돌아다니는 입자물리학의 아원자 세계로 들어간다. 그리고 거기서 소위 신의 입자라고 불리는 힉스입자를 발견하고 그 모든 것을 살펴볼 것이다. 힉스입자는 2012년 여름, 입자 들뜸의 소용돌이 속에서 발견되었다. 예전부터 이론과 실험의 성공을 통해 힉스입자의 존재를 예측했지만, 입자의 존재를 확인한 건 거의 50년을 기다리고 나서였다. 하지만 그 성공적인 발견에서 뜻밖의 사실을 알게 되었다. 힉스입자의 무게가 예측했던 것보다 0.0000000000000001배나 더 가벼웠다. 이 배수는 매우 작은 수이면서도, 우리 몸속이나 우리 주변의 미세한 세상이 얼마나 예측 불가한 곳인지를 말해 주고 있다.

10^{-120}이라는 숫자에 도달하면 우주를 예측하기가 불가능하다는 사실을 더 느끼게 된다. 멀리 있는 별이 폭발하면서 방출하는 빛의 세기를 보면 알 수 있다. 그 빛은 예상보다 흐려서 별들이 우리가 처음 예측했던 거리보다 훨씬 먼 곳에 있음을 깨닫게 된다. 이것은 은하 간 거리가 멀수록 가속도가 붙는 것과 점점 더 빠르게 팽창하는 우주의 예측 불가능성을 암시한다.

물리학자들은 대부분 우주가 공간 그 자체의 진공으로 인해 밖으로 밀려나고 있는 게 아닐까 의심한다. 이상한 소리다. 어떻게 텅 빈 우주가 은하를 밀어낸단 말인가? 그 진실은 양자역학적으로 봤을 때 우주는 사실 비어 있지 않는다는 데 있다. 우주는 실존의 경계를 오가며 찌개처럼 부글부글 끓고 있는 양자 입자로 가득 차 있다. 이 양자 입자가 우주를 밀어내고 있다. 심지어 우리는 우주를 팽창시키는 양자 입자의 미는 힘도 계산을 통해 알아낼 수 있다. 앞으로 다루겠지만, 우주는 우리가 현재 이해하고 있는 기본 물리학으로 예측한 값의 일부에 불과한 미세한 힘으로 밀려나고 있다. 그 일부란 예측값의 10^{-120}이며, 이것은 구골(10의 100승―옮긴이) 분의 1보다 작은 값이다. 이 작은 숫자는 예측 불가능한 우리 우주에서 가장 화려한 수다.

우리의 운이 굉장히 좋다는 사실이 밝혀졌다. 물리학자들이 계산한 값대로 우주가 팽창했다면 우주는 흔적도 없이 사라지고 은하와 별, 행성들도 형성되지 못했을 것이다. 나와 여러분 모두 존재하지 않았을 것이다. 예측하기 어려운 우리 우주는 축복이기도 하지만, 이처럼 우주를 제대로 이해하지 못하는 우리의 무능을 생각하면 대단한 골칫거리기도 하다. 우주는 내가 걸어 온 길 전체를 지배했고 앞으로도 지배할 미지의 세계다.

하지만 이 모든 것 너머에는 예측 불가능한 우리 우주나 홀로그램 우주론을 이해하는 일 이상의 더 깊고 심오한 무엇이 있다. 그것을 발견하려면 결국 최후의 숫자가 필요하다. 종종 숫자가 아닐 때도 있지만, 동시에 여러 개의 숫자일 때도 있다. 그것은 역사적으로 수많은 수학자를 혼돈에 빠뜨렸다. 그로 인해 누군가는 조롱당했으며, 또 누군가는 광기에 사로잡혔다. 그것의 정체는 바로 무한대 infinity이다.

양자역학과 상대성이론의 아버지라 불리는 독일 수학자 다비트 힐베르트David Hilbert는 이렇게 말했다. "무한! 인간의 정신을 이처럼 심오한 곳까지 끌어당긴 문제는 없었다!" 무한은 모든 물리학의 근거가 되고 언젠가는 우주의 창조를 설명해 줄 모든 것의 이론Theory of Everything으로 들어가는 관문이 될 것이다.

감히 무한의 탑을 층층이 쌓아 올려 무한을 넘어 무한대로 올라간 자는 19세기 말 독일 수학계의 외톨이였던 게오르크 칸토어Georg Cantor였다. 본문에서 자세히 다루겠지만, 그는 수의 집합과 다양한 수의 모음을 표현할 수 있는 언어를 세심히 개발했다. 그 덕분에 엄격한 방식으로 수의 집합을 늘리고 늘려서 무한을 단계적으로 분류할 수 있게 만들었다. 물론 그는 물리적 영역보다는 신과 공통점이 더 많아 보이는 숫자들과 씨름하느라 정신이 꽤 나가 있었다. 하지만 물리적 영역에서는 어떨까? 그 속에 무한이 들어 있을까? 우주는 무한할까?

물리학에서 미시적으로 들여다보았을 때 가장 근본적이면서도 가장 순수한 것을 이해하려는 탐구심은 가장 폭력적인 무한을 정복하겠다는 열망과도 같다. 무한은 시공간이 영원히 찢어지고 뒤틀리고 중력의 힘이 무한히 강한 블랙홀의 중심, 이른바 특이점에서 우리가 마주치는 무한이다. 또한 창조의 순간, 빅뱅의 그 순간에 우리가 마주하는 무한이다. 우리는 이 무한을 정복하지도, 완전히 이해하지도 못했다. 그러나 입자가 완벽한 조화를 이루고 진동하여 가장 작은 끈으로 대체되는 우주 교향곡과 같은 모든 것의 이론 속에 그 희망이 있다. 앞으로 알게 되겠지만 끈의 선율은 시공간을 통해 울려 퍼지는 무엇이 아니라 시공간 그 자체다.

크고 작고 무섭도록 무한한 것. 이들이 모두 '판타스틱 넘버'이며, 자부심과 개성을 가진 수, 우리를 물리학의 끝에 이르게 만든 수, 그리고 홀로그램 우주, 예측 불가능한 우주와 모든 것의 이론 같은 놀라운 현실을 세상에 드러낸 수들이다.

이제 그 수들을 찾을 때가 된 것 같다.

큰 수

BIG NUMBERS

1.000000000000000858

상대성이론과 우사인 볼트

그해 크리스마스트리 밑에는 별다를 것 없는 축구용품들 사이에
뭔가 다른 물건이 껴 있었다. 사전이었다. 다급한 상황이 벌어지면
방패막이도 될 수 있는 고전적인 콜린스Collins 사전이었다. 그 당시
내가 다른 것에 비해 단어에는 관심이 적었는데도 부모님은 왜 열
살 아들에게 사전을 사 주기로 했는지 알 수 없다. 나는 그때 리버
풀 FC와 수학, 이 두 가지에 열정을 불태우고 있었다. 만일 부모님
이 그 선물로 내 시야를 넓힐 수 있다고 생각했다면 그건 큰 착각이
었다. 나는 새로 얻은 장난감을 어떻게 가지고 놀지 고민하다가 어
쩌면 엄청나게 큰 수를 알아보는 데 사용할 수 있겠다는 결론을 내
렸다. 처음에는 빌리언billion(10억)을 찾았고, 그다음에는 트릴리언

trillion(1조), 그리고 얼마 지나지 않아 '쿼드릴리언quadrillion(1000조)'을 찾았다. 이 놀이는 진짜 엄청나게 거대한 숫자인 '센틸리언centillion'을 우연히 발견할 때까지 계속되었다. 10의 600승 말이다! 물론 이 용어는 영국이 영미식 기수법short-scale을 채택하기 전의 옛날식 영어 표현이다(미국, 영국에서 사용하는 영미식 기수법과 프랑스 등지에서 사용하는 대륙식long-scale 기수법이 서로 다르며, 영국은 원래 대륙식을 사용했다가 영미식으로 변경하였다—옮긴이). 오늘날에는 빌리언에 붙은 0의 개수가 12개가 아닌 9개이듯, 센틸리언에 있는 0의 개수도 600보다는 덜 놀라운 303개다.

그러나 여기까지는 사전 속에 국한된 내용에 불과하다. 내 사전에는 그레이엄의 TREE(3)(수학자 로널드 그레이엄Ronald Graham의 트리 그래프 이론에서 제시된 수. 세계에서 가장 큰 수로 기네스북에 등재된 그레이엄 수보다 더 큰 수다—옮긴이)도 없었고, 구골플렉스googolplex(10의 10100승—옮긴이)도 나와 있지 않았다. 알았다면 나는 그때부터 이 리바이어던들을 사랑했을 것이다. 우리는 이런 환상적인 수들을 통해 이해 범위의 한계와 물리학의 한계, 그리고 현실 속 본질에 관한 근본적 진실에 대해 알 수 있다. 하지만 우리의 여정은 또 다른 큰 수에서 시작한다. 이 수도 콜린스 사전에 나오지 않은 숫자다. 그것은 1.00000000000000858이다.

여러분의 실망하는 표정이 눈에 선하다. 거대한 숫자 괴물의 등에 태워 주기로 약속했는데 이 숫자는 전혀 커 보이지 않을 것이다. 한 개, 두 개, 여러 개라는 개념만 가진 아마존 열대우림의 피라항

족도 이보다 더 큰 숫자를 쓸 텐데 말이다. 게다가 파이π나 루트2$\sqrt{2}$ 처럼 보기 좋거나 우아한 숫자도 아니다. 아무리 이리저리 뜯어봐도, 이 숫자는 놀랍도록 놀랍지 않다.

그러나 시공간의 본질, 그리고 우리 인간과 시공간 사이의 궁극적인 상호작용에 대해 생각하면 그 감상은 달라진다. 내가 이 특별한 숫자를 선택한 이유는 우리의 신체 능력으로 시간의 성질에 간섭하는 데 한계가 있음을 보여 준 세계적 기록이기 때문이다. 2009년 8월 16일, 자메이카 육상 선수 우사인 볼트는 자신의 시계 속도를 1.0000000000000000858배 늦췄다. 어떤 인간도 기계의 도움 없이는 그렇게 시간을 늦출 수 없다. 나와 달리, 여러분은 이 경기를 베를린 세계육상선수권대회에서 100미터 세계신기록이 깨졌던 순간으로 기억할 것이다. 이날 우사인 볼트의 부모인 웰즐리와 제니퍼가 관객석에서 그를 지켜봤다. 그날 볼트는 60미터에서 80미터 사이를 초속 12.42미터로 달리는 신기록을 세웠는데, 웰즐리와 제니퍼는 아들이 1초를 달리는 그 순간, 볼트가 달린 시간보다 약간 더 긴 시간을 보냈다. 정확히 말해서 1.0000000000000000858초였다.

볼트가 어떻게 자신의 시간을 늦출 수 있었는지 이해하려면 그를 빛의 속도로 가속시켜야 한다. 그가 광속으로 달린다면 어떤 일이 일어날지 질문을 던지고 생각해 봐야 한다. 이것을 '사고 실험'이라 부를 수도 있겠지만, 볼트가 닭가슴살만 먹고도 베이징 올림픽에서 세계신기록 세 개를 깨는 데 성공했다는 사실을 잊지 말자. 그가 제대로 먹었다면 무슨 일이 벌어졌을지 모른다.

빛을 따라잡겠다는 목적을 이루려면 빛이 유한한 속도로 움직인 다고 가정해야 한다. 하지만 그 사실은 이미 너무도 명백하다. 예전 에 내가 딸에게 빛이 책에 반사되는 동시에 눈에 들어오는 건 아니 라고 말했다. 아이는 내 말을 믿지 못했고 그게 사실인지 알아보는 실험을 해 보자고 졸랐다. 평소 물리 실험을 할 때마다 코피를 쏟을 만큼 고민하던 나와 달리, 딸아이는 아주 실용적인 방법을 사용했 다. 침실 불을 껐다가 다시 켜서 빛이 우리에게 도달하는 시간을 재 본 것이다. 이 실험은 정확히 400년 전에 갈릴레오와 그의 조수가 등불을 사용해서 진행한 것과 유사한 실험이다. 딸아이의 실험 결 과와 마찬가지로, 갈릴레오는 빛의 속도가 즉각적이진 않아도 매우 빠르다고 판단했다. 빠르다. 하지만 유한하다.

19세기 중반에 이르자 프랑스 물리학자 이폴리트 피조Hippolyte Fizeau 같은 물리학자들은 빛의 속도를 상당히 정확하고 유한한 값으 로 파악하기 시작했다. 하지만 그 속도를 따라잡는다는 것이 무슨 말인지를 제대로 이해하려면 먼저 스코틀랜드 물리학자 제임스 클 러크 맥스웰James Clerk Maxwell의 놀라운 연구를 들여다보아야 한다. 그 연구는 수학과 물리학 사이에 존재하는 아름다운 시너지를 보여 준 연구이기도 하다.

맥스웰은 전류와 자기장의 특성에 관해 연구했는데, 그때는 이 미 두 현상이 동전의 양면과 같다는 생각이 깔려 있었다. 이를테면 제대로 된 교육을 충분히 받지 못했음에도 영국에서 가장 영향력 있는 과학자 중 한 명이 된 마이클 패러데이Michael Faraday는 자기장이 변화하면서 전류를 발생시킨다는 사실을 보여 주는 유도 법칙을 발견했다. 프랑스 물리학자 앙드레 마리 앙페르André-Marie Ampére도 그 두 현상 사이의 연관성을 정립했다. 맥스웰은 이 개념들과 관련된 공식들을 들여다보면서 그것을 수학적으로도 정확하게 만들고자 노력했지만, 오히려 그 속에 있는 모순을 발견했다. 특히 앙페르의 법칙은 전류가 흐를 때마다 미적분학의 법칙을 제외하고 있었다. 맥스웰은 그 법칙들에서 물의 흐름과 유사한 법칙성을 끌어내었고, 결국 앙페르와 패러데이에게 법칙을 개선하도록 제안했다. 수학적 오류를 해결함으로써 사라졌던 전자기의 퍼즐 조각들을 찾아내 전례 없이 우아하고 아름다운 그림을 완성한 것이다. 맥스웰이 새롭게 만든 이 법칙은 21세기 물리학의 최전선을 더 앞으로 이끌었다.

맥스웰은 전기와 자기를 통일하여 수학적으로 일관된 이론을 확립했고 마법 같은 현상들을 발견했다. 그는 새로운 방정식을 통해 한 방향으로 오르내리는 전자장과 다른 방향으로 오르내리는 자기장의 파동인 전자기파electromagnetic wave를 증명해 냈다. 맥스웰이 발견한 것을 이해하기 위해 바다뱀 두 마리가 스쿠버다이빙 중이던 우리를 향해 다가온다고 상상해 보자. 두 바다뱀이 물속에서 한 개의 선을 따라 꿈틀거리며 오고 있는데, '전기' 뱀은 위아래로 꿈틀거리고, '자기' 뱀은 좌우로 꿈틀거리며 오고 있다. 설상가상으로 우리를 향한 뱀들의 속도는 초속 310,740,000미터나 된다. 이 상상의 마지막 부분은 가장 무섭기도 하겠지만, 맥스웰의 발견 중 제일 주목할 부분이기도 하다. 초속 310,740,000미터는 실제로 맥스웰이 전자기파 실험에서 도출한 값인데, 깜짝상자처럼 그의 방정식에서 튀어나왔다. 흥미롭게도, 이 속도는 이폴리트 피조와 다른 학자들이 측정한 빛의 속도와 매우 비슷했다. 여기서 우리가 생각할 것은 그 당시 전기와 자기는 빛과 아무 관련이 없다고 여겼다는 것과 전자기파는 방금 우리가 상상한 것처럼 분명히 같은 속도로 움직이는 전기와 자기로 이루어진 파동이라는 사실이다. 최신 장비로 진공을 통과하는 빛의 속도를 측정하면 초속 299,792,458미터가 나온다. 맥스웰 방정식의 매개변수가 굉장히 정확했던 덕분에 이 기적 같은 우연이 살아남았다. 이로써 물리적 세계에서 명백히 별개였던 두 특성이 수학적 이유로 놀라운 연관성을 드러냈다. 그 덕분에 빛과 전자기력은 하나이자 동일한 것임을 맥스웰이 깨달은 것이다.

더구나 맥스웰의 파동에 해당하는 것은 빛만이 아니었다. 진동 주파수, 다시 말해 바다뱀이 꿈틀거리는 속도에 따라 맥스웰 방정식의 파동해wave solution가 전파와 엑스선, 감마선을 발견했다. 이들은 주파수가 달라도 일정 구간 동안 움직이는 속도가 항상 같았다. 1887년에 전파를 실제로 발견한 사람은 독일 물리학자 하인리히 헤르츠Heinrich Hertz였다. 그 발견의 중요성에 대해 질문을 받았을 때, 헤르츠는 겸손하게 답했다. "별다른 의미는 없습니다. 그저 마에스트로 맥스웰이 옳았음을 증명하는 실험일 뿐입니다." 물론 우리는 라디오를 들으려고 주파수를 돌릴 때마다 그의 진정한 영향력을 느낀다. 하지만 헤르츠가 자신이 발견한 것의 중요성을 과소평가했을 지언정, 맥스웰을 마에스트로라고 칭한 것은 옳았다. 맥스웰은 물리학 역사상 가장 우아한 수학 교향곡의 지휘자였다.

알베르트 아인슈타인이 시간과 공간에 관한 우리의 사고에 혁명을 일으키기 전, 학자들은 바다의 파동이 물을 통해 전파되듯 빛의 파동을 전파할 매질도 있을 거라고 가정했다. 그리고 빛을 전파하는 그 가상의 매질을 발광 에테르luminiferous aether라고 불렀다. 잠시, 에테르가 정말로 존재한다고 가정해 보자. 빛의 속도를 따라잡으려면 우사인 볼트는 에테르를 통해 초속 299,792,458미터로 달려야 한다. 만약 그 속도에 도달하여 광선과 나란히 달린다면 실제로 그의 눈에 빛은 어떻게 보일까? 광선이 더 멀어지지 않기에 빛은 제자리에서 위아래 좌우로 진동하기만 하는 전자기파로 보일 것이다. (바다뱀들이 꿈틀거리면서도 결국 바닷속의 같은 자리에만 머무른다고 상상해 보자.) 하지만 맥스웰의 법칙으로는 이런 종류의 파동을 가능케 할 방법이 없기에 결국 자메이카 단거리 주자의 광속 버전을 위한 물리법칙은 근본적으로 달라져야 한다.

심상치 않다. 아인슈타인이 우리와 같은 결론을 내렸을 때, 그는 빛을 따라잡겠다는 이 생각이 뭔가 잘못되었음을 느꼈다. 누군가가 빠르게 움직인다고 해서 내던지기에는 맥스웰의 법칙이 너무 우아했기 때문이다. 게다가 아인슈타인은 1887년 봄에 미국 오하이오주 클리블랜드에서 진행된 한 실험의 이상한 결과를 따져볼 방법을 찾아야 했다. 두 미국인 앨버트 마이컬슨Albert Michelson과 에드워드

몰리Edward Morley가 거울을 세밀하게 배치하여 에테르 속에서 지구가 움직이는 속도를 알아내려 노력했지만, 답이 계속 0으로 나온 것이다. 만약 그 결과가 옳았다면 이것은 태양계뿐 아니라 그 너머에 있는 모든 행성과 달리, 오직 지구만이 우주 공간을 채우는 에테르와 나란히 정확히 같은 방향으로 특정 속도로 달리고 있음을 뜻했다. 이 책 뒷부분에서 알게 되겠지만, 그러한 우연은 정당한 이유 없이는 일어나지 않는다. 간단하게 진실을 말하자면 에테르는 없다. 그리고 마에스트로 맥스웰은 언제나 옳다.

아인슈타인은 물체가 아무리 빨리 움직여도 맥스웰의 법칙이나 다른 물리 법칙들은 절대 변하지 않는다고 주장했다. 만일 우리가 창문이 없는 배의 선실 안에 갇혀 있다면 배의 절대속도absolute velocity를 측정하기 위해 할 수 있는 실험은 아무것도 없다. 절대속도 같은 건 없기 때문이다. 가속과는 별개의 이야기다. 선장이 바다에서 일정 속도로 항해하는 한, 그게 10노트(1노트는 시속 1.852킬로미터—옮긴이)나 20노트, 또는 광속에 가까운 속도라고 해도 우리는 전혀 인식하지 못한다. 이제 우리는 빛을 추격하는 우사인 볼트의 노력이 헛수고에 불과하단 걸 안다. 맥스웰의 법칙은 절대 바뀔 수 없으므로 그는 결코 빛을 따라잡을 수 없다. 아무리 빨리 달려도 그의 눈에 빛은 언제나 초속 299,792,458미터로 그에게서 멀어진다.

이건 정말이지 우리의 직관적 사고를 뒤집는 이야기다. 치타가 평야를 시속 70마일(1마일은 약 1.6킬로미터—옮긴이)로 달리고, 볼트가 그 뒤를 시속 30마일로 쫓는다면 간단히 계산해서 치타와 볼트의 상대속도는 시속 70마일-30마일=시속 40마일이니 일상적으로 생각하면 치타와 볼트의 거리가 시속 40마일 속도로 벌어질 것을 알 수 있다. 하지만 치타 대신 초속 299,792,458미터로 평원을 가로지르는 빛 한 줄기와 비교할 때, 볼트의 속도는 의미가 없어진다. 빛은 볼트보다 무조건 초속 299,792,458미터로 멀어지기 때문이다. 그 기준점이 아프리카 평원이든, 우사인 볼트든, 날뛰는 임팔라 무리든 상관없이 빛은 언제나 시속 299,792,458미터로 움직인다.[1] 정말 뭐든 상관없다. 이 내용을 우리는 단 한 문장으로 요약할 수 있다.

빛의 속도는 빛의 속도다.

아인슈타인은 이 문장을 좋아했을 것이다. 그는 항상 자신의 이론을 '불변성 이론Theory of Invariance'이라고 말해 주길 바랐는데, 그의 이론에서 가장 중요한 특징인 광속의 불변성과 물리 법칙의 불변성에 초점을 둔 표현이었다. 아이러니하게도 아인슈타인의 이론을 비판하면서 '상대성이론'이라는 문구를 만든 사람은 독일의 물리학자 알프레드 부헤러Alfred Bucherer다. 우리는 위의 모든 내용이 가속도가 없는 등속운동에만 적용된다는 사실을 강조하기 위해 그것을 특수상대성이론Special Theory of Relativity이라고 부른다. 그러나 빠르게 뛰어 나가는 자동차 경주나 이제 막 발사한 우주 로켓에서 볼 수 있는 가속운동을 위해, 우리는 더 일반적이고도 심오한 무언가가 필요하

다. 그것이 바로 아인슈타인의 일반상대성이론General Theory of Relativity
이다. 이 내용에 관해선 우리가 마리아나 해구 바닥으로 하강할 다
음 장에서 자세히 다룰 예정이다.

지금은 일단 특수상대성이론을 계속 알아보자. 앞서 보인 예와
같이, 볼트와 치타, 임팔라, 그리고 광선이 모두 서로 상대적으로
일정한 속도로 움직인다고 가정한다. 이들의 속도는 차이가 크지
만, 시간에 따라 변하지는 않는다. 게다가 제일 중요한 것은, 그 모
든 속도 차이에도 불구하고 볼트와 치타, 임팔라에게 광선은 똑같
이 초속 299,792,458미터로 빠르게 사라진다는 것이다. 이미 보았
듯이, 광속의 이러한 특징은 한 속도와 다른 속도의 차이로 상대속
도를 구하는 우리의 일반적인 사고와 확실히 모순된다. 하지만 그
모순은 그저 우리가 광속에 가까운 속도로 움직이는 상황에 익숙하
지 않기 때문이다. 만일 여러분이 빛의 속도에 익숙해진다면 상대
속도에 대한 시선이 완전히 달라질 것이다.

문제는 시간이다.

지금까지 우리는 줄곧 하늘 어딘가에 시간을 알려주는 큰 시계
가 있다고 가정하며 살아왔다. 여러분은 그런 적 없다고 생각하겠
지만, 우리는 특히 기본적으로 믿어 온 상식을 토대로 상대속도를
계산할 때 더욱 그런 가정을 해 왔다. 실망스럽겠지만 그런 절대적
인 시계는 환상에 불과하다. 존재하지 않는다. 진짜 존재하는 건 여
러분이 손목에 찬 시계나 내 시계, 또는 대서양을 가로지르는 보잉
747기 안에서 똑딱거리는 시계뿐이다. 우리는 모두 각자의 시계를

가지고 있다. 하지만 이 시계들이 언제나 서로 일치하는 것은 아니다. 특히 누군가가 광속에 가까운 속도로 질주하고 있다면 말이다.

내가 보잉 747기에 탑승했다고 가정해 보자. 맨체스터에서 출발해 리버풀에 있는 브리티시 해안에 도착할 때쯤, 비행기는 시속 수백 마일 속도로 순항하고 있다. 다른 승객들에게는 좀 미안하지만, 나는 기내 바닥에 공을 튀겨 몇 미터 위로 보내기로 했다. 그때 리버풀에 사는 여동생 수지가 해변에서 이것을 본다면 수지의 관점에서 공은 200미터 이상 훨씬 멀리 이동할 것이다. 언뜻 보면 이 정도로는 우리의 일상적인 시간 개념을 크게 수정할 필요가 없는 듯하다. 공이 그저 비행기의 빠른 속도에 끌려가는 것이기에 당연히 수지의 눈에는 공이 더 멀어진다. 하지만 이제는 빛으로 이 게임을 해보자. 나는 기내에 있는 손전등으로 비행기의 이동 방향에서 수직으로 위를 향해 조명을 켰다. 빛이 순식간에 천장까지 올라가는 모습을 본다. 만약 수지가 이 모습을 본다면 그녀의 눈에 빛은 대각선을 따라 이동하면서 바닥부터 천장까지 올라가는 동시에 비행기와는 수평으로 움직일 것이다.

수지가 본 빛의 대각선 거리는 내가 측정한 수직 거리보다 길다. 이것은 수지가 본 빛이 내가 본 빛보다 멀리 이동했지만, 빛의 이동

해변에 있는 수지가 바라본 광선의 궤적.

속도는 둘 다 같았음을 의미한다. 이 상황은 오직 한 가지를 뜻한다. 수지의 기준에서는 빛이 더 멀리 이동했으며, 그녀의 관점에서 보면 비행기 내부의 세계에선 시간이 더 느리게 똑딱거려야 한다는 것이다. 이 효과를 시간지연time dilation이라고 한다.

시간이 얼마나 느려지는지는 나와 여동생 사이의 상대속도, 베를린에서의 우사인 볼트와 그의 부모님 간의 상대속도에 달려 있다. 우리의 속도가 광속에 가까울수록, 우리의 시간은 더 느려진다. 볼트가 베를린에서 뛰었을 때, 최고 속도가 초속 12.42미터였고, 그로 인해 시간은 1.00000000000000858배 느려졌다.[2] 이것이 인간의 상대성이론 최고 기록이다.

시간 지연으로 발생하는 일이 하나 더 있다. 나이를 더 느리게 먹는 것이다. 우사인 볼트의 경우, 베를린 경주에서 달리는 동안 경기장에 있는 모든 사람보다 나이를 약 10펨토초(10^{-15}초—옮긴이) 적게 먹은 것이라 할 수 있다. 펨토초는 100만 곱하기 10억 분의 1초로 얼마 되지는 않지만, 어쨌든 볼트는 나이를 덜 먹었다. 그래서 그는 달리지 않고 쉬는 동안에는 원래대로 나이를 먹을 수 있었다. 만약 여러분이 달리기를 잘하지 못한다면 시간을 늦추기 위해 기계적 도움을 약간 받거나 다른 더 좋은 방법을 찾을 수도 있다. 러시아 우주비행사인 겐나디 파달카Gennady Padalka는 미르 우주정거장과 국제우주정거장을 타고 시속 약 17,500마일의 속도로 지구를 선회하며 878일 11시간 31분을 우주에서 보냈다. 이 임무를 수행하는 동안 그는 지구에 있는 가족에 비해 22밀리초 기록으로 시간을 도약하는 데 성공했다.*

하지만 시간 여행을 하기 위해 우주비행사가 될 필요는 없다. 40년간 일주일에 40시간을 운전해서 도시를 돌아다닌 택시 운전사는 그가 가만히 있었을 경우와 비교했을 때 10분의 1마이크로초 더 젊다. 마이크로초나 밀리초 정도로는 별 감흥이 없다면 알파 센타우리 별로 가는 스타샷starshot 프로젝트에 합류한 박테리아에게 무슨일이 일어날지 생각해 보자. 스타샷 프로젝트는 억만장자 벤처 투자가인 유리 밀너Yuri Milner의 아이디어로, 그는 광속의 5분의 1 속도로 가장 가까운 항성계로 이동할 수 있는 라이트세일light sail 우주선 개발을 계획했다. 알파 센타우리는 약 4.37광년 떨어져 있기에 우리는 여행이 끝날 때까지 지구에서 20년 이상 기다려야 한다. 그러나 라이트세일과 박테리아의 시간은 9년이 채 걸리지 않을 만큼 느려질 것이다.

이 시점에서 여러분은 뭔가 의심스러운 점을 발견했을지도 모른다. 광속의 5분의 1 속도로 9년간 이동한다면 이 용감한 박테리아는 2광년도 채 가지 못한다. 알파 센타우리까지 거리의 절반에도 미치지 못하는 거리다. 우사인 볼트도 마찬가지다. 그가 다른 사람들의 시간보다 10펨토초 덜 달렸다고 이야기했는데, 실제로 그만큼 멀리 뛰지 못했음을 의미한다. 이 말은 사실이다. 그는 충분히 달리지 못했다. 볼트의 관점에서 볼 때, 트랙이 그에 비해 초속

---

*   이 수치는 그가 높은 고도와 약한 중력으로 겪은 부정적 영향, 즉 이 장의 뒷부분에서 다룰 영향을 고려한 값이다.

12.42미터로 움직임으로써 양성자 50개 정도의 폭인 약 86펨토미터만큼 줄어들었을 것이다. 볼트가 경주를 완전히 끝내지 않았다고 따지는 사람이 있을지도 모르겠다. 박테리아의 입장에서도 지구와 알파 센타우리 사이 공간이 매우 빠르게 움직여서 그 거리가 원래 거리의 절반 이하로 줄어든 것이다. 이렇게 베를린 경주 트랙이 줄고 공간이 축소되는 것을 길이 수축length contraction이라 한다. 따라서 달리기는 나이를 덜 먹게 해 줄 뿐만 아니라 더 날씬하게 보이도록 도와줄 수 있다. 만약 우리가 광속에 가깝게 달린다면 우리가 차지하는 공간이 줄어들면서 누구나 우리를 팬케이크처럼 납작하게 볼 것이다.

걱정스러운 일이 또 하나 있다. 나는 방금 경기장 트랙이 우사인 볼트와 상대적으로 초속 12.42미터로 움직인다고 말했다. 그것은 볼트의 부모 또한 트랙과 정확히 같은 속도로 움직인다는 것을 의미한다. 하지만 우리가 지금까지 정리한 모든 사항을 고려할 때, 이것은 부모님의 시계가 느려지는 모습을 볼트가 봤을 거라는 뜻인데, 내가 이미 당신에게 볼트의 부모가 볼트의 시간이 느려지는 것을 봤다고 말했기 때문에 매우 이상해진다. 실제로 다음과 같은 상황이 발생한다. 웰즐리와 제니퍼는 아들이 슬로모션(!)을 하는 걸 보고, 반대로 볼트는 그들을 슬로모션으로 본다. 하지만 정말 골치 아픈 부분은 여기다. 나는 볼트가 가만히 서 있을 때보다 10펨토초나 더 젊은 상태로 경기를 마쳤다고 이야기했다. 하지만 상황을 뒤집어서 볼트의 시간을 기준으로 보면 어떨까? 부모의 시간이 더 느리게 가고 있을 테니, 나이가 덜 드는 쪽은 오히려 그들이 아닐까? 아무래도 역설에 빠진 것 같다. 이 문제는 쌍둥이 역설twin paradox로 알려져 있는데, 보통 이런 상황을 설명하는 데 사용되는 이야기다. 하지만 안타깝게도 우사인 볼트에게는 쌍둥이 형제가 없다. 그래도 상관없다. 진실은 나이를 덜 먹고 좀 더 젊은 상태를 유지하는 쪽은 볼트라는 것이다. 하지만 왜 부모님이 아니라 볼트일까?

이 질문에 답을 하려면 가속의 역할을 따져 봐야 한다. 우리가 지금까지 논의한 모든 내용은 가속도가 아닌 등속운동에 적용된다는 점을 기억하길 바란다. 볼트가 초속 12.42미터로 일정하게 달리는 그 순간, 볼트와 그의 부모는 소위 관성inertial 상태가 된다. 관성이란 그들이 가속하지 않는다는 걸 그럴듯하게 말하는 전문용어로, 그들을 가속하거나 감속하는 추가적 힘이 전혀 없음을 의미한다. 이런 경우에는 언제든지 특수상대성이론의 법칙이 적용되니 볼트의 눈에는 부모님이 슬로모션으로 움직이듯 보일 것이고, 그 반대도 마찬가지일 것이다. 하지만 볼트는 경기 내내 일정한 속도로 달리는 것이 아니다. 그는 속도를 0에서 시작해 최고로 끌어올렸다가 마지막에는 다시 속도를 늦출 것이다. 속도를 올리거나 늦출 때, 그는 부모와 달리 관성적이지 않다. 가속운동은 전혀 다른 짐승이다. 예를 들어, 우리는 꽉 막힌 배의 선실에 갇혀 있더라도, 몸에 작용하는 힘을 느껴서 배가 가속하고 있음을 분명히 알 수 있다. 심지어 너무 큰 가속은 우리를 죽일 수도 있다. 볼트가 죽을 위험은 결코 없지만, 그의 가속과 감속은 그와 부모 사이의 동등성을 깨기에 충분하다. 이러한 비대칭성이 역설을 해결한다. 속도가 빨라지는 볼트의 움직임을 주의 깊게 고려하여 자세히 분석하면 이 상황 속 모든 인물 중에서 실제로 나이를 조금 덜 먹은 쪽은 볼트라는 사실을 알 수 있다.

우리가 단순히 방정식으로 놀고 있는 게 아니라는 점을 명심하자. 이 모든 내용이 실제로 측정된 현상이다. 빠르게 이동하는 원자시계는 가만히 있는 원자시계보다 시간이 느리게 가서 '나이를 덜 먹는다'는 사실이 확인되었다. 우사인 볼트의 경우처럼 말이다. 뮤온이라는 미세 입자의 직접 붕괴 실험에서도 증거를 얻었다. 뮤온은 원자의 핵 주위를 도는 전자와 매우 비슷하지만, 전자보다 약 200배 무겁고 존재하는 시간이 짧다. 뮤온은 생긴 지 약 200만 분의 1초 후에 전자와 중성미자라고 불리는 작은 중성 입자로 붕괴한다. 뉴욕의 브룩헤이븐 국립연구소에서 뮤온을 광속의 99.94퍼센트 속도로 44미터 길이의 고리 주위를 가속도로 돌게 하는 실험을 진행했다. 뮤온의 짧은 수명을 고려할 때, 뮤온이 단 15바퀴만 완주할 거라 예상했다. 하지만 어떤 이유에서인지, 고리를 약 438바퀴나 돌았다. 뮤온은 그만큼 살아 있을 수 없는 입자다. 만일 우리가 뮤온과 같은 속도로 움직인다면, 200만 분의 1초 후부터 뮤온이 썩기 시작하는 모습을 볼 것이다. 하지만 동시에 고리 둘레가 원래 크기의 29분의 1로 줄어드는 광경도 목격할 것이다. 길이 수축으로 이동 거리가 줄어든 덕분에 뮤온은 고리를 438바퀴나 돌 수 있었다.

길이 수축과 시간 지연을 알면 어째서 우사인 볼트조차 빛보다 빨리 움직일 수 없는지 이해하는 데 도움이 된다. 볼트가 광속에 가깝게 달릴수록, 그의 시간은 정지 상태로 느려지고, 그가 달리는 길은 사라져 버릴 만큼 줄어 보일 것이다. 시간은 어떻게 그토록 느려질까? 거리는 어떻게 그만큼 줄어들까? 갈 데가 없어진다. 빛의 속도는 이제 장벽이 되어 버렸으며, 합리적으로 내릴 수 있는 결론은 그 누구도 그 장벽을 넘을 수 없다는 것이다.

볼트가 빛의 속도를 향해 가속하면 그는 점점 더 빠르게 달리기 위해 더욱더 많은 에너지를 쓴다. 그러나 빛의 속도는 넘지 못할 장벽처럼 커 보이고, 결국 그의 속도 변화가 줄며, 가속도가 떨어진다. 이 상태는 그가 빛의 속도에 가까워질수록 심해진다. 가속에 대한 저항, 다시 말해, 그의 관성이 점점 커진다. 이것이 바로 빛의 속도까지 가속을 방해하는 문제다. 관성이 무한대로 커지기 때문이다.

하지만 이 관성은 어디에서 오는 걸까? 이 모든 과정에서 유일하게 볼트가 사용하는 것은 바로 에너지다. 그래서 에너지는 그 추가적인 관성의 동력이 되어야 한다. 에너지는 절대로 사라지지 않으며, 그저 한 형태에서 다른 형태로 변환하면서 자기 모습을 바꾸기만 한다. 따라서 관성은 에너지의 한 형태여야 하며, 볼트가 쉬고 있을 때도 그대로 존재해야 한다. 여기서 좋은 점은 볼트가 휴식 중일 때 그의 관성이 어떤 형태인지 우리가 정확히 안다는 사실이다. 바로 볼트의 질량이다. 그가 무거울수록 움직이기 어렵기 때문이다. 아인슈타인의 공식 $E=mc^2$에서처럼, 질량과 에너지는 하나이자 같은 것이 된다.[3] 이 공식의 무서운 점은 빛의 속도(c)가 가진 엄청난 값 덕분에, 물체의 질량(m)에 따라 얼마나 많은 에너지(E)를 얻을 수 있는지 알 수 있다는 것이다. 쉬고 있는 우사인 볼트의 무게는 약 95킬로그램이다. 이 모든 질량을 에너지로 환산한다면 TNT 폭약 20억 톤과 맞먹는다. 히로시마 원폭으로 방출된 에너지의 100배가 넘는다.

이제 시공간에 관해 이야기해 보자.

잠깐, 시공간? 갑자기 이건 또 무슨 소리일까? 사실 우리는 시공간에 관한 이야기를 계속해 왔다. 길이 수축과 시간 지연 말이다. 위의 이야기 속에서 시간과 공간은 완벽한 팀워크를 보이며 늘어나고 줄어들었다. 따라서 시간과 공간이 서로 연결되고, 나아가 더 큰 무엇인가의 일부가 되어야 한다는 말이 그리 놀랍지 않다. 아인슈타인의 이론에 영감을 받아 시공간으로 첫 도약을 한 사람은 리투아니아―폴란드계 수학자 헤르만 민코프스키Hermann Minkowski로, 이런 말을 남겼다. "그러므로 각각의 공간과 시간 그 자체는 미미한 그림자 속으로 사라졌고, 오직 그 둘을 섞은 시공간 자체만 존재하게 되었다." 놀랍게도 민코프스키는 과거에 취리히 연방 공과대학에서 아인슈타인을 가르쳤는데, 그는 당시의 아인슈타인을 "수학에 전혀 관심 없는 게으른 개"로 기억했다.

민코프스키가 말하는 시공간이란 실제로 무엇을 의미할까? 이것을 이해하려면 우리는 공간의 3차원부터 시작해야 한다. 3차원이 있어야 독립된 좌표 세 개를 나열해서 공간의 위치를 지정할 수 있다. 여러분이 있는 위치를 가리키는 GPS 좌표(위도와 경도―옮긴이)와 해수면을 기준으로 한 높이, 즉 고도를 확인해 보자. 그다음 시계를 보고 시간을 기록하자. 30초간 잠시 기다렸다가 다시 시계를 보자. 시계를 두 번 보는 사이에 여러분의 위치는 변하지 않았지만, 시간은 변했다. 이처럼 우리는 각각의 특정 사건이 발생한 순간을 나타낼 때 시간 좌표를 할당함으로써 그 사건들을 구별할 수 있다. 따라서 우리는 네 번째 독립 좌표인 시간을 추가하여 4차원을 얻게 된다. 이들을 모두 합치면 그것이 바로 시공간이다.

시공간이 주는 우아함을 제대로 감상하려면 거리를 측정하는 법을 알아야 하는데, 먼저 공간 거리를 다룬 다음에 시공간 거리를 측정한다. 공간 거리는 피타고라스 정리를 이용하여 계산할 수 있다. 아마 학창 시절에 직각삼각형에 관한 공식으로 배웠을 것이다. '빗변의 제곱은 다른 두 변의 제곱의 합과 같다.' 하지만 이 피타고라스 정리에는 사실 훨씬 더 많은 내용이 담겨 있다. 그 이유를 이해하기 위해 먼저 아래 왼쪽 그림처럼 한 쌍의 수직축을 그려 보자.

두 개의 축을 기준으로 점 P는 좌표 (x, y)를 가지며, 피타고라스

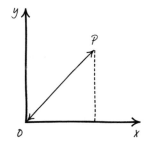 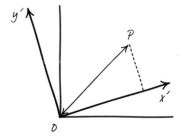

정리에 의하면 원점으로부터의 거리 $d = \sqrt{x^2 + y^2}$을 쉽게 알 수 있다. 오른쪽 그림처럼 원점 0을 중심으로 축을 회전시켜 새로운 좌표 집합 (x', y')를 정의하면 원점에서의 거리에는 변함이 없으며 피타고라스 정리도 이전과 똑같이 작용한다.

$$d^2 = x^2 + y^2 = x'^2 + y'^2$$

좌표를 회전시켜도 값이 변하지 않는 이 능력이야말로 피타고라스의 진정한 아름다움이다.

이제 시공간 차례다. 민코프스키는 시간과 공간을 뭉치자고 했다. 당연히 우리도 3차원 공간과 시간 차원을 결합하고 싶다. 하지만 상황을 좀 더 단순하게 만들기 위해, 공간 차원 하나를 x좌표로, 시간 차원을 t좌표로 표현해 보자. 민코프스키는 시공간에서 거리 d를 측정하려면 피타고라스 정리를 이상하게 변형시킨 아래 공식을 사용해야 한다고 말했다.

$$d^2 = c^2 t^2 - x^2$$

안다. 빼기가 나타났다. 이게 다 뭘까? 곧 설명하겠지만, 우선 $c^2 t^2$이 뭔지부터 이해해야 한다. 우리는 거리를 측정하려고 한다. 그리고 분명히 따져 보면 시간은 거리가 아니다. 따라서 시간을 거리로 바꾸려면 시간에 속도를 곱해야 하는데, 속도 중에 빛의 속도만큼 사용하기 좋은 것이 있을까? 게다가 c^2t^2에는 거리 제곱의 단위가 적용되며, 이 형태야말로 우리가 피타고라스 정리에서 정확히 원하는 모습이라고 할 수 있다. 이제 빼기 기호에 대해 알아보자. 거리를 시공간으로 측정할 때는 시공간을 아무리 회전시켜도 그 결괏값은 변하지 말아야 한다. 여기서 시공간 회전이란 우사인 볼트 부모의 관점에서 우사인 볼트 자체로 그 관점을 옮긴 것처럼, 서로 상대적으로 존재하는 관찰자들 사이에서 시공간의 기준점을 옮기는 변환을 말한다. 공식적으로 로런츠 변환Lorentz transformation으로 알려진 이 '회전'은 상대성이론의 물리학을 매우 기이하게 만드는 시간 지연과 공간 수축 현상을 모두 부호화해 준다. 위 식에서 나타난 신비로운 빼기 부호는 어떤 상대적 움직임이 있을 때 두 관찰자 간에 관점 전환이 일어날 때마다 시공간의 거리를 변화 없이 유지하는 데 중요한 역할을 한다. 이것은 아마도 $x/t=c$ 속도로 우주를 여행하는 빛을 통해 가장 쉽게 확인할 수 있을 것이다. 이 빛을 민코프스키의 공식[4]에 넣으면 빛의 시공간 거리가 원점을 기준으로 사라진다는 사실을 알 수 있다. 시공간 좌표를 '회전'시킬 때마다 원점이 그대로 유지되기 때문에, 빛은 모든 관찰자에게 동일하게 보여야 한다. 우주에서 빛보다 빠르게 움직이는 것은 없지만, 시공간 안에서 빛은 전혀 거리를 이동하지 않는다. 그 점이 빛을 특별하게 만든다.

우리는 어떨까? 시공간 속에서 무엇을 하고 있을까? 내 생각에 여러분은 의자에 편안히 앉아 이 책을 읽고 있을 것 같다. 뭘 하고 있든, 이제 여러분은 우리가 어떤 공간에서만 움직이는 것이 아니라, 시간 속에서도 움직이고 있다는 사실을 안다. 따라서 우리는 시공간 속에서 움직이고 있다. 얼마나 빨리 움직일까? 시공간에서의 거리 측정값을 $x=0$이라고 한다면 $d = \sqrt{c^2 t^2}$을 얻을 수 있기에 우리가 시공간 속에서 $d/t=c$의 속도로 움직인다는 것을 쉽게 알 수 있다. 다시 말해, 우리는 빛의 속도로 시공간을 이동하고 있다. 다른 사람들도 마찬가지다.

민코프스키는 시공간 좌표를 시공간에서의 거리 측정과 결합함으로써 4차원 기하학 관점에서 놀랍도록 우아한 그림을 만들어 냈다. 이 새로운 언어로 맥스웰 방정식을 기술하면 그것은 믿을 수 없을 만큼 간단한 형태로 변한다. 공간과 시간을 별개로 본다는 건 안개 사이로 세상을 보는 것과 같다. 그들을 하나로 모으면 감탄스럽도록 아름답고 단순한 세계가 드러난다. 더 많이 이해할수록 더 간단해진다. 바로 이 점이 이론물리학 연구를 훌륭하게 만든다. 어쩌면 이 말은 중력이 가짜라는 사실을 밝히려던 아인슈타인이 중력을 정복하기 위해 기하학을 사용했을 때보다 더 말도 안 되게 느껴질 것이다. 언제나 그렇듯, 이 이야기는 뒤에서 시간 지연을 통해 설명할 것이다. 하지만 이제 우리는 우사인 볼트와 같이 달리거나, 겐나디 파달카처럼 우주를 떠다니지 않을 것이다. 오히려 지구의 중심을 향해 급강하할 예정이다. 그곳에서 시간은 지표면에서보다 조금 더 느리게 흐른다.

챌린저 해연

"그 무엇보다 강렬한 고립감을 느꼈으며, 거대하고, 광활하며, 캄캄한, 그 누구도 접근하지 못한 미지의 장소에서 내가 얼마나 작은 존재인지를 깨달았다."

캐나다인 영화감독 제임스 캐머런James Cameron의 말이다. 그는 통제 불가능한 거대한 힘 아래에 힘없이 놓여 있던 경험을 떠올리며, 명징한 공포감을 드러냈다. 그의 가장 유명한 영화 〈타이타닉〉의 대본에는 어울리지 않지만, 캐머런은 해수면 기준 약 11킬로미터 아래에 있는, 지구에서 가장 깊은 곳으로 알려진 마리아나 해구 밑바닥인 챌린저 해연Chalanger Deep에 다녀온 후 느꼈던 감정을 생생히 표현했다. 2012년 3월 26일, 캐머런은 심해 챌린저호라는 이름으로 유명한 심해 잠수정을 타고 지구상 제일 공격적인 환경에서 3시간 동안 홀로 그 외계 세상을 탐험하고 돌아왔다.

캐머런은 50년 전에 미국 해군이 그곳에 다녀온 후 처음으로 그 놀라운 깊이까지 도달한 유일한 사람이며, 1인 탐험으로는 최초였다. 그러나 어쩌면 그 모든 것 중 우리가 가장 주목할 만한 사실은, 그가 탐험에서 돌아오며 13나노초의 시간을 도약했다는 것이다.

캐머런이 미래로 도약한 이유는 우사인 볼트나 겐나디 파달카처럼 빠른 속도로 움직였기 때문이 아니라, 그가 들어간 깊이 때문이다. 중력 우물gravitational well(강한 중력원 주위에 오목하게 만들어지는 중력장—옮긴이)에 더 깊이 들어갈수록 시간은 느려진다. 지구에서는 지구 중심에 더 가까워질수록 시간이 더 느려지는 것이다. 이것이 바로 상대성이론과 중력이 결합한, 아인슈타인의 천재성이 만들어 낸 '일반상대성이론'이다. 제임스 캐머런이 지구 깊은 곳에서 꽤 오랜 시간을 보냈기 때문에, 강한 중력으로 인한 시간 지연이 인상적일 만큼 많이 축적될 수 있었다. 2007년에 그 누구보다 지구 중심 가까운 곳까지 들어간 북극 탐험가들도 마찬가지 경험을 했다. 2007년 8월 2일, 조종사 아나톨리 사갈레비치Anatoly Sagalevich, 극지방 탐험가 아르투르 칠링가로프Artur Chilingarov, 사업가 블라디미르 그루즈데프 Vladimir Gruzdev가 심해 잠수정 MIR-1을 타고 북극점에서 4261미터 아래 북극 해저로 내려갔다. 마리아나 해구에 비해 별로 깊어 보이지 않을 수도 있지만, 지구는 완벽한 구가 아니다. 지구는 적도 지점이 볼록 튀어나온 타원형 구체다. 그래서 북극 탐험가들은 심해 챌린 저호보다 지구 중심에 더 가까이 접근했다. MIR-1을 타고 해저에서 1시간 30분을 보낸 세 사람은 몇 나노초만큼 시간 도약을 했다. 그들은 심해 동물과 토양 표본을 채취했고, 심해 밑바닥에 티타늄 금속으로 만들어 녹슬지 않는 러시아 국기를 꽂았다. 이 일은 다른 북극 국가들의 격렬한 반발을 일으켰다. 러시아가 그 지역을 자신의 영토라고 주장하는 행위로 받아들인 것이다. 그러나 러시아인들은 아폴로 11호 우주비행사들이 달 표면에 미국 국기를 꽂은 순간처럼, 자신들도 러시아 잠수정이 북극까지 도달했음을 기념하기 위한 일이었다며 의혹을 부인했다.

이 책이 국제 정치를 다루는 내용은 아니지만, 이 부분에 한해서는 국제 정치와 전혀 관계없진 않다. 심해 탐험가들이 어떻게, 왜 그들의 시간을 지연시킬 수 있었는지 이해하려면 우리는 전 세계가 전쟁 중이던 20세기 초, 특수한 상황에서 싸우던 평범한 이들의 피로 가득 덮인 참호 속으로 가 보아야 한다. 그 시대에는 과학계에서도 격전이 벌어지고 있었다. 영국의 물리학은 시간과 공간에 관한 아인슈타인의 새로운 생각을 받아들이길 꺼렸다. 당시 불굴의 스코틀랜드-아일랜드 남작 켈빈 경Lord Kelvin이 이끌던 영국 과학계는, 의심할 여지 없이 다른 어느 단체보다 에테르라는 개념을 확신했다. 그들은 아이작 뉴턴의 재단에서도 지원받았는데, 뉴턴의 만유인력 법칙은 처음 제안된 지 약 300년이 지난 후에도 여전히 그 위치가 확고했다. 뉴턴의 중력은 행성들의 움직임부터 솜 전투battle of the Somme(제1차 세계대전 중 프랑스 솜에서 벌어진 격전—옮긴이)에 쏟아진 탄도의 궤적까지 많은 것을 설명할 수 있었다. 하지만 그런 뉴턴의 이론도 설명할 수 없는 게 있었다. 아인슈타인의 연구로 더 주목을 받게 된 분야, 즉 먼 거리에 있는 물체의 즉각적 움직임에 관한 것이었다.

당시의 반응을 이해하기 위해, 태양이 순식간에 사라진다면 어떤 일이 벌어질지 상상해 보자. 물론 우리는 모두 죽게 되겠지만, 우리가 그러한 운명을 깨닫기까지 얼마나 걸릴까? 뉴턴 이론이 지배하는 세상에서 중력은 먼 거리에 걸쳐 즉각적으로 작용하기 때문에, 우리는 태양의 소멸이 일어나는 순간 그 사실을 알 수 있을 것이다. 문제는 햇빛이 이곳 지구에 도달하기까지 8분이 걸린다는 점이다. 아인슈타인의 관점에서 이것은 우리가 태양으로부터 어떤 신호를 받는 데 적어도 8분이라는 시간이 걸린다는 것을 의미한다. 분명히 뉴턴과 아인슈타인의 이론은 직접적으로 충돌하고 있었다. 아인슈타인은 애국심과는 거리가 먼 사람이었지만, 제1차 세계대전이라는 상황에서 뉴턴 왕좌를 향한 독일의 도전은 영국에서 결코 환영받지 못했다.

뉴턴 자신도 멀리 있는 물체의 움직임에 대해 심각한 고민을 했다. 그가 1692년 2월 동료 학자 리처드 벤틀리Richard Bentley에게 보낸 편지에서 다음과 같은 글을 썼다. "한 물체가 그 어떤 매개도 없이, 진공 상태에서 다른 물체에 영향을 끼치는 것…… 그런 일은 내 눈에도 너무 터무니없고, 철학적으로 유능한 사고력을 가진 사람이라면 결코 그런 문제에 빠질 수 없다고 확신하네."

결국 아인슈타인은 이 문제를 해결했지만, 그러기 위해 그는 뉴턴을 부정하고 뉴턴의 가장 위대한 발견을 반박해야 했다. 그는 중력의 존재를 완전히 부정했다.

중력은 가짜다.

나는 이 짧은 한 문장으로 고급 중력 수업을 시작해 보고자 한다. 비록 이 말에 어떤 학생들은 화를 낼 수도 있다. 하지만 이 말은 사실이다. 중력은 정말로 가짜다. 지구에서조차 우리는 무중력 상태가 될 수 있다. 중력을 완전히 제거할 수 있다. 어떻게 그럴 수 있는지 보려면 호화로운 사막 도시 두바이로 여행을 가서 거의 1킬로미터 상공까지 뻗어 있는 세계에서 가장 높은 빌딩 부르즈 할리파

Burj Khalifa 꼭대기에 올라가 보자. 그곳에 도착한 후, 옛날 공중전화부스 같은 기다란 상자를 구하고 사방을 깜깜하게 가린 다음 그 안에 들어가서 누군가에게 부탁해 상자를 아래로 떨어뜨려 달라고 하자. 땅으로 추락하는 상자에서 무슨 일이 벌어질까? 상자 속에 있는 당신은 중력가속도 1g 속도로 땅을 향해 가속하고 있지만, 그것은 상자의 밑바닥도 마찬가지다. 좋다. 어쩌면 공기 저항으로 상자의 속도가 조금 늦춰질 수는 있다. 하지만 공기층이 매우 얇다면 당신은 상자 안에서 무중력 상태가 되고, 중력은 사라질 것이다. 감사하게도 이것은 그저 중력을 시험하려는 상상이다. 하지만 사실 무중력 상태를 경험하려고 굳이 부르즈 할리파에서 뛰어내릴 필요는 없다. 그저 차를 타고 가파른 언덕을 내려가는 일만으로도 충분하다. 여러분은 이미 자동차가 하강을 시작할 때의 느낌을 알 것이다. 언덕 아래로 가속하면서 중력이 사라지기 시작한다. 그런 상황이 있을 때마다, 나는 항상 나 자신(그리고 차에 함께 타고 있는 모든 사람)에게 우리가 아인슈타인의 천재성이 미친 영향을 차 안에서 느끼고 있음을 상기시킨다.

아인슈타인은 중력의 영향을 항상 제거할 수 있다는 사실을 알게 된 것이 인생에서 가장 행복한 깨달음이었다고 말했다. 중력의 죽음은 르네상스의 천재이자 현대 과학의 창시자인 갈릴레오까지 거슬러 올라갈 수 있다. 그의 제자 빈첸초 비비아니Vincenzo Viviani의 말에 의하면 갈릴레오는 피사의 사탑 꼭대기에서 서로 다른 질량의 구형 물체를 떨어뜨려 교수들과 학생들에게 어떻게 같은 속도로 떨어졌는지 보여 주었다. 이것은 무거운 물체가 더 빨리 떨어질 것이라는 고대 철학자 아리스토텔레스의 주장과 상충했다. 갈릴레오가 실제로 그런 실험을 했는지는 논쟁의 여지가 있지만 그 결과는 확실히 맞았다.* 아폴로 15호의 우주비행사 데이비드 스콧David Scott이 달 위에서 갈릴레오의 실험을 똑같이 진행했다. 한 손에는 망치를, 다른 한 손에는 깃털을 들고 동시에 달 표면 위로 떨어뜨린 것이다. 공기의 저항이 없으니 두 물체는 갈릴레오의 예측대로 정확히 같은 속도로 떨어졌다. 이 범우주적 현상으로 인해 부르즈 할리파에서 떨어진 당신과 당신이 들어간 상자는 완벽하게 동시에 움직이게 되어 있다.

만약 우리가 중력을 완전히 제거할 수 있다면 실제로 그것은 무엇을 의미할까? 우주에서 중력을 가짜로 만들 수 있을까? 사실 우주에서 중력을 만들기는 쉽다. 가속하기만 하면 된다. 만약 국제우주정거장이 엔진을 켜고 중력가속도 1g로 더 높은 곳을 향해 가속을 시작한다면 무중력 상태는 그 즉시 멈출 것이다. 우주선은 위쪽으로 올라가지만, 우주비행사는 마치 중력의 영향을 받듯이 아래로 당겨지는 것처럼 느낄 것이다. 창문을 어둡게 한다면 그들은 우주정거장이 지구로 추락한다고 착각할 수도 있다.

여기서 요점은 중력과 가속도를 구별할 수 없다는 것이다. 창을 어둡게 가린 우주선 안에서 비행사들은 자신이 중력의 영향을 받고

---

* 캐나다의 역사가 스틸먼 드레이크Stillman Drake가 비비아니의 설명이 대체로 정확하다고 주장했으나, 학자 대부분은 갈릴레오가 사고 실험을 했다고 믿는다.

있는지 아니면 우주선이 가속하는 것인지를 알 수가 없다. 이런 현상은 아인슈타인의 등가원리equivalence principle로 알려져 있다. 중력과 가속도 양쪽 모두 물리적으로 동등하다. 그래서 우리는 그 둘을 구별할 수 없다. 만약 아직 확신하기 힘들다면 차를 운전하다가 코너를 매우 빨리 돌 때 무슨 일이 일어날지 생각해 보자. 왼쪽으로 돌면 마치 차의 오른편 문으로 끌려가는 것 같다. 이것이 바로 옆으로 작용하는 가짜 중력의 힘이다. 사실은 차가 가속하며 코너를 돌지만, 우리 몸은 같은 방향으로 나아가고 싶어 하기에 그 결과 반대쪽 차 문을 향해 끌려가게 되는 것이다.

우리의 심해 탐험가들에게 잠시 돌아가 보자. 그들의 시간이 어떻게 느려지는지 완전히 이해하려면 빛에 대해 다시 생각해 볼 필요가 있다. 중력은 빛에 어떤 영향을 끼칠까? 중력과 가속도는 구별할 수 없기에 우리는 가속도가 빛에 어떻게 영향을 끼치는지 물어볼 수 있다. 여러분이 일정 속도로 빈 우주 공간을 항해하고 있다고 상상해 보자. 그리고 젤리 한 접시를 들고 있다.[5] 대조적으로, 여러분의 친구는 레이저 총을 가지고 있다. 결투 상황이었다면 여러분은 졌을 것이다. 하지만 결투가 아니다. 실험이다. 여러분은 친구에게 젤리를 향해 레이저를 발사하라고 말한다. 그 말대로 친구가 총을 쏘자, 레이저가 젤리를 완벽하게 일직선으로 잘라 내었다. 여러분은 한 번 더 시도해 보기로 하는데, 이번에는 우주선 엔진을 켜서 로켓을 가속한다. 여러분과 친구는 그 즉시 가짜 중력의 효과를 느끼며, 여러분을 밀고 있는 우주선 덕분에 바닥에 정상적으로 서 있을 수 있게 된다. 친구에게 또 한 번 레이저를 쏘라고 하면 젤리는 또 잘려 나갈 것이다. 그러나 레이저가 젤리에 만들어 낸 길을 자세히 살펴보자. 첫 번째 경로는 젤리를 직선으로 통과했지만, 주 번째 경로는 아래 그림처럼 약간 원호 모양이다.

우주를 달리는 우주선이 일정 속도로 이동할 때(왼쪽)와 가속하며 이동할 때(오른쪽),
그 속에서 젤리를 향해 레이저를 발사하면 어떻게 될까?

두 번째 레이저는 어떻게 된 것일까? 별다를 건 없다. 레이저는 전처럼 직선으로 움직였지만, 젤리가 로켓과 함께 '위쪽으로' 가속하는 동안 이동했을 뿐이다. 여러분과 젤리의 관점에서는 마치 광선이 휘어진 것처럼 보일 것이다. 이것은 분명 젤리가 가속한 결과지만, 등가원리에 의하면 빛도 중력에 의해 구부러져야 한다.

그리고 그 말이 맞았다.

그 증거가 제1차 세계대전이 끝나고 얼마 지나지 않아 확인되었다. 그 힘든 시기에 영국에서는 아인슈타인의 새로운 생각을 받아들인 사람이 거의 없었지만, 그래도 옹호자가 한 명 있었다. 사려 깊고 야심 찬 천문학자였던 아서 에딩턴Arthur Eddington은 영국 과학자들이 독일 과학자들의 전쟁 전 연구에 계속 관심을 가지도록 독려했다. 독일 과학 저널을 접하기 어려운 상황에서도 그는 네덜란드 물리학자 빌럼 드 지터Willem de Sitter를 통해 아인슈타인의 연구를 알게 되었고, 태양 중력에 의해 별빛이 휘어질 것이라는 가정을 실험해 보기로 했다. 태양 가까이 지나가는 별빛을 관찰할 때 가장 큰 문제는 태양 빛으로 인해 제대로 들여다보기 어렵다는 것이다. 에딩턴은 이 실험을 위해 일식이 필요하단 것을 깨달았고, 계산 끝에 1919년 5월 29일에 상투메프린시페São Tomé and Príncipe에서 일식이 일어날 것을 예측했다. 그곳은 대서양을 가로질러 브라질로 가기 전에 있는 아프리카 서해안의 아름다운 포르투갈령 섬이었다. 에딩턴은 일식을 관측하기 위해 천문학자 로열 프랭크 왓슨 다이슨Royal Frank Watson Dyson과 함께 아프리카 섬에 들어갔고, 두 번째 관측팀을 브라질 세이라 주에 있는 소브라우로 파견 보냈다. 비와 구름의 방해에도 불구하고, 관측팀은 일식 동안 히아데스성단의 여러 별을 촬영할 수 있었다. 그 이미지를 히아데스성단의 야간 이미지와 겹쳐 보니 이미지가 정렬되지 않았다. 별빛이 태양과 가장 가까운 곳을 지나면서 구부러졌기 때문에, 일식 이미지와 야간 이미지가 일치하지 않는 것이었다. 이렇게 아인슈타인의 예측이 사실이었음이 확인되자, 전 세계에서는 이것을 머리기사로 다루었다. 아인슈타인이 슈퍼스타가 되는 순간이었다.

빛의 굴곡과 시간은 긴밀한 관련이 있다. 중력장에서 멀리 떨어진 곳에서 빛이 직선으로 이동할 때는, 국제우주정거장 한쪽 벽에 있던 조명의 빛이 반대편에 걸린 그림까지 가는 데 몇 나노초밖에 걸리지 않는다. 하지만 국제우주정거장을 블랙홀과 가까운 궤도에 올려놓는다면 이 빛은 강한 중력장으로 휘어질 것이다. 굽은 길은 곧은 길보다 길어서, 빛이 한 벽에서 다른 벽으로 가는 여정을 마치기까지 시간이 좀 더 오래 걸린다. 이것은 중력이 클수록 같은 사건이 일어나는 데 더 오랜 시간이 걸린다는 사실을 의미하기에 중력은 시간을 더 늦춰야 한다.

중력장이 강할수록 빛은 더 많이 휘어지며, 시간은 더 느려질 것이다. 이것이 바로 제임스 캐머런이 마리아나 해구 바닥까지 잠수하며 미래를 도약할 수 있었던 이유다. 그곳에서는 비록 매우 미세한 차이지만 지구 중력장이 더 강해지므로 시간이 느려진 것이다. 그 반대 경우도 마찬가지다. 높은 곳으로 올라갈수록 중력장이 조금씩 약해져서 시계가 더 빨리 간다. 에베레스트산 정상에서 보내는 1초는 해수면에서 보내는 1초보다 약 1조 분의 1초가량 길다. 아폴로 17호의 우주비행사들은 달에서 지낸 3일을 포함하여 우주에서 총 12.5일을 지낸 후, 약 1밀리초의 시간을 거슬러 올라가 기록적인 반反 시간 지연을 경험했다.*

중력이 시간에 미치는 영향은 1969년 하버드대학의 제퍼슨 타워에서 진행된 유명한 실험에서 직접 확인되었다. 로버트 파운드Robert

---

* 아폴로 17호 승무원들은 주로 고속으로 비행했고, 이는 시간 지연 효과를 일으켰을 것이다. 그러나 임무 기간 대부분 높은 고도에 있었으니 중력과 멀어져서 생긴 반 시간 지연 효과가 특수상대성 효과를 상쇄했다.

Pound와 그의 제자 글렌 레브카 주니어Glen Rebka Jr는 22.6미터 높이의 탑 꼭대기에서 지면에 있는 수신기를 향해 고에너지 전자파인 감마선을 발사했다. 그들은 영리하게도 감마선의 주파수를 시간 측정의 도구로 보고, 파동의 진동을 시계 초침처럼 사용했다. 알고 보니 감마선의 파동은 탑 꼭대기보다 바닥에서 더 높은 주파수를 갖는 것으로 확인되었다. 즉 맨바닥에서의 1초는 탑 꼭대기에서의 1초보다 더 많은 진동이 있어야 한다는 뜻이다. 이 실험에서 내린 단 한 가지 결론은, 탑의 양단 끝에서 '1초'의 의미를 다르게 봐야 한다는 점이었다. 바닥에서의 1초는 감마선이 더 많은 진동을 보였으므로 꼭대기에서의 1초보다 더 길었을 것이다. 아인슈타인이 예측한 대로, 지상에서의 시간은 탑의 꼭대기에서보다 느리게 흐르고 있었다.

중력이 빛을 구부리고 시간을 늦출 수 있다는 말은 지구 중심부가 지표면보다 약 1년 반 어리다는 것을 의미한다.[6] 하지만 중력이 정말 가짜라면 어떻게 이런 일을 할 수 있을까? 중력이 어떻게 빛을 굴절시킬까? 진실은 휘어지는 것이 빛이 아니라는 데 있다. 어느 공간을 통과할 때 빛은 언제나 직진으로 이동한다. 구부러지는 건 공간 자체다. 무슨 일이 일어난다는 것인지 알고 싶다면 과일 그릇으로 가서 오렌지 하나를 들어 보자. 주황색 껍질 위에 점을 찍고, 가장 먼 곳에 점을 또 하나 찍은 후에 점 사이에서 가장 짧은 경로를 그려 보자. 어떤 길이 가장 짧은 경로인지 잘 모르겠다면 점들이 오렌지의 '적도' 위에 있도록 나란히 표시한 다음 그 적도를 따라 선을 그으면 된다. 이제 점과 선이 찢어지지 않도록 오렌지 껍질을 조심스레 벗겨 보자. 다 벗겼으면 껍질을 테이블 위에 평평하게 편다. 선이 어떤 모양으로 보일까? 구부러졌을 것이다. 두 점 사이의 최단 거리는 직선이어야 하므로 매우 이상해 보이겠지만, 결국 평평한 표면에서만 그렇다는 것이 밝혀졌다. 곡면에서는 가장 짧은 경로가 휘어진다. 방금 오렌지에 그린 것처럼 말이다. 이것이 빛이 하는 일이다. 빛은 공간에서 가장 짧은 경로를 따라가기 때문에, 공간이 휘면 빛도 휜다. 만일 여러분이 런던에서 뉴욕까지의 먼 거리를 비행하며 지도를 살펴본다면 비행기가 캐나다 북극을 통과할 때 기묘하게 곡선을 그리며 올라간다는 사실을 알 수 있을 것이다. 이는 항공사가 계산한 최단 경로가 지구 표면과 마찬가지로 곡선이기 때문이다.

물론 시공간 기하학이야말로 진짜 곡선형이다. 민코프스키가 우리에게 평평한 시공간 기하학에서 거리를 측정하는 방법을 알려주었지만, 시공간이 휘어지면 그 거리는 찌그러지고, 쪼그라들고, 늘어지고, 길어진다. 이렇게 찌그러지고 쪼그라드는 원인은 무엇일까? 그것은 물질과 사람, 태양과 지구 등 질량과 에너지 또는 운동량으로 시공간을 구부러지고 휘어지게 만드는 모든 것 때문이다. 평평하게 펼쳐진 고무판을 상상해 보자. 그 위에 무거운 돌을 올려놓으면 고무판은 휘어진다. 이것은 물질이 시공간에 끼치는 영향을 보여 주는 좋은 비유다.

빛은 이 굴곡진 시공간에서 가장 짧은 경로를 따라갈 것이다. 매우 특별한 종류의 최단 경로를 따르며, 사실 그 경로는 시공간 길이가 사라질 만큼 매우 짧다. 하지만 기억해야 할 것은, 바로 이 특성이 빛을 특별하게 만들며, 시공간이 구부러져도 빛은 그 특성을 그대로 따른다는 사실이다. 이처럼 빛과 같은 경로를 빛형 측지선null geodesic이라고 한다. 행성이나 태양처럼 무거운 천체의 경우에는 어떨까? 그런 천체들은 시공간에서 어떻게 움직일까? 그들 또한 이동할 수 있는 가장 짧은 길, 즉 직선의 유사 경로를 따른다. 하지만 이 천체들은 빛과 같은 길을 이동하지는 않는다. 그만큼 빨리 움직이지 않기 때문이다. 그러나 그들은 각자 이용할 수 있는 시공간을 통해 가장 경제적인 경로를 선택한다. 이러한 경로를 시간성 측지선 timelike geodesic이라 부른다. 구부러진 시공간에서 이 경로는 곡면이다. 정말 매우 휘어진 것처럼 보일 수 있다. 지구의 경로 또한 너무나 휘어진 나머지, 1년마다 타원형을 그리며 태양을 돌아 자기 자리로 돌아온다. 그러나 실제로 보면 지구는 태양 때문에 생긴 매우 구부러진 시공간을 직선으로 통과하는 시간성 측지선을 따라 움직인다.

어쩌면 여러분은 내가 저 휘어진 경로들이 전혀 직선으로 보이지 않음에도 직선으로 움직이고 있다고 설명하기 위해 과도한 시적허용詩的許容을 한다고 생각할지도 모른다. 솔직히 나는 여러분이 생각하는 것보다 더 그러고 있다. 흥미롭게 생각하는 종류의 시공간 기하학이 있을 때, 우리는 그곳을 확대해서 보면 항상 편평해 보인다는 사실을 알게 되었다. 그 현상은 우리가 우주에서 지구 표면을 보면 구부러져 보이지만, 가까이 다가가면 지표면 위에서 땅이 편평하다고 착각하는 것과 비슷하다. 정리해 보자면 확대해서 보면 지구도 편평해 보이듯이 시공간도 마찬가지다. 기하학적으로 아무리 휘어져도 가까이 확대해서 보면 민코프스키가 묘사한 시공간과 똑같이 보일 것이다. 우리에게는 바로 이렇게 현상을 확대해석할 수 있는 능력이 있기에 중력을 없앨 수 있는 민코프스키 시공간을 발견한 것이다. 적어도 충분히 작은 환경에서는 말이다. 여러분이 부르즈 할리파에서 뛰어내렸을 때 바로 그 일이 일어났다. 물론 지구는 곡면 시공간을 만들어 내지만, 전화부스 안에 들어가 세계에서 가장 높은 빌딩에서 뛰어내린다면 아주 짧은 시간 동안이나마 중력을 완전히 없앨 수 있다.

최단 경로, 즉 시간상 측지선은 그 경로를 따르는 것이 사람이든 물건이든 상관없이 모두 똑같다. 망치든 깃털이든 상관없다. 둘 다 빛의 속도로 시간상 측지선을 이동할 것이며, 두 물체 모두 갈릴레오의 말처럼 정확히 같은 방식으로 떨어진다. 하지만 왜 이런 일이 벌어지는지를 설명한 사람은 아인슈타인이다.

아인슈타인의 이론은 시간을 이겨 냈으며, 그의 기이한 예측은 에딩턴이 빛의 굴절을 확인하기 위해 상투메프린시페에서 진행한 야심 찬 탐험에서부터 파운드와 레브카 감마선 실험에 이르기까지 그보다 훨씬 더 기이한 실험들을 통해 입증되었다. 행성 궤도 또한 아인슈타인 이론의 또 다른 핵심 증거물이며, 특히 수성의 궤도가 가장 눈여겨볼 만하다. 수성의 궤도는 타원형이지만, 그 타원 궤도 자체가 움직이며, 매해 그 위치가 조금씩 달라진다. 뉴턴 중력에서도 이 수성 궤도의 흔들림이 다른 행성들의 중력 효과 때문일 거라 예상했지만, 그 수치가 맞지 않았다. 프랑스 수학자 위르뱅 르베리에Urbain Le Verrier가 이것을 알게 되었을 때, 그는 수성과 태양 사이에 벌컨Vulcan이라는 보이지 않는 어두운 행성이 존재한다고 생각했다. 르베리에는 수성이 흔들리는 이유가 벌컨의 중력에 영향을 받기 때문이라고 본 것이다. 그는 이런 방식으로 행성의 존재를 예측했다. 1846년 8월에는 천왕성 궤도가 흔들리는 것을 조사하다가 해왕성의 존재를 예측하기도 했다.* 그로부터 한 달도 되지 않아, 독일의 천문학자 갈레Galle와 다레스트d'Arrest가 해왕성이 르베리에가 예측한 위치로부터 1도 이내에 있음을 확인했다. 그러나 이와 대조적으로, 벌컨은 여러 예측에도 불구하고 발견되지 않았다. 사실 벌컨은 존재하지 않았다. 그리고 수성의 흔들림은 아인슈타인의 이론으로 수정된 그 궤도의 움직임으로 설명될 수 있었다. 태양과 가장 가까운 수성의 궤도는 다른 행성에 비해 더 많은 내용이 수정되었다.

대조적인 결과를 얻은 해왕성과 벌컨에 관한 이 이야기는 21세기까지 울림을 준다. 오늘날 우리는 우리가 가진 이론을 우주론적 관측과 일치시키기 위해 암흑물질과 암흑에너지의 필요성을 주장한다. 그러나 이들은 벌컨만큼이나 현실적이지 않으며, 우리가 보

---

* 잉글랜드 콘월 출신의 수학자 존 쿠치 애덤스John Couch Adams는 독립적으로 동일한 결론을 도출했다. 하지만 그는 르베리에가 프랑스 학계에 새로운 행성의 예측 위치를 발표한 지 이틀이 지나고 나서야 자신의 결과를 그리니치 왕립 천문대에 올렸다. 콘월 사람의 특징에 따라 일을 천천히 진행한 애덤스는 르베리에보다 먼저 계산을 시작했지만 그보다 약간 늦게 끝냈다.

고 있는 것은 천체물리학 및 우주론과 관련된 아인슈타인 이론, 즉 훨씬 더 새로운 중력 이론으로 재해석된 모습들이다. 이에 관한 이론이 2000년의 전환기에 약간의 추진력을 얻었지만, 2015년에 아인슈타인의 기존 이론인 중력파를 발견하는 데 도움을 준 후 최근에는 교착 상태에 빠졌다. 아인슈타인은 움직이는 짐승과 같은 시공간이 매우 특정한 방식으로 왜곡되면서 잔물결, 즉 중력의 파장을 담고 있어야 한다고 생각했다. 대안적 이론들이 종종 시공간을 다르게 왜곡시키는 파동을 예측하곤 하지만, 우리가 2015년에 측정한 파동은 아인슈타인이 원래 예측했던 파동과 완벽하게 일치했다. 그것은 중력파, 더 정확히 말하면 시공간의 쓰나미일 것이며, 만일 태양이 기적적으로 사라진다면 그 중력파가 우리에게 태양의 실종을 경고해 줄 것이다. 이 파동은 빛의 속도로 태양계를 가로질러 이동하면서 태양의 중력장을 찢어 버릴 것이다. 이것이 바로 뉴턴을 이긴 아인슈타인의 이론을 검증해 주는 종말론적 해석이다.

만약 우사인 볼트가 인간의 상대성이론적 한계, 즉 시간에 간섭할 수 있는 우리의 물리적 능력의 정점이라면 중력의 등가물은 무엇일까? 중력은 대체 어디에서 모든 인식을 넘어 시간을 왜곡할까? 답은 '끝없는 창조와 찬란한 암흑의 원천'에 있다.

포웨히Pōwehi 속에 있다.

심연 속으로의 일별

포웨히. 이 단어는 하와이어다. 우주의 창조를 '끝없는 창조와 찬란한 암흑의 원천'으로 묘사한 하와이 건국 찬가 〈쿠물리포Kumulipo〉에서 따온 이름이다. 마오리어로는 공포를 뜻하는 단어다. 포웨히는 처녀자리에 있는 초거성 은하 메시에 87의 중심부에 숨어 있는 괴물 블랙홀이다. 2019년 4월, 지구상에 있는 사람들이 처음으로 그 괴물을 목격했다.

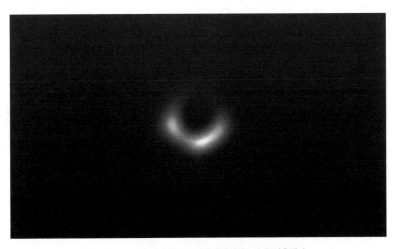

이벤트 호라이즌 망원경이 포웨히의 화려한 모습을 관측했다.

지구 전역에 전략적으로 배치된 지상 전파망원경 8개로 이루어진 이벤트 호라이즌 망원경Event Horizon telescope에 포웨히의 놀라운 이미지가 포착되었다. 포웨히의 규모와 그 중심부와의 거리를 고려해 보면 이것은 대단한 성과였다. 파리의 카페에 앉아 망원경으로 뉴욕의 신문을 읽는다고 상상해 보자. 이 굉장한 이미지를 이처럼 미세하게 포착한 것은 그만큼 굉장한 일이다.

그렇다면 이 공포이자 암흑의 원천은 무엇일까? 거대한 규모의 블랙홀인 포웨히는 태양보다 수십억 배나 더 무겁다. 이 무시무시한 무게를 결정하는 것은 중력이다. 이미 우리는 빛이 중력에 의해 어떻게 휘어지는지 알아보았다. 시공간이 휘어짐에 따라 중력장이 더 증가한다면 어떤 일이 벌어질까? 감옥이 만들어진다. 빛은 너무 구부러져서 꼼짝도 없이 갇히게 되고, 빛이 빠져나갈 수 없으니 그 무엇도 불가능해진다. 포웨히는 우주의 지하 감옥이자, 무자비한 지옥이며, 잊혀 버린 자의 무덤이다.

이런 공포의 존재를 처음 생각해 낸 사람은 영국의 성직자다. 1783년 11월, 목사 존 미첼John Michell은 태양보다 500배나 큰 천체인 암흑 별dark stars의 존재를 제안했으며, 그 별들은 중력의 힘이 강해서 빛조차 빠져나오지 못할 거라고 말했다.* 당시 사람들은 보이지 않는 거인들이 눈에 잘 띄지 않는 데 숨어 있다는 그의 생각을 흥미진진하게 여겼지만, 곧 잊어버렸다. 왜냐하면 이것은 빛이 입자로 이루어져 있다는 입자설에 기반을 둔 것이었으나, 입자설이 19세기 초 토머스 영Thomas Young의 실험을 근거로 한 빛의 파동설에 그 자리

---

* 뛰어난 프랑스 수학자 피에르 시몽 라플라스Pierre Simon Laplace도 미첼의 발표가 있고 약 10년 후에 블랙홀과 같은 천체가 존재할 가능성이 있다는 결론을 내렸다. 그가 미첼의 연구를 얼마나 알고 있었는지는 분명치 않다. 당시 프랑스는 혁명의 손아귀에 있었기 때문에, 두 나라 사이의 과학적 의사소통은 분명 쉽지 않았을 것이다.

를 내주었기 때문이다. 비록 미첼 목사의 블랙홀 연구는 2세기가량 방치되었지만, 그는 과학계에서 지진학의 아버지로 알려지게 되었다. 그는 1755년에 포르투갈의 수도 리스본을 강타한 파괴적인 지진과 쓰나미에 관한 연구를 통해 그 자연재해들이 대기 교란이 아닌 지각의 단층에서 비롯되었다는 사실을 발견했다.

오늘날 과학자 대부분은 블랙홀의 존재를 확신한다. 일반적으로 블랙홀은 태양보다 최소 20배는 더 무거운 거대 항성이 연료를 모두 소진한 후 만들어진다. 항성은 핵융합으로 에너지를 만드는데, 별 중심부에 있는 원자핵을 완전히 짓누르고 쥐어짜면서 열핵 폭탄을 계속 폭발시킨다. 이렇게 외부로 발산하는 열의 압력은 별의 중력을 상쇄시켜 별이 자기 중력에 함몰되는 일을 막아 준다. 그러나 영원히 버티진 못한다. 별이 중심핵에서 너무 많은 철을 생산해 버리면 핵융합 과정은 비효율적으로 변하고 별은 더 이상 자신의 무게를 지탱할 수 없게 된다. 이것이 별의 죽음이다. 중력은 빠른 속도로 별을 압박하면서 무참히 찌그러뜨리고 끝까지 집요하게 목을 조른다. 그러다가, 쾅! 별이 중력의 무자비한 공격에 극적인 반격으로 맞서 싸운다. 핵에 있는 중성자들, 즉 아원자 입자들이 서로가 너무 가까워질 때마다 강한 핵력을 이용해 서로 격렬하게 격퇴하기 때문이다. 별의 외부 물질들이 중심부로 빨려 들어가 중성자로 이루어진 중심핵에 부딪혀 반동한다. 그리고 순식간에 압력 파동이 바깥을 향해 힘을 주며 폭발한다. 엄청난 격동을 일으킨 이 초신성 폭발은 잠시간 은하 전체를 뒤덮는다.

무엇이 남을까? 밀도가 굉장히 높은 중성자별은 티스푼 크기 하나만으로도 지구에 있는 산 무게와 맞먹을 것이다. 만일 이 중성자별의 전체 질량이 태양의 3배 무게보다 가볍다면 생존 가능성이 있다. 하지만 더 무겁다면 중력의 공격이 다시 시작될 것이다. 중성자가 할 수 있는 일은 아무것도 없다. 그 무엇도 할 수 있는 게 없으며, 붕괴를 절대 막을 수 없다. 결국 이 별은 밀도가 너무 높아져서 빛도 빠져나갈 수 없게 된다. 한때 별이었던 그 모든 것은 사건의 지평선event horizon 뒤로 숨어 버리고, 이제 남은 건 우주의 지하 감옥으로 가는 작은 문과 그 너머로 아무도 빠져나올 수 없는 구형의 공간뿐이다.

별 천 개 중 한 개 정도는 중력붕괴로 생을 마감할 만큼 매우 무겁다. 은하계 곳곳에 흩어져 있는 이 항성질량 블랙홀stella-mass black hole은 지금껏 존재했던 천체 중에서도 가장 크고 강력했던 별의 잔재들이다. 하지만 포웨히는 그들보다 더 크다. 별의 죽음으로 탄생한 블랙홀은 일반적으로 태양보다 5배에서 10배의 무게가 나가지만, 포웨히의 질량은 태양의 65억 배나 된다. 5000만 광년 이상 떨어진 거대 은하의 중심부에 있는 초거성 괴물 블랙홀, 포웨히. 이 거대 블랙홀은 우리 은하 중심부에 있는 태양의 400만 배 질량의 블랙홀인 궁수자리 A*를 초라하게 만든다. 은하 대부분은 초대질량 블랙홀 주위에 고정된 것으로 보인다. 은하 0402+379도 거대 괴물 블랙홀 두 개를 가지고 있는데, 아마도 작은 은하 두 개가 충돌한 결과일 것이다. 그 두 괴물은 0402+379 은하의 중심부에서 패권을 다투며 시공간을 찢는 격렬한 중력파 쓰나미를 만들고 있을 게 틀림없다. 그러나 진실은 우리가 포웨히나 다른 초대형 괴물 블랙홀들이 어떻게 생겨났는지 완벽히 알지 못한다는 것이다. 어쩌면 한때 항성질량 블랙홀이었다가 수백만 년간 감히 자신들에게 가까이 다가온 물질들을 먹으며 점점 더 거대한 크기로 자라났을 가능성이 크다.

블랙홀은 사건의 지평선 존재 여부로 정의된다. 블랙홀 밖에서 안전히 있으려면 빛의 속도로 지나가야 한다. 항성질량 블랙홀의 경우, 지평선에 가까운 곳은 굉장히 위험할 것이다. 하지만 어떻게 보면 이상하다. 기억을 떠올려 보면 중력은 가짜다. 그리고 우리는 언제든 사방을 가린 전화부스에 들어가 아래로 떨어지는 상상을 하며 중력을 제거해 버릴 수 있다. 부르즈 할리파에서든, 블랙홀의 사건의 지평선 쪽으로든 말이다. 문제는 시공간이 더 심하게 휘어짐에 따라 중력장도 강해지면서 우리가 중력을 제거할 수 있는 영역, 즉 전화부스의 크기가 더더욱 작아진다는 것이다. 전화부스 너머에는 위험하도록 심하게 기울어진 중력장, 제거 불가능한 중력의 파도가 도사리고 있다. 항성질량 블랙홀의 경우에는 사건의 지평선이 중력 우물의 바닥과 너무 가까워서 너무 가까이 다가가자마자 우리를 갈가리 찢어 놓을 것이다. 그에 반해, 포웨히 같은 초대형 블랙홀은 우물의 바닥이 지평선과 더 멀리 떨어져 있어서, 지평선 너머가 그리 눈에 띄지 않는다. 하지만 일단 그 문턱을 넘으면 우리에게 남은 시간은 얼마 되지 않는다. 말 그대로 시간이 끝난다. 블랙홀의 중심에는 시공간이 무한대에 닿아 중력장도 무한대로 커지는 특이점singularity이 있다. 특이점은 공간의 끝이 아니라 시간의 끝이다. 일단 우리가 사건의 지평선을 넘으면 우리의 궤적은 시공간을 통해 바로 그곳, 문자 그대로 내일이 없는 곳, 심지어 상상으로도 미래가 존재하지 않는 그곳으로 이어진다. 지옥의 현장에 다가갈수록, 그 괴물 같은 중력장 파도는 우리를 스파게티 면처럼 길쭉하게 늘여버릴 것이다. 우리 몸 안의 원자들이 해체되고, 원자핵은 양성자와 중성자로 분리되며, 양성자와 중성자는 그들을 구성하던 쿼크와 글루온으로 분해된다. 어떤 의식이 남아 있든 그것은 종말을 향해 갈 것이며, 특이점에 다다랐을 때 필연적이고도 자비로운 종말을 맞이할 것이다.

하지만 만약 블랙홀로 빨려 가는 우리의 모습을 다른 사람들이 멀리서 지켜본다면 그들 눈에는 매우 다른 모습이 보인다. 처음에는 우리가 블랙홀의 방향으로 가속하는 모습이 보일 것이다. 그리고 만일 그들이 우리가 가진 시계, 가령 손목에 있는 시계를 볼 수 있다면 그들은 우리가 중력 우물 속으로 점점 더 깊이 빠져들수록 시계도 점점 더 느려지는 것을 볼 수 있다. 그러다가 문득, 즉 사건의 지평선에 가까워질수록 시계뿐만 아니라 우리의 움직임까지 점점 더 느려져 완전히 멈춘 것처럼 보일 것이다. 우리는 시공간에서 얼어붙은 듯이, 사건의 지평선에 너무 가까워지면 어떤 일이 벌어지는지를 영원히 상기시켜 주는 장식물처럼 그곳에 멈춰 있을 것이다. 그렇게 보이는 이유는 우리가 지평선을 건너지 않았기 때문이 아니다. 이미 지평선 너머로 들어갔다. 하지만 우리가 지평선에서 경험하는 매 순간이 그들에겐 영원이기 때문에 그들은 우리의 진짜 모습을 결코 볼 수 없다.

어떤 물체가 사건의 지평선에 가까이 다가갈 경우, 그 물체의 시간은 멈추지 않아도 상당히 느려진다. 만약 블랙홀이 회전하고 있다면 사건의 지평선에 매우 가까우면서도 안정적인 행성 궤도가 존재할 수 있다. 원칙상으로 보면 우리는 이 궤도를 잠시 방문해서 시간을 늦춘 후에 미래로 도약해 집으로 돌아갈 수 있다. 영화 〈인터스텔라Interstella〉를 보면 우주선 인듀어런스호의 승무원들이 가겐츄어Gargantua라는 초거대질량 블랙홀을 공전하는 밀러 행성을 방문하면서 중력 시간 지연의 힘을 제대로 경험한다. 가겐츄어 블랙홀은 물리 이론상 최대 속도의 1조 분의 1 이내로 굉장히 빠르게 회전하는 것으로 추정된다. 따라서 밀러 행성도 사건의 지평선 반지름의 몇 천 분의 1 이내의 속도로 가겐츄어를 공전할 수 있다.[7] 인듀어런스 호의 정찰대원들은 3시간이 조금 넘는 시간 동안 밀러 행성을 방문하고 돌아오지만, 우주선에 남은 동료들은 23년이라는 긴 시간을 기다린다. 하지만 이만큼 빠른 속도로 회전하는 블랙홀은 믿을 수 없을 만큼 희귀하다. 왜냐하면 스핀이 최대치의 99.8퍼센트 이상으로 증가하는 일을 막는 자연적 메커니즘이 있기 때문이다. 이것은 행성 궤도가 사건의 지평선에 너무 가까이 다가갈 수 없으며, 그만큼 시간 지연 효과도 약하다는 것을 의미한다. 포웨히의 회전은 이 99.8퍼센트 정도에 이를 것이다. 이 실제 괴물의 주위를 도는 가장 안쪽 행성에서 3시간 정도 머무른다면 우주선에 있는 사람들은 32시간 24분을 기다려야 한다. 비록 할리우드 영화처럼 극적이진 않지만 그래도 포웨히는 실재한다. 우리가 직접 관측했고, 어쩌면 포웨히를 도는 행성 중 일부에는 이곳 지구에서 휘몰아치는 삶을 사는 우리에 비해 약 11배 더 천천히 살아가는 생명체가 존재할 수도 있다.

포웨히의 이미지는 자연 속에 블랙홀이 존재한다는 강력한 증거지만 결정적 증거라고는 할 수 없다. 결국 우리가 보는 것은 사건의 지평선 자체가 아니라, 그보다 2.5배는 더 큰 그 그림자다. 이벤트 호라이즌 망원경이 포착한 놀라운 이미지에도 불구하고, 블랙홀의 가장 강력한 증거는 중력파gravitational wave에서 얻었다. 2015년 9월 14일, 레이저 간섭계 중력파 관측소 라이고LIGO, Laser Interferometer Gravitational-Wave Observatory로 시공간에서 일어난 작은 파문을 최초로 발견했다. 라이고는 미국의 두 곳에서 운영되는데, 한 곳은 과거 핵 생산 단지였던 워싱턴 핸퍼드에 있고, 다른 한 곳은 루이지애나 리빙스턴의 악어가 우글거리는 습지에 있다. 라이고가 포착한 그 파문은 각각 태양 질량의 36배와 29배에 해당하는 거대 블랙홀 두 개가 합쳐지면서 일어난 폭발적인 파동으로, 고작 양성자 너비보다 작은 크기만으로도 4킬로그램 길이인 관측계의 팔을 늘이고 쥐어 짜는 강력한 힘을 가졌다. 근원지부터 중력파를 타고 이동한 에너지는 태양 3개 질량, 다시 말해 히로시마 원폭 1034개의 에너지와 맞먹으며 한쪽으로는 폭발하고 다른 한쪽으로는 계속 뻗어 나가는 폭발적인 시공간의 쓰나미 같은 엄청난 것이었다. 하지만 블랙홀과는 다른 특별하고도 강렬하게 압축된 무엇이 파동을 일으켰을 수도 있을까? 두 블랙홀이 합쳐진 순간, 두 천체는 고작 350킬로미터 떨어진 상태로, 태양 65개에 이르는 질량이 사건의 지평선 두 개 크기도 안 되는 작은 공간에 밀집되어 있었다. 결국 블랙홀들이 극적으로 포옹하며 서로를 향해 소용돌이치는 모습 외에 다른 것은 상상하기 어렵다.

처음에는 1.000000000000000858이 큰 수로 보이지 않았지만, 사실은 우리에게 낯선 세계로 가는 문을 열어 줄 만큼 큰 수가 맞았다. 우사인 볼트가 이 세계 기록의 시간 지연에 힘을 실어 주었을 때, 그는 상대성이론 끄트머리에 가 닿았다. 볼트는 일상적인 직감에서 벗어나, 트랙이 줄어들고 시간이 느려지는 물리학의 세계를 엿볼 수 있도록 우리에게 힘을 실어 주었다. 그 세계의 극단으로 가 보면 블랙홀의 물리학이 있으며, 그곳에서는 사건의 지평선에 걸려든 불쌍한 희생자의 시간이 완전히 멈추어 있음을 알 수 있다. 운 좋게도 우리는 블랙홀을 발견한 역사적 시대에 살고 있다. 커다란 은하 중심에 자리 잡은 거대한 포웨히의 어두운 그림자를 볼 수 있으며, 마치 하늘 신들의 결혼을 알리는 웅장한 천둥소리처럼 시공간을 가로질러 포효하는 두 괴물의 충돌을 중력파를 통해 알 수 있다. 이 신들의 물리학을 들여다보면 우리의 물리학적 현실이 가진 어두운 진리를 알 수 있다. 홀로그램과 같은 진리, 홀로그램에 갇힌 우주 말이다. 이에 관해서는 다음 장에서 비밀의 수호자 엔트로피와 아원자 세계를 지배하는 양자역학에 관해 탐구하며 계속 이야기를 나눌 예정이다. 그것은 1.00000000000000858보다 크고, 더 주목할 만한 숫자 괴물들을 통해 들려줄 이야기다.

02
CHAPTER

구골

제라드 그랜트의 이야기

어렸을 적에 내 사촌 제라드 그랜트는 유령 이야기하는 것을 좋아했다. 제라드는 달빛에 비친 할아버지 유령이 성모상 앞에서 기도하는 모습을 보았던 일, 아일랜드의 어느 시골에서 캠핑했을 때 텐트 밖 꺼진 스토브 위에서 베이컨과 달걀이 지글거리는 것을 목격한 이야기들을 들려주었다. 그가 말했던 '작은 인간' 레프리컨 leprechaun(아일랜드 민화에 나오는 작은 요정—옮긴이)들이 한 일이었을 것이다. 제라드의 이야기 중에는 자기 죽음을 예언한 남자에 관한 것도 있었다. "그는 자기 뒤에서 걸어가는 자신을 봤어." 제라드가 우리에게 말했다. "그의 도플갱어였어. 완전히 같은 사람이었지. 그 남자는 그때 자신이 죽으리란 걸 알았어." 그리고 그는 죽었다. 아

구골 **069**

니, 제라드가 그렇게 말했다는 것이다.

여러분은 어쩌면 물리학과 수학에 관한 진지한 책에 도플갱어가 나올 리 없다고 생각할지 모른다. 하지만 거대한 숫자에 관해 이야기하려면 예상치 못한 것을 예상해야 한다. 이 특별한 이야기는 구글googol에서 시작한다.

10,000,000,000,000,000,000,000,000,000,000,000,000,000,000,
000,000,000,000,000,000,000,000,000,000,000,000,000,000,000,
000,000,000

0이 100개이며, 100의 거듭제곱이 10개인 숫자다. 구글은 십진법의 우아함을 지녔고, 퇴폐적이기도 하며, 지상의 어떤 기준에서 보아도 안전하게 큰 수로 기술할 수 있다. 만약 우리가 구골 파운드에 해당하는 복권에 당첨된다면 우리는 고급 요트를 가질 수 있고, 아니면 고급 요트에다 항공모함까지 살 수 있으며, 더 원하면 지구상에 있는 선박을 모두 가질 수 있다. 심지어 미국도 가질 수 있다. 미국 전체 비용이 아마 50조 달러가 채 안 될 텐데, 이 정도면 우리 같은 구골장자에겐 아무것도 아니다. 말 그대로 모두 살 수 있다. 관측할 수 있는 우주의 모든 분자와 원자, 모든 기본 입자를 가질 수 있다. 우주에는 약 10^{80}개 입자가 있지만, 입자당 100경 파운드 이상 주더라도 다 살 수 있다.

구골의 전설은 아홉 살 소년 밀턴 시로타Milton Sirotta에서 시작된다. 우연히도 이 소년의 삼촌은 컬럼비아대학의 저명한 수학자 에드워드 캐스너Edward Kasner다. 캐스너는 헤르만 민코프스키, 칼 슈바르츠실트Karl Schwarzschild, 로이 커Roy Kerr처럼 시공간에 대한 자신만의 개념을 가진 특별한 사람 중 한 명이다. 캐스너의 시공간은 우리가 지금껏 경험한 어떤 우주와도 다르다. 만약 그의 시공간에 앉아 있다면 우리는 그곳의 한쪽은 팽창하고, 다른 쪽은 수축하는 모습을 발견할 것이다. 마치 반죽 조각이 한 방향으로 늘어나고 다른 방향은 줄어드는 것처럼 말이다. 하지만 이 무시무시한 세상은 구골과 아무 상관이 없다. 캐스너가 이 특별한 개념을 생각해 낸 것은 그가 무한이 얼마나 광활한지 표현하기 위해 노력하고 있을 때였다. 그가 말하고자 한 것은 매우 커 보이는 그 수들조차 무한에 비하면 어떤 실제적 의미에서도 사라질 만큼 매우 작다는 점이었다. 캐스너는 0이 100개나 붙은 1을 이용해서 그 사실을 설명하고 싶었는데, 그러려면 이 작은 거물에 이름이 필요했다. 10듀오트리긴틸리언duotrigintillion(대륙식 기수법―옮긴이)이나 10섹스데실리아드sexdecilliard(영미식 기수법―옮긴이)로는 부족했다. 그때 캐스너의 조카 밀턴이 그에게 더 나은 단어를 제안했다. 구골이었다.

그 엄청난 크기로 찬사를 받는 이 숫자가 원래는 얼마나 작은지를 보여 주기 위해 만들어졌다는 게 재미있다. 캐스너와 그의 조카는 곧 또 다른 환상적인 숫자, 구골플렉스googolplex를 생각해 냈다. 밀턴이 원래 정의한 바에 따르면 구골플렉스는 '지칠 때까지' 0이 붙는 수였다. 이 수가 실제로 얼마나 큰지 알아보기 위해 내가 실험을 해 보았다. 나는 1분 동안 지치지 않고 꽤 편안한 속도로 0을 135개 정도 쓸 수 있기에, 구골플렉스는 구골보다 확실히 더 크다. 일을 좀 더 어렵게 만들려면 랜디 가드너Randy Gardner처럼 체력 좋은 사람을 영입하는 게 좋을 것이다. 랜디가 1960년대 중반에 십대였을 때, 그는 수면 부족의 영향에 관한 연구의 일환으로 11일 25분 동안 잠을 자지 않았다. 하지만 만일 랜디가 그 시간을 나만큼 편안한 속도로 구글플렉스를 쓰는 데 사용했다 해도, 그는 0을 214만 1775개 정도밖에 쓰지 못했을 것이다. 이것은 정말 큰 수지만 궁극적으로 캐스너는 구골플렉스에 대해 좀 더 명확한 정의가 필요했고, 결국 밀턴의 기준보다 훨씬 큰 숫자에 정착했다. 캐스너는 이 새로운 숫자를 0이 구골만큼 붙은 1로 정의했다. 0이 구골개라니, 상상하기 어렵다! 10의 구골승인 것이다! 정말이지 너무나 거대해 보이지만, 캐스너가 말하고자 한 요점은 이보다 훨씬 큰 수들이 무한히 존재한다는 것이다.

구골플렉시안googolplexian처럼 말이다. 이 수는 0이 구골플렉스만큼 붙은 1이다. 구골플렉시안은 구골플렉스플렉스googolplexplex 또는 구골듀플렉스googolduplex라고도 한다. 사실 후자의 정의는 훨씬 더 강력한 힘을 가진다. 우리가 엄청나게 거대한 수로 이루어진 탑 전체를 만드는 과정에서 수의 개념을 되풀이하도록 도와주기 때문이다. 구골듀플렉스에서 0이 구골듀플렉스만큼 붙은 1인 구골트리플렉스로 넘어갈 수 있고, 그다음에는 0이 구골트리플렉스만큼 붙은 1인 구골콰드로플렉스로 넘어갈 수 있으며, 이후에도 계속 이동할

수 있다.[1]

하지만 우린 지금 너무 멀리 가고 있다. 잠시 구골과 구골플렉스에서 멈춰 보자. 이 숫자들만으로도 우리가 곧 다루려는 물리학을 설명할 수 있는 데다 도플갱어 이야기 속으로 다시 들어가기에 충분하다. 만약 구골이나 구골플렉스 우주를 상상해 본다면 우리는 도플갱어가 진짜인지에 관한 질문을 던질 수 있다. 구골 우주란 우리가 사용하기로 선택한 지구의 길이 단위(미터나 인치, 펄롱furlong 같은 단위를 말하는데, 무얼 선택하든 별반 다르지 않다)로 1구골만큼 횡단하는 크기의 공간을 의미한다. 구골플렉스 우주는 지구의 길이 단위로 1구골플렉스만큼 횡단하는 크기이니, 그보다 더 크다.

먼 우주에 도플갱어가 존재한다는 생각은 MIT의 물리학자 맥스 테그마크Max Tegmark가 시작했다.[2] 그는 어떤 망원경으로도 다 볼 수 없는 매우 광활하고 웅장한 우주를 상상했고, 우주 어딘가에 자신과 똑같은 머리 모양에 같은 코, 심지어 생각까지 똑같은 사람까지의 거리를 추정했다. 그의 주장을 처음 접했을 때 나는 회의적이었다. 악의는 없지만 우주가 굳이 당신이나 나, 아니면 제임스 코든James Corden(영국의 영화배우이자 코미디언—옮긴이)과 똑같은 존재를 필요로 할까? 그리고 나서 가만히 앉아 그에 대해 생각해 보았다. 테그마크의 주장은 모든 물리학의 거대한 환상인 홀로그램 세상에서 나온 결과였다.

나는 세상에서 가장 위대한 물리학자들을 홀로그램 우주론으로 이끈 제일 중요한 개념들을 사용해서 또 다른 나와의 거리를 추정해 보기로 했다. 그 이야기를 구골과 구골플렉스라는 두 개의 장을 통해 여러분에게 들려주고자 한다. 엔트로피로 그 문을 열 것이며, 인간과 인간 크기의 블랙홀에게 엔트로피가 어떤 의미가 있는지를 다룰 것이다. 이어서 미시세계의 마법 같은 존재들을 다룬 양자 이론으로 깊이 들어가면서, 여러분이 여러분인 것, 그리고 도플갱어가 여러분이 되는 것에 어떤 차이가 있는지 이야기할 것이다. 내가 최종적으로 추정한 두 존재의 거리는 테그마크의 추정치보다 좀 더 보수적이지만 결국 같은 범위 내에 있다. 미터든 마일이든, 아니면 다른 단위든 상관없이, 나는 여러분과 여러분의 도플갱어 사이 거리가 구골과 구골플렉스라는 거대한 괴물 두 마리 사이 어딘가에 있다고 생각한다. 다시 말해, 구골 우주에서는 여러분의 도플갱어를 찾을 수 없지만, 구골플렉스 우주에서는 찾을 수 있을 것이다. 어쩌면 그 도플갱어도 이 책을 읽고 있을지 모른다.

엔트로피의 포획자

거울을 보자. 무엇이 보이는가? 나는 내 모습을 볼 때마다 스페인인 할머니에게서 물려받은 얼룩덜룩한 머리 색깔이나 십자 주름을 발견한다. 별로 신경이 쓰이진 않는다. 어쨌거나 나는 이론물리학자이며, 직업적으로도 우리는 외모에 큰 관심이 없기로 유명하다. 내 눈에 보이는 것은 시간의 흐름이다. 엔트로피entropy의 증가 말이다.

여러분의 도플갱어가 있는 곳까지의 거리를 추정해 보려면 우리는 엔트로피와 그 증가 현상에 대한 공포를 먼저 이해해야 한다. 사람들은 종종 엔트로피를 무질서나 혼돈의 동의어로 잘못 표현하고 사용한다. 하지만 엔트로피는 포획자나 교도관이라고 부르는 편이 낫다. 언젠가는 온 우주를 포함하여 모든 에너지를 영원히 가두어 버릴 열쇠이기 때문이다. 잠시 우리가 빅토리아 시대의 영국에 와 있다고 상상해 보자. 지금 우리는 북쪽 마을에 있는 굴뚝에서 피어오르는 검은 연기구름을 내려다보고 있다. 노동자들이 공장 안으로 개미 떼처럼 줄지어 들어가는 것이 보이고, 그들이 사는 집은 혼탁한 스모그에 둘러싸여 있다. 이 장면은 우리가 인간으로서 가진 것에 처음으로 만족할 수 없게 되었던 모습이다. 더 많은 기계와 더 큰 에너지, 더 강한 힘을 갖게 되었지만, 이것은 영원하지 않다. 기후 변화로 지구가 죽어 가고 있기 때문이 아니라, 엔트로피와 그 어마어마한 증가 현상 때문이다.

엔트로피 이야기는 이 빅토리아 시대의 공장과 사디 카르노Sadi Carnot라는 프랑스의 젊은 군 기술자가 가진 호기심에서 시작되었다. 산업혁명이 일으킨 연기와 천둥에 영감을 받은 카르노는 열의 역학적 성질과 기계 동력과의 관계를 기술하는 자신만의 물리학 분야, 열역학Thermodynamics을 개발했다. 우리는 열을 사용하기 위해 연료를 태운다. 예를 들어, 자동차 엔진을 들여다보면 연료가 매우 빨리 연소하면서 방출하는 뜨거운 가스로 피스톤을 밀어낸다. 19세기 초반에는 자동차가 없었지만, 카르노의 이러한 생각은 그가 살던 시대의 기차나 공장의 한계를 훨씬 뛰어넘는 것이었다. 그는 엔진의 핵심은 온도의 차이라는 걸 이해했다. 온도 차가 생기면 열차의 전진 운동이나 기계의 동력 같은 작업을 수행할 수 있다. 그러나 열은 언제나 뜨거운 상태에서 추운 상태로 변하고, 그대로 끝나 버린다. 더는 작업을 수행할 수 없으며 기계에 동력을 공급하지 못한다.

여러분은 어쩌면 열을 이리저리 섞을 수 있지 않을까, 다른 기계를 이용해서라도 물건을 또 데우고 식힐 수 있지 않을까 생각할지도 모른다. 한 번 더 온도 차를 만들어 내어 기계를 재작동시킬 수 있기를 바라면서 말이다. 어느 정도 가능한 일이긴 하지만, 카르노는 이렇게 열을 뒤섞으려면 밖으로 나온 에너지보다 더 많은 에너지를 안으로 집어넣어야 한다는 사실을 보여 주었다. 자동차의 경우, 운동에너지를 다시 연료로 변환할 수 있다면 기름을 넣으러 주유소에 가는 번거로움을 덜 수 있다. 하지만 똑똑히 생각해 본다면 연료를 일정량만큼 얻을 수는 있겠지만 처음 기름을 넣었을 때만큼은 아닐 것이다. 그리고 결국에는 연료가 바닥날 것이다. 이처럼 현실 세계에서는 연료가 조금씩 더 줄어드는 것이 문제다. 연료는 처음 만큼 다시 채워지지 않는다. 적어도 공짜로는 불가능하다. 이러한 지식은 빅토리아 시대의 기업가들이 공장에서 얻을 수 있는 잠재적 이익을 계산하는 데 중요한 역할을 했다. 앞으로 보겠지만 엔트로피라는 사이코패스가 어떻게 우주 전체의 생명을 앗아가는지 이해하는 데도 중요한 역할을 할 것이다.

카르노의 연구가 왜 감탄스러운지 그 이유를 정하기가 참 어럽다. 그는 에너지 보존에 관해 아는 사람이 단 한 명도 없었음에도 에너지에 관한 비밀을 모두 혼자서 발견해 냈으며(잠시 후에 다룰 예정이다), 완전히 잘못된 열의 모델을 상상하는 과정에서 우연히 그 일을 해냈다. 카르노는 동시대의 다른 사람들처럼 열이 칼로릭caloric(18세기에는 물질을 차고 뜨겁게 만드는 원소가 따로 있다고 믿었으며, 그것을 칼로릭이라고 불렀다—옮긴이)이라는 탄력성 높은 유체물질에 의해 발생한다고 믿었다. 그러나 칼로릭은 존재하지 않는다. 결국 세세한 것들을 벗겨 내고 진짜 중요한 것에 집중했던 카르노의 독특한 능력 덕분에 칼로릭의 한계에서 벗어나게 되었다. 카르노는 열과 에너지에 관한 생각을 발표한 지 4년 만에 군에서 은퇴했고, 10년 후 생을 마감했다. 1832년 그는 파리에서 약 2만 명의 목숨을 앗아간 전염병 콜레라로 쓰러졌다. 고작 30대 중반의 나이였다. 전염병 확산을 막기 위해 아직 발표하지 못했던 다수 연구 자료가 그의 시신과 함께 태워졌다. 카르노의 천재성은 수십 년이 지난 후에야 밝혀졌고, 불타 버린 원고의 내용은 영원한 비밀이 되어 버렸다. 우리는 이와 같은 비극적인 이야기를 앞으로 다룰 열역학의 역사를 통해 반복적으로 접할 것이다.

율리우스 폰 마이어Julius von Mayer의 이야기도 그중 하나다. 폰 마이어는 1840년에 네덜란드 동인도 제도 원정에서 선박 의사로 일했다. 선원이 병에 걸려 열이 나면 의사는 환자의 정맥을 열고 피를 흘려보내 증상을 완화시켰다. 당시에는 일반적인 의료 방식이었지만 폰 마이어는 이것으로 놀라운 사실을 발견했다. 그는 선원들의 정맥 혈관을 흐르는 피가 동맥을 흐르는 피와 마찬가지로 밝은 선홍색이라는 것을 알아챘다. 그의 고향인 독일처럼 추운 기후에서는, 폐를 향해 흐르는 정맥혈이 그보다 훨씬 어둡고 진한 색깔이다. 그 이유는 산소가 부족하기 때문인데, 체온을 유지하기 위해 음식물을 느리게 소화하는 과정에서 산소를 소진했기 때문이다. 폰 마이어는 선원들이 열대지방의 햇빛 아래서 체온을 적정하게 유지하기 위해 몸속 산소 연료를 덜 태우고 있으며, 그래서 그들의 정맥이 평균보다 산소 농도가 높은 혈액을 운반하고 있음을 깨달았다. 이것은 몸 안에서 음식을 소화하느라 발생하는 열과 태양으로부터 얻는 열로 인한 온도 사이에는 차이가 없다는 것을 의미했다. 결국 폰 마이어는 이 모든 것이 열과 에너지가 같기 때문이라고 추론했다.

이 선박 의사는 약간의 피를 보고 나서 열역학 제1법칙을 확립했다. 에너지는 결코 스스로 생성되거나 파괴되지 않는다. 에너지는 그저 한 형태에서 다른 형태로 변하는 영원한 형태변환자shapeshifter다. 폰 마이어는 카르노에게 영감을 주었던 칼로릭의 개념과 대조적으로, 열이란 단지 에너지의 또 다른 형태일 뿐이라고 주장했다. 하지만 이러한 발견을 기술한 그의 연구 자료는 어디에서도 인정받지 못했다. 물리학에 대한 지식이 부족했기 때문이다. 폰 마이어가 쓴 논문은 형편없었고, 오류투성이였다. 영국 물리학자 제임스 줄James Joule은 별개로 진행했던 자신의 연구에서 같은 결론에 도달했으며, 과학적으로 더 엄격히 작성한 논문으로 거의 모든 공로를 인정받았다. 얼마 지나지 않아 두 자녀까지 잃은 폰 마이어는 연속된

고통으로 우울증에 빠졌으며, 자살을 시도하다가 정신병원에서 생을 마감했다. 개인적인 비극과 학계의 무관심으로 훌륭했던 한 인간의 삶이 망가져 버렸다.

그 무엇도 열역학의 저주를 벗어날 수 없다. 결국 그것은 우리 한 사람 한 사람, 우리가 사는 우주 전역에 손을 뻗칠 것이다. 앞으로 닥칠 공포를 이해하기 전에, 따뜻한 차 한 잔을 마셔 보길 권한다. 여러분은 갓 우린 차와 주변 공기 사이에 온도 차가 있다는 사실을 알게 될 것이다. 카르노의 이론에 따르면 열을 동력으로 바꾸기 위해서는 차와 공기 사이에 작은 열 엔진을 설치해야 한다. 아주 작은 모터를 이용할 수도 있다. 물론 여러분이 부산스럽게 움직이느라 차를 너무 오래 놔두면 그 속에 있던 열이 공기로 전달되어 양쪽 온도가 같아지고 말 것이다. 그러면 굉장히 당황스러운 일이 생긴다. 처음에 사용하려고 했던 열에너지가 갑자기 사라지고 할 수 있는 게 없어지니 말이다. 모터를 작동시키려면 다시 온도 차를 일으켜야 하는데, 그것은 단순히 스위치 누르듯 쉽게 되는 일이 아니다. 온도 차를 새로 만드는 데는 항상 에너지 비용이 들고, 그 에너지는 다른 데서 가져와야 한다. 가장 쉬운 일은 주전자를 데워 차를 한 잔 더 끓이는 것이지만, 그것도 공짜로 할 수 있는 건 아니다.

무언가가 우리에게서 에너지를 빼앗아 가고 있다. 이 에너지는 파괴되지는 않지만, 우리 손이 닿지 않는 곳으로 가 버린다. 누가 또는 무엇이 에너지를 가져가는 걸까? 차를 내버려 두었을 때 열을 저절로 움직이게 만드는 건 무엇일까? 온도의 차이를 없애고, 우리가 사용하려는 에너지를 빼앗아 버리겠다고 결심한 그 존재는 대체 무얼까?

그 정체는 엔트로피 포획자다.

독일의 물리학자이자 수학자 루돌프 클라우지우스Rudolf Clausius가 줄과 폰 마이어의 발견 속에서 카르노의 연구를 재검토한 후에 이 문제를 해결했다. 엔트로피는 에너지를 가두는 수단으로, 열을 전달하는 매개체로, 클라우지우스는 그것을 변환을 일으키는 물리량 transformation content이라고 묘사했다. 이것이 엔트로피의 의미다. 이 단어는 전투 현장에서의 변형 또는 전환을 뜻하는 고대 그리스어 트로포스tropos에서 파생되었다. 이후에 클라우지우스는 수학을 사용해 엔트로피와 그것이 가두는 에너지를 연결한 공식을 생각해 냈으며, 엔트로피의 변화가 에너지의 변화와 함께 증가한다는 사실을 발견했다. 게다가 엔트로피는 계(시스템)가 차가울 때, 즉 낮은 온도에서의 에너지 변화에 가장 민감했다.[3]

클라우지우스의 공식을 실제로 확인해 보기 위해, 열핵을 폭발시켜 열을 내는 주전자와 실현 불가능한 고온을 견딜 수 있는 차를 상상해 보자. 열핵 주전자는 태양 중심핵의 온도를 넘어 섭씨 약 1억 도까지 차를 데운다. 이때 10억 분의 100만 분의 1줄*에 해당하는 열에너지가 차에서 주변 공기로 흘러간다면 무슨 일이 일어날까? 클라우지우스의 공식에 따르면 차는 열에너지 일부를 잃기 때

---

* 줄Joule은 일반적인 에너지의 표준 단위다. 여러분은 킬로칼로리 단위에 더 익숙할지도 모르겠다. 1킬로칼로리는 4184줄과 같다.

문에 엔트로피가 약간 떨어지지만, 그 크기는 단위량 이하일 것이다. 그리고 공기는 그 에너지를 흡수했기 때문에 엔트로피가 높아진다. 여기서 문제는, 차가 잃어버린 단위량 이하의 엔트로피만큼 공기의 엔트로피도 엇비슷하게 높아졌는가 하는 것이다. 그 답은 꽤 충격적이다. 공기 온도는 차보다 약 100만 배 더 낮아야 한다(그렇지 않으면 문제가 심각해진다). 이것은 엔트로피를 에너지 변화보다 100만 배 더 민감하게 만들어서 에너지 단위량보다 100만 배 더 증가할 것이다. 이렇게 공기의 증가 엔트로피는 차의 하락 엔트로피를 완전히 압도해 버린다. 따라서 공기와 차의 엔트로피를 총체적으로 보면 엔트로피는 확실히 증가한다.

이러한 엔트로피의 증가는 열역학 제2법칙으로 알려져 있으며, 이 법칙은 계의 총 엔트로피가 결코 줄어들 수 없음을 말해 준다. 가끔 그대로 유지될 수는 있겠지만, 쉴 새 없이 움직이고 부패하는 물리적인 현실 세계에서, 엔트로피는 뜨거웠던 차 한 잔과 마찬가지로 증가하는 경향이 있다. 풍차나 자동차 엔진이 주변에 항상 무언가를 빼앗기는 이유가 바로 이 때문이다. 열역학의 두 번째 법칙은 심지어 우주 전체에도 적용된다. 과거에서 미래로 향하는 무자비한 엔트로피의 증가는 우리에게 시간의 화살을 날려 보낸다. 거울 속에 비친 희끗희끗한 머리카락 색을 통해 내가 보는 것은 미래로 날아가는 화살, 즉 엔트로피의 증가이다. 그리고 그것이 나를 두렵게 한다. 노인이 되는 일이 두려운 게 아니라, 이 모든 현상이 우주에 어떤 의미를 주는지 알기 때문이다. 보다시피 우주의 엔트로피가 증가한다는 건, 우주가 점점 더 많은 에너지를 열의 움직임으로 변환시킨다는 뜻이다. 그 현상은 마치 우리를 옭아맨 구속복을 점점 더 강하게 조여 오듯, 우리 자원을 고갈시키고, 일을 수행할 수 있는 능력을 앗아가고, 유용한 에너지를 더 많이 가두어 버릴 것이다. 미래는 엔트로피에 의해 사지가 마비된 악몽의 세계다. 엔트로피는 우리를 불태워 죽일 것이며, 우주는 그것에 갇혀 꼼짝도 하지 못할 것이다.

기체는 보통 아무것도 없는 광활한 공허 안에 들어 있는 원자와 분자가 방향도 없이 이리저리 휘젓고 다니는 상태를 말한다. 우리는 빈 헛간에 갇힌 성난 곤충 떼로 기체의 모습을 상상할 수 있다. 이 곤충들은 벽에서 벽으로 날아다니고, 부딪히고, 떨어지고, 솟아오르고, 왼쪽에서 오른쪽으로, 오른쪽에서 왼쪽으로 마구잡이로 날아다닌다. 가스가 뜨거워지는 모습을 상상하기 위해, 곤충 떼가 점점 더 빨리 날아다니게 만들어 보자. 온도는 각 분자에 주어진 에너지, 여기서는 각 곤충이 가지고 있는 에너지의 평균 운동에너지로 이해할 수 있다. 간혹 곤충들은 서로 부딪히고 튕겨 나가면서 운동 중에 우연히 탄력적인 만남을 겪는다. 그렇게 제멋대로, 불규칙적으로 벽과 물체에 부딪히지만, 압력으로 느껴지는 집단적인 힘을 형성한다. 만일 우리가 헛간에 서 있다면 우리는 곤충들이 우리 몸에 충돌하면서 만들어 내는 집단적 힘을 느낄 것이다. 만약 헛간에 곤충이 더 많아지면 곤충은 우리 몸에 더 자주 부딪힐 것이고, 그 촉각은 더 큰 압력으로 느껴질 것이다. 헛간에 곤충이 많아질수록 그 압박은 우릴 더 압도하고 결국 파괴할 것이다. 이것이 바로 지구보다 기압이 90배나 강한 금성에서 일어나는 끔찍한 현상이다. 우리가 금성에 서 있게 된다면 금성에 있는 대기 분자들은 우리를 순식간에 압사시킬 것이다.

곤충의 움직임에 빗댄 이 기체 모델은 스위스 수학자 다니엘 베르누이Daniel Bernoulli가 1738년에 제안한 것이다. 그는 아버지 요한Johann, 삼촌 제이콥Jacob 등 여러 수학자를 배출한 귀족 가문에서 태어났다. 베르누이의 모델은 기체의 압력과 부피 사이의 관계를 지배하는 보일의 법칙Boyle's law을 분자 충돌의 역학에서 도출할 수 있도록 만들어 주었다. 이러한 성공과 과학계에서의 그 고귀한 지위에도 불구하고, 이 모델은 당시 달리 좋은 평가를 받지 못했다. 18세기에도 과학자 대부분이 여전히 열의 칼로릭 모델을 지지했으며, 온도는 칼로릭 유체의 밀도로 정의되고 있었다. 그들은 굳이 열을 작은 입자들의 미세한 움직임 속에 갇혀 있는 에너지의 형태로 볼 필요가 없다고 생각했다. 사실 베르누이가 이 모델을 고안한 것은 폰 마이어가 피를 통해 깨달음을 얻기 100년 전 일이다. 베르누이는 시대를 너무 앞서 있었다.

베르누이의 아버지 요한이 그의 연구 자료를 훔치려 한 사건으로 상황은 더 악화되었고, 요한은 자신이 나중에 쓴 연구 자료의 날짜를 더 앞선 날짜로 기재하여 베르누이보다 먼저 나온 것으로 보이도록 만들었다. 아들에 대한 아버지의 치열한 경쟁심 때문에 부자 관계는 이미 산산이 조각나 있었다. 1733년, 두 사람은 각자의 연구로 파리 아카데미에서 공동으로 대상을 받았으나, 공동 수상에 너무 화가 난 요한은 아들과의 관계를 끊어 버렸다.

칼로릭 이론이 클라우지우스의 손에 죽자, 다니엘 베르누이의 걸작은 부활의 때를 기다렸다. 특히 전기와 자력의 마에스트로 맥스웰과 조용한 미국인 조사이아 윌러드 기브스Josiah Willard Gibbs, 그리고 훗날 스스로 목숨을 끊은 괴로운 천재 루트비히 에두아르트 볼츠만Ludwig Eduard Boltzmann 세 사람이 그 부활을 목격했다.

클라우지우스와 맥스웰, 볼츠만, 기브스는 베르누이의 모델에 통계적 방법을 적용하기 시작했다. 그리고 결국 무수히 많은 입자가 텅 빈 공간 속에서 무작위로 튕기고 부딪히며 움직이는 것이 기체임을 확인했다. 그들은 미시세계의 혼란에서 어떻게 집단적인 현상이 나타날 수 있는지를 보여 주었다. 기체에 있어 온도와 압력이란 마치 찌르레기의 노랫소리로 느껴지는 우아한 그림자처럼, 눈에 보이지는 않지만 커다란 수의 힘을 통해 거시적으로 그 존재를 드러낸다. 그 일부인 온도는 분자의 평균 운동에너지로서, 에너지가 엔트로피에 의해 어떻게 변화하는지를 보여 준다. 하지만 엔트로피 자체는 어떨까? 대체 그게 뭘까?

따져 봐야 할 것은 엔트로피다.

말 그대로다. 볼츠만이 설명했듯이, 엔트로피는 실제로 미시상태microstate의 계수를 말한다. 미시상태는 거시적인 물체에 대한 궁극적인 전수조사와 같다. 모든 원자와 분자의 배열뿐 아니라, 그들이 어디에 있고 무엇을 하는지에 관한 모든 것을 말한다. 우리는 기체나 달걀, 공룡 등의 부피를 생각할 때마다 그 물질들이 수많은 더 작은 것들로 이루어져 있음을 안다. 원자는 각각 자신만의 특정 속도로, 각기 다른 방향으로 우주 속 미세한 공간을 가로질러 움직이고 있으며, 우주에는 그런 원자들이 수십억, 수백억 종이 넘는다. 물론 원자 자체도 고유한 특성과 구성 요소를 가지고 있다. 따라서 기체와 달걀, 공룡을 완전히 묘사하고 싶다면 말도 안 되는 일이지만 어마어마하게 방대한 데이터를 배열해야 한다. 각 대상의 위치, 속도, 회전, 좋아하는 색, 상자 세트 등 그 무엇이 되었든 각 물체가 가진 수십억 개의 구성 요소들을 하나하나 적어 보는 것이다. 그러한 배열은 대상 물체의 특정 미시상태를 설명해 주며, 우리는 그 정보를 통해 완전하고 정확한 정보를 확인할 수 있다.

하지만 여기서 중요한 것은, 만약 우리가 원자 몇 개의 위치를 조금 바꾼다 해도 아무도 눈치채지 못하리란 것이다. 그 알은 여전히 정확히 같은 달걀처럼 보이고, 기체는 여전히 같은 온도일 것이며, 공룡도 여전히 6500만 년 전에 멸종한 트리케라톱스일 것이다. 요점은 우리가 큰 물체를 보면서 모든 세부 사항까지 생각하는 것은 어리석은 일일 수도 있다는 점이다. 그리고 엔트로피는 그 숨겨진 세부 내용의 측정값이다. 엔트로피는 거시적 특성이 변하지 않은 물체의 모든 미시적 상태를 말한다. 하지만 시간이 흐름에 따라 알도 공룡도 부서지기 시작하고, 먼지로 분해되어 버린다. 그러면서 점점 그들의 미세하고 세부적인 특징들도 사라진다. 먼지투성이 잔해를 바라보면서, 한 물체의 미시상태와 다른 물체의 미시상태를 구별하는 일이 점점 더 어려워진다. 안타깝지만 필연적으로, 알과 공룡의 미시상태 계수는 증가하게 된다. 이것이 엔트로피의 증가다. 올라갈 뿐 절대로 내려가지 않는 수치다.

엔트로피가 원자와 분자에 국한되어 있지만은 않다. 셀 수 있는 미시상태가 존재한다면 그것이 무엇이든 엔트로피를 따져 볼 수 있다. 얼굴 인식 소프트웨어로 예를 들어 보자. 고맙게도 내 스마트폰은 내 표정이 항상 똑같지 않은데도 나를 나로 인식한다. 그것은 스마트폰이 모든 불필요한 데이터를 없애고, 나를 이루는 수많은 이미지를 미세하게 포착해 그것을 하나의 얼굴로 식별하기 때문이다. 만약 우리가 수많은 이미지를 모두 세어 본다면 그것이 내 얼굴이 가진 엔트로피의 척도일 것이다.

여기 더 정량적인 예가 있다. 영국 프리미어 리그에는 축구팀이 총 20팀 있으며, 한 시즌 동안 모든 팀이 서로 홈경기와 원정경기를 치른다. 즉 한 시즌에 총 20×19=380번의 경기가 있으며, 각 팀은 홈 승리, 원정 승리, 무승부 중 하나의 결과를 갖게 된다. 한 시즌에서 발생할 수 있는 팀 성적의 경우의 수가 3^{380}가지나 된다는 의미다. 그러나 3^{380}가지의 결과를 더 미세하게 들여다보면 우승팀이나 준우승팀 등 서로 다른 팀이 같은 점수를 얻은 경우도 많을 것이다. 우리는 다양한 결과들을 미시적 상태로 분석해 볼 수 있으며, 한 시즌의 승점 결과표를 보며 리그 전체 팀이 동일한 점수를 얻을 수 있었던 방법을 따져 볼 수도 있다. 이런 식으로 프리미어 리그의 엔트로피값을 측정할 수 있다.

20팀이나 있는 프리미어 리그 수학은 더 자세히 들여다보기가 고통스러우니 팀의 수를 줄여서 막강한 경쟁 관계인 리버풀과 맨체스터 유나이티드로 축소한 리그를 상상해 보자. 에버턴이나 아스널, 스퍼스, 석유 부자인 맨체스터 시티 등 나머지 최고 팀들은 모두 수학적 단순성을 위해 제외했다. 이렇게 축소한 프리미어 리그에서 한 시즌 동안 치를 경기는 단 두 경기뿐이며, 따라서 총 9개의 결과를 예상할 수 있다. 누가 1등이고 2등인지 따지지 않는다면 경기 결과가 모두 다르게 나온 승점 결과표를 산출할 수 있다. 승점은 3점, 무승부는 1점, 패배는 0점을 받는다는 것을 기억하면서, 최종적으로 얻을 수 있는 9개 경우의 수를 다음 그림과 같이 4개의 표로 확실히 정리할 수 있다.

우승팀이 6점, 준우승팀이 0점을 기록한 표 A를 자세히 살펴보자. 이는 다음 두 가지 경우 중 한 가지 방법으로 실현될 수 있다. 리버풀이 두 경기에서 모두 이기거나 지는 것이다. 즉 동일한 승점 결과표를 산출하는 확실한 미시상태 두 개가 존재한다. 이 계수는 표 A의 엔트로피, 더 정확히 말하면 자연적인 로그logarithm를 측정한 값이다.

로그가 무언지 빨리 설명해야겠다. 어떤 숫자의 로그는 특정 수를 밑으로 했을 때 그 수를 몇 번 거듭제곱했는지를 의미한다. 예를 들어, 10을 밑으로 하는 100의 로그는 2가 된다. 100은 10을 2번 거듭제곱한 값이기 때문이다. 자연로그의 경우는 보통 'ln'으로 표기되며, 선택된 밑은 오일러의 수Euler's number인 $e \approx 2.718$이다. 따라서 자

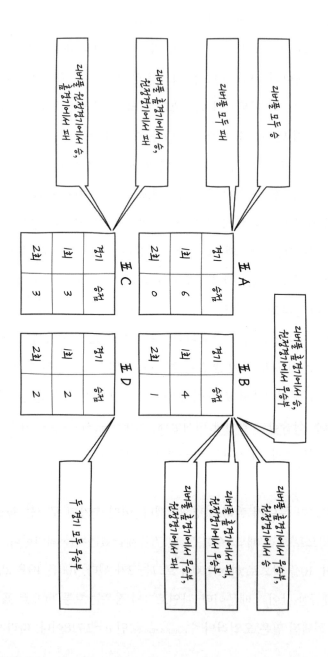

연로그는 e를 몇 번 거듭제곱했는지를 나타낸다. 이를테면 $\ln e^2=2$, $\ln e^3=3$, $\ln e^{0.12}=0.12$인 셈이다. 자연로그는 10을 밑으로 하는 상용로그보다 과학에서 훨씬 더 많이 사용된다.

볼츠만은 자연로그의 관점에서 주어진 엔트로피 공식으로 $S = \ln W$를 제안했는데, 여기서 W는 해당 환경에서의 미시상태 측정값, 또는 모든 경우의 수를 의미한다. 축소 버전의 프리미어 리그를 다시 들여다보면 표 A와 표 C의 엔트로피는 모두 $\ln 2 \approx 0.693$이 되고, 표 B의 엔트로피는 $\ln 4 \approx 1.386$이 되며, 표 D의 엔트로피는 0이 된다($\ln 1=0$이기 때문이다). 우리는 알이나 공룡에 대해 말할 때도 정확히 같은 방식으로 엔트로피값을 측정할 수 있다. 유일한 차이점은 관련된 수다. 축소 버전 프리미어 리그 결과로 얻은 수들과는 대조적으로, 우리가 아침으로 먹은 달걀(또는 공룡!)에 관해 설명할 수 있는 미시상태의 수는 구골과 함께 저 높은 곳에 있다.

우리가 이제 프리미어 리그의 엔트로피에 관해 알게 되었다면 그 엔트로피가 증가할 거라는 사실은 어떻게 알 수 있을까? 사실 꽤 쉽다. 이번 시즌이 표 A의 결과대로 엔트로피값이 $\ln 2$로 끝났다고 생각해 보자. 그럼 다음 시즌에는 어떤 일이 일어날까? 결과가 모두 똑같을 거라고 보고 엔트로피가 $\ln 2$(표 A와 C를 합한 값)로 유지될 확률은 9 대 4, $\ln 4$(표 B)로 증가할 확률은 9 대 4이며, 0(표 D)으로 떨어질 확률은 9 대 1에 불과하다. 따라서 이 작은 규모의 예시에서도 알 수 있듯이, 엔트로피는 내려가기보단 올라갈 가능성이 훨씬 크다.

우리가 알이나 공룡 원자 수의 범위를 구골 단위까지 높인다면 그 가능성은 압도적으로 커진다. 엔트로피의 증가는 가능성 있는 정도가 아니라 필연적 현상이 된다. 실온에 놓인 얼음 한 개를 상상해 보자. 얼음의 계는 얼음의 미시상태가 되며, 시간이 지남에 따라 또 다른 잠재적 미시상태로 이동한다. 이 계는 상태들 사이를 여러 번 이동하다가 결국 당연하게도 물웅덩이로 변한다. 얼음이 얼음으로 남아 있을 기회가 아주 조금은 있었지만, 그럴 가능성은 전혀 없었다. 실온에서 웅덩이가 유지될 미시상태에 비해 얼음이 유지될 미시상태가 더 부족하다는 뜻은, 결국 얼음이 녹을 가능성이 압도적으로 크다는 것을 의미한다. 엔트로피의 거침없는 증가는 실제로는 절대 피할 수 없는 물질의 증가일 뿐이다.

이러한 통계 게임을 통해, 우리는 에너지가 엔트로피 포획자의 포로가 되고, 우주가 마비되는 열역학의 법칙을 이해할 수 있다. 요점은 미시상태를 많이 축적할수록 달걀이나 공룡, 웅덩이에 대한 지식이 희박해진다는 것이다. 다시 말해, 유용한 에너지가 어디 있는지 확신할 수 없기에 훔치는 일이 더 어려워지는 것이다. 마치 도둑이 보석을 훔치려는 상황과 같다. 보석이 방 수백 개가 있는 커다란 저택에 보관되어 있다면 도둑은 보석을 찾는 데 시간이 오래 걸릴 가능성이 크다. 만약 그 저택이 대단히 크고 도둑이 접근하기도 어렵게 되어 있다면 도둑은 보석을 결코 찾지 못할 수도 있다. 엔트로피 또한 혼돈의 흐릿함 속에 에너지를 숨겨 두듯이, 우리가 에너지를 훔쳐 가는 일을 점점 더 어렵게 만든다. 볼츠만은 그 엔트로피가 증가하도록 내버려 둘 경우, 혼란과 무지도 언제나 증가하리라는 것을 알았다. 뉴스를 틀어 정치인들이 하는 말을 듣는 데 시간을 보내 보면 볼츠만이 옳았다는 사실을 금방 깨달을 것이다.

볼츠만의 연구는 정말 놀라웠다. 그는 무작정 미시세계에서 거시세계로, 소인국에서 거인국으로 넘어간 것이 아니었다. 튼튼한 수학적 기초가 있는 다리를 건설했고, 어떻게 하면 안전하게 건너갈 수 있는지를 정확히 보여 주었다. 물론, 언제나처럼, 원자의 현실과 빈 공간의 지배력을 받아들일 준비가 되어 있지 않은 사람들도 있었기에 그의 생각은 저항에 부딪히기도 했다. 그리고 볼츠만 또한 그러한 저항에 대처할 준비가 안 되어 있었다. 그는 총명했지만, 폭력적일 만큼 감정 변화가 심했고 산만했으며 깊은 우울증에 시달렸다. 결국 그의 삶은 이탈리아의 도시 트리에스테 인근의 두이노에서 열역학계의 또 다른 비극으로 끝이 났다. 아내와 딸이 수영을 즐기는 동안 볼츠만은 아무런 메모도 남기지 않은 채 목을 매 숨졌다. 직업적으로 느낀 어려움이 그를 이런 절망적인 행동으로 이끈 건지는 아무도 알 수 없다. 우리가 아는 것은 아인슈타인이 원자의 실체를 과학계에 이해시키고 볼츠만의 다리를 따라 거시세계로 들어가는 연구를 그보다 1년 전에 발표했다는 사실이다.[4]

여러분과 여러분의 도플갱어 이야기로 돌아가 보자. 달걀과 공룡, 기체처럼 여러분 또한 원자와 분자 수백조 개로 이루어져 있다. 원자들이 모두 어디에 있고 무엇을 하고 있는지를 정확히 알기는 불가능하다. 결과적으로 거시세계에서 이 책을 읽는 여러분의 모습을 단 하나의 데이터 배열만으로는 묘사할 수 없다. 엄청난 수의 배열이 필요하다. 물론 그 배열 안에는 여러분이 이 책을 읽는 것과는 전혀 관련 없는 다른 모든 미시상태까지 포함되어 있다. 그중에는 어느 잡지를 읽는 여러분의 모습을 묘사하는 미시상태도 있고, 그 잡지를 읽는 소를 묘사하는 미시상태도 있으며, 분자들로 구성된 기체를 묘사하는 미시상태와 심지어 빈 공간을 묘사하는 미시상태까지 있다. 사실 여러분이 차지하고 있는 입체 공간에 대해 무한히 많은 경우의 수를 상상할 수 있다. 미묘하게 다른 여러분의 모습과 소, 기체, 빈 공간의 모습을 수없이 상상할 수 있는 것이다. 따라서 원칙적으로 따져보면 특정 입체 공간을 묘사하는 미시상태의 수는 무한해야 한다. 그렇지 않은가?

틀렸다.

그 수는 유한하다. 만약 무한하다면 구골에서 구골플렉스로, 그리고 TREE(3)와 그 너머까지 이 입체 공간의 엔트로피가 증가하고 그걸 막을 수 있는 것은 아무것도 없을 것이다. 하지만 무언가가 그것을 막는다. 바로 중력이다. 클라우지우스는 우리에게 엔트로피와 에너지가 나란히 커진다고 가르쳐 주었고, 아인슈타인은 그 에너지에 질량이 있다고 가르쳐 주었다. 만일 우리가 1제곱미터 공간에서 너무 많은 엔트로피를 짜내려고 한다면 중력이 그에 상응하는 무게를 느끼고 교도관을 소환할 것이다. 블랙홀은 필연적으로 형성될 수밖에 없다.

엔트로피의 한계는 블랙홀이다. 블랙홀은 그 누구보다, 그 어느것보다 자신의 미시적 비밀을 잘 감춘다. 블랙홀은 우리가 결코 알 수 없었고 앞으로도 절대 알 수 없을 엄청난 역사를 가진 얼굴 없는 행인이다. 우리가 블랙홀에 대해 측정하려고 한다면 블랙홀은 우리에게 질량, 전하량, 각운동량 세 가지만 알려줄 것이다. 다른 건 모두 감추어 버리고서 말이다. 정원 앞마당에서 조그만 블랙홀을 만났다고 상상해 보자. 어떻게 그런 일이 벌어졌는지 알 수 있을까? 블랙홀이 하루 뒤에도 여전히 그곳에 있고, 코끼리만큼 더 무거워졌다면 우리는 그 블랙홀이 코끼리를 잡아먹었다고 확신할 수 있을까? 코끼리만큼 무거운 질량, 전하량, 각운동량을 가진 셰익스피어의 작품들을 먹어 치운 것은 아닐까? 어떤 경우가 되었든 모두 같은 블랙홀을 만들어 내고, 세 가지 특성도 똑같은 것이다. 그렇다면 무엇이 진실인지 어떻게 알 수 있을까? 우리는 블랙홀의 진정한 역사를 어떻게 알 수 있을까?

이러한 특성은 블랙홀에 엔트로피를 저장하는 독보적인 능력이 있음을 암시한다. 코끼리든 셰익스피어의 문헌이든, 블랙홀의 질량이 더 커지는 다양한 방법이 있었겠지만, 이 중 어느 것도 거시적인 특징에서는 알 수 없다. 그게 무엇이었건 그 비밀은 미시상태 경우의 수 무리 안으로 사라진다. 특정 부피를 가진 한 공간에 대해 생각했을 때, 사건의 지평선이 공간의 가장자리와 겹치고 그 공간에 블랙홀이 딱 들어맞는 일보다 더 엔트로피 같은 일은 없다. 하지만 만약 블랙홀이 엔트로피의 한계라면 블랙홀은 얼마나 많은 엔트로피를 가지고 있을까?

달걀이나 인간, 공룡과 같이 거시적인 물체들의 엔트로피는 부피와 함께 증가한다. 만약 어미 트리케라톱스가 새끼 트리케라톱스보다 사방으로 10배가량 더 크다면 어미 트리케라톱스의 엔트로피는 새끼보다 약 1000배 클 것이다. 이것은 직관적으로 이해가 된다. 어미의 부피가 새끼보다 1000배 크므로 원자들의 공간도 1000배는 더 많이 필요하기 때문이다. 각 원자는 새로운 일이 발생할 가능성을 만든다. 예를 들어, 원자는 이쪽저쪽으로 회전한다. 각 원자에 대해 두 가지 가능성이 생기는 것이다. 100개의 원자에 대해서는 2^{100}개의 가능성이 생기고, 100만 개의 원자에 대해서는 $2^{1000000}$개의 가능성이 생길 것이다. 따라서 가능성의 수, 미시상태의 수는 원자의 수에 따라 기하급수적으로 증가한다. 엔트로피는 그 수의 로그값으로, 거듭제곱한 횟수를 나타낸다. 따라서 엔트로피는 원자의 수에 비례해야만 한다. 그래서 어미 트리케라톱스의 엔트로피가 새끼보다 1000배 큰 것이다.

하지만 트리케라톱스 한 마리 정도는 엔트로피 예시에 걸맞은 대상이 아니다. 우리는 트리케라톱스 10억 마리를 같은 부피의 공간에 끼워 넣어서 훨씬 더 큰 엔트로피를 가진 다른 트리케라톱스를 만들 수도 있다. 달걀이든 인간이든 트리케라톱스든, 그중 무엇도 엔트로피 먹이사슬의 꼭대기 근처에도 가지 못한다. 하지만 블랙홀은 갈 수 있다. 그리고 엄마 블랙홀과 새끼 블랙홀은 엄마 트리케라톱스와 새끼 트리케라톱스의 엔트로피와 매우 다른 방식으로 확장한다. 블랙홀의 엔트로피는 부피보다는 사건의 지평선 면적에 따라 커진다. 이것은 완전히 직관에 반하는 것이지만, 그것은 단지 우리가 중력의 파괴적인 수용력에 지배당하는 물체를 다루는 데 익숙하지 않기 때문이다.

1970년 초, 이스라엘계 미국인 물리학자 제이콥 베켄슈타인Jacob Bekenstein과 영국의 물리학자 스티븐 호킹Stephen Hawking은 사건의 지평선 크기가 A_H인 블랙홀의 경우, 엔트로피의 크기가 다음과 같음을 보여 주었다.

$$S = \frac{A_H}{4l_p^2}$$

여기서 기호 l_p는 플랭크 길이를 나타낸다.* 플랭크 길이는 물리학에서 의미를 가진 가장 짧은 길이로, 약 10억 분의 1조 분의 1조 분의 1센티미터다. 이 길이는 우리가 중력에 대한 이해력을 잃기 시작하는 지점과 일치한다. 시공간의 구조가 흐릿해지고 심지어 부서질 수도 있는 양자역학의 미시세계에서 중력이 장난을 치기 시작하는 길이이다.

호킹은 몇 가지 뛰어난 열역학적 주장을 통해 이 공식의 세부 사항을 밝혔지만, 그 미시적인 근거는 여전히 부족했다. 우리가 정말로 원하는 것은 전형적인 블랙홀을 가지고 그것의 거시적인 특성세 가지인 질량과 전하량, 각운동량과 일치하는 모든 미시상태를 확인하는 일이다. 그 미시상태의 수를 세어 본 후 그 결과에서 나온

---

* 플랭크 길이의 정확한 값은 1.6×10^{-35}미터다.

엔트로피값이 베켄슈타인-호킹 공식과 정확히 일치하는지 알아보는 것이다. 그러나 그 방법을 알아낸 사람은 아직 아무도 없다. 적어도 은하 중심을 배회하는 블랙홀에 관해서는 말이다.[5] 이 문제는 블랙홀 연구의 성배로 남아 있다.

여러분이 차지하고 있는 입체 공간으로 돌아가 보자. 특정 크기의 다른 입체 공간도 좋다. 미시상태가 얼마나 많이 있어야 우리는 그 공간이 가진 모든 물리적 상태를 포착했다고 확신할 수 있을까? 이에 답하기 위해, 우리는 가능한 모든 미시상태를 따져 보고, 물체를 엔트로피의 한계까지 밀어붙일 필요가 있다. 다시 말해서, 우리는 그 공간 안에 들어갈 수 있는 가장 큰 블랙홀을 생각해 봐야 한다. 이 블랙홀은 표면적이 약 1제곱미터인 사건의 지평선을 가질 것이며, 베켄슈타인-호킹의 공식에 따르면[6] 그 엔트로피값은 약 10^{69}이다. 이는 약 $10^{10^{68}}$가지 미시상태라는 뜻이다. 이게 전부다. 이것이 그 한곗값이다. 이 수가 바로 1제곱미터 공간이 가진 모든 미시상태에 대한 최대 경우의 수다.

야심 찬 구골로지스트로서,* 나는 이 거대하지만 유한한 숫자에 도플갱이온doppelngängion이라는 이름을 붙이고자 한다. 우리는 이 숫자를 이번 장과 다음 장, 즉 구골에서 구골플렉스로 가는 다리 위에서 발견했다. 딱 적당한 느낌이다. 결국 도플갱이온은 두 개의 숫자 괴물 사이 어딘가에 존재한다. 구골보다 높이 솟아나 있지만, 구골

---

* 구골로지스트는 큰 수의 이름을 연구하고 발명하는 사람을 말한다.

플렉스보다는 훨씬 짧다. 그 중요성을 충분히 이해하기 위해, 우리는 다음 장에서 다룰 저 아래 깊은 곳까지 여러분의 도플갱어를 계속 찾아다녀야 한다. 아원자 세계로 내려가는 내내 여러분의 존재에 관한 의미를 탐구하면서 말이다.

엔트로피의 한계 덕분에, 이제 나는 이 글을 쓰고 있는 내가 차지한 공간에서 일어나는 일을 최대 $10^{10^{68}}$가지 미시상태 중 하나로 설명할 수 있다는 사실을 알게 되었다. 이것은 해리 왕자와 메건 마클(영국의 왕자와 왕자비—옮긴이)이 차지하는 3제곱미터 공간이나 안드로메다 해안에서 은하 간 전쟁을 모의하고 있는 외계인에 대해서도 마찬가지다. 그리고 여러분에 관한 진실이기도 하다. 여러분의 미시상태 수는 구골보단 크지만, 구골플렉스보다는 작다. 우리 중 최고는 도플갱이온에 있는 사람일 수도 있다.

어쩌면 내가 너무 친절하게 설명하고 있는 것일지도 모르겠다. $10^{10^{68}}$가지 미시상태 중 하나를 선택하고 나면 여러분의 거시적인 모습을 묘사하는 방법 여러 개를 얻을 수 있다. 같은 코와 귀, 기뻐하는 표정 등을 말이다. 여러분의 도플갱어도 같은 상태를 표본으로 추출했을 것이다. 더 정확하게 하고 싶다면 우리는 미시상태와 관련된 조건을 좀 더 좁혀 볼 수도 있다. 여러분의 몸에 있는 각 원자의 정확한 상태나, 뇌에서 생각을 자극하는 뉴런에 대해 질문하기 시작할 수도 있다. 여러분에 대해 그리고 여러분의 도플갱어에 대해 얼마나 신중하게 정의 내리는지에 따라 모든 것이 달라진다. 정확히 얼마나 똑같아야 그것을 도플갱어라고 부를 수 있는 것일까? 그저 똑같은 모습이기만 하면 될까? 아니면 생각까지 똑같거나 각 원자의 배열도 같아야 하는 걸까? 하지만 우리가 원자의 각 상태를 확인하기 시작하는 순간, 우리는 양자역학의 영역이자 다음 장의 주제인 미시세계로 진입하게 된다. 여러분의 도플갱어를 찾으려는 우리의 모험은 이제 양자 세계를 향한 탐험이 되었다. 솔직히 말하자면 지금껏 항상 그래 왔다. 우주는 양자이며, 여러분도 양자다.

여러분의 도플갱어도 마찬가지다.

구골플렉스

양자 마법사

술을 좀 많이 마셨겠지만 상관없다. 수요일 밤은 당신이 사는 동네 술집에서 퀴즈 이벤트를 여는 날이고, 오늘은 엔트로피에 관한 질문이 나왔다. 답을 맞힌 사람이 당신뿐이라 기분이 아주 좋았다. 비틀거리는 걸음으로 집을 향해 걷고 있는데, 길 맞은편에서 누군가 걷고 있다. 잠깐, 같은 쪽에 있는 사람일 수도 있다. 아니면 길 한가운데 있는 건가? 알 수 없다. 대체 무슨 일이지? 그 정도로 많이 마신 걸까?

미시세계에 온 것을 환영한다. 여기서 걷는 이들은 모두 마법사이고, 이곳의 주인은 양자역학이다. 당신은 이곳과 저곳, 모든 곳과 아무것도 아닌 곳에서 확률의 안개에 싸여 길을 잃었다. 좀 당황스러울지도 모르겠다. 내가 분명히 1 뒤에 0이 구골 개만큼 붙어 있는 구골플렉스의 거대함, 그러니까 구골플렉스 우주의 광활함을 상상하게 해 주겠다고 했는데, 이렇게 세상에서 가장 작은 세계로 당신을 데리고 왔으니 말이다. 하지만 어쩔 수 없다. 도플갱어가 있을 법한 구골플렉스 우주를 제대로 이해하려면 양자 법칙을 알아야 하기 때문이다. 양자 법칙은 여러분이 지금껏 익숙하게 여겨 온 모든 것과 완전히 다르다. 이상하며, 직관적으로는 알 수 없다. 하지만 탐험을 이어 나가기 위해서 우리는 이 새로운 삶의 방식을 배울 필요가 있다. 그것은 우리 한 사람 한 사람을 구성하는 아원자 입자들의 춤사위 속에 존재하는, 우리의 일상 아래에 숨어 있던 삶이다. 아원자 입자들의 춤사위는 당신과 당신의 도플갱어를 만든다.

양자역학은 재앙의 잔해 속에서 자랐다. 19세기 말엽, 물리학자들은 공공연한 승리를 거두었다. 그들은 전기와 자기, 빛과 전파, 원자와 분자, 그리고 열역학에 관한 발견과 발명의 시대를 열었다. 그들의 천재성은 런던과 파리, 뉴욕의 거리를 비추었고, 산업혁명의 엔진을 돌렸으며, 라디오와 텔레비전으로 세상을 바꾸고 있었다. 하지만 모두 좋지만은 않았다. 연고에 파리가 섞였고, 부끄러운 비밀이 생겼으며, 그들이 가장 신뢰하는 최고의 생각에서 부조리가 탄생했다.

자외선 대재앙이 일어난 것이다.

흔히 물리학자가 말하는 자외선은 매우 높은 주파수로 진동하는 광선을 의미한다. 아마 여러분도 자외선에 대해 들어 본 적이 있을 것이다. 자외선은 가시광선과 비슷하지만, 주파수가 너무 높아 우리 눈으로는 볼 수 없다. 자외선 대재앙은 19세기 물리학자들이 특정 물체에 흡수되거나 방출하는 고주파 방사선에 에너지가 얼마나 많이 저장될지를 고민하기 시작하던 무렵에 일어났다. 여러분도 집에서 편안히 쉬면서 그 대재앙을 경험할 수 있다.[1] 부엌에 단열 기능이 완벽한 오븐이 있는데, 그 온도를 섭씨 180도까지 올려놓았다고 가정해 보자. 적당한 온도가 될 즈음, 여러분은 오븐 안에 얼마나 많은 에너지가 저장되어 있는지 궁금해질 것이다. 그 답을 알아내기 위해 오븐 안을 살펴보자. 텅 빈 듯 보이지만, 우리는 오븐이 실제로 비어 있지 않다는 사실을 알고 있다. 오븐은 '1.00000000000000858' 장에 나오는 맥스웰의 바다뱀들처럼 꿈틀거리는 전자기 복사 파동으로 가득 차 있다. 여러분은 어떤 뱀들은 다른 뱀들보다 더 맹렬히 꿈틀거리면서 더 많은 진동을 일으킨다는 것도 알아차렸다. 이러한 진동에는 에너지가 있기에, 여러분은 그것을 모두 더해 보기 시작한다. 유령으로 나타난 빅토리아 시대 물리학자의 도움을 받아, 여러분은 오븐 속 모든 진동에서 총에너지를 계산해 냈다.

그 답은 무한대다.

물론 이 유령 물리학자는 당황할 것이다. 그럴 수밖에 없다. 끔찍한 재앙과 같은 답이기 때문이다. 그는 왜 이렇게 일을 망쳐 버렸을까? 무슨 일이 일어난 건지 알아내기 위해 각각의 전자파 복사를 살펴보자. 다음에 나오는 그림처럼, 우리는 이 전자파 복사를 오븐 속

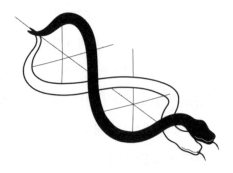

에 갇혀 서로 수직으로 꿈틀거리고 있는 바다뱀 한 쌍, 즉 전기 뱀과 자기 뱀으로 생각해 볼 수 있다.

이 파동에는 진동 주파수와 진폭이라는 두 가지 중요한 특징이 있다. 주파수는 뱀들이 얼마나 빨리 꿈틀거리는지를 알려주고, 진폭은 꿈틀거리는 높이를 나타낸다. 유령이 진폭은 같지만, 주파수는 모든 가능한 범위로 움직이는 수없이 많은 뱀을 쌍으로 그린 후 당신에게 보여 준다. 그리고 맥스웰과 볼츠만이 그에게 말했던 것을 이야기해 준다. 평균적으로 각 쌍의 뱀들에 저장된 에너지는 같으며, 주파수에 의존하지 않는다는 것이다. 사실 그는 각 쌍이 약 6 젭토줄*의 에너지를 갖고 있다고 말한다.[2] 6젭토줄은 우리가 에너지바를 먹어서 얻을 수 있는 200칼로리에서 100조 분의 1의 1조 분의 1에 해당하는 매우 적은 양이다. 이만큼 작은 양이지만, 전체 주파수의 범위는 무한하다고 그가 경고한다. 그것은 분명 무한한 에

---

*   젭토줄zeptojoule은 10억 분의 1의 1조 분의 1줄, 즉 10^{-21}줄이다.

너지로 오븐을 가득 채우는 꿈틀거리는 뱀이 무한히 많음을 의미한다. 이 논리를 따른다면 우리는 결국 자외선 대재앙을 겪게 되며, 어마어마한 에너지 비용을 징수당하게 된다.

하지만 당황할 필요는 없다. 중요한 건 이제 우리가 뛰어난 독일 물리학자 막스 플랑크 덕분에 그 재앙을 피하는 방법을 알게 되었다는 사실이다. 이 책의 다른 주인공처럼, 플랑크도 고통스러운 개인사를 겪었다. 아돌프 히틀러의 암살을 시도했던 클라우스 폰 슈타우펜베르크의 실패로 인해 그에 가담했던 플랑크의 아들 에르빈이 처형을 당한 것이다.

플랑크는 모든 바다뱀이 똑같이 태어나는 게 아니라는 사실을 깨달았다. 뱀들이 발산하는 에너지는 그들이 얼마나 빨리 꿈틀거리느냐에 달려 있어야 한다. 자외선 대재앙을 피하고 싶다면 평균적으로 가장 꿈틀거리는 뱀들은 무한히 많은 뱀이 존재한다는 사실에 대응하기 위해 더 적은 에너지를 발산해야 한다. 플랑크는 이런 일이 어떻게 일어날 수 있는지 알아냈다. 빅토리아 시대 유령의 예상과 달리, 전자기파는 더 이상 아무런 에너지도 가질 수 없었다. 주파수가 커질수록, 평균값을 유지하기 위해 에너지 스펙트럼의 간격도 넓어져야 하기 때문이다. 실험에서 얻은 측정값과 일치시키려면 [3] 플랑크는 에너지 스펙트럼의 간격이 매우 정교해야 한다는 것을 알아차렸다. 허용된 에너지는 오직 어떤 에너지 덩어리, 특정 구성 요소로만 나타날 수 있었으며, 파동의 주파수가 높을수록 덩어리는 커졌다.

하지만 플랑크는 그것을 덩어리라고 부르지 않았다. 콴타quanta라고 불렀다.*

플랑크의 통찰력 속에 숨은 수학을 더 잘 이해하기 위해 〈오징어 게임Squid Game〉에 참가한 사람들을 상상해 보자. 이들은 빚에 허덕이다가 막대한 상금을 타기 위해 목숨을 걸고 어린이용 놀이 대회에 참가한다. 부채 수준이 다양한 사람들 511명이 이 게임에 참가했다고 가정하자.

- 빚이 80억 원인 선수 1명
- 빚이 70억 원인 선수 2명
- 빚이 60억 원인 선수 4명
- 빚이 50억 원인 선수 8명
- 빚이 40억 원인 선수 16명
- 빚이 30억 원인 선수 32명
- 빚이 20억 원인 선수 64명
- 빚이 10억 원인 선수 128명
- 빚이 없는 선수 256명

대회 초반에 선수들의 평균 부채는 10억 원에 조금 못 미친다(정확히는 982,387,476원이다). 그러나 첫 경기가 끝날 무렵에는 10억 원,

---

* 콴타는 라틴어로 '몇 개' 또는 '얼마나 많은'의 복수형이다.

30억 원, 50억 원, 70억 원의 빚을 가진 사람들이 모두 잔혹하게 '제거'된다. 이제 선수가 적어졌지만, 총부채도 크게 줄어 나머지 선수들의 평균 부채가 6억 5700만 원대로 떨어졌다. 두 번째 게임이 끝날 때쯤엔 20억 원과 60억 원을 빚진 사람들도 탈락한다. 남은 선수들의 평균 부채는 2억 6400만 원인 데다, 선수들도 많이 탈락해서 빚의 '스펙트럼'의 간격이 더 커져 평균값이 낮아진다.

플랑크는 오븐 속에 있는 파동에도 이와 비슷한 일이 일어나고 있는 게 틀림없음을 깨달았다. 특정 주파수의 파동에 대한 에너지 분포도를 확인해 보면 에너지 덩어리가 특정 크기여야만 진동이 에너지를 얻는다는 것을 알 수 있다. 더 높은 주파수의 경우, 그 에너지 덩어리는 더 커지고, 평균 에너지는 돌처럼 떨어져 버린다.

실험 데이터와 일치시키기 위해, 플랑크는 주파수의 파동 ω가 $\hbar$의 정수배만큼의 에너지를 가지도록 계산했다. 여기서 $\hbar$는 플랑크 상수로, 우리가 일상적으로 사용하는 단위길이보다 1미터에 10억 곱하기 1조 곱하기 1조 분의 1에 해당하는 작은 수다.* 잠시 후 다루겠지만, 플랑크 상수의 그 작은 크기로 인해 양자 세계가 그토록 오랫동안 우리의 눈을 피해 숨을 수 있었다.

파동은 주파수에 따라 특정 에너지양에만 반응하라는 자연법칙에 구속되어 있는데, 어떻게 보면 이상한 일이다. 가령 이 규칙에 따르면 주파수가 10^{33}헤르츠인 파동은 1줄, 2줄, 3줄 등 정수로 뭉쳐

---

* 플랑크 상수의 정확한 값은 $\hbar$=1.05×10^{-34}줄초joule seconds다.

있는 에너지 덩어리에서만 에너지를 방출할 수 있다. 다른 에너지는 모두 금지된다. 여기서 질문이 생긴다. 내가 이 파동 중 하나에 0.5줄의 에너지를 넣어주면 어떤 일이 벌어질까? 그러면 허용 범위를 넘어서 혁명이 일어나지 않을까? 당연히 그렇다. 바로 그 이유로 파동은 에너지 식사를 거부할 것이다! 파동은 자연법칙을 절대적으로 따르므로, 에너지 덩어리, 즉 콴타는 신성불가침의 영역으로 영원히 남아 있다.

〈오징어 게임〉에서 원화를 화폐로 사용하듯이, 이 $\hbar\omega$의 에너지 덩어리들은 플랑크 상수를 화폐로 사용한다. 플랑크 상수는 매우 작은 값이기 때문에 (일상 단위에서) 처음에는 그 덩어리들이 존재한다는 걸 알아차리는 데 시간이 오래 걸렸다. 돈도 마찬가지다. 만약 당신이 수십억 원을 주고받는데, 단 1원이 부족하거나 많다면 그것을 알아차리기 어려울 것이다. 애초에 플랑크에게 이 에너지 덩어리들과 그의 화폐는 수학적 호기심을 불러일으키는 대상일 뿐이었다. 그러나 현실에서 플랑크의 이 수학적 주문들은 물리 세계에 관한 심오한 진실을 드러내는 포털을 활짝 열어 버렸다. 맥스웰이 전기와 자기를 수학적으로 파고들었을 때처럼 말이다. 하지만 플랑크가 터뜨려 버린 이 진실을 세상에 알리기 위해서는 알베르트 아인슈타인의 용기가 필요했다.

이게 무슨 말인지 제대로 설명하기 위해, 아연판에 자외선 광선을 쏘아 금속이 전자를 내뱉는 현상을 확인하는 간단한 실험에 대해 이야기해야겠다. 특별한 실험은 아니다. 자외선 차단제를 바르지 않은 채 햇빛 아래서 시간을 보내면 알 수 있듯이 자외선은 우리에게 끔찍한 해를 입힐 수 있다. 이 실험에서 눈여겨볼 점은 빛의 강도를 높이면 어떤 일이 벌어지느냐는 것이다. 광선의 강도가 높을수록 전자가 더 빠르게 분출될 거라고 예상하겠지만, 실제로는 그렇지 않다. 세기가 강하면 더 많은 전자가 나오는 건 확실하지만, 분출 속도에는 변화가 없다. 전자의 속도를 높일 수 있는 유일한 방법은 광선의 주파수를 높이는 것이다. X선은 자외선보다 주파수가 더 높다. 따라서 X선은 강도가 높지 않더라도 자외선보다 더 빠른 전자를 만들어 낼 수 있다. 그 반대도 마찬가지다. 광선의 주파수를 떨어뜨리면 전자의 속도는 느려지고, 주파수를 더 많이 낮추면 전자는 아예 생성되지 않는다. 아연판에 가시광선을 쏜다면 주파수가 너무 낮아 전자를 뿜어내지 못할 것이다.

아인슈타인은 광전효과photoelectric effect로 알려진 이 특이한 연구 결과를 발표했다. 1905년은 아인슈타인에게 경이로운 해annus mirabilis였다. 같은 해에 특수상대성이론을 발표한 것이다. 하지만 그는 언제나 '광전효과'가 상대성이론보다 더 획기적이며 기존 지식에 대응하는 반항적인 연구라고 생각했다. 광전효과는 술집 이야기를 비유로 들어 이해할 수 있다. 당신이 구골 명의 손님으로 북적이는 술집에 들어와 있다고 상상해 보자. 손님들은 아직 취하지 않았지만, 보드카를 마시고 나면 취객으로 분류될 것이다. 그러면 바로 종업원들이 밖으로 내쫓을 것이고, 아인슈타인은 이 모습을 사건이 전개되는 것으로 관찰할 것이다. 술집에서 50밀리리터짜리 보드카 수천 병이 손님들에게 서빙된다. 사람들은 이기적이라서 절대 나눠 마시지 않는다. 종업원들은 보드카 병을 무작위로 나눠 주었지만, 손님이 너무 많아서 대부분은 아무것도 얻지 못하고 끝난다. 술 한 병을 손에 넣은 사람들은 있어도, 운 좋게 두 병 이상 마신 사람은 없을 것이다. 따라서 술에 취하도록 보드카를 충분히 마신 사람은 없으며, 결국 아무도 내쫓기지 않았다. 다음 날, 종업원이 50밀리리터짜리 술병 10억 개를 나눠 주지만, 전날과 별다른 차이가 없다. 내쫓길 만큼 술에 취한 사람이 아직 아무도 없다. 셋째 날, 보드카 회사에서 가격을 올리기로 한다. 그들은 50밀리리터짜리 대신 1리터짜리 병을 생산한다. 1리터짜리 보드카 수천 병이 다시 한 번 종업원들에 의해 무작위로 분배된다. 잠시 후, 아인슈타인은 마침내 사람들이 쫓겨나는 모습을 목격하기 시작한다. 그들은 눈에 띄게 취했으며, 한 명도 빠짐없이 모두 반쯤 채워진 1리터짜리 보드카 한 병을 들고 있다. 나흘째 되는 날, 또 다른 1리터짜리 술병이 배달되는데, 이제는 100만 병이다. 아인슈타인은 더 많은 취객이 거리에 내동댕이쳐지는 모습을 목격하지만, 취객들 손에 들린 술병에는 여전히 보드카가 반쯤 채워져 있다.

이 술집 이야기가 광전효과와 무슨 관계가 있을까? 아인슈타인은 만일 플랑크의 제안대로 빛이 덩어리로 쪼개진다면 광전효과도 이 취객들의 상황과 마찬가지로 쉽게 설명될 수 있다는 사실을 깨달았다. 술집은 금속판으로, 손님들은 전자로, 보드카 서빙은 자외선이라고 생각하면 된다. 플랑크의 말대로라면 보드카가 계속 50밀리리터짜리 또는 1리터짜리로 서빙된 것처럼 빛도 주파수에 따라 일정 크기의 덩어리로서 에너지를 전달한다. 전자를 뽑아내는 데 700젭토줄의 에너지만 필요하니 한 덩어리가 아연판에 전달될 때마다 전자를 뽑아내고, 남은 에너지는 전자를 가속하는 데 사용된다. 에너지 덩어리의 크기가 항상 고정되어 있어서 에너지의 남은 양도 항상 같기에 전자의 속도도 언제나 같은 크기로 빨라진다. 이것은 광선의 강도를 높여도 차이가 없다. 에너지 덩어리를 더 많이 전달했으므로 전자가 더 많이 방출되겠지만, 전자의 속도는 같다. 보드카의 경우도 마찬가지다. 1리터짜리 병들을 나누어 줄 때 총 몇 병인지는 상관이 없다. 중요한 것은, 보드카의 양은 취하기까지 필요한 50밀리리터의 문턱만 넘으면 충분하며, 이 문턱에 도달한 사람은 누구나 나머지 반 리터를 남긴 채 술집 밖으로 확실하게 내동댕이쳐진다는 사실이다. 그러면 가시광선을 아연판에 비출 때 전자가 가만히 있는 이유도 알 수 있다. 파란빛을 예로 들어 보자. 파란빛의 경우 약 400젭토줄의 에너지 덩어리를 전달하는데, 전자를 방출시키기에는 충분하지 않은 양이다.

광전효과로 빛이 덩어리라는 사실이 증명되었다. 빛 덩어리, 즉 빛의 양자는 광자photon라는 이름으로 알려졌으며, 이것은 꼭 특정 크기의 잎사귀만 운반하는 일개미처럼 아주 확실한 양의 에너지만 운반하도록 정해져 있었다. 하지만 당대 사람들에게는 말도 안 되는 이야기였다. 영국 수학자 토머스 영의 선구적인 실험 이후 사람들은 빛이 파동이라고 확고히 믿고 있었다. 그랬기에 광자설은 그레타 툰베리Greta Thunberg가 하루아침에 도널드 트럼프를 지지하게 되었다는 말과 같았다. 물론 그런 일은 생기지 않을 것이다.

영은 이중 슬릿 실험으로 빛의 파동적 성질을 증명했다. 어두운 판 위에 서로 가까운 슬릿(좁고 긴 틈) 두 개를 뚫은 후, 그 사이로 빛을 통과시키는 실험이었다. 이중 슬릿 판 뒤에 별도의 화면 판을 배치하여 빛이 이중 슬릿을 통과한 후에 어떤 이미지를 남기는지 확인했다. 영은 만약 빛이 입자로 이루어진 분무라면 이중 슬릿 뒤쪽의 판 위에는 연결이 끊기지 않고 가운데 부분에 빛이 가장 밀집한 빛의 띠가 남을 것으로 예상했다. 화면 판을 향해 총을 무차별로 발사했다고 생각하면 된다. 총알은 좁은 틈을 통과하면서 편향되긴 하겠지만, 가장자리보다는 중앙 영역에 가장 많이 모이게 될 것이다. 사람이 서 있기엔 중앙 영역이 가장 나쁘다. 가장자리에서는 오른쪽이나 왼쪽 슬릿 한 곳에서 통과한 총알만 견디면 되지만 중앙

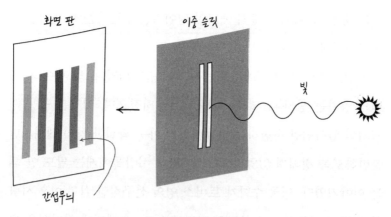

토머스 영의 이중 슬릿 실험

은 모든 방향에서 총알이 오기 때문이다. 하지만 영이 이 빛의 실험에서 목격한 이미지는 총알의 패턴과 달랐다. 그는 슈퍼마켓 바코드 모양처럼 밝고 어두운 빛이 연달아 반복되는 무늬를 발견했다.

이중 슬릿을 동시에 통과한 빛의 모습은 마치 파도가 해변에 있는 호텔 문 양쪽을 통과해 들어온 후 문 반대편에서 자기들끼리 서로 부딪치는 모습과 일치했다. 빛 사이사이의 어두운 부분은 서로 다른 파도의 가장 높은 정점과 가장 낮은 저점이 서로 상쇄 간섭하여 반대 방향으로 밀어낸 결과로 이해할 수 있다. 대조적으로, 빛의 띠는 파도가 서로 만나 보강 간섭을 이루어 같은 방향으로 함께 밀고 나간 모습과 같으며, 그렇게 중첩된 빛은 더 밝은 무늬로 나타난 것이다. 빛의 띠가 의미하는 건 명확했다. 영의 실험은 빛이 입자보다는 파동처럼 행동한다는 사실을 증명했다. 그런데 이제는 광전효과가 그 반대 의견을 증명하고 있었다.

그래서 뭐가 맞는다는 걸까? 파동인가, 입자인가?

진실은 빛이 무대 위에 오른 노련한 배우처럼 행동한다는 것이다. 빛은 무대에 따라 모습을 바꾼다. 토머스 영이 연출하는 이중 슬릿 실험의 무대에서는 파도처럼 춤을 추고, 광전기 회사가 마련한 무대 위에선 입자처럼 춤을 춘다.

이제 여러분은 이렇게 생각할지도 모르겠다. 광자는 입자이지만, 광자가 여럿이 모여 있을 땐 파동처럼 행동한다고 말이다. 결국 파도 또한 매우 작은 물 분자들이 모인 것이기에, 광자도 여럿이 모여 충분히 큰 집합을 이루면 우리가 일상에서 보는 광선처럼 보인다고 생각할 수도 있다. 하지만 영의 실험에서 빛의 강도를 아주 낮게 떨어뜨린 후 한 번에 광자 한 개만 발사했을 때도 결과는 여전히 같았다. 각 광자들이 화면 판에 개별적으로 무작위로 안착했지만, 결국에는 바코드 같은 간섭무늬를 나타냈다. 이중 슬릿 실험의 무대가 마련되면 광자 하나도 파도처럼 춤출 수 있다. 빛 입자 하나가 구멍 두 개를 거의 동시에 통과하는 파도처럼 행동하는 것. 이는 모든 물리학을 통틀어 내가 가장 좋아하는 현상 중 하나다. 너무나 놀라우면서도, 마치 거짓 같지만, 그렇지 않다!

아무도 벗어날 수 없는 사실이다. 단일 광자는 상황에 따라 입자와 파동 둘 다처럼 행동할 수 있다. 하지만 보통 우리가 입자라고 생각하는 전자나 양성자는 어떨까? 입자들도 파동처럼 움직일 수 있을까? 물론 가능하다. 빛은 무대 위에 선 유일한 배우가 아니다. 다른 물질 또한 빛과 같은 무대를 충분히 선보일 수 있다는 사실이 두 미국인 물리학자 클린턴 데이비슨Clinton Davisson과 레스터 거머Lester Germer에 의해 밝혀졌다. 두 사람이 좁은 이중 슬릿 사이로 전자를 발사하자, 자기주장이 강한 파도라면 언제나 그렇듯, 전자 또한 뒤쪽 화면 판에 모여 슈퍼마켓 바코드 같은 무늬를 그려 냈다.

1920년대 중반에 실험을 마친 데이비슨과 거머의 연구 결과는 이미 예견된 것이었다. 이미 10년 전에 뉴질랜드에서 가장 유명한 물리학자 어니스트 러더퍼드Ernest Rutherford가 그 무대를 만들어 놨기 때문이다. 넬슨의 러더퍼드 경Honorable Lord Rutherford of Nelson이라는 그의 직함이 말해 주듯 매우 중요한 사람이었으며, 노벨상 수상자이자 핵물리학의 아버지다. 제1차 세계대전이 일어나기 전, 러더퍼드는 실험을 통해 원자가 작은 형태의 태양계와 같으며, 전자가 원자핵이라고 불리는 밀도 높은 핵 주위를 행성처럼 공전하고 있음을 증명했다. 넓게 퍼진 전자구름은 양전하가 집중적으로 모여 있는 원자핵과 달리 음전하를 띠고 있었다. 이 전하는 원자 태양계가 전자기력에 지배되고 있음을 의미했다. 그러나 막스 플랑크가 보기에 러더퍼드의 모형은 말이 되지 않았다. 궤도를 도는 전자가 가속하고 있었고, 맥스웰의 이론에 따르면 전자는 거의 즉각적으로 에너지를 방출하고 핵으로 떨어져야 하기 때문이다. 원자는 따분하고 중성적인 덩어리에 지나지 않아야만 했다. 존재할 필요가 없었다.

이 문제는 덴마크 코펜하겐에 사는 닐스 보어Niels Bohr라는 전 축구 선수의 흥미를 끌었다. 십대 시절에 보어는 형 하랄드와 함께 덴마크 축구단 아카데미스크 볼드 클럽에서 축구를 했다. 그러나 올림픽 국가대표로 출전한 형과 달리 물리학에 집중하기로 한 보어는 1913년에 원자를 구하는 방법을 찾아냈다.

그는 플랑크의 화폐인 매우 작은 상수 h를 사용하면서, 전자 궤도가 매우 정확한 크기의 덩어리로 분포되어 있어야 한다고 주장했다. 궤도가 덩어리로 되어 있기 때문에 마음껏 작을 수 없으며, 수소 원자의 경우에는 가장 작은 전자 궤도의 반지름이 약 50조 분의 1미터일 거라고 계산했다. 그다음 전자 궤도는 가장 작은 궤도 반지름의 4배 크기이며, 다음으로 큰 궤도는 9배 크기로 이어졌다. 아파트 건물에 좀비가 나타난 상황을 예로 들어 보어의 전자 궤도를 상상해 볼 수 있다. 이 건물 10층에 좀비가 넘쳐나고 있으며, 그들이 1층에 도착하면 도시가 파괴된다. 이를 방지하기 위해 정부에서 계단 통로를 폐쇄하고, 엘리베이터가 특정 층에서만 멈출 수 있도록 설정해 놓았다. 그래서 10층에 있는 좀비들이 2층과 5층 말고는 갈 수 없도록 만들었다. 잠시 후, 좀비들 몇몇이 비틀거리며 엘리베이터를 타고 다른 층으로 이동한다. 5층으로 가기도 하고, 2층으로 가기도 하지만, 절대 그 아래층으로는 내려가지 못한다. 엘리베이터가 가지 않으니 좀비들은 절대 지상에 도달하지 못한다. 결국 도시는 살아남는다. 원자도 마찬가지다. 일단 전자가 플랑크의 화폐를 이용해 계산된, 이동 가능한 최저 궤도에 도달하고 나면 전자는 더 이상 낮아지지 못하고, 원자는 계속 존재할 수 있게 된다.

이러한 일련의 규칙을 세운 이는 보어였지만, 그는 전자가 왜 그 규칙을 따라야 하는지, 왜 그렇게 정확한 궤도에서 핵을 공전하는지는 설명하지 못했다. 이때 프랑스의 젊은 왕자, 제7대 브로이 공작, 루이 드브로이Louis de Broglie가 나타난다. 1924년, 그는 파리대학 박사 논문으로 제출한 연구 자료를 통해, 보어의 원자 모형은 입자보다는 자신의 꼬리를 먹기 위해 이리저리 움직이며 원 모양을 만드는 우로보로스Ouroboros 형태의 전자파로 이해해야 한다고 주장했다. 전자의 운동량에 따라, 그 파동은 매우 특별한 파장을 갖는다.[4] 그 파장은 뱀의 꼬리가 만들어 낸 파동의 나란한 마루peak 또는 골trough 사이의 거리로, 높은 운동량을 가진 입자는 파장이 짧지만, 운동량이 낮은 입자는 파장이 길다. 이 마루와 골이 깔끔하게 일렬로 정렬되어 있으려면 정수가 있어야 하며, 정수는 오직 별개로 구분된 반지름 집합에서만 생성된다. 사람들이 서로 둥글게 손을 잡고 춤을 추는 모습과 같다. 이들은 서로 다양한 수의 사람들로 이루어진 원을 다양하게 만든다. 각자 팔을 뻗어 가장 가까이 있는 사람과 손을 잡는다. 매우 작은 아기 단 한 명이 혼자서 만든 가장 안쪽의 원은 반지름이 제일 작다. 다음은 십대 아이 두 명이 만든 원으로, 아이들의 팔 길이는 아기의 팔 길이보다 두 배나 길어서 그들의 원은 아기의 원보다 네 배 크다(아기보다 긴 팔을 두 개씩 가진 아이들이 두 명 있다는 것을 기억하자). 세 번째 원은 성인 세 명으로 구성되어 있다. 성인의 팔은 아기보다 세 배 길어서 그들이 만든 원은 아기의 원보다 아홉 배 크다. 만약 팔 길이가 아기보다 네 배 긴 거인들이 있다면 우린 계속해서 더 큰 원을 만들 수 있을 것이다. 요점은 다양한 사람들이 서로 손을 잡고 특정 반지름 크기를 가진 원을 만들어 춤추는 모습을 상상함으로써, 마찬가지로 원자 속에서 춤추고 있는 전자의 모습을 이해할 수 있다는 사실이다.

드브로이가 아직 박사과정 중인 젊은 학생이었음에도 아인슈타인은 그가 중요한 점을 생각해 냈다며 관심을 보였다. 드브로이는 혁명을 촉발했다. 베르너 하이젠베르크Werner Heisenberg와 에르빈 슈뢰딩거Erwin Schrödinger, 파스쿠알 요르단Pascual Jordan과 폴 디랙Paul Dirac 같은 젊고 뛰어난 물리학 전사들이 기존 학설에 도전할 준비를 마치고 서둘러 참전했다. 오스트리아의 슈뢰딩거는 가장 먼저 앞장선 사람 중 한 명이다. 그는 한 학회에서 파동과 같은 전자는 일종의 파동방정식을 만족시켜야 한다는 대범한 관찰 연구 발표*에서 영감을 얻었다. 그리고 그 문제를 해결하고자 크리스마스에 아내를 집에 놔둔 채 스위스 알프스의 휴양지 아로사에 있는 외딴 오두막으로 떠났다. 드브로이의 논문을 챙겨 간 슈뢰딩거는 빈 출신인 그의 정부를 오두막으로 불렀다. 추문으로 휩싸인 그 몇 주 동안, 그는 결국 물리학계에서 가장 중대한 공식 하나를 발견하는 데 성공했다.

자신의 파동방정식을 사용하여 수소 원자의 정확한 물리학을 재현한 슈뢰딩거였지만, 파동이 무엇인지에 관해선 그도 정확히 밝혀내지 못했다. 그는 이 함수를 파동함수wave-function라고 명명했으며, 마치 공간 위로 퍼져 나가는 듯한 전자의 모습을 묘사했다고 확신했다. 하지만 이건 옳은 것이 아니었다. 데이비슨과 거머의 이중 슬릿 실험을 통해, 전자가 파동과 같은 패턴을 형성하는 모습을 확인했지만, 이 패턴은 다수의 전자가 화면 판에 부딪힌 후에야 나타난 것이었다. 실제로 각각의 개별 전자는 항상 무작위로 한 곳에 안착했다. 전자의 개별 전하는 절대 분리되지 않았으며, 슈뢰딩거가 묘사한 것처럼 바코드 패턴으로 퍼져 나가지도 않았다.

실제로 무슨 일이 일어나고 있는지 깨달은 사람은 막스 보른Max Born(영국의 유명 가수이자 영화배우인 올리비아 뉴턴존의 할아버지이자 노벨상 수상자)이었다. 슈뢰딩거의 파동함수는 확률probability의 파동에 관

---

*   그 관찰 연구는 네덜란드 물리학자 피터 디바이Peter Debye의 것으로 여겨진다.

한 것이다. 이 함수는 전자가 어디에 있을 수 있는지, 그리고 전자가 거기에 있을 가능성이 얼마나 되는지를 알려준다. 만약 여러분이 전자를 찾고 있다면 여러분은 아마 전자가 있을 가능성이 가장 큰 곳에서 전자를 찾아낼 수 있으나 장담할 수는 없다. 전자는 파동이 사라지지 않은 곳이라면 어디서든 존재할 수 있다. 측정을 시작하고 전자를 확인하기 전까지는 전자가 어디에 있는지 알 수 없다. 그건 운에 달려 있다.

이것은 싸구려 GPS 추적기로 탈주범을 추적하는 일과 같다. 우리는 그의 위치를 정확히 파악할 수 없다. 우리가 할 수 있는 최선은 탈주범이 동네 쇼핑몰 한가운데 어디쯤 숨어 있다고 예측하는 것뿐 확실하게는 알 수 없다. 실제 위치는 운에 맡겨야 한다. 쇼핑몰 주변에 전략적으로 경찰관을 배치할 수는 있겠지만, 어느 쪽으로 도망칠지는 모른다. 탈주범이 잡혔을 때야 비로소 우리는 그가 어디에 있는지 확실히 알게 된다. 마치 자연이 우리에게 싸구려 GPS 추적기를 떠안긴 것 같다. 이중 슬릿 실험에서 전자 하나하나가 어디에 안착할지는 운에 달렸으며, 이후에 측정을 수행하고 많은 전자를 발견한 후에야 파동함수와 일치하는 패턴이 보이기 시작한다. 이 사실은 매우 심오한 의미를 갖는다.

바로 결정론의 죽음이다.

즉 과거는 미래를 확실하게 결정할 수 없다. 우리는 데이비슨과 거머의 실험 속 전자들을 보며 이것을 확인했다. 전자의 운명은 완전히 미지수다. 신은 그저 주사위 놀이를 좋아할 뿐이다. 자연은 복불복 게임이다. 만약 여러분 사랑에 운이 따르지 않는다면 혼자 살 운명이라고 좌절할 필요가 없다. 미시세계에서 운명이란 존재하지 않는다는 사실을 기억하자.

어쩌면 이러한 확률의 파동에서 가장 중요한 내용은 파동들이 서로 겹쳐지는 방법일 것이다. 어떤 파동이든 마찬가지다. 만일 여러분이 배의 갑판 위에서 측면을 향해 돌을 던진다면 그 돌은 수면 위에 떨어져 파문을 일으킬 것이다. 그 파문은 배에 부딪혀 출렁이는 커다란 파도와 겹쳐진다. 이 현상을 물리학에서는 중첩superposition 이라고 부른다. 이중 슬릿 실험의 경우, 왼쪽 슬릿을 통과하는 전자의 확률 파동이 오른쪽 슬릿을 통과하는 전자의 확률 파동과 겹쳐진다. 최종 결과는 두 확률 파동이 서로 민주적으로 결합하고 상쇄하여 아름다운 바코드 패턴의 모습으로 화면 위에 나타난다.

우리는 이제 이중 슬릿 실험 속 전자가 특정 확률로 화면 판 위 어느 지점에 안착한다는 사실을 알게 되었다. 전자가 어디서 출발하여, 어디에 도달하는지 안다. 하지만 전자가 어떻게 그곳까지 갔는지 알고 있을까? 오른쪽 슬릿을 통과했을까, 왼쪽 슬릿을 통과했을까? 확실히 알 수 없다. 바로 이것이 우리가 확률에 관해 이야기하는 이유다. 어쨌건 상식적으로 보면 전자는 분명 두 슬릿 중 하나를 통과했을 것으로 생각된다.

하지만 리처드 파인먼Richard Feynman의 생각은 달랐다.

파인먼은 잘생긴 외모와 날카로운 뉴욕 억양을 가진 매력적인 스타 물리학자였다. 그는 천재이기도 했다. 제2차 세계대전 후 몇 년간, 그는 파동 같은 전자는 두 슬릿을 동시에 통과한 것으로 이해할 수 있다고 주장했다. 이것은 슈뢰딩거가 상상한 것처럼 전자가 퍼져 나가는 모습과는 전혀 다르다. 훨씬 더 이상하다. 말 그대로 왼쪽으로도 지나가고 오른쪽으로도 지나가는 것이다.

이쪽으로 지나가는 동시에,

저쪽으로도 지나간다.

사실 전자는 우리가 상상할 수 있는 모든 통로로 움직일 수 있다. 그저 두 슬릿 중에서 가장 좋은 길을 선택해 가는 것이 아니다. 전자는 우주의 한계 속도를 깨부수고 안드로메다의 가장 먼 지점을 돌고 오거나, 지구의 중심을 향해 굴을 파고 들어갔다가 돌아오는 것처럼 말도 안 되는 길을 택하기도 한다. 파인먼의 관점에서 보면 전자는 이 모든 일, 그 이상의 일을 할 수 있다. 하지만 정말 기발한 것이 하나 더 있다. 파인먼은 두 지점을 잇는 특정 경로들에 특정 번호를 할당하는 방법을 만들었다. 다양한 모든 경로를 나타내는 숫자들의 평균값을 계산하면 우리는 이 두 지점 사이를 지나가는 전자의 확률파를 얻을 수 있다. 전자파를 손에 쥘 필요는 없다. 그저 가능한 모든 경로, 즉 가능한 모든 역사들을 유추하고 그것을 요약하기만 하면 되는 것이다.

이 방법은 여러분이 도로 끝에 있는 어떤 가게까지 걸어갈 때도 적용된다. 여러분은 집에서 가게까지 곧장 걸어가는 길을 생각할 수도 있지만, 그것은 수많은 길 중 하나일 뿐이다. 실제로 여러분은 우주 구석구석을 돌아다니는 길을 포함해서 가능한 모든 길을 탐험할 수 있다. 물론 이 경우에 한해서는, 집에서 가게까지 바로 이어지는 매우 지루한 경로가 선택될 가능성이 압도적으로 높겠지만, 여러분은 그 경로에서 비롯된 '모든 길'을 걸을 수 있다. 이러한 일이 발생하는 이유는 여러분과 같은 거시적인 물체가 엄청나게 많은 조각으로 이루어졌기 때문이다. 그 조각들은 모두 단일 전자 또는 단일 광자로서 양자적으로 행동한다. 그러나 여러분이 그 수많은 상호작용을 평균화하기 시작하면 우리라는 일상적인 존재의 평범한 이야기가 나타나기 시작하고, 양자의 모호함fuzziness을 포착하는 일은 훨씬 어려워진다.

여러분은 이 모든 내용이 조금 불확실하게 느껴질 것이다. 그렇다면 잘하고 있다! 그것이 바로 여러분이 느껴야 하는 감정이다. 불확실성은 양자역학의 핵심이다. 사실 양자역학은 불확정성의 원리uncertainty principle라는 개념을 고려하지 않는다면 그냥 산산조각이 날 것이다. 양자역학은 우리가 전자의 위치와 운동량, 또는 다른 입자의 위치에 대한 진짜 정보를 가질 수 없다고 말한다. 양자역학은 우리가 아는 것을 금한다.

왜 그런지 이해하기 위해, 각 전자가 어디 있는지 알아낼 수 있는 고해상도 현미경이 있다고 상상해 보자. 문제는 전자를 보려면 전자를 비추어야 한다는 것이다. 광자가 들어 있는 광선에는 운동량이 있고, 광선이 전자와 부딪히면 그 운동량 일부가 전자로 이동한다. 얼마나 이동하는지는 알 수 없다. 이러한 불확실성을 줄이려면 훨씬 가볍게 부딪히게 만들어야 한다. 우선 우리는 한 번에 광자 하나만 발사하도록 광선을 더 어둡게 만들어야 한다. 하지만 그것도 충분하지 않다. 광자 하나의 운동량까지 줄여야 하기 때문이다. 그러나 이제 우리는 드브로이가 가르쳐 준 것을 기억해야 한다. 운동량이 낮은 광자는 파장이 매우 길다. 하지만 현미경의 해상도는 들어오는 빛의 파장에 따라 달라지는데, 파장이 길수록 해상도가 떨어진다. 전자의 운동량을 확실하게 알고 싶다면 전자의 위치가 정말 불확실해야 한다.

이렇게 비유를 들어 이해할 수 있게 된 건, 양자 혁명이 한창이던 1927년에 불확정성 원리를 확립한 바이에른 출신의 물리학자 하이젠베르크 덕분이다. 비유는 전자와 광자 간 상호작용의 양자적 특성을 고려하지 않기 때문에 약간 허술하다. 불확정성 원리를 제대로 이해하려면 이것을 올바른 방식으로 표현해야 한다. 우리가 전자의 위치를 측정하려고 할 때마다, 우리가 할 수 있는 최선은 전자를 Δx 너비의 넉넉한 공간 영역에 집어넣는 것이다. 운동량도 마찬가지다. 정확한 값을 알 수 없으니 우리는 그저 전자가 너비 Δp에 걸쳐 퍼져 있는 운동량 범주 안에 있다고만 설정할 수 있다. Δx와 Δp는 각각 위치의 불확정성, 운동량의 불확정성이라고 부른다.

하이젠베르크의 원리에 따라 위 두 불확정성은 다음 공식을 따라야만 한다.

$$\Delta x \Delta p \geq \frac{\hbar}{2}$$

전자의 정확한 위치를 알기 위해서는 불확정성 영역 Δx가 0 크기로 축소되어야 한다. 마찬가지로, 전자의 운동량을 정확히 알려면 Δp가 사라져야 한다. 하이젠베르크의 규칙은 이 두 가지 일이 동시에 일어날 수 없음을 말해 준다. 전자의 위치를 더 확실히 알고 싶다면 운동량 정보를 포기해야 하고, 그 반대 경우도 마찬가지다.

불확정성 원리에 대한 또 다른 내용이 있는데, 이번에는 입자가 가진 에너지의 불확정성 ΔE 및 시간에 대한 불확정성 Δt에 관한 것이다. 만일 여러분이 우사인 볼트의 상황에서 시공간의 불확정성에 관해 더 이야기하고 싶다면 이 내용을 추가로 집어넣어야 한다. 이전 공식과 매우 유사하다.

$$\Delta E \Delta t \geq \frac{\hbar}{2}$$

음악 소리를 떠올리면 이 특정 공식을 가장 잘 이해할 수 있다. 불확정성은 사실 파동의 성질을 갖기 때문이다. 여러분은 양자 이론의 확률 파에서뿐만 아니라, 악기에 의해 만들어진 음파에서도 불확정성을 확인할 수 있다. 내 친구이자 동료인 필 모리아티Phil Moriarty는 저서 《불확정성 원리가 11이 될 때When the Uncertainty Principle goes to 11》에서 이 내용을 자세히 다루었다. 필은 전자기타 연주를 즐긴다. 그가 기타의 다섯째 줄 A현을 튕겨 음이 최대한 길게 울리도록 만든다고 가정해 보자. 그 음은 에너지가 사라질 때까지 몇 초간 공중을 떠다닌다. 필은 이 특별한 소음이 서로 다른 주파수의 음파가 섬세하게 결합하여 만들어졌다는 사실을 잘 안다. 주파수 스펙트럼을 더 주의 깊게 살펴본다면 우리는 A현만의 고조파harmonic를 만들어 내는 음파의 파장을 확인할 수 있을 것이다.

헤비메탈에 열성인 필은 기타로 '처깅chugging'(손바닥으로 현의 소리를 제한하면서 빠른 박자로 줄을 튕겨 거친 소리를 내는 연주 기법—옮긴이)하는 것을 좋아하는데, 손에 공을 잡고 기타의 브리지를 누르며 연주한다. 그렇게 하면 고전적 헤비메탈 사운드가 만들어진다. 이전과 음은 같지만 특유의 '퉁' 소리가 전달되는 것이다. 처깅 연주의 스펙트럼을 분석한다면 고조파는 이전과 같겠지만(결국 같은 음이므로), 마루는 서로 상쇄되고 뚜렷한 형태가 사라진 못생긴 주파수만 보일 것이다.

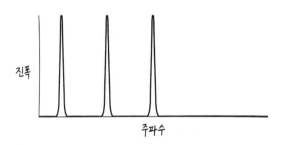

A현 음의 진폭과 주파수(위) 및 시간(아래).
A현 음은 매우 좁은 주파수 대역에서 아주 오랜 시간 지속된다.

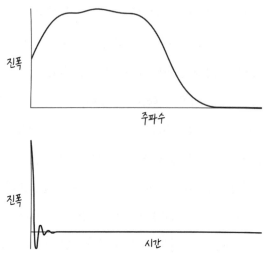

처킹 연주 소리의 진폭과 주파수(위) 및 시간(아래).
이번에는 음이 매우 짧게 끝나며 주파수가 훨씬 넓게 펼쳐진다.

이 두 기타 소리의 차이는 정확히 불확정성 원리의 핵심에 있다. 첫 번째 소리는 스펙트럼의 좁은 간격에서 볼 수 있듯이 주파수가 정확하다. 하지만 시간이 정확하지 않다. 음이 너무 오래 지속되었기 때문에, 우리는 그 소리가 실제로 언제 일어났는지 확실히는 알 수 없다. 처킹의 경우, 음의 간결함 덕분에 시간은 정확하지만 주파수가 정확하지 않다. 우리는 정밀한 주파수와 정확한 시간 간의 팽팽한 줄다리기를 보고 있다.

확률 파도 마찬가지다. 불확정성 원리와 연결하려면 플랑크의 화폐 변환기 $E=\hbar\omega$를 사용하여 주파수에서 에너지로 옮기기만 하면 된다. 결국 불확정성 원리는 먼 옛날 19세기 초에 프랑스인 조셉 푸리에Joseph Fourier가 만든 기초 수학에 지나지 않는다. 푸리에는 진동하는 사인파의 조합에서 어떤 신호가 어떻게 만들어질 수 있는지를 보여 주었다. 만약 여러분이 신호의 위치, 즉 시간 또는 공간에서의 위치를 확실하게 파악하고 싶다면 많은 위치에서 서로를 상쇄하는 수많은 파동이 필요하게 된다. 전자나 광자의 위치를 알려면 그들의 확률 파가 가진 확실한 마루 하나가 있어야 한다. 푸리에의 원리에 따르면 이것은 입자 주변을 제외한 모든 위치에서 서로를 상쇄하면서도 중첩되는 수많은 파동이 필요하다는 사실을 의미한다.

양자 이야기 속에는 지금까지 우리가 피하고 있던 중요한 내용이 들어 있다. 우리를 가장 불안하게 만드는 내용이다. 쇼핑몰에서 탈주범을 쫓던 일을 기억하는가? 여러분은 그가 어디 숨었는지 몰랐지만, 경찰관이 그를 잡은 순간, 탈주범의 위치를 정확하게 알게 되었다. 쇼핑몰을 가로질러 퍼져 나가던 확률의 물결 위에 있다가, 탈주범이 잡히자마자 순식간에 한 지점에 도달했다. 그 변환 과정을 묘사한 물리학에는 무엇이 있을까? 우리는 전자를 보며 같은 문제에 직면하게 된다. 보르의 연구에 따르면 파동함수는 측정을 수행하는 순간, 이곳 또는 저곳으로 즉시 붕괴해 버린다. 이런 현상을 슈뢰딩거의 원리와 같은 공식으로 묘사하기란 불가능하다. 그러면 어떻게 이것을 이해할 수 있을까? 케임브리지대학 시절, 내 지도교수에게 이 문제에 관해 묻자 그는 본인도 양자역학의 위대한 개척자 폴 디랙에게 같은 질문을 던진 적이 있는데, 그 또한 완전히 당황했다고 한다. 그러나 내가 학생이었던 건 아주 오래전 일이다. 이제 우리는 실제로 무슨 일이 일어나고 있는 건지 그때보다 훨씬 많이 알게 되었다. 그것을 설명하기 위해 슈뢰딩거의 개에 관한 이야기를 먼저 들려줘야겠다.

스스로 '슈뢰딩거의 제자'라고 부르는 급진적인 과학자들이 버킹엄 궁전을 대담하게 습격해 엘리자베스가 가장 좋아하는 애견 한 마리를 납치했다. 그들의 목표는 대중의 관심을 끌 수 있는 모든 것을 동원하여 그들에게 과학을 가르치는 것이었다. 궁전을 급습한 후, 이들은 개가 큰 상자 안에 갇혀 있는 모습을 담은 동영상을 온라인에 올린다. 그 상자는 완전히 밀봉되어 있어서 안에서 무슨 일이 일어나고 있는지 볼 수도 들을 수도 없다. 슈뢰딩거의 제자들은 상자 안에 공기가 충분해서 개가 최소한 두 시간은 숨 쉴 수 있다고 큰소리친다. 하지만 다른 문제를 제기한다. 개 옆에 작은 방사능 장치가 설치되어 있다. 이 장치에는 한 시간 만에 붕괴할 확률이 50 대 50인 원자가 들어 있고, 원자가 붕괴하면 그로 인해 총을 발사해 개를 죽이도록 설계되어 있었다. 그러나 원자가 붕괴하지 않고 개가 살아남을 확률은 50 대 50이다. 동영상이 라이브방송으로 송출된다. 개는 아직 상자 안에 있다. 제자들은 개가 상자에 들어간 지 거의 한 시간이 다 되어 간다고 밝히고는, 시청자들에게 개가 지금 어떤 상태일지 추측해 보라고 한다. 살았을까, 죽었을까? 소셜미디어는 다음과 같은 반응으로 넘쳐났다.

정말 기분이 안 좋네요. #죽었음

다들 긍정적으로 생각해 봐요. #개는살아있다

개는 살았으나, 죽었다. #중첩

그들은 상자를 열었다. 그리고 엄숙하게 개의 죽음을 알렸다. 어쩌면 여러분은 여왕의 심경과 마찬가지로 다른 결말을 원했을지도 모르겠다. 하지만 그런 건 상관없다. 요지는 제자들이 상자를 열어 안을 들여다보았을 때, 개는 살아 있거나 죽었을 거라는 사실이다. 이야기를 끝내는 데는 다른 방법이 없다.

하지만 제자들이 상자 안을 들여다보기 직전, 질문을 던진 그 순간에는 어땠을까? 개는 어떤 상태였을까? 양자역학의 다른 모든 경우와 마찬가지로, 개의 상태도 확률 파동으로 묘사되어야 한다. 확률 파 하나는 개가 살아 있다고 묘사할 것이며, 다른 하나는 개가 죽었다고 묘사할 것이다. 개를 처음 상자 안에 넣었을 때, 개는 누군가를 물어뜯을 듯 사납게 짖어 댔다. 그 순간에 개는 분명히 살아 있었으므로, 첫 번째 확률 파동, 즉 살아 있는 파동으로 묘사할 수 있다. 그러나 시간이 흐를수록, 개의 확률 파동은 다른 쪽으로 변한다. 살아 있는 파동이 죽은 파동과 중첩되는 것이다. 개가 죽거나 살아 있을 확률은 쇼핑몰에서 탈주범의 위치를 가로질러 뻗어 나간 파동과 마찬가지로 두 가지 가능성에 걸쳐 확장된다. 그래서 슈뢰딩거의 제자들이 상자 안을 들여다보기 전, 그러니까 누군가 측정을 수행하기 전에 개의 상태는 살아 있는 동시에 죽은 것으로 보일 것이다.

'#중첩'이 맞았다.

이제 잘 알겠다. 하지만 마침내 상자를 열고 들여다본 제자들은 살아 있는 개 또는 죽은 개만 볼 수 있다. 살아 있는 동시에 죽은 개는 결코 볼 수 없다. 마치 쇼핑몰 한복판에서 탈주범이 붙잡힌 순간 다른 모든 확률 파동이 무너진 것처럼, 개의 확률 파동도 살아 있거나 죽은 상태로 무너져 버린다. 개가 정말 살아 있는 동시에 죽었다면 제자들은 왜 그 상태를 모두 볼 수 없는 것일까? 왜 그들은 양자의 모호함을 볼 수 없을까? 그것을 이해하려면 우리는 개를 둘러싸고 있는 모든 것, 즉 제자들부터 시작하여 개를 주시하고 있는 세상, 그리고 개가 들어간 상자를 채우고 있는 공기 분자에 이르기까지 많은 것에 대해 생각해야만 한다. 이 모든 것을 환경environment이라고 부르자.

개와 접촉하는 순간부터, 환경은 개와 상호작용하기 시작한다. 원자와 광자 수십억 개가 지속해서 이리저리 튕기면서 에너지와 운동량, 그리고 그들이 제공해야 하는 것을 서로 교환한다. 그런데 여기서 중요하게 고려해야 할 점이 있다. 중첩에는 전염성이 있다는 것이다. 환경이 개와 처음 접촉하는 순간, 환경은 개의 상태를 나타내는 확률 파동의 중첩 현상과 마주하게 된다. 환경은 살아 있는 파동에 반응해야 할까, 죽은 파동에 반응해야 할까? 결국 하나를 선택할 수 없는 환경은 두 상태 모두에 반응한다. 이러한 이중적 반응은 새로운 중첩 현상을 일으키고 더 확대된다. 중첩 현상의 절반은 죽은 개와 연관된 슬픈 환경을, 나머지 절반은 살아 있는 개와 연관된 행복한 환경을 보여 준다.

그 환경에 속한 사람이나 물건은 오직 그 환경이 허락한 것만 볼 수 있다. 그렇다면 제자들이 살아 있는 동시에 죽은 개를 보려면 무엇이 필요할까? 중첩이 필요하다. 살아남은 개를 둘러싼 행복한 환경을 골라낼 확률 파와 죽은 개를 둘러싼 슬픈 환경을 골라낼 확률 파가 서로 중첩된 확률 파동이 필요하다. 양자의 모호함을 느끼려면 서로를 간섭할 수 있는 행복과 슬픔이 있어야 하며, 그 상태를 통과한 파동들이 데이비슨과 거머의 고전적 실험에서 두 슬릿을 통과한 전자의 상태처럼 함께 포개지기도 해야 할 것이다. 이제 모든 재료를 꺼내 놓은 것 같다. 지금껏 설명한 대로 환경은 등 떠밀려 중첩 현상에 합류되며, 중첩된 확률 파동은 확실히 그곳에 존재한다. 그런데도 왜 제자들은 살아 있는 동시에 죽은 개를 볼 수 없을까? 문제는 환경이 너무 크다는 것이다. 환경이 클수록 행복한 파동과 슬픈 파동은 덜 겹쳐진다. 이 과정을 비일관성decoherence이라고 하며, 더 많은 환경이 개와 직간접적으로 접촉할수록 개의 상태를 묘사하는 확률 파들은 서로 점점 더 멀어진다. 행복한 파동과 슬픈 파동은 의미 있는 방법으로는 절대 서로 간섭할 수 없으며, 개의 양자적 특성은 그 모습을 다르게 위장해 버린다. 비일관성 과정은 매우 빨리 일어나기 때문에, 제자가 개를 확인하는 순간, 그들은 사실상 개가 죽거나 살아 있는 모습밖에 볼 수 없다. 두 상태를 동시에 보는 건 불가능하다.

이러한 이유로 우리가 일상생활에서 양자의 모호함을 보지 못하는 것이지만, 폴 디랙을 그토록 당황하게 만들었던 질문에 대한 실제적인 답은 아니다. 위의 모든 과정이 끝날 때까지 개와 환경은 서로 포개지지 않은 상태에서 여전히 중첩된 위치에 있다. 어떤 학파는 절박한 심정으로 결정론의 필요성을 호소하기 위해 우리가 이 수수께끼를 직접 만들었다고 말하기도 한다. 물론 슈뢰딩거와 다른 학자들이 그랬듯, 이 파동함수에 너무 많은 현실을 연관시키면 위험하다. 파동함수는 우리가 손으로 잡을 수 있는 것이 아니다. 오히려 확률의 수호자라고 생각해야 한다. 파동함수의 역할은 실험에서 어떤 일이 일어날지를 맛보게 해 주는 정도다. 마치 경마에서 어떤 결과를 얻을지를 일련의 확률을 통해 예측해 보듯이 말이다. 실험과 경주의 결과는 실험과 경주의 결과일 뿐, 그 이상 그 이하도 아니다. 걱정할 게 뭐 있겠는가?

드디어 도플갱어로(기억하는가?) 돌아갈 때가 되었다. 이때 슈뢰딩거의 개 이야기에서 우리가 짚고 넘어가야 하는 중요한 요소가 있다. 이제 우리는 개와 환경이 서로 뒤엉킨 중첩 상태로 끝난다는 사실을 안다. 이 상태는 순수한pure 상태의 한 예다. 비록 이 상태가 매우 복잡해 보여도, 이 상태는 여전히 파동처럼 행동하며, 개의 진정한 양자적 상태와 그것을 둘러싼 환경에 관한 완전한 정보를 가지고 있다. 그러나 현실에서는, 즉 거대한 계 안에서 우리는 절대 순수한 상태를 정확히 알지 못한다. 그 어마어마한 양의 양자적 정보를 추적하는 일은 비효율적일 뿐만 아니라, 간혹 블랙홀에 갇힌 죄수들의 기록을 블랙홀이 모조리 파괴해 버리는 경우엔 완전히 불가능하다. 이것을 다루려면 볼츠만의 정신을 되살려야 한다. 평균을 취하는 것이다.

슈뢰딩거의 개 이야기에서, 여왕의 주 관심사는 그가 사랑하는 애완동물의 안녕이다. 여왕은 개를 구성하는 일부 원자의 정확한 상태나 개를 둘러싼 공기 분자, 갇혀 있는 상자 따위엔 관심 없다. 게다가 확실하게도 그녀의 개를 납치한 과격한 과학 교사 집단의 상태에 관해서도 신경 쓰지 않는다. 개의 양자적 건강 상태 혹은 그저 개의 건강 상태를 설명하려면 여왕은 다른 모든 것에 대한 무관심을 평균값과 바꿀 필요가 있다. 그러려면 가능성 있는 환경을 모두 파악하고, 그것을 사랑하는 개의 모든 상태와 섞은 후, 그 모든 상태의 평균값을 계산해야 한다. 결국 무엇이 남았을까? 여왕은 소위 혼합mixed 상태라고 불리는 것을 얻게 된다. 기본적으로 개의 건강(예: 죽은 상태 또는 산 상태)과 관련된 가능한 상태들의 목록이다. 여왕은 이 목록을 통해 누군가가 결국 상자 안을 들여다보았을 때 목격할 개의 상태에 관한 여러 가능성을 알 수 있다.

이러한 혼합 상태는 우리가 이야기했던 순수한 상태와 크게 다르지 않아 보일 수 있지만, 그들은 결코 같은 것이 아니다. 순수한 상태는 진정한 파동이다. 중첩은 하나의 파동이 다른 파동 위에 겹쳐져 또 다른 더 복잡한 파동을 만들어 내지만 그래도 파동이다. 혼합 상태는 가능성에 관한 목록일 뿐 중첩이 아니다. 이 상태는 파동처럼 행동하지 않는다. 우리가 개와 환경을 묘사하는 순수한 상태를 떠올릴 때는 분명 개가 살아 있는 동시에 죽은 것으로 생각하는 중첩 상태가 존재한다. 하지만 우리가 그저 개를 묘사하는 혼합 상태를 생각하면 우리는 개가 정말 죽었는지, 살았는지, 또는 그 둘이 섞인 어떤 상태인지 말하기가 어렵다. 왜냐하면 전혀 모르기 때문이다. 우리는 개가 취할 수 있는 순수한 상태들과 그와 관련된 다른 가능성을 목록으로 만들 수는 있겠지만 거기까지가 최선이다.

이 내용을 더 잘 이해할 방법이 하나 있는데, 비틀스의 노래 〈렛 잇비Let it be〉를 듣는 우리의 모습을 상상하는 것이다. 여러분은 헤드폰을 끼고 음악을 듣는다. 헤드폰 설정을 조작해서 한쪽에선 등골이 짜릿해지는 피아노 연주 소리가, 다른 한쪽에선 지혜가 담긴 가사를 매력적인 목소리로 반주 없이 속삭이는 폴 매카트니의 목소리가 나오도록 만들었다. 양쪽 소리를 동시에 들으면 당연히 이 소리들의 중첩음이 들리고, 1969년 차트에 오른 그 노래 그대로 전체를 즐길 수 있다. 우리는 이 각각의 소리를 순수한 상태로 생각할 수 있다. 피아노 연주 소리, 매카트니의 노래, 그리고 두 소리의 아름다운 조화. 이 세 가지 소리는 파동의 중첩을 보여 준다. 비록 양자역학의 확률 파동이 아닌 음파이긴 하지만 말이다.

이제 다른 시나리오를 상상해 보자. 실수로 헤드폰을 떨어뜨리는 바람에 헤드폰 한쪽이 고장 난 상황이다. 어느 쪽에서 어떤 소리가 나올지 모르기 때문에, 여러분은 직접 소리를 들어 보기 전까지는 무슨 소리를 듣지 못하게 됐는지 알 수 없다. 정보를 일부 잃은 것이다. 지금 이 상황이 바로 혼합 상태다. 피아노 연주 소리와 매카트니의 노랫소리는 두 가지의 순수한 상태이며, 반쪽짜리 헤드폰으로 각 소리를 들을 수 있는 확률은 50 대 50이다.

순수한 상태는 우리가 양자 체계에 대해 알아야 할 모든 것을 말해 준다. 완전한 양자 정보라고도 할 수 있다. 물론 그 정보를 갖고 있다고 해서 실험의 결과를 확실히 예측할 수 있는 것은 아니다. 양자역학에서 순수한 상태는 확률의 파동이며, 그 정보는 전자가 나타날 곳이 아닌 전자가 나타날 가능성이 있는 곳을 알려주기 때문에, 실험의 결과는 언제나 확률 뒤에 숨어 있다. 반면에 혼합 상태는 실제로 양자 정보 일부가 빠진 상태다. 그 정보는 알 수 없는 환경과 뒤엉켜 있기에   우리는 어떤 특정한 중첩이 이 양자 시스템을 묘사하는 것인지조차 확신할 수 없다. 만일 우리가 개의 생사 여부에만 관심이 있다면 우리가 가진 수많은 정보는 쓸모없는 것에 불과할 것이다. 우리의 지식은 완전하지 않다. 그래서 뭐가 문제겠는가? 중요한 측정을 수행할 때 우리는 혼합 상태를 통해 예상 가능한 결과 목록을 얻을 수 있다.

여러분은 지금까지 나를 따라 확률과 불확정성으로 가득한 미시세계의 깊은 곳까지 어렵게 여행해 왔다. 이제까지의 내용은 분명 호기심을 자극하는 여흥 거리 그 이상이었다. 당신의 도플갱어를 발견하려면 당신이 누구인지와 그들이 누구인지를 반드시 알아야 한다. 우리는 이제 당신을 원자들의 특정 배열 상태로만 정의해선 안 된다는 사실을 알게 되었다. 애초에 그렇게 묘사하기가 불가능하다. 그러려면 인간의 몸에 있는 모든 입자의 정확한 위치와 운동량을 알아야 하는데, 하이젠베르크의 양자 법칙에 따르면 원자의 위치와 운동량을 동시에 정확히 아는 일은 금지되어 있다. 결국 여러분은 복잡한 양자 상태로 이해되어야 한다. 여러분은 서로 겹쳐진 확률의 파동으로 뒤덮여 있다. 하지만 여러분을 도플갱어와 비교하기 위해선 정말 이 복잡한 양자 상태에 관한 정보를 모두 알아야 할까? 다시 말해, 순수한 상태여야만 할까?

도플갱어는 어디 있는가?

우리는 무엇인가? 나와 같은 존재라는 건 무슨 의미일까? 내 형제인 라몬은 나와 많은 부분이 같다. 우리는 둘 다 록밴드 스티프 리틀 핑거스Stiff Little Fingers를 좋아하고, 풋볼팀 리버풀의 팬이다. 그게 우리를 정의하는 전부라면 우리는 서로의 도플갱어일 것이다. 하지만 우리에겐 다른 점도 많다. 가령 나는 목이 이상할 만큼 길지만, 라몬은 평범하다. 진정한 도플갱어가 되려면 서로 약간의 차이도 있어선 안 된다. 하지만 완벽히 똑같은 존재를 찾는 일은 위험한 도전이 될 수도 있다.

우리는 전자 하나와는 비교도 못 할 만큼 많은 것으로 이루어져 있다. 예상했을 것이다. 이 책을 읽고 있는 여러분만큼 복잡한 존재를 찾기 위해선 양자와 중성자로 묶여 있는 쿼크와 글루온, 전자구름으로 덮인 원자핵, 복잡한 분자 사슬 안에 결합된 원자 등 많은 것이 필요하며, 1조 개가 넘는 분자들이 1조 개 이상의 세포들에 모여야 한다. 게다가 이 모든 것들이 우리를 둘러싼 세상과 뒤엉켜 있어 상황을 더 복잡하게 만든다. 학창 시절, 교실에 퍼지던 잡다한 소문들을 기억하는가? '데지가 헬렌한테 고백할 거래. 애들한테 전달해.' 이런 식의 내용이 적힌 쪽지가 돌아다니곤 했다. 마지막 단어에는 꼭 밑줄이 그어져 있어서 쪽지를 받은 사람이 뭘 해야 할지가 확실했다. 쪽지가 교실을 돌아다니면서 질투, 흥분, 무관심 등 아이들의 다양한 반응을 일으킨다. 그리고 이런 반응은 종종 일련의 새로운 반응을 유발한다. 그게 무엇이건 간에 한 가지는 확실하다. 데지의 계획을 알고 있는 교실 전체가 순식간에 하나로 뒤엉켜 버릴 거라는 점이다. 우리 그리고 관측 가능한 우주도 마찬가지다. 우주는 태초부터 쪽지를 전달해 왔고, 그 내용은 우리를 구성하는 모든 것과 뒤엉켰다. 우리는 그 엄청나게 많은 정보를 찾아내야 한다.

누가 우리를 쳐다보거나, 우리가 무슨 생각을 하는지 물어본다 해도, 그 사람은 우리의 모든 정보를 얻을 수 없을 것이다. 사실 그는 우리의 저 깊숙한 곳에 존재하는 전자 중 하나가 회전하든 회전하지 않든 상관하지 않을 것이다.* 우리는 어떤 사람(달걀이나 공룡 또

---

* 일상생활에서 우리는 회전, 즉 스핀 하면 떠올리는 직관적 개념이 있다. 특정 방식으로 돌면서 움직이는 물체가 가진 궤도 운동의 운동량이다. 그러나 양자역학에는 실제로 두 가지 유형의 스핀이 있다. 양자 세계에서의 궤도 스핀도 있지만 본질적으로 다른 유형의 스핀도 있다. 이 새로운 스핀은 궤도 스핀과 비슷하나 우리의 일상 세계에서는 찾을 수 없다. 전자의 경우, 고유 스핀을 '위' 또는 '아래'로 측정할 수 있다. 이 측정 실험은 1922년 오토 슈테른Otto Stern과 발터 게를라흐 Walther Gerlach가 처음 진행한 슈테른-게를라흐 실험처럼 시간에 따라 변하는 자기장을 이용하여 수행할 수 있다.

는 입자 기체)에 관해 이야기할 때, 그 존재가 순수한 상태라고 생각하지 않는다. 왜냐하면 그 존재는 우리가 알 필요도 없는 매우 많은 세부 정보들까지 갖고 있기 때문이다. 당신도 예외가 아니다. 당신은 순수하지 않다. 다른 것과 섞여 있다. 우리가 당신을 실제로 묘사하기 위해 할 수 있는 것이라곤 당신이 어떤 미시상태로 있을 수 있는지에 관한 확률과 목록을 나열하는 일뿐이다. 하지만 잃어버린 정보에 대해선 어떻게 해야 할까? 그 정보를 알아내려면 무엇이 필요할까?

우리가 모르는 정보는 확률 상태의 목록에 숨겨져 있다. 우리로서는 그 목록에 만족하는 것이 최선이며, 측정 외에는 방법이 없다. 예를 들어, 어떤 미시상태는 장에 있는 전자가 특정 확률로 위쪽으로 회전하는 반면, 다른 상태는 다른 확률로 아래쪽으로 회전한다. 전자가 사실은 위쪽으로 회전하고 있는데, 우리가 그 사실을 알지 못한다 해도 속상해해선 안 된다. 양자역학에서 절대적 진리란 존재하지 않는다. 다시 말하지만, 측정 외에는 다른 방법이 없다. 여러분이 미니 버전의 슈테른-게를라흐 실험을 수행해서 전자의 스핀을 확인할 때까지, 우리가 할 수 있는 일은 전자가 위로 회전할지 아래로 회전할지에 대한 확률 이야기뿐이다. 이 논리는 우리가 당신에 관해 던질 수 있는 질문들 하나하나에, 미시적인 수준에 이르기까지 모든 것에 적용된다. 당신이 자신 스스로가 누구인지를 받아들이기 위해 필요한 그 모든 측정을 수행하지 않는다면 당신은 양자 세계에서의 조현병 환자이자, 미시적으로 수없이 구별되는 당신들을 모아 놓은 거대한 집단이다. 이는 다른 일들만큼 현실적인 이야기다.

이 조현병을 치료할 수 있는 유일한 방법은 측정을 더 수행하는 것이다. 그것이 순수한 상태로 가는 유일한 길이다. 문제는, 그러기 위해선 우리가 방대하게 많은 측정을 수행해야 한다는 점이다. 당신 몸에는 수없이 많은 원자가 있고, 우리는 그 모든 원자의 마지막 구조까지 분해해야 한다. 그런 종류의 실험과 측정은 분명히 당신을 파괴할 것이다. 당신의 원자를 깨뜨릴 수도 있는 에너지에 노출시키지 않으면서 어떻게 당신의 미시상태와 구조를 모두 조사할 수 있을지, 상상하기도 어렵다. 결국 측정 실험 자체가 당신의 현재 모습에 영향을 끼칠 것이며, 당신은 기체가 되어 버릴 가능성이 크다. 때로는 모르는 게 더 낫다. 하지만 우리가 당신을 없애지 않고도 필요한 측정을 모두 수행할 수 있다고 가정해 보자.

그러면 어떻게 될까? 당신은 도플갱어의 일부가 될 것이다. 비록 잠깐이지만 완벽하게 순수하고도 가능성 있는 $10^{10^{68}}$개의 미시상태 중 하나가 될 것이다. 그럼 이제 당신의 미시상태와 구조를 성공적으로 파악한 똑똑한 수색팀이 당신의 도플갱어를 찾기 시작한다. 물론 이 정보는 그들이 도플갱어를 찾으면서 가지고 다니기엔 너무 많다. 다음 장에서 다루게 되겠지만, 그들은 이 정보가 블랙홀로 무너지는 일을 피하려고 물리적으로 매우 큰, 사람보다 큰 공간에 이것을 보관할 것이다. 그리고 안전을 확인하는 절차가 모두 끝나면 그제야 수색을 시작할 것이다. 수색팀은 당신 오른쪽에 있는 세제곱미터 공간부터 필요한 측정을 수행한다. 그들은 당신에게서 얻은 정보와 정확히 같은 결과를 얻을 수 있을까? 분명히 아닐 것이다. 그래서 그들은 다음 세제곱미터로 이동하고, 또 다음 세제곱미터로 옮겨 간다. 가능한 한 계속 반복한다. 어떤 실험에서든 똑같은 결과를 반복해서 얻을 가능성은 희박하듯, 도플갱어도 한 번에 찾기는 어렵겠지만, 그래도 무언가를 충분히 많이 반복하면 간혹 예상치 못한 일이 벌어지기도 한다. 2016년에 레스터시티 풋볼팀이 프리미어 리그에서 우승했던 일에 놀라면 안 되는 이유이기도 하다. 만약 도플갱어 수색팀이 도플갱어가 존재하는 곳까지의 거리를 수색하고, 계속해서 도플갱어 측정을 수행한다면 그들은 도플갱어를 찾을 수 있는 희박한 확률을 이겨낼 가능성이 있다. 그러니 또 다른 당신이 이 책을 읽으며 앉아 있는 모습을 발견하더라도 놀라면 안 된다.

에이, 말도 안 돼!

이렇게 생각하는 당신의 모습이 예상된다. 하지만 이것을 생각해 보자. 도플갱어가 있는 곳까지의 거리는 구골플렉스 우주와 비교하면 매우 작다. 분수가 커질수록, 구골플렉스에 대한 도플갱어의 비율은 눈에 띄지 않을 만큼 작아진다. 이것은 당신의 도플갱어를 찾을 확률을 그냥 넘어서는 게 아니라, 넘어서고도 남는다는 것을 의미한다. 지금껏 도플갱어가 있는 곳까지의 거리를 과대평가했다는 사실을 깨달으면 훨씬 더 놀랄 것이다. 그 거리는 당신과 당신의 도플갱어가 똑같아야 하는 필요성에서 파생되는데, 그것은 당신과 도플갱어를 모두 죽일 만큼 심각한 위험에 빠뜨린다. 오히려 더 안전하고 편안하게 내릴 수 있는 정의는 도플갱어가 생각보다 가까운 곳에 있다고 생각하는 것이다. 따라서 당신이 아무리 특별하고 독특한 사람이라도, 아무리 엄격한 기준으로 따진다 해도, 구골플렉스 우주에서는 당신의 도플갱어가 존재한다는 사실을 완전히 부정할 수 없다. 도플갱어가 여럿 존재한다는 말 또한 부정하기 어려울 것이다.

만약 우주가 충분히 매우 크다면 당신의 도플갱어는 그곳에 존재한다.

그렇다면 우주는 정말 그만큼 클까? 여기서 우리는 어떤 우주를 말하는 것인지 분명히 해야 한다. 우선 관측 가능한 우주가 있다. 만약 우주가 시작된 시점이 있다면 가장 멀리서 오는 빛은 우리에게 도달할 만한 충분한 시간을 가지기 어려울 것이다. 멀리 볼 수 있는 우리의 능력에는 한계가 있다. 게다가 우리는 우주가 탄생한 시점이 있음을 알고 있다. 밤하늘을 올려다보면 알 수 있는 것이 많다. 무엇이 보이는가? 몇몇 별과 행성이 낭만적으로 반짝이는 모습을 제외하면 여러분 눈에는 새까만 하늘이 보일 것이다. 하지만 그 모습은 영원히 존재했던 무한한 우주에서 볼 수 있는 것과 다르다. 무한한 우주에서의 밤하늘은 낮처럼 밝을 것이다. 여러분이 바라보는 모든 방향에서 젊은 별과 늙은 별, 또는 상상할 수 없을 만큼 오래된 별에서 나오는 빛을 볼 수 있다. 이 사실을 처음 언급한 사람은 독일의 천문학자 하인리히 올베르스Heinrich Olbers다. 그는 이처럼 무한하고 광활한 우주를 상상했는데, 시간이 흘러도 변하지 않고,

별이 골고루 퍼져 있는 모습을 상상했다. 여러분에게 닿을 수 있다면 영원이 있다면 당신이 보게 될 별들의 나이에는 제한이 없을 것이다. 물론 더 멀리 있는 별들은 더 희미하게 보이겠지만, 동시에 더 많을 것이다. 우주 어디를 보든지 그 별들을 볼 수 있을 것이다. 올베르스의 우주에서는 밤이 낮으로 변한다.

하지만 밤은 낮이 아니다. 우주는 끊임없이 스스로 재창조하기 때문이다. 시간이 흐를수록 별과 은하 사이의 간격은 점점 더 벌어지는데, 그 이유는 별들이 서로 도망가기 때문이 아니라, 우주 자체가 더 커지고 있기 때문이다. 우주는 말 그대로 팽창하고 있다. 시계를 거꾸로 돌리면 우주는 쪼그라들 것이고, 어느 순간엔 아무것도 아닌 무가 되어 버릴 것이다. 우주가 탄생한 약 140억 년 전 그날은 어쩌면 역사상 가장 중요한 날일 것이다.

우주의 나이를 측정하는 방법은 다양하다. 그중 하나는 우리가 볼 수 있는 가장 먼 곳에서 제일 폭발적이고 강력한 죽음을 맞이하는 별이 내뿜는 빛을 포착하는 것이다. 이 현상이 바로 초신성 supernova(죽어 가는 별이 폭발하면서 순간적으로 엄청난 에너지를 방출하여 매우 밝은 빛을 내뿜었다가 약해지는 현상―옮긴이)으로, 매우 먼 곳에서 별들이 죽어 가고 있다는 신호다. 우리는 이 먼 곳의 초신성이 근처에 있는 초신성과 거의 같다고 가정하고, 우리가 포착하는 빛의 특성을 비교함으로써 우주의 역사에 관한 귀중한 정보를 얻는다. 우주의 나이를 측정하는 또 다른 방법은 원자가 제일 처음 만들어졌을 때부터 우주를 떠돌아다닌 방사선의 흐름, 즉 우주배경복사cosmic microwave background, CMB를 이용하는 것이다. 이 두 가지 측정법은 서로 극적인 대척점을 만들고 있지는 않지만 약간의 긴장 상태는 이루고 있다. 사람들이 새로운 물리학에 매우 열광하게 할 만큼은 말이다. 대략적인 수치를 보면 두 측정법 모두 우주가 약 140억 년 되었다고 말한다. 여기서 중요한 점은 우주의 나이가 유한하다는 사실이며, 그 말은 빛이 태초부터 이동할 수 있던 거리에 상한선이 있음을 의미한다. 여러분은 그 거리가 약 140억 광년에 해당하는 거리와 같을 것이라 생각하겠지만, 그것은 우주의 팽창을 고려하지 않은 것이다. 계산 결과, 관측 가능한 우주의 가장 먼 곳은 470억 광년 정도 떨어져 있다는 사실이 밝혀졌다. 시간이 시작된 후, 그 너머에 있는 것은 너무 멀리 있어 우리에게 도달하지 못하며, 우리가 확인할 수 있는 신호는 빛도 그 무엇도 없다.

그렇다면 470억 광년을 구골플렉스 우주와 비교하면 어떨까?

비교가 안 된다.

470억 광년은 구골플렉스 우주보다 훨씬 작다. 내 사촌의 이야기와 달리 관측 가능한 우주에서 당신의 도플갱어를 찾을 가망성은 없다. 하지만 그 너머는 어떨까? 도플갱어가 존재할 수 있는 영역은 얼마나 더 멀리 있는 걸까? 470억 년 광년 거리에 놓인 상상의 벽 너머로 더 나가야 할까? 벽 너머에 야생인들이 존재할까? 그리고 우주가 멈춘다는 건 무엇을 의미할까?

우주는 분명 470억 광년에서 멈추지 않는다. 우주는 그보다 훨씬 멀리, 우리가 땅 위에서는 볼 수 없는 곳 너머로 이어진다. 만약 우리가 충분히 오래 살 수만 있다면 그 멀리까지 가볼 수도 있다. 우주는 결국 멈추게 될지도 모른다. 그래서 우주 스스로 거대한 구가 되어 버릴 수도 있다. 우리는 우주 전체를 여행하기 위해 궁극적인 탐험을 하는 우주의 마젤란이 되는 상상을 할 수도 있다. 만일 우주가 정말 여행이 가능한 거대한 구라면 우리는 우주배경복사의 광자를 통해 그 가능성을 파악했을 것이다. 우주가 구 형태라면 그 지름은 최소 23조 광년으로, 관측할 수 없을 만큼 커야 한다. 이것은 우주 전체가 우리가 관측할 수 있는 부분보다 적어도 250배는 크다는 것을 의미한다. 그 숨겨진 크기가 거대하긴 하지만 충분히 큰 것일까? 어쩌면 우주의 크기가 23조 광년 이상일 수도 있겠지만, 구골플렉스만큼 클까?

우주의 진정한 크기를 엿보기 위해서 우리는 우주의 어린 시절을 들여다볼 필요가 있다. 아이들은 퍼즐을 좋아하는데, 우주배경복사에도 퍼즐이 있다. 만약 여러분이 국제우주정거장 위에서 왼편을 바라보면 그곳에는 여러분의 얼굴을 찌르는 우주배경복사 광자가 있을 것이다. 이 복사는 우주의 시간을 성공적으로 통과한 여정 속에서 평균 온도가 절대온도 2.7켈빈까지 내려갔다. 이제 오른쪽을 보자. 여러분은 또 다른 우주배경복사 광자의 흐름과 부딪히게 되는데, 이 복사 역시 평균 온도가 2.7켈빈이다. 어떤 곳을 바라보든 우주배경복사는 같은 온도다. 여러분은 그다지 이상할 것이 없다고 생각하겠지만, 사실은 정말 이상하다. 이 광자들은 온 세상에 관한 정보를 갖고 있으며, 모두 같은 내용을 담고 있다. 이 현상은 그저 먼 옛날에 존재하던 세상들이 서로에 관해 뭔가를 알고 있음을 의미할 수도 있지만 어떻게 그럴 수 있겠는가? 광자가 여행을 시작한 그때, 그 태초의 세상은 그 외 다른 세상을 관찰하기가 불가능했다. 그들 사이에는 어떤 신호도 주고받지 못했을 것이다. 그렇다면 어떻게 우주배경복사로 가득한 하늘을 가로질러 똑같은 온도 정보를 퍼뜨릴 수 있었을까? 그 이유는 아마존 정글 가장 깊은 곳에 사는 부족들의 경우와 약간 비슷하다. 이 부족은 외부 세계와 완전히 단절되어 있었지만, 어떤 이유에서인지 완벽한 영어로 대화한다. 여러분은 부족 사람들이 외부인과 접촉하지 않았다고 들었음에도, 의심할 여지 없이 과거 어느 시점에 영국인 한 명을 만났을 거로 생각할 것이다.

따라서 우주배경복사의 하늘 반대편 끝에 있는 먼 세상들이 과거 어느 시점에 만나 서로 소통했을 것이다. 하지만 만일 그들이 너무 멀리 떨어져 있어서 신호도 주고받을 수 없었다면 어떻게 소통했을까? 아기였던 우주가 이 난제를 해결하기 위해 독창적이고 간단한 해결책인 인플레이션이라는 과정을 생각해 냈을 가능성이 있다. 인플레이션은 서로 멀리 떨어진 두 세상이 한때는 굉장히 가까이서 이웃과 신호를 교환하고 정보를 공유했음을 시사한다. 그러다가 갑자기 그들 사이가 급격히 벌어졌고, 빛보다 빠르게 서로에게서 멀어진 것이다. 어찌 보면 비극적이면서 이상하기도 하다. 어떻게 빛보다 빠른 속도로 폭발할 수 있을까? 우주에 있는 그 어떤 것도 빛의 속도를 능가할 수 없다는 것은 분명 사실이다. 우사인 볼트도 그 일은 불가능하다. 하지만 여기서 일어난 사건은 그런 일이 아니다. 빠르게 움직이는 것은 우주 자체다. 인플레이션inflation이라는 호기심 많은 작은 악마가 우주를 급격히 빠르게 팽창시킨 것이다. 우리는 인플레이션에 대해 잘 알지 못한다. 그저 나중에 이 책에서 만나게 될 그 유명한 힉스 보손과 약간 비슷할 수도 있다고 생각한다. 인플레이션은 매우 다른 시간에 매우 다른 모자를 쓴 힉스 보손일 수도 있지만 확실히는 알지 못한다. 심지어 우리는 인플레이션이 하나인지 둘인지도 모른다. 그러나 그 정체가 무엇이건 간에, 우리는 인플레이션이 빠르게 끝난 후 이웃 세상들 사이에 너무 많은 공간이 생겼다는 사실을 알고 있다. 그 세상들은 모든 의사소통 능력을 잃었다. 그러나 그들이 여전히 서로를 기억하고 있다는 점이 중요하다. 그리고 그 정보를 우주배경복사 광자가 갖고 있다. 이것이 바로 우주배경복사가 전체적으로 대략 비슷한 온도를 가진 이유다.

인플레이션의 시작에 관해 질문을 던졌을 때 비로소 우리는 구골플렉스 우주로 초대된다. 인플레이션은 왜 그렇게 시작되었을까? 영원한 인플레이션이라고 불리는 우주의 끝없는 창조 과정에 그 해답이 있을 수도 있다. 인플레이션은 무작위로 다른 모습을 시도하면서 시간을 보냈을 것이다. 양자역학적으로 어떤 값에서 다른 값으로 뛰어다녔을 것이다. 대부분 인플레이션은 아기 우주에서 가장 좁은 구석에서 별다른 일을 벌이지 않고 얌전하게 있었지만, 어느 순간 갑자기 폭발을 일으키기에 적절한 값으로 뛰어 올랐다. 거대한 나무의 씨앗처럼, 그 조그마한 공간은 우리가 볼 수 있는 모든 우주만큼 거대한 곳으로 자라났다. 하지만 여기에 핵심이 있다. 인플레이션은 계속해서 튀어 올랐고, 한 값에서 다른 값으로 무작위로 튕겨 나갔으며, 우주의 모든 곳에서 같은 일을 반복했다. 보이지 않는 우주의 작은 구석 어딘가에서 인플레이션은 시시때때로 펑! 하며 튀어 올랐고, 그렇게 거대한 우주가 탄생했다. 그러다 같은 일이 또 일어났고 또 일어났다. 우주가 더 많이 만들어질수록 같은 일은 더 많이 일어났다. 이 엄청난 크기의 괴물은 자라고 또 자라나 결국엔 구골플렉스 우주마저도 왜소하게 만들어 버렸다. 우리가 상상할 수 있는 가장 먼 곳까지 여행하게 될 미래의 우주 항해사 마젤란은 결국 이렇게 증언할 것이다. "이토록 광활한 우주에는…… 도플갱어가 존재한다."

내 사촌 제라드의 말이 맞았다.

그레이엄 수

머리를 터뜨리는 블랙홀

내 어린 시절, BBC 채널에서 방영했던 〈수에 관한 생각Think of a Number〉이라는 유명한 텔레비전 프로그램이 있었다. 진행자였던 조니 볼Johnny Ball은 화려한 소품과 의상으로 무장한 채 무대 위를 뛰어다니며 뜨겁고도 순수했던 우리의 마음을 과학과 수학의 기쁨으로 채워 주었다. 당연히 나도 이 프로그램을 매우 좋아했다. 수에 관한 생각이란 제목은 참으로 교육적이고 재미있으면서도 무해하다. 글쎄, 정말 그럴까?

숫자 7이나 15, 47, 62, 22에 관해 생각할 때는 전혀 문제가 없다. 하지만 그레이엄 수는 어떨까? 그 수는 절대 안전하지 않다. 그레이엄 수에 관해 잘못 생각하면 죽을 수도 있다. 다시 보니, 조니 볼은

저 프로그램명을 〈여러분을 죽이지 않는 수에 관한 생각〉으로 지어야 했다. 물론 1980년대 영국에서는 건강이나 안전에 관해 지금보다는 덜 까다로웠을 거란 생각이 든다.

그레이엄 수로 인한 죽음을 서기 79년에 일어난 베수비오 화산 폭발의 참사와 비교하지 않을 수 없다. 아마 여러분은 폼페이에서 발견된 희생자들의 모습을 담은 사진을 본 적 있을 것이다. 마지막 순간에 그들은 화쇄암 분출로 인한 강한 열기로 목숨을 잃었고, 재의 무덤 속에서 영원히 보존되었다. 이 경우는 운이 좋은 것이다. 폼페이 인근 헤르쿨라네움과 오플론티스에서는 더 무시무시한 죽음의 흔적, 즉 화산 폭발 후 사람들의 뇌액이 급격히 끓어올라 두개골이 산산조각 난 잔해가 발견되었다. 이 희생자들은 머리가 터져 목숨을 잃은 것이다.

그레이엄 수는 훨씬 더 끔찍한 뇌 손상을 일으킬 수 있다. 만일 여러분이 억지로 그레이엄 수를 하나하나 생각해야 한다고 치자. 치자. 십진법으로 기술된 그 수가 여러분의 머릿속에 거침없이 밀어 넣어진다면 뇌는 치명타를 입을 것이다. 그 수를 생각했을 때, 얼마 동안은 머릿속에서 점점 더 커지는 일련의 수들이 별로 불편하게 느껴지지 않는다. 그러다가 어느 순간 터져 버린다.

그레이엄 수는 머리를 터뜨리는 블랙홀이다.

그러나 진실은 여러분이 그레이엄 수를 생각할 수 없다는 것이다. 그 누구도 이 거대한 수 전체를 생각할 수 없다. 수가 너무 많기 때문이다. 당신의 지능이 뛰어나다고 해도 다룰 수 없다. 이것은 지능 문제가 아니라 물리학적 문제다. 이처럼 많은 정보를 인간의 머리에 구겨 넣으려 한다면 그 머리는 분명 붕괴되어 블랙홀을 만들어 낼 것이다. 뒤에서 이 내용을 다루게 되겠지만, 블랙홀은 여러분이 특정 공간에 얼마나 많은 정보를 넣을 수 있는지를 제한하고 있으며, 여러분의 머리는 그레이엄 수에 있는 모든 정보를 담을 만큼 충분히 크지 않다. 바로 이것이 문제다. 그레이엄 수는 그냥 큰 게 아니라 구골이나 구골플렉스, 심지어 구골플렉시안보다 훨씬 거대하다. 이 수와 그 속의 모든 숫자는 우리 머릿속은 물론, 관측 가능한 우주에도, 구골플렉스 우주 속에도 집어넣을 수 없다. 십진법으로 기술한 그 수에는 너무 많은 정보가 담겨 있어서 그것을 다 구겨 넣기가 어렵다.

대체 그 누가 우리를 죽일 수도 있는 숫자를 발명했을까? 그 책임자는 여러 상을 수상한 수학자 론 그레이엄Ron Graham이다. 그레이엄은 수학적 고정관념에 얽매이지 않았다. 1950년대 초, 15세 나이에 시카고대학에 진학한 귀여운 생김새의 그레이엄은 트램펄린과 저글링을 배웠고, 곧장 바운싱 베어스라는 서커스단에서 공연할 수 있을 만큼 능숙해졌다. 그는 집에서 편히 쉬던 노년에도 뛰어놀기를 멈추지 않았다. 그의 친구들 말에 따르면 론 그레이엄과 함께 있으면 언제나 깜짝 놀랄 일을 기대하게 된다고 한다. 그는 수학을 주제로 토론하다가도 갑자기 물구나무서기를 하거나 포고 스틱(우리나라에서는 스카이콩콩으로 알려진 놀이기구—옮긴이)을 타고 사람들 주위를 돌며 춤을 추곤 했다.

그레이엄 수에 관한 이야기는 20세기 초 프랭크 램지Frank Ramsey라는 또 다른 매력적인 수학자와 함께 시작된다. 램지는 지식인 부류였는데, 케임브리지 사도회Cambridge Apostles로 알려진 비밀결사 단체의 일원이었다.* 저명한 경제학자 존 메이너드 케인스John Maynard Keynes의 제자였는데, 후에 그의 추천을 받아 나의 모교인 킹스칼리지의 연구원이 되었다. 대학 시절 나는 케인스의 이름을 딴 건물에서 지냈으며, 그에 대해 모르는 사람이 없었지만, 램지에 관해서는 아무도 말해 주지 않았다. 그러지 말았어야 했다. 램지는 수학과 경제학, 철학에 크게 이바지했지만 1930년에 만성 간 질환으로 26세의 나이에 사망했다. 하지만 그의 가장 큰 공헌은 1928년에 발표한 형식 논리에 관한 논문을 통해 우연히 일어난 것이었다. 논문 속에 깊이 파묻혀 있던 작고 부수적인 수학 정리가 씨앗이 되어, 현재는 그의 이름이 들어간 조합 수학의 새로운 이론이 만들어졌다.

램지 이론Ransey Theory은 혼돈에서 질서를 끌어내는 문제에 관한 이론이다. 이것은 마치 브렉시트에 대해 논의하는 국회의원들을 보면서 우리가 스스로 자문해 보는 일과 같다. 이 모든 무질서함, 즉 자아와 의견의 불협화음 속에서 우리는 어떤 공통점이나 합의의 여지를 찾을 수 있을까? 나는 저녁 식사 모임을 주최하는 과정

---

* 케임브리지 사도회는 케임브리지대학 학부생들로 구성된 지적 토론 단체다. 1950년대와 1960년대에 약간의 불미스러운 사건으로 악명을 얻었는데, 전 회원이던 가이 버지스Guy Burgess와 앤서니 블런트Anthony Blunt가 영국 기밀을 소련에 넘기는 케임브리지 첩보 조직의 일원이라는 사실이 폭로된 것이다. 램지는 버지스와 블런트가 사도회에 가입하기 10년 전인 1920년대 회원이며, 그가 정치적으로 좌파이긴 했으나 간첩 활동에 관여했을 거라고 주장할 만한 근거는 없다.

에서 이와 같은 질문을 던질 수 있다.[1] 내가 전혀 다른 생활 배경과 경험, 의견을 가진 친구와 가족 여섯 명을 손님으로 초대했다고 상상해 보자. 바람직한 호스트로서 나는 손님들을 모두 테이블에 둘러앉힌 후 누가 누구를 알고 있는지 확인해 본다. 알제논Algenon은 내 딸 벨라Bella와 아는 사이다. 그는 내 대학 친구로, 가끔 우리 가족과 만나곤 했다. 현재 음악 산업에 몸담고 있으며, 예전에 그가 레코드 가게에서 일할 때 가수 리오 세이어가 가게에 들어와서 자신의 앨범 CD 열두 장을 사 간 이야기(실화)를 하기를 좋아한다. 벨라는 아직 학생이지만 언젠가 예술가가 되고 싶어 한다. 알제논은 대학 시절부터 알고 지낸 클라키Clarkey와도 아는 사이다. 클라키는 스포츠 방송인이다. 그는 아이들과 함께 있는 걸 최대한 피해 다니기 때문에 벨라를 알지 못한다. 나는 이 모든 내용을 다이어그램으로 기록한다.

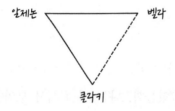

서로를 확실히 아는 사이는 실선으로 표현한 반면, 서로 모르는 사이에는 점선을 그렸다. 다음은 아이비리그 대학의 교수인 디노 Deano다. 디노도 나와 알제논, 클라키와 함께 대학을 다녔지만, 클라

키와 마찬가지로 벨라를 잘 모른다. 디노를 넣어서 다이어그램을
수정해보았다.

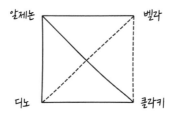

이제 마지막 손님 두 명을 초대한다. 어니스트Ernest와 폰시Fonsi는
둘 다 벨라를 알지만, 서로에 대해서나 모임에 초대된 다른 사람들
은 잘 모른다. 어니스트는 엔지니어이며 북아메리카에서 영국으로
회색 다람쥐를 처음 데리고 온 사람의 손자다(이번에도 실화). 폰시는
야심 찬 정치가다. 다이어그램을 다시 한 번 업데이트한다.

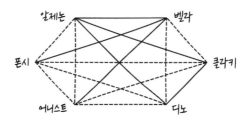

겨우 6명만으로도 선으로 이어진 이 견고한 네트워크가 이미 혼
란스러워 보이기 시작했다. 하지만 속을 잘 들여다보면 어느 정도
질서가 보일 것이다. 예를 들어, 알제논과 클라키, 디노는 모두 서

로를 아는 사람들 3명으로 구성된 소그룹을 형성한다. 반면, 클라키, 어니스트, 폰시는 완전히 낯선 사람 3명으로 이루어진 소그룹을 형성한다. 하지만 여러분은 이 네트워크에 어떤 식으로도 4명으로 구성된 그룹은 없다는 사실을 알아챘을 것이다.

이런 네트워크가 바로 램지 이론의 핵심이다. 손님 6명이 초대된 저녁 모임에서는 3명으로 구성된 소그룹을 찾는 일은 그다지 놀랍지 않다. 오히려 확실히 보장된 일이다. 사실 손님 6명은 3명으로 구성된 소그룹을 만들기 위한 최소 인원이다. 그러나 앞서 확인한 것처럼 4명으로 구성된 소그룹을 만들기에는 충분하지 않다. 4명의 그룹을 확실히 만들 수 있으려면 적어도 손님 18명이 필요하다. 이것이 바로 램지수Ramsey number다. 전문적인 용어를 단순화해서 말하자면[2] 세 번째 램지수는 6, 네 번째 램지수는 18이라고 말할 수 있다.

램지는 저녁 모임에 사람들을 충분히 많이 초대하기만 하면 특정 크기의 소집단을 만들 수 있음을 보여 주었다. 하지만 그는 사람을 얼마나 많이 데려와야 하는지는 알지 못했다. 5명 소그룹을 생각하면서부터 이미 상황은 훨씬 어려워지기 시작한다. 수학자들은 대부분 5명 그룹을 확실히 만들기 위해서는 손님이 최소 43명은 필요하다고 생각하지만, 확실하게 아는 사람은 없다. 최소 필요 인원수는 43명에서 48명 사이다.

정확하게 따져 보자면 수학자들은 가능한 모든 네트워크를 재현한 다음, 5명 소그룹이 언제 형성될지를 확인해 봐야 한다. 컴퓨터로 이 작업을 시도해 볼 수도 있겠지만 제대로 작업을 수행할 수 있을 만큼 성능 좋은 컴퓨터가 없다. 손님이 43명일 경우, 우리는 컴퓨터가 2^{903}개의 각기 다른 네트워크를 확인할 수 있도록 검색을 요청해야 한다. 이 수는 구골보다 훨씬 많은 수다. 심지어 최신 슈퍼컴퓨터도 이런 수 앞에서는 버벅거린다.

6명의 소그룹을 확실히 만들기 위해서는 최소 102명에서 165명까지의 손님을 초대해야 한다. 당연히 여섯 번째 램지수를 정확히 찾는 문제는 다섯 번째 램지수를 찾는 일보다 훨씬 어렵다. 위대한 수학자이자 여행자인 에르되시 팔Paul Erdös은 종말론적 상상을 동원하며 그 어려움을 강조했다. 그는 진보한 외계인이 지구를 침공하는 상상을 했다. 지구에 온 그들은 우리에게 다섯 번째 램지수를 요구하며, 수를 내놓지 못하면 우리는 아둔함 때문에 전멸당할 거라 협박한다. 이 경우를 위해 에르되시가 세운 전략은 세계 모든 컴퓨터와 수학자 들의 능력을 모아 다섯 번째 램지수의 답을 알아내는 것이다. 하지만 만약 외계인들이 여섯 번째 램지수를 요구한다면 결국 달라지는 건 없다. 우리는 외계인들이 우리를 전멸시키기 전에 그들을 섬멸할 방법을 찾아야만 한다.

에르되시의 현란한 표현법을 보면 그의 독특한 성격을 알 수 있다. 제1차 세계대전 직전에 부다페스트에서 태어난 그는 성인이 된 후의 인생 대부분을 길에서 보낸 괴짜이며, 한 장소에서 한 달 이상 지내는 법이 거의 없었다. 그는 수학적인 문제들에 관한 자신의 개론서를 새롭게 해결할 방안과 협력자를 찾아 대륙을 가로지르며 끊임없이 이곳저곳을 돌아다녔다. 에르되시가 만일 여행가방을 든 채로 여러분 집 앞에 서 있다면 그는 자신이 원하는 만큼 묵을 수 있는 침대와 음식을 요구하면서 그가 하는 일을 계획하고 정리해 주기를 바랄 것이다. 집에 애들이 있다면 그에게 엡실론으로 취급받을 것이다. 엡실론은 수학자들이 무한히 작은 것을 기술하고자 할 때 사용한 표기법이다. 에르되시는 당신이 풀어야 할 수학 문제도 갖고 있을 것이다. 그는 문제 푸는 일을 도와줄 협력자와 그가 풀어야 할 수학 문제를 연결하여 해결하는 능력이 매우 뛰어났다. 주목할 만큼 특이한 경력을 쌓는 동안, 그는 암페타민에 중독된 상태에서 500명이 넘는 협력자들과 함께 1500편 이상의 논문을 썼다. 그의 광범위한 활동 때문에 수학자들은 서로 조금만 협력을 맺어도 대부분 그와 연결되었고, 이제 학계에서는 에르되시 수(수학자들 사이에서 에르되시 팔과 몇 단계에 걸쳐 서로 연결되었는지를 나타내는 수—옮긴이)를 따져 보게 되었다.

론 그레이엄의 에르되시 수는 1번이다. 그는 에르되시와 매우 가까웠기 때문에, 에르되시가 방문할 때마다 머물 수 있고 물건도 보관할 수 있는 '에르되시의 방'을 집 안에 따로 마련했다. 심지어 에르되시의 수표를 모으고 청구서를 정리하며 재정까지 돌봐 주었다. 하지만 그 유명한 그레이엄 수를 우연히 발견한 일은 에르되시를 통해서가 아니었다. 동료 미국인 수학자 브루스 리 로스차일드Bruce Lee Rothschild와 이후 학술지 〈사이언티픽 아메리칸Scientific American〉의 칼럼니스트 마틴 가드너Martin Gardner와의 협업을 통해서였다.

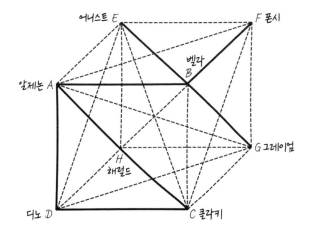

그레이엄과 로스차일드는 램지 이론 안에서도 매우 특별한 문제에 관심을 기울였다. 그 문제를 알아보기 위해 우리의 저녁 모임에 그레이엄Graham과 해럴드Harold라는 손님 2명을 더 초대하자. 그레이엄은 벨라의 삼촌이며, 해럴드는 약간 수수께끼 같은 존재다. 그는 5개국어에 능통한 듯 보이지만 누구인지, 무엇을 하는 사람인지는 아무도 모르며, 우리에게 정보를 주지도 않는다. 아마도 스파이인 것 같다. 사실 중요한 문제는 아니다. 중요한 것은 현재 손님 8명이 와 있다는 사실이다. 즉 새로운 종류의 네트워크를 표현하기 위해 정육면체를 그리고, 각 꼭짓점에 손님들을 배치한 것을 상상할 수 있다.

그런데 내가 이 네트워크를 잘라 보기로 했다고 가정해 보자. 이를테면 대각선을 따라서 벨라, 클라키, 어니스트, 해럴드를 따로 잘라 볼 수 있다. 이 네 사람은 일종의 하위 네트워크를 형성하며, 평

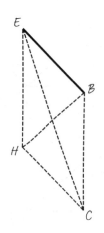

평한 종이에 그리기가 훨씬 쉽다.

하지만 이들은 어떤 종류의 그룹도 아니다. 그저 아는 사람과 모르는 사람 들이 모인 애매한 구성일 뿐이다. 그렇다면 좀 더 흥미로운 소집단이 구성되도록 네트워크를 자를 수 있었을까? 이 특별한 예시의 답은 '그렇다'이다. 정육면체 뒷면을 잘라 어니스트, 폰시, 그레이엄, 해럴드를 잘라 내면 서로 완전히 낯선 사람들로 구성된 4명의 집단을 추릴 수 있다.

그레이엄과 로스차일드가 알고 싶었던 것은, 정육면체가 어떻게 구성되어 있든 간에 항상 소그룹을 만들 수 있는 방식을 찾을 수 있는지였다. 3차원에서의 대답은 '아니요'이다. 위의 방법 말고는 이 8명 네트워크에서 의미 있는 소그룹을 만들 방법이 없다. 물론 수학자라면 누구나 3차원 세계를 자유자재로 뛰어넘기에 그레이엄과 로스차일드는 4차원과 5차원, 6차원, 혹은 더 높은 차원 안에서 생각하기 시작했다. 어디를 잘라도 소그룹을 만들 수 있는 네트워크를 이루려면 몇 차원의 네트워크가 필요한 것일까?

당연하게도 그레이엄과 로스차일드는 이 문제에 확실하게 답하지 못했다. 램지 이론이 가진 문제 대부분이 바로 이것이다. 하지만 두 사람은 유한한 답이 존재한다는 사실과 그 답이 될 수 있을 만한 제한된 조건을 보여 주었다. 가장 낮은 차원의 수는 6과 괴물같이 거대한 수 사이에 있는 것이어야만 한다. 이 수는 우리가 알고 싶어 하는 그 어느 것보다 유한한 수였다. 여러분의 기대와 달리, 저 두 사람이 제안한 엄청난 제한값은 우리가 그레이엄 수라고 부르는 그 수가 아니다. 그레이엄 수는 그로부터 6년 후인 1977년에 그레이엄이 마틴 가드너와 대화를 나누었을 때 나온 것이다. 가드너가 〈사이언티픽 아메리칸〉에 실을 기사를 쓰며 차원 수의 제한값을 간단히 설명할 방법을 원하자, 그레이엄은 그보다 조금 더 큰 수를 만들어 냈다. 이 새로운 수는 '수학적 증명에 사용된 것 중에서 가장 큰 수'로 1980년 기네스북에 기록되었다. 하지만 실제로는 증명을 위해 사용된 적은 없다.

상관없다. 나는 그레이엄이 가드너에게 제시한 수가 어떤 가치를 가지는지 여러분이 생각해 보고 놀라워하면 좋겠다. 걱정은 하지 않아도 된다. 십진법으로 기술된 그 수를 생각해 보라고 강요하지는 않을 것이다. 아직은 말이다. 우선 우리는 커누스의 화살표 표기법Knuth's arrow notation을 사용하여 그레이엄 수를 더 안전하게 생각할 방법에 초점을 맞출 것이다. 화살표 표기법이란 1976년에 미국의 컴퓨터 과학자 도널드 커누스Donald Knuth가 개발한 표기법이다. 그는 수와 계산에 관해 광범위하고 다양한 글을 썼고, 자신의 책에서 실수를 발견한 사람에게 2.56달러의 보상금을 보내는 것으로 유명했다.* 그의 화살표 표기법은 우리가 큰 수의 땅을 안전하게 통과할 수 있도록 도와줄 것이다.

곱셈부터 시작해 보자. 3×4는 무엇을 의미할까? 여러분은 '12'라고 말하고 싶겠지만 이 문제에 대해 조금만 더 생각해 보자. 우리가 3×4를 적었을 때, 그 진짜 의미는 3을 4번 더하는 것, 즉 3+3+3+3이다. 식으로 쓰면 다음과 같다.

$$a \times b = \underbrace{a + a + \cdots + a}_{(b\text{번 반복})}$$

이 식은 그저 a를 b번 더한 것이다. 이 식을 해체해 보면 곱셈이란 반복되는 덧셈을 설명하는 멋진 방법이라는 사실을 알 수 있다. 그렇다면 반복되는 곱셈은 어떨까?

아래는 수학자들이 지수화exponentiation라고 부르는 것으로, 보통 위첨자를 사용해서 표현한다.

$$a^b = \underbrace{a \times a \times \cdots \times a}_{(b\text{번 반복})}$$

---

* 커누스는 '256페니가 16진법으로 1달러'이기 때문에 2.56달러로 정했다.

이것은 a를 자기 자신으로 b번 곱하는 것이다. 아래 예시와 같다.

$$3^3 = 3 \times 3 \times 3 = 27$$
$$3^4 = 3 \times 3 \times 3 \times 3 = 81$$

여러분은 아마 이것을 거듭제곱이라고 부를 것이다. 내 아내는 '투더스'라고 부른다(to the의 발음을 따서). 그 진정한 의미를 이해했다면 뭐라고 부르든 상관없다. 커누스는 이 거듭제곱을 다른 방식으로 표기했다. 화살표를 사용한 것이다.

$$a \uparrow b = \underbrace{a \times a \times \ldots \times a}_{(b\text{번 반복})} = a^b$$

예시를 반복해 보자면 우리는 $3 \uparrow 3 = 27$과 $3 \uparrow 4 = 81$로 표기할 수 있다.

이쯤에서 멈출 수도 있겠지만, 그건 다른 일반인들이 하는 일이고, 우리는 일반적이지 않다. 계속 진행해 보자. 지수화를 반복하면 무엇을 얻게 될까? 우리는 이것을 테트레이션tetration이라고 부른다. 커누스는 이중 화살표를 사용해 테트레이션을 표기했다.

$$a \uparrow\uparrow b = \underbrace{a \uparrow \left(a \uparrow \left(\ldots \uparrow a \right) \right)}_{(b\text{번 반복})}$$

a를 자기 자신으로 b번 거듭제곱한 수도 있다. 이것을 지수 탑 쌓기라고도 부르는데, 다음과 같은 모습으로 표기되기 때문이다.

$$a^{a^{a^{\cdot^{\cdot^{\cdot^{a}}}}}}$$

이처럼, a가 b개 층만큼 탑으로 쌓여 있다.

3↑↑3과 3↑↑4를 살펴보자. 이들은 3을 3층과 4층 탑으로 쌓아 놓은 수일 뿐이다. 즉 다음과 같다.

$$3↑↑3 = 3↑(3↑3) = 3^{3^3} = 3^{27} = 7{,}625{,}597{,}484{,}987$$
$$3↑↑4 = 3↑(3↑(3↑3)) = 3^{3^{3^3}} = 3^{7{,}625{,}597{,}484{,}987}$$

이중 화살표를 사용하면 3에서 7조 6000억까지 한 번에 도약할 수 있다. 이것은 실로 대단한 성과다. 하지만 커누스 표기법은 그보다 더 멀리 갈 수 있게 해 준다. 이중 화살표를 반복하여 삼중 화살표를 사용하기만 하면 된다.

$$a↑↑↑b = \underbrace{a↑↑\left(a↑↑\left(\cdots↑↑a\right)\right)}_{(b번\ 반복)}$$

이전과 같은 논리지만, 이제 a가 자기 자신을 b번 이중 화살표화 해야 한다. 삼중 화살표는 굉장히 강력한 짐승과 같다. 3↑↑↑3을 계산해 보자. 이것은 삼중 화살표이니 이중 화살표를 반복 수행하는 것이 그 규칙이다. 우리 예시의 경우엔 아래와 같은 결과가 나온다.

$$3↑↑↑3 = 3↑↑(3↑↑3) = 3↑↑7{,}625{,}597{,}484{,}987$$

맙소사. 결국 $3 \uparrow\uparrow 7$조 6000억까지 올라갔다.

$$3^{3^{3^{3^{3}}}}$$

그 말은 위의 거듭제곱 탑이 7조 6000억 높이라는 뜻이다! 이것을 모조리 적어 본다고 상상해 보자. 만일 각 3이 2센티미터 높이라면 이 탑은 태양까지 쭉 이어질 것이다. 그래서 종종 태양탑Sun tower으로 불리기도 한다. 솔직히 말해서 나는 이 수를 계산하기가 너무나 두렵다.

하지만 우리는 여기서 멈추지 않을 것이다.

$3 \uparrow\uparrow\uparrow\uparrow 3$은 어떨까? 정말 바보 같은 일이 되어 가고 있다. 이것을 풀기 시작했다면 다음과 같은 식을 얻게 될 것이다.

$$3 \uparrow\uparrow\uparrow\uparrow 3 = 3 \uparrow\uparrow\uparrow \left(3 \uparrow\uparrow\uparrow 3\right) = 3 \uparrow\uparrow\uparrow (\text{태양탑}) = \underbrace{3 \uparrow\uparrow (3 \uparrow\uparrow (\cdots \uparrow\uparrow 3)}_{\text{(태양탑 반복)}}$$

이미 태양탑을 계산하기가 너무 두려운 상태였는데 이제는 이 중 화살표의 태양탑과 싸우게 생겼다. 솔직히 너무 터무니없는 일이다. 구골과 구골플렉스는 패배한 지 오래다. 이 크기와는 그 어떤 것도 연관시킬 수 없으며, 물리적인 영역을 벗어났음을 받아들여야 한다. 하지만 우리는 아직 그레이엄 수 근처에도 가지 못했다.

그래서 계속할 수밖에 없다.

그레이엄이 사다리를 도입한 것이 바로 이 시점이다. 사다리의 각 계단은 이전에 우리가 다뤘던 그 어느 수보다 훨씬 크다. 그레이엄의 사다리에서 가장 낮은 칸은 보통 g_1이라고 불리며, 우리가 방금 만난 괴물의 크기와 같다.

$$g_1 = 3 \uparrow\uparrow\uparrow\uparrow 3$$

사다리를 한 칸만 더 올라가도, 갑자기 치솟아 올라가게 된다.

$$g_2 = \underbrace{3 \uparrow \cdots \uparrow 3}_{\text{(화살표 } g_1 \text{개)}}$$

화살표가 얼마나 많은지 보자. 무려 g_1개다! 화살표 네 개만으로도 무시무시한 괴물이 만들어졌는데, 이제는 화살표 수 자체가 괴물이 되었다. 괴물 중에서도 더 괴물 같은 존재다. 하지만 우리는 여전히 그레이엄 수 근처에도 가지 못했다.

사다리 한 칸을 더 올라가 보자.

$$g_3 = \underbrace{3 \uparrow \cdots \uparrow 3}_{\text{(화살표 } g_2 \text{개)}}$$

이 수가 얼마나 큰지 설명하고 싶지만 할 수가 없다. 말은 수학에 너무 뒤처져 있다. 하지만 나는 여러분이 그 안의 패턴을 찾으면 좋겠다. 그레이엄의 사다리를 한 칸씩 올라갈 때마다 화살표의 수가 엄청나게 늘어난다. 수 자체에 미치는 영향은 헤아릴 수도 없다. 자, 계속 올라가 보자. g_3에서 g_4로, g_4에서 g_5로 쭉쭉 나아가 보자. 64번째 칸에 다다를 때쯤이면 우리는 깊고 깊은 곳에 묻힐 것이며,

가장 거대한 수의 땅에서 길을 잃은 채, 한때 우리가 누구였는지조차 잊어버릴 것이다. 그러나, 드디어 도착했다. g_{64}가 바로 그레이엄 수다.

정확한 수는 아니다. 수학 난제의 정답이란 게, 말할 수 없을 만큼 거대한 수 g_{64}와 6의 사이에 있는 어딘가라고? 론 그레이엄은 그 한계를 수긍했지만, 우리가 알고 있는 진실과 그것을 증명하는 일 사이에는 간격이 존재한다는 사실을 강조했다. 우리는 그레이엄과 로스차일드가 붙들고 있던 본래 질문에 관한 답을 정확히 알고 있다. 믿을 수 없을 정도로 큰 간격의 어딘가에 숨어 있는 수다. 하지만 그 정답을 확실하게 찾을 수 있을까? 글쎄, 행운을 빌 뿐이다. 사실 그 간격은 그레이엄과 로스차일드의 논문 이후 많이 줄어들었다. 오늘날에는 그 답이 13과 $2 \uparrow\uparrow\uparrow 5$의 사이에 있다는 걸 알게 되었다. 처음보다는 많이 개선되었지만, 램지 이론으로 인류의 미래를 시험하는 무서운 외계인의 요구를 충족시키기에는 아직 충분하지 않다.

수학 역사상 그레이엄 수는 진정한 리바이어던이 맞지만, 나는 그 웅장함이 추상적 개념 속에서 잊힐까 봐 걱정된다. 그 수를 더 잘 이해하기 위해, 우리는 물리학으로 눈을 돌려 그레이엄 수가 왜 사람을 죽일 만큼 큰지 알아볼 것이다.

너무 많은 정보

그레이엄 수는 왜 그토록 위험할까? 어째서 십진법으로 기술된 그레이엄 수를 생각하면 우리 머리가 블랙홀로 빨려 들어가게 되는 걸까? 그레이엄 수가 이런 이미지를 가진 이유는 엔트로피, 그것도 아주 커다란 엔트로피 때문이라는 사실이 밝혀졌다. 매우 좁은 공간에 너무 많은 것을 구겨 넣으면 필연적으로 블랙홀이 만들어진다. 어떤 숫자에 엔트로피가 들어 있다고 한다면 달걀이나 트리케라톱스에 엔트로피가 들어 있다는 말처럼 이상하게 들릴 수도 있다. 하지만 엔트로피는 정보와 밀접하게 연관되어 있으며, 분명히 그레이엄 수에는 정보가 들어 있다. 만약 내가 그레이엄 수의 마지막 숫자를 말해 준다면 여러분은 그에 관한 지식을 조금 얻을 수 있을 것이다. 내가 그 수 전체를 말해 줄 수 있다면 여러분의 머리는 전보다 훨씬 많은 정보를 집어넣으려고 노력할 것이다. 제한된 공간에 그렇게 많은 엔트로피를 밀어 넣을 경우, 얻을 수 있는 결과는 단 하나, 머리를 터뜨리는 블랙홀에 의한 사망뿐이다.

블랙홀과 엔트로피 그리고 그레이엄 수 사이의 연관성을 이해하기 위해서는 정보의 의미를 탐구해 보아야 한다. 지금 나는 그레이엄 수의 마지막 자리 숫자를 생각하고 있다. 그 숫자가 무언지 여러분이 알아 맞춰 보길 바란다. 여러분은 내게 어떤 질문이든 할 수 있지만, 나는 '예 또는 아니요'로만 대답할 것이다. 여러분이 다음과 같은 질문을 던진다고 가정해 보자.

0에서 4까지의 숫자인가요? 아니요.

5, 6, 7 중 하나인가요? 예.

5 또는 6인가요? 아니요.

여러분은 정답이 7이란 것을 알게 되었다.

질문 세 번 만에 답을 맞힌 것이다. 좋은 전략이었다. 새로운 질문을 던질 때마다 범위를 절반씩 좁혔기 때문이다. 평균적으로 이 전략을 따르면 3.32회 질문 후에 무작위로 숫자 하나를 얻게 된다. 이 질문법은 정보를 측정하는 데 사용하기 위해 암호학자이자 정보론의 선구자인 클로드 섀넌Claude Shannon이 고안한 것으로, 예 또는 아니요라는 답변만으로 우리가 알고자 하는 정보를 정확하게 파악할 수 있다.

섀넌은 수상 경력이 있는 엔지니어로서, 실용적인 기술과 뛰어난 컴퓨팅 및 수학적 능력을 결합했다. 그는 로켓 추진 프리스비부터 외발자전거, 저글링 로봇에 이르기까지 언제나 무언가를 만들었다. 그가 만든 것 중 가장 개구쟁이 같은 장치는 전원을 켜면 다시 전원을 꺼 버리는 손 기계였다. 섀넌도 론 그레이엄과 친구였는데 저글링 하는 법을 배우고 싶어 해서 그레이엄이 가르쳐 주었다. 결국 그는 로봇이 저글링할 수 있는 공의 개수보다 하나 더 많은 네 개의 공으로 저글링을 할 수 있게 되었다.

섀넌은 전쟁 당시 뉴저지에 있는 벨 전화 연구소에서 코드 및 통신과 관련된 일을 했다. 그는 그때부터 정보 이론에 관심을 두게 되었다. 특히 전쟁 중에 정보 이동이 얼마나 중요한지를 이해했고, 그 정보를 이동하는 과정이 종종 어렵고 위험하기까지 하다는 사실을 깨달았다. 방해하는 '소음'이 많은 상황에서도 효과적으로 메시지를 보낼 방법을 찾고자 노력하던 섀넌은 정보를 정확히 측정해야겠다는 필요성을 느꼈다.

그의 측정법을 이해하고 싶다면 동전을 던져 보자. 여러분은 동전 던지기의 결과를 확인하기 위해 예 또는 아니요 대답만 얻으면 된다. 다음과 같은 질문이면 충분하다. '앞면인가요?' 이렇게 동전 던지기 한 번에 정보 1비트가 이동한다. 동전 던지기 5회면 5비트, 1구골 회면 1구골비트의 정보를 이동시킬 것이다. 이것을 일반화하려면 정보의 수를 동전 던지기 수보다는 그로 인해 얻을 수 있는 결과의 수와 연관시킬 필요가 있다. 동전 던지기를 5회 하면 $2 \times 2 \times 2 \times 2 \times 2 = 32$개의 각기 다른 결과가 나올 수 있다. 32개의 결과에서 정보 5비트를 추출하려면 어떻게 해야 할까? 자, $32 = 2^5$이다. 여기서 5비트가 2의 거듭제곱으로 앉아 있는 것이 보인다. 그레이엄 수의 마지막 숫자의 경우에는 가능한 결과가 10개 있다(0부터 9까지 숫자 중 하나다). 이 정보는 몇 비트일까? 10은 2^3보다는 크고 2^4보다는 작으므로 약간 곤란하긴 하지만, 어쨌거나 3비트와 4비트의 사이 값이다. 결국 그레이엄 수 마지막 자릿수에는 약 3.32비트의 정보가 있는 것으로 밝혀졌다.*

---

* $2^{3.32} \approx 10$이므로 3.32비트다. 로그함수를 좋아하는 이들은 $\log_2 10 \approx 3.32$로 기록할 것이다.

물론 새넌은 동전 던지기보다는 단어와 문장을 더 좋아했다. 영어사전에서 가장 긴 단어는 pneumonoultramicroscopicsilicovolca-noconiosis(진폐증)이다. 화산 폭발 시 분출되는 이산화규소를 흡입하여 생기는 폐질환을 뜻한다. 썩 좋은 상황은 아니지만 아마도 블랙홀에서 머리가 폭발하는 일보다는 나을 것이다. 우리가 알고자 하는 것은 단어 자체에 얼마나 많은 정보가 담겨 있는가이다. 저 단어를 이루는 각 문자는 가능한 결과 26개(알파벳 개수—옮긴이) 중 하나라고 볼 수 있다. 이는 $16=2^4$와 $32=2^5$ 사이에 있는 값이기에 문자당 4에서 5비트의 정보를 갖게 된다. 정확히는 문자당 4.7비트의 정보를 갖는다.* 인상적이게도 단어 전체에 45개 문자가 들어 있으므로, 정보의 크기는 총 211.5비트다. 이 값은 저 단어에 포함된 정보의 총량을 합리적으로 추정한 것이지만, 사실은 과대평가되었다. 다른 언어와 마찬가지로 영어에도 패턴과 규칙이 있다. 예를 들어, 문자 그대로 특별한 의미가 없다는 뜻을 가진 단어 quicquidlibet을 생각해 보자. 여기서 우리는 문자 q를 두 번 만나는데, 둘 다 그 뒤에 u가 오리란 것을 거의 확신하고 있다. 이미 u가 그 자리에 올 것을 아는 상태에서, 어떻게 u라는 문자에 4.7비트의 정보가 들어 있다고 말할 수 있겠는가?

이렇게 미묘한 상황들을 보면 정보를 측정할 때는 결괏값만 계산해선 안 된다는 사실을 알 수 있다. 즉 확률을 고려해야 한다. 예

---

* $2^{4.7} \approx 26$이므로 문자당 정보가 4.7비트라는 추정값을 얻는다. 이 경우에도 로그함수를 좋아하는 이들은 $\log_2 26 \approx 4.7$로 기록할 것이다.

를 들어, 동전 던지기에서 동전을 다섯 번 던지면 정보 5개를 얻게 된다. 하지만 만약 동전이 한쪽으로 치우쳐서 매번 확실하게 앞면만 나온다면 어떨까? 연달아 앞면이 다섯 번 나오는 걸 보고 제대로 된 정보를 수집했다고 말할 수 있을까? 당연히 그렇지 않다.

그래서 섀넌은 이런 정보를 모두 고려하여 더 나은 정보 측정 공식을 만들었다. 동전의 앞면이 나올 확률을 p, 뒷면이 나올 확률을 $q=1-p$로 정한 후 동전을 던지면 $-p\log_2 p - q\log_2 q$ 비트 정보를 얻을 수 있다고 판단한 것이다. 그는 2진법binary 형태로 결과가 나올 것을 생각하고 공식을 만들었기 때문에 로그함수를 집어넣었다. 그리고 이 공식은 정확히 우리가 직관적으로 예상한 결과를 산출한다. 가령 동전의 앞면과 뒷면이 나올 가능성이 같다면 $p=q=0.5$이며, 동전 던지기의 정보 값은 1비트가 나온다. 만약 동전이 완전히 앞면($p=1$, $q=0$)이나 뒷면($p=0$, $q=1$)으로만 치우쳐 있다면 동전 던지기에서는 정보를 전혀 얻을 수 없을 것이다. 다른 가능성들은 모두 이 양극단의 사이에 있다.

하지만 편지나 단어, 심지어 문장처럼 섀넌이 정말 관심을 두었던 더 복잡한 정보들은 어떨까? 그 정보를 어떻게 측정할 수 있을까? 자, 여러분이 어떤 단어의 처음 몇 개 문자를 알게 되었다고 가정해 보자. 예를 들어, CHE이다. 그러면 그다음에 올 문자들이 가진 정보의 크기는 얼마일까? 만약 모든 문자가 똑같이 나온다면 4.7비트라고 답할 수 있을 것이다. 하지만 우리는 그럴 리 없단 걸 안다. 휴대폰 메시지창에 CHE를 입력해 보자. 단어완성기능 바에 어떤 단어가 나오는가? 아래는 정답일 가능성이 큰 단어들이다.

CHEERS
CHEAT
CHECK

이 목록은 문자 E, A, C가 B와 같은 다른 문자보다 정답일 확률이 더 높다는 사실을 나타낸다. A를 확률 p_1, B를 확률 p_2, C를 확률 p_3라 하고, 계속 이어 나가 확률 p_{26}인 문자 Z까지 갈 경우, 섀넌은 CHE 다음 문자에 들어 있는 정보에 대한 공식이 아래와 같다고 주장했다.

$$I = -p_1 \log_2 p_1 - p_2 \log_2 p_2 - p_3 \log_2 p_3 \cdots - p_{26} \log_2 p_{26}$$

평소대로 이 측정값도 비트로 나타낸다. 섀넌은 영어 원어민이 CHE의 다음 글자를 한 단어로 추측하는 능력을 시험해 보았다. 그 결과, 평균적으로 각 문자에는 0.6에서 1.3비트의 정보가 담겨 있었다. 생각보다 크지 않다고 느낄 텐데, 바로 이 때문에 정보는 글로 쓰는 편이 낫다. 문자를 빠뜨리거나 잘못 입력해도 정보가 그리 많이 손실되지 않으며, 여전히 메시지를 이해할 수 있기 때문이다.

섀넌 공식에서 가장 주목할 만한 점은, 반세기도 더 지난 과거에 조용한 물리학자 조사이아 기브스가 개발했던 또 다른 정보 공식과의 유사점이다. 우리는 엔트로피의 도움을 받으며 도플갱어를 찾아 헤맸던 '구골' 장에서 잠시 기브스를 만난 적이 있다. 거기에서는 엔트로피로 미시상태 수를 알아낼 수 있다고 말했지만, 그것은 지나치게 단순화한 설명이었다. 이 말은 모든 미시상태가 가진 가능성이 동등했을 때만 사실이다. 기브스는 좀 더 일반적인 상황으로 정보의 크기를 설명하는 방법을 보여 주었다. 만약 첫 번째 미시상태를 확률 p_1, 두 번째 미시상태를 p_2, 세 번째 미시상태를 p_3, 이렇게 죽 정해 놓을 경우 더 정확한 엔트로피 공식은 다음과 같다.

$$S = -p_1 \ln p_1 - p_2 \ln p_2 - p_3 \ln p_3 - \ldots$$

깜짝 놀랄 만큼 비슷하다. 기브스는 자연로그를, 섀넌은 밑이 2인 로그를 사용했다는 것만이 유일한 차이점이다. 사실 이 차이는 그저 관습 때문으로, 섀넌은 동전 던지기 같은 2진 결괏값을 비트 단위로 확인하기 위해 밑을 2로 하는 로그함수를 사용한 것뿐이다. 이는 선택의 문제였을 뿐이다. 정보는 내트nat 단위로 측정하는 것이 좋다. 1내트는 약 $1/\ln 2 \approx 1.44$비트에 해당한다. 정보 1내트는 2가 아닌 $e \approx 2.72$의 가능 결괏값과 비교된다. 어떤 이유에서인지 자연은 비트보다는 내트를 선호하는데, 그에 맞추어 단위를 바꾼다면 섀넌의 공식과 기브스의 공식은 정확히 일치한다.

그렇다면 엔트로피와 정보는 정말 같은 것일까? 나는 그렇다고 생각한다. 각기 약간 다른 관점에서 접근하지만, 둘 다 알지 못하는 것과 불확실함의 정도를 측정한다. 우리는 기체나 달걀, 또는 트리케라톱스가 어떤 미시상태에 있는지 확신할 수 없으니 그들의 엔트로피에 관해 이야기할 수밖에 없다. 세상에는 우리가 모르는 것, 관심도 없는 것이 수없이 많다. 자세히 말하자면 트리케라톱스는 그 속에 있는 전자 하나의 스핀을 뒤집어 버려도 여전히 같은 트리케라톱스다. 엔트로피는 이 모든 불확실성에 관심을 두지 않는 영역까지 헤아린다. 하지만 만약 우리가 모든 것에 일일이 관심을 기울이고 전자 하나하나와 그 스핀까지 모두 측정하기로 마음먹었다고 가정해 보자. 우리는 엄청나게 많은 정보를 모으게 될 것이다. 얼마나 많을까? 글쎄, 처음부터 불확실성이 얼마나 높았는지를 본다면 그것은 엔트로피일 뿐이다.

정보는 추상적 개념 그 이상의 것이다. 물리적 존재다. 정보의 무게가 얼마나 나가는지를 물어볼 수도 있다. 그 정확한 값은 정보가 저장되는 방식에 따라 달라진다. 예를 들어, 휴대전화 데이터는 전자를 메모리 블록에 가두어 저장한다. 저장된 전자는 자유로운 전자보다 더 많은 에너지를 가지고 있어서 에너지값이 더 높으므로 무게가 더 나간다. 아인슈타인이 그의 가장 유명한 방정식인 $E=mc^2$을 통해 설명했듯, 질량과 에너지는 동등하기 때문이다. 평균적으로 데이터는 1비트마다 무게가 약 10^{-26}밀리그램씩 더해진다. 약 10조 기가바이트의 데이터를 저장하면 휴대전화의 무게를 먼지 한 톨만큼 늘릴 수 있다.[3] 인터내셔널 데이터 코퍼레이션 International Data Corporation(미국의 IT 및 통신 분야 시장조사 및 컨설팅 기관—옮간이)에 따르면 이는 전 세계 모든 데이터를 구성하는 글로벌 데이터스피어global datasphere의 크기다.

이제 우리는 정보를 저장하는 데 꽤 능숙해졌다. 18세기의 직물노동자 바실 부숑Basile Bouchone이 구멍 뚫린 종이를 이용하여 직조기를 제어하는 법을 알아냈을 때, 그는 약간의 정보를 저장하기 위해 여러 센티미터 크기의 종이를 사용해야 했다. 아이폰의 64기가바이트와 경쟁하려면 부숑은 달까지의 거리보다 10배는 긴 종이가 필요할 것이다. 수요를 따라가기 위해 기술의 발전 속도가 가속화됨에 따라, 데이터는 점점 더 압축되어 작은 공간 속에 구겨 넣어지고 있다. 그렇다면 언젠가는 애플에서 10조 기가바이트 데이터를 저장할 수 있는 핸드폰을 만들 날이 올까?

이미 만들었다.

아이폰은 전자 트랩 속에 최대 64기가바이트의 사진, 비디오, 문자메시지 등을 저장할 수 있지만, 그것들을 구성하는 원자와 분자 등 더 많은 정보를 전체 네트워크에 저장하고 있다. 문제는 그러한 추가 정보가 우리에게 별달리 유용하지 않다는 것이다. 우리는 그 정보들을 읽거나 조작할 수 없다. 그러나 우리는 핸드폰의 열 엔트로피를 파악해 그 안에 얼마나 많은 정보가 있는지 측정할 수 있다. 약 10조 곱하기 1조 내트 또는 약 1000조 기가바이트다.[4] 저 미세한 구조 안에 이처럼 엄청난 양의 데이터가 들어 있지만, 뒷마당에서 강아지와 뛰어노는 아이들의 영상을 할머니께 보여 드리는 데는 사용할 수 없다. 언젠가는 각 원자에 또는 각 쿼크와 전자에 데이터를 저장하는 방법을 알아낼지도 모른다. 휴대전화의 저장 용량은 그제 야 비로소 열 엔트로피에 버금가기 시작할 것이다. 만약 정말 그런 일이 일어난다면 비좁은 공간에 데이터를 저장하는 우리 능력에 대해 제대로 생각하게 될 것이다.

하지만 데이터는 폐소공포증을 겪을지도 모른다. 블랙홀 때문이다. 블랙홀은 제한된 공간에 압축해 넣을 수 있는 정보의 양을 제한한다. 왜냐하면 블랙홀은 엔트로피도 담아내기 때문이다. 이 말은 사실일 수밖에 없다. 가령 우리가 정치인을 블랙홀에 빠뜨릴 경우, 무슨 일이 벌어지겠는가? 그 정치인은 발의 원자 및 분자 배열부터 뇌 속 뉴런에 저장된 잘못된 정보에 이르기까지 엄청난 엔트로피를 지니고 있을 텐데, 만약 블랙홀이 엔트로피를 담아내지 못한다면 정치인이 사건의 지평선을 넘어 블랙홀과 하나가 되면서 그의 엔트로피는 사라지게 될 것이다. 그러면 이 세상의 전체 엔트로피가 줄어 열역학 제2법칙이 깨지게 된다. 정치인 때문이 아니더라도, 열역학 제2법칙을 지키려면 블랙홀은 엔트로피를 책임져야 한다.

블랙홀이 같은 종족을 잡아먹는 광경을 보면 그 안에 엔트로피가 얼마나 많이 들어 있을지 본능적으로 알 수 있다. 만약 블랙홀이 다른 블랙홀을 삼켜 버린다면 사건의 지평선 전체 면적은 언제나 증가할 것이다. 열역학 측면에서 봤을 때 사건의 지평선 면적의 상승은 엔트로피의 상승을 의미한다. 1972년 제이콥 베켄슈타인은 블랙홀의 엔트로피가 사건의 지평선 면적과 관련 있다고 주장했다. 그러나 그의 생각에는 증거, 즉 수학적 결과가 필요했다. 그래서 스티븐 호킹이라는 젊은 물리학자의 용기와 재능이 절실했을 것이다.

우리는 이미 호킹이 아래와 같은 엔트로피 공식을 개발한 사실을 알고 있다.

$$\frac{A_H}{4l_p^2}$$

여기서 A_H는 지평선의 면적이고, l_p는 플랑크 길이다. 주목할 점은 그가 어떻게 이 수식을 만들어 냈냐는 것이다. 1970년대 중반까지 블랙홀은 정확히 명칭 그대로였다. 새까만 존재일 뿐이었다. 적어도 당시 사람들은 그렇게 생각했다. 그런데 호킹이 상상도 못 할 일에 도전했다. 그는 블랙홀이 빛을 포함한 모든 입자를 중력으로 묶어 놓고 있다는 말을 받아들인 후, 그것이 사실이 아니라는 것을 보여 주었다. 많은 사람이 그의 도전을 어리석은 모순 덩어리라고 생각했다. 하지만 호킹은 무모하게 일을 벌인 것이 아니었다. 그는 자연 속 감옥을 탈출할 수 있는 유일한 방법은 양자역학이라는 사실을 깨달았던 것뿐이다.

양자론은 보이는 것만큼 조용하지 않다. '10^{-120}' 장에서 알게 되겠지만, 사실 우주의 고요한 공허란 실제 존재들의 안팎에서 시끄럽게 터지면서 찌개처럼 부글거리는 가상입자virtual particle(존재하지 않아서가 아니라 관측할 수 없어서 붙여진 이름으로, 정확한 질량이 없고 아주 짧은 시간만 존재했다 사라지는 입자—옮긴이)의 흔적에 불과하다. 가상입자는 실제 입자와는 완전히 다르며, 그 정체성의 위기를 보여 주는 존재다. 우리가 실제 입자에 대해 말할 때는, 특정 장에서 국소적으로 일어나는 파동을 의미한다. 광자는 전자기장의 파동이며, 중력자는 중력장의 파동이고, 전자는 '전자장'의 파동이다. 문제는 두 영역이 상호작용하는 법을 알 경우, 양자역학이 이러한 입자의 특징을 모호하게 만들 수 있다는 점이다. 만약 중성자가 중력장을 통과하고 있다면 중성자는 중성자장의 파동이기만 한 것이 아니다. 중력장에 파동을 일으키는 데도 시간을 쓰기 때문이다. 마찬가지로 중력장의 파동은 중성자장에 파동을 일으키는 데도 어느 정도 시간을 보낼 것이다. 비유를 들어 생각해 보자. 성장 배경이 전혀 다른 두 남녀가 있는데, 남자는 진보적인 사람들에 둘러싸여 자랐고, 여자는 그보다 훨씬 보수적인 환경에서 자랐다. 남자를 진보진영의 파동으로, 여자를 보수진영의 파동으로 생각해 보자. 둘 다 각자의 이데올로기를 확고히 믿는 환경에서 컸다. 그런 두 사람이 만나서 상호작용을 한다. 모두 합리적인 사람들이라서 각자의 말만 하는 것이 아니라 서로의 이야기를 듣기도 한다. 결국 그들의 시간엔 정확히 한쪽으로 정의할 수 없는 순간들이 생긴다. 남자는 여전히 진보적 성향이지만, 자신의 급진적 의견이 경제적으로 미치는 영향에 대해 고민하며 때때로 생각을 멈춘다. 여자도 여전히 스스로 보수주의라 믿지만, 가끔은 사회정의와 불평등 문제를 걱정한다. 여러분은 가상입자가 실제 개념을 오염시킨다고 생각할 수도 있다. 그러나 다른 이데올로기를 만나 속도를 늦추는 일은 언제나 일시적인 것에 불과하다. 남자는 진보주의적 이상향에, 여자는 보수주의 사상에 항상 충실할 것이다. 가상입자도 마찬가지다. 손아귀에 영원히 붙잡을 수 있는 것은 없다. 다른 장에서 일으키는 파동은 언제나 잠시뿐이다.

호킹은 블랙홀 주변에서 발생하는 이런 종류의 오염에 대해 생각하다가 놀라운 사실을 깨달았다. 일시적이라고만 생각했던 현상이 영구적으로 계속될 수도 있다는 것이다. 만약 가상입자 한 쌍이 블랙홀 지평선 근처에서 만들어진다면 하나는 지평선 안으로 떨어지고, 다른 하나는 바깥으로 탈출할 수도 있다. 탈출한 입자는 짝이었던 입자와 영원히 헤어져서 결국 실제 입자가 되고, 우리가 실제로 포착할 수 있는 영원한 존재로 변한다. 그것은 마치 사건의 지평선에서 방출된 복사인 것처럼 행동하면서, 중력장을 약화시키며 에너지를 끌어당긴다. 현재 호킹 복사Hawking radiation로 알려진 열 복사선과 블랙홀 증발 이론이 그 결과다.

호킹은 호킹 복사가 블랙홀 온도를 높인다는 사실을 보여 주었으며, 약간의 열역학적 기술을 이용해 엔트로피 공식을 도출했다. 학문적으로 놀라울 만큼 과감했던 그의 제안은 당시에는 너무나 급진적이었다. 하지만 호킹의 대담한 천재성은 그만한 보상을 얻었고, 현재에는 보편적으로 받아들여지고 있다. 호킹 박사는 블랙홀이 실제로는 검지 않다는 사실을 발표하자마자, 즉시 또 다른 폭탄선언을 했다. 바로 양자역학의 파괴였다.

많은 국가에는 건국 당시에 정한 앞으로의 비전과 기본 규정을 명시한 성문 헌법이 있다. 양자역학 국가도 마찬가지다. 이 국가에도 건국 당시 보어나 하이젠베르크, 보른, 디랙 같은 양자 개척자들이 작성한 일련의 기본 원리가 있다. 그중 하나는 이 국가에선 어떤 것도 소실되지 않는다. 즉 들어간 것은 반드시 나와야 한다는 원리였다. 그러나 호킹은 블랙홀이 이 규칙을 무시하듯 보인다는 사실을 깨달았다. 블랙홀은 순수한 양자 상태에서 시작하지만, 마지막에는 그가 혼합 상태라고 부르는 열복사로 끝난다는 것이다. 우리는 앞 장에서 순수한 상태와 혼합된 상태에 대해 알아보았다. 일부 정보를 잃어버린 혼합 상태와는 반대로, 순수 상태는 양자 시스템에 대한 모든 정보를 갖고 있다. 여기서 요점은, 양자 국가의 규칙에 의하면 순수 상태에서 혼합 상태가 되는 데 필요한 정보의 누락이 금지되어 있다는 점이다. 왜냐하면 정보는 그냥 사라져선 안 되기 때문이다. 찾기 어렵더라도, 어딘가에는 항상 존재해야 한다. 그런데 블랙홀이 이러한 양자역학에 반기를 들고 있는 것 같았다.

이것을 블랙홀 정보 역설information paradox이라고 한다. 우리가 사는 세계에 대한 중요한 사실을 드러내리라 기대되는 매우 심오한 수수께끼 중 하나다. 호킹은 이런 종류의 수수께끼를 두고 내기하기를 좋아했다. 1977년, 호킹과 킵 손Kip Thorne은 캘리포니아공대인 칼텍의 물리학자 존 프레스킬John Preskill과 내기를 했다. 프레스킬은 블랙홀 안에서도 정보는 절대 잃어버릴 수 없다고 확신했으나, 호킹과 손은 다르게 생각했다. 둘 중 누구의 말이 옳든 간에 그들은 각자의 선택에 의해 기술된 백과사전을 얻게 될 것이다. 그 백과사전에 들어 있는 내용을 증명할 수 있느냐 없느냐에 내기의 승패가 갈린다는 사실을 고려하면 이것은 그들에게 적절한 선물이다. 비록 누가 그것을 블랙홀에 빠뜨릴 만큼 부주의하더라도 말이다. 7년 후 호킹은 정보 역설에 대한 해결책을 제안했고, 내기에서 패배했음을 인정했다. 그리고 프레스킬에게 《토털 베이스볼》과 《얼티밋 베이스볼》이라는 야구 백과사전을 보내면서, 차라리 백과사전을 태워서 재를 보내야 했다고 농담했다. 결국 정보는 그대로 그곳에 있어야 한다! 그러나 킵 손은 호킹의 인정을 납득할 수 없어 돈을 지불하지 않았다. 이해가 되지 않은 것이다. 그렇다 하더라도 블랙홀이 양자의 기본 원리에 반항하지 않는다는, 쉽게 말해 정보가 손실되지 않는다는 사실을 믿을 만한 아주 좋은 이유가 있다. 그 이유를 다음 장에서 설명할 예정이다. 양자역학은 없애 버리기엔 너무나 귀중하다.

블랙홀은 그 크기에 비해 엄청난 양의 엔트로피를 가지고 있다. 그 덕분에 블랙홀은 그만큼 많은 양의 정보를 저장할 수 있다. 원칙적으로는 우리도 그만큼 많은 정보를 저장할 수 있을 거라 믿지만 사실은 절대 그럴 수 없다. 내 아이폰 크기만 한 블랙홀에는 10^{57}기가바이트라는 대단히 많은 양의 정보를 저장할 수 있다.[5] 이 용량은 사진과 문자가 저장된 64기가바이트나, 심지어 원자 정보가 저장된 10^{15}기가바이트를 훨씬 능가한다. 블랙홀만큼 효율적으로 정보를 저장하는 존재는 없다.

그 이유를 알기 위해, 우리가 지구에서 약 1000광년 떨어진 외계 행성, 케플러-62f 탐사 임무를 지닌 우주인이라고 가정해 보자. 케플러-62f는 우리 태양보다 약간 더 작고 차가운 별 케플러 62 주위를 돌고 있다. 우리가 케플러-62f에 가는 이유가 있다. SETI(외계 지적 생명체 탐사 프로젝트—옮긴이)가 그곳을 외계 생명체가 존재하기 좋은 장소로 확인했기 때문이다. 바위로 가득한 이 오래된 행성은 항성으로부터 적당한 거리에 위치하며, 표면이 바다로 덮여 있고, 지구와 비슷한 계절을 가지고 있다. 우리는 지름 3미터짜리 구 안에 집어넣을 수 있을 만한 너무 크지 않은 크기의 우주선을 타고 날아가고 있다. 이 우주선에는 음식과 연료가 실려 있으며, 무엇보다 컴퓨터 시스템 속에 엄청난 양의 정보들을 가득 담고 있다. 총 질량은 약 100만 킬로그램이다. 많은 정보를 갖고 있기에 정확히는 몰라도 우주선의 엔트로피가 클 거라는 사실은 알 수 있다.

케플러-62f에 가까워졌을 때, 우리는 걱정스러운 상황에 부닥치게 된다. 우주선 주위에 거대한 구형의 막이 형성된 것이다. 갑자기 알 수 없는 공간에 갇히게 되었다. 어떻게 된 건지는 몰라도 사고인 것 같진 않다. 우리는 이 행성에 거주하는 외계인이 만든 감옥에 붙잡힌 거라고 확신한다. 그리고 구형 막에 관해 몇 가지 테스트를 진행한 후, 곧 이 막이 중성자별보다 밀도가 훨씬 높은 물질로 이루어져 있음을 알게 된다. 조금 당황스럽다. 계산 결과, 막의 총 질량이 10^{27}킬로그램이나 되는 것이다. 지금 굉장히 당황스럽다. 이 막은 어떻게 이 구형 모양을 유지하고 있는 걸까? 왜 이것은 찌그러지거나 질량을 복사로 방출하지 않는 걸까? 정말 말도 안 되지만, 지금 우리 신경을 건드리는 건 막의 크기가 줄어들어 보인다는 점이다. 계산을 해 보자. 우주선과 막의 질량을 합치면 10^{27}킬로그램이라는 질량 한계점을 넘게 된다. 그리고 만일 이 구형의 막이 우주선에 닿는 거리인 지름 3미터 이하로 줄어들 경우, 우리는 너무 좁은 공간에 너무 많은 질량을 집어넣는 것과 마찬가지인 상황에 부닥치게 된다. 필연적으로 블랙홀이 형성될 것이다.

불행하게도 결국 우리는 막이 지름 3미터 이하로 줄기 훨씬 전에 중력의 힘에 갈기갈기 찢겨 죽는다. 이후 케플러-62f의 주민들이 우리 우주선을 둘러싼 블랙홀을 조사하고자 탐사선을 보낸다. 그들의 목적은 우리가 얼마나 많은 것을 알고 있었는지, 다시 말해, 우리가 블랙홀에 삼켜지기 전에 얼마나 많은 정보를 가지고 있었는지를 확인하는 것이다. 그들은 사건의 지평선의 직경을 측정한다. 그리고 지름이 3미터에 불과한 반면, 엔트로피가 약 2.7×10^{70}내트나 들어 있다는 사실을 알아낸다. 외계인들은 시간이 지나도 총 엔트로피는 줄지 않는다는 것을 알고 있다. 비록 우리가 막에 가로막히기 전까지는 우주선에 정보가 많았을지 몰라도, 외계인들은 그것이 정보의 최종 크기인 2.7×10^{70}내트보다 더 클 수 없다는 점을 알고 있다.

물론 이 이야기는 약간 허구적이다. 케플러-62f에 사는 외계인들이 그렇게 밀도 높은 막을 만들고 제어할 방법은 없다. 하지만 그런 건 상관없다. 이 이야기는 놀랍도록 창의적인 미국 물리학자 레너드 서스킨드Leonard Susskind가 개발한 사고실험일 뿐이다. 서스킨드의 목표는 블랙홀이 특정 공간에 저장할 수 있는 엔트로피의 양을 어떻게 제한하는지를 보여 주는 것이었다. 우주선이나 트리케라톱스, 또는 달걀 등 아무 물체나 골라서 여러분이 제어할 수 있는 가장 작은 구 안에 완전히 집어넣어 보자. 서스킨드는 어떤 물체의 엔트로피는 그 물체만 한 구와 겹치는 지평선을 가진 블랙홀의 엔트로피를 초과할 수 없다는 사실을 보여 주었다. 우리의 이야기 속에서, 우주선은 지름 3미터짜리 구 안에 들어갈 수 있는 크기다. 외계인들은 그 엔트로피가 정확히 그 크기만 한 블랙홀의 엔트로피에 의해 제한된다는 것을 보여 주었다.[6]

우리는 서스킨드의 이론을 인간의 머리에도 적용할 수 있다. 머릿속에 저장할 수 있는 정보의 한곗값을 알고 싶다면 머리 크기만 한 블랙홀의 엔트로피를 계산하면 된다. 만약 여러분의 머리 공간에 너무 많은 데이터를 집어넣는다면 그래서 한계를 넘어선다면 여러분의 머리는 여지없이 중력으로 붕괴해 버릴 것이다. 여러분은 블랙홀로 머리가 폭발한 가장 최근의 희생자가 될 것이다.

수에 관한 생각

나는 생각을 안 할 때가 많다. 내가 진공청소기로 식기세척기 물을 빨아당기려고 했을 때, 아내는 내게 생각이 없다고 말했다. 그렇다. 나도 물과 전기가 만나면 위험하다는 사실을 잘 안다. 내 계획은 청소기 호스에 물이 들어가자마자 재빨리 전원을 꺼 버리는 것이었다. 계획대로라면 전기 장치에 물이 닿기 전에 물을 싱크대로 옮겼을 것이다. 하지만 다행히도 청소기와 내 목숨이 큰일을 당하기 전에 아내가 집에 돌아와 나를 막았다. 이게 바로 내가 실험주의자가 되지 못하는 이유다. 펜과 종이로 하는 일, 그리고 까다로운 계산은 괜찮지만, 무슨 상황에서건 내 주위에 비싼 물건을 두면 안 된다. 이 책의 후반부에 출현할 양자역학의 개척자이자 위대한 독일 물리학자 볼프강 파울리Wolfgang Pauli도 비슷한 문제를 안고 있었다. 파울리가 실험실 근처에만 있어도 실험이 엉망이 되었단 소리를 듣고, 나는 직업을 잘 선택했다고 생각하게 되었다.

하지만 나도 가끔은 생각을 한다. 보통은 풋볼이나 물리학에 대해 생각하며, 숫자에 대해 생각할 때는 특히 무모하다고 느낄 때도 있다. 그런 생각을 할 때 내 뇌에서는 특정 사건들이 펼쳐진다. 우리가 수를 생각할 때 뇌는 무슨 일을 할까? 정말 큰 수를 생각하려면 무엇을 해야 할까? 그리고 만약 그 수가 그레이엄 수만큼 크다면 무슨 일이 벌어질까?

기억, 약간의 지식, 그리고 어쩌면 그레이엄 수의 마지막 500자리까지도 뉴런 네트워크의 다양한 패턴을 통해 뇌에 저장할 수 있다. 어떤 순간이든 뉴런 일부는 쉬고 있고 다른 일부는 일하고 있다. 전형적으로 뇌는 가능한 최소한의 뉴런을 사용하려고 노력한다. 우리 인간의 뇌에는 총 약 1000억 개의 뉴런이 있으며, 각 뉴런이 켜지거나 꺼진다는 사실을 고려한다면 뇌는 약 1000억 비트의 정보를 저장할 수 있다. 이것은 우리가 실제로 필요로 하는 용량을 훨씬 초과한다. 그레이엄 수를 생각하기로 마음먹지 않는 한 말이다. 머릿속에서 필요치 않은 정보를 모두 비울 수만 있다면 여러분은 십진법으로 기술된 그레이엄 수를 그려 보기를 바랄지도 모르겠다. 여러분은 가족이 누구였는지, 달걀이 어떻게 생겼는지, 새가 어떻게 노래하는지를 잊으려고 할 수도 있다. 일단 명상 상태에 이르면 여러분은 훨씬 더 정교한 뉴런의 패턴을 이용하여 그레이엄 수를 한 자리 한 자리씩 포장해 볼 수도 있다. 하지만 그렇게 급진적인 방법으로까지 마음을 조절할 수 있다고 해도, 우리 머릿속은 여전히 자리가 부족할 것이다. 왜냐하면 그레이엄 수는 1000억 자리 이상이기 때문이다. 태양탑도 상상하기 어려운 마당에, 그레이엄 수를 생각한다는 것은 언감생심이다.

만일 더 나아지고 싶다면 우리 뇌가 정보를 더 효율적으로 저장하는 법을 배워야 할 것이다. 우리는 정보를 저장하는 데 블랙홀만큼 효율적인 것은 없다는 사실을 알고 있다. 여러분의 두뇌가 무엇이든지 간에 블랙홀의 정보 저장법을 모방할 방법을 찾을 수는 없는 걸까? 뮌헨에 있는 막스 플랑크 물리학 연구소의 소장 지아 드발리Gia Dvali는 특정 유형의 신경망을 통해 이런 저장법이 가능할 수도 있다고 제안했다. 그 제안의 논리는 블랙홀에 관한 매우 흥미로운 생각과 블랙홀이 정보를 저장하는 방법을 토대로 만들어졌다. 기억할 것은 이 제안이 아직 답이 없는 열린 질문이며, 그래서 우리가 최첨단 연구에 관해 이야기하고 있다는 사실이다. 우선 드발리와 그의 동료들은 블랙홀이 보스-아인슈타인 응축Bose-Einstein condensate처럼 행동한다고 생각한다. 이것은 에너지가 가장 낮은 환경에서 매우 많은 입자가 같은 양자 상태에 놓이게 된다는 물질의 상태를 말한다. 보스-아인슈타인 응축 상태는 밀도가 매우 낮은 가스를 절대 0도 안팎의 가장 낮은 온도까지 냉각시켜 만들 수 있다. 1995년에 처음으로 루비듐 원자를 사용했던 것처럼 말이다. 이러한 응축물이 심상치 않다고 보는 이유는 거시적 상태에서도 양자적 행동을 보이기 때문이다. 드발리는 블랙홀을 최대한 촘촘하게 채워진 엄청난 수의 중력자graviton, 즉 중력장에 일어나는 양자적 파동으로 생각한다. 그런 블랙홀 안에서 정보는 응축물 자체가 가진 양자적 파동에 저장되는 것이다. 이것은 매우 적은 에너지 비용으로 엄청난 양의 정보를 저장할 수 있는 매우 효율적인 방법으로 밝혀졌으며, 이것이야말로 우리가 블랙홀로부터 기대한 내용이다. 하지만 드발리는 더 나아가 이와 매우 유사한 방식으로 정보를 저장할 수 있는 신경망 모델을 만들었다. 우리의 뇌가 이런 종류의 신경망을 사용해서 정보를 저장할 수 있다면 어떨까?

그래도 그레이엄 수를 담기엔 충분하지 않을 것이다.

이 문제는 실제 인간의 머리에 넣을 수 있는 데이터의 양으로 요약된다. 최댓값이 얼마일까? 이에 답하기 위해 나는 내 머리를 직접 살펴보기로 했다. 반지름이 약 11센티미터다. 호킹의 공식을 사용한다면 같은 크기의 블랙홀이 100억조조조조 기가바이트 정보에 달하는 엄청난 양의 엔트로피를 수용할 수 있다는 사실을 알 수 있다. 이 값은 누군가가 혹은 무언가가 내 머리만 한 공간에 저장할 수 있는 최대 용량이다. 수많은 데이터를 생산해 내는 데 일가견이 있는 대형 강입자 충돌기Large Hadron Collider와 이 용량을 비교해 보자.

강입자 충돌기가 생산하는 데이터는 1년에 약 1000만 기가바이트 뿐이다. 그런데도 100억조조조조 기가바이트는 그레이엄 수 전체와 비교하기에는 턱없이 부족하다. 근접하지도 않는다.

우리 머리는 어떨까? 더 해낼 수 있을까? 모든 인간의 머리는 대략 비슷한 용량을 가지고 있다. 약 100억조조조조 기가바이트가 한계다. 물론 현실에서는 그렇게 방대한 정보를 저장할 일이 결코 없다. 우리가 살아 있는 동안에는 말이다. 정보에 무게가 있다는 점을 기억해야 한다. 그래서 저 한곗값에 도달하려면 지구 질량의 10배가 넘는 엄청난 무게를 상대적으로 작은 머리 공간에 집어넣어야 한다. 처리하는 질량과 데이터가 많아질수록 굉장한 내부 압력과 심각하게 높은 온도에 직면하게 될 것이다. 우리 머리는 분명히 터져 버리고 말 것이다. 그것도 한 번 이상 말이다. 생존은 말할 필요도 없이 불가능하다.

그러나 이 흥미로운 사고실험을 죽음 때문에 멈추지 말자. 가족들이 생명이 사라진 우리 몸과 머리의 잔해를 저 멀리, 보이지 않는 성간 우주 깊은 곳으로 옮겨 보낸다고 상상해 보자. 이유가 어떻든 가족들은 더 많은 그레이엄 수를 한 자리 한 자리씩 계속 머릿속에 집어넣고 싶어 했던 우리의 바람을 존중해 준다. 만약 그들이 어떻게 해서든 우리 머릿속에 그 수를 집어 넣어 줄 수만 있다면 결국 그 데이터는 100억조조조조 기가바이트라는 문턱에 도달하게 될 것이다. 그 시점에서 이미 머리는 사라지고, 작은 블랙홀만 남아 있을 것이다. 그렇게 작은 공간에 그만큼 많은 데이터를 집어넣으려면 유일하게 그 일을 해낼 수 있는 물리적 존재는 블랙홀이다.

우리 몸도 사라졌을 것이다. 머리 크기만 한 블랙홀에 가까이 있으면 절대 온전하게 살아남을 수 없으므로 다른 선택사항이 없다. 여러분은 블랙홀이 별로 크지 않으니 그렇게 파괴적이지는 않으리라 생각할 수도 있다. 하지만 기억해야 할 것은, 한때 우리의 머리였던 공간 안에 지구의 10배 무게가 들어 있다는 사실이다. 이만큼 높은 중력이 가하는 영향은 과소평가되어서는 안 된다. 블랙홀은 우리가 진짜 걱정해야 할 일 중에서도 작은 것이다. 머리 크기만 한 블랙홀은 '1.00000000000000858' 장 말미에 마주쳤던 괴물 블랙홀 포웨히보다 훨씬 더 위험하다. 머리만 한 블랙홀은 매우 작아서 사건의 지평선과 특이점이 너무 가깝기에 지평선에 닿는 모든 것이 중력으로 찢어져 버릴 것이다. 사람의 몸을 산산조각 내는 데는 약 1만 뉴턴만 있으면 된다. 작은 블랙홀의 끄트머리에서 우리 몸은 조석력보다 1조 배 더 강한 힘에 부딪힐 것이다.

작은 블랙홀은 무서우리만치 현실적이다. 물론 우리는 그레이엄 수를 강제로 집어넣은 불쌍한 결과물을 자연에서 마주치지는 않는다. 별 붕괴에서도 만들어지지 않는다. 그 작은 용들은 보통 초기 우주의 원시적 상태에서 태어난다. 우주가 아기였을 땐 매우 뜨거웠으며 복사로 가득했다. 이 복사는 그다지 매끄럽게 퍼져 있지 않았다. 에너지의 파동은 어떤 곳에선 꼭대기까지 요동쳤고, 어떤 곳에선 너무 작아 중력 붕괴의 희생양이 되었다. 그 결과로 생긴 블랙홀은 너무 작았다. 별에서 만들 수 있는 그 무엇보다 훨씬 작았다.

너무 작은 것들은 호킹 복사로 증발한 지 오래였다. 하지만 1조 분의 1밀리미터보다 큰 블랙홀은 오늘날까지도 존재할 수 있었다. 그중에는 우리 머리 크기만 한 블랙홀도 있다. 이 원시적인 존재들이 암흑물질의 주요 성분 중 하나일 수 있다는 추측이 많다. 암흑물질은 우주 물질 대부분을 구성하면서도 눈에는 보이지 않는 불가사의한 물질이다. 우리 은하는 우리가 실제로 볼 수 있는 별들보다 더 풍부하게 존재하는 이 암흑물질의 거대한 장막에 덮여 있다. 이 사실을 고려하면 머리 크기의 블랙홀은 암흑물질의 10퍼센트까지 차지하고 있을지도 모른다. 그러므로 앞서 말했듯이 작은 블랙홀은 실제다. 심지어 은하계는 이 블랙홀들로 가득 차 있을지도 모른다.

이제 우리의 실험이 거의 끝나 간다. 우리는 마침내 블랙홀에 의한 죽음을 경험했고, 이제 우주를 쓸쓸히 떠다니는 작은 블랙홀이 되었다. 사실 우리는 한때 인간이었던 존재라기보다는, 암흑물질로 오해받을 수 있는 혐오스러운 존재로 변한 채, 우리에게 가까이 오는 사람은 누구든 갈기갈기 찢어 버리게 되었다. 대체 왜? 100억조 조조조 기가바이트의 데이터 때문이다. 게다가 그중 일부는 호킹 복사로 손실되고 있다. 그런데도 여러분에게 말하기 미안하지만, 그레이엄 수 근처에도 가지 못했다.

그러니 계속 가 보자.

우리 가족들은 계속해서 데이터를 넣어 줄 것이다. 그레이엄 수 다음 자리 숫자와 또 그다음 숫자, 또 다음 숫자. 블랙홀은 점점 더 커지고 사건의 지평선은 더 넓어질 것이다. 더 많은 엔트로피와 정보를 담기 위해서는 커져야 한다. 마침내 우리는 포웨히 크기에 도달한다. 그 시점에서 우리는 10^{86}기가바이트의 데이터를 갖고 있지만, 여전히 그레이엄 수에 근접하지 못했다. 하지만 이제는 오히려 예전처럼 그리 위험하지 않다. 덩치가 너무 커서 사건의 지평선 근처에서는 중력의 힘이 아주 약하다. 사랑하는 사람이 키스하러 다가오더라도 찢지 않을 것이다. 분명 블랙홀에 빠지지 않으려고 발버둥을 쳐야겠지만, 만약 어떻게든 벗어날 수만 있다면 갈기갈기 찢기지 않고 달아날 수 있을 거란 희망이 존재한다. 아무리 작아도 자비는 자비다.

계속 가 보자.

더 많은 숫자와 데이터를 집어넣는다. 결국 블랙홀의 사건의 지평선은 수십억 광년에 걸쳐 확장되고, 관측 가능한 우주 대부분을 채울 것이다. 이 단계에서 블랙홀은 전혀 새롭고도 예상치 못했던 것, 즉 우리의 드 지터 지평선de Sitter horizon을 느끼기 시작한다. 드 지터 지평선은 꽤 중요한 개념이라서 잠깐 시간을 내서 설명해야겠다.

우리는 특이한 우주에 살고 있다. 1988년, 애덤 리스Adam Riess와 솔 펄머터Saul Perlmutter가 이끄는 두 천문학팀이 뭔가 이상한 것을 알아차렸다. 그들은 별의 죽음을 지켜보고 있었는데, 멀리 있는 별이 피날레를 공연하며 초신성으로 변하는 과정에서 방출하는 빛을 모으고 있었다. 그러나 그 빛이 예상보다 희미했다. 마치 별들이 전에 생각했던 것보다 더 멀리 있는 것처럼 말이다. 그것은 별의 가속화

accelerating를 의미했다. 우리는 중력의 끌림 때문에 이런 현상을 예상하지 못했다. 중력이 우주의 팽창을 늦추고, 시공간을 한꺼번에 집요하게 끌어당길 것으로 생각했다. 하지만 아니었다. 무언가가 우주를 멀리 밀어내고 있다.

대체 무엇이 그런 일을 할 수 있을까? 우리는 그것을 암흑에너지라 부르지만 그저 이름일 뿐이다. 신원 미상의 가해자에게 붙이는 명칭이다. 암흑에너지는 우주의 진공과 연결되어 있다고 말하는 사람들이 많다. 별과 은하 사이의 메마른 땅을 부글거리는 가상입자들의 진공으로 가득 채우는 양자 우주에서는 맞는 말이다. 그러나 우리는 이 가상입자들을 잡거나 포획할 수 있는 무언가로 생각해서는 안 된다. 우리는 결코 가상입자를 잡을 수 없다. 하지만 중력장을 오염시키고, 우주를 밀어내고, 우주가 계속 가속하며 팽창하도록 만드는 가상입자의 효과를 느낄 수는 있다. 진공의 가상입자에 의해 가속하는 우주를 드 지터 공간de Sitter space이라고 부르며, 그곳에서 살면 어떨지를 처음으로 물어본 네덜란드 물리학자 이름을 따서 명명되었다.

리스와 펄머터의 초신성은 별과 은하들이 점점 더 멀어져, 가속하는 가상입자와 진공만이 남아 있는 드 지터 공간이 바로 우리가 향하고 있는 곳임을 암시하는 것 같다. 만약 이것이 사실이고 물리학자 대부분이 지금 그렇게 믿고 있다면 우리는 모두 지금 약 1조 조 킬로미터에 달하는 거대한 우주 장막에 둘러싸여 있을 것이다. 이 장막은 블랙홀의 가장자리를 가리키는 사건의 지평선과는 아주 다르지만 일종의 지평선이긴 하다. 흔히 드 지터 지평선이란 이름으로 알려져 있는 이것은 우리가 영원히 살더라도 보지 못하는 것과의 경계를 표시한다. 여러분은 그런 경계가 존재하는 걸 이상하게 여길 수도 있다. 만약 여러분이 충분히 기다린다면 결국 오랜 시간 후에 가장 먼 별과 은하로부터 오는 빛과 만날 수 있을 것이다. 하지만 실제로는 그렇지 않다. 가속이 시작되면 그 멀리 있는 별들은 빠르게 탈출한다. 여러분과 별들 사이의 공간은 빛이 따라잡기엔 너무 빠르게 커진다. 영원이란 시간이 있다 해도 드 지터 지평선 너머를 결코 볼 수 없다. 그 먼 곳에서 오는 빛은 절대 여러분에게 닿을 수 없다.

지평선horizon이라는 단어는 우리가 볼 수 있는 것에 한계가 그어질 때마다 사용된다. 그러나 드 지터 지평선은 블랙홀의 사건의 지평선보다 바다의 지평선과 비슷한 점이 더 많다는 사실을 깨달아야 한다. 드 지터 지평선은 감옥의 입구도 아니고, 무서운 특이점으로 이어진 장막도 아니다. 절대적인 위치도 없다. 바다의 지평선처럼 이 또한 상대적이고 개인적인 개념이다. 개개인은 모두 자신을 중심으로 거대한 우주적 영역인 드 지터 지평선을 설명할 수 있다. 여러분은 여러분만의 드 지터 지평선을 가지고 있다. 그것은 여러분이 볼 수 있는 것과 볼 수 없는 것 사이에 있는 여러분만의 경계선이며, 나의 지평선이나 안드로메다 외곽에 사는 어떤 외계인의 지평선과는 다르다. 여러분이 원한다면 외계인의 지평선을 넘을 수 있고, 그들 또한 여러분의 지평선을 넘을 수 있다. 마치 멀리 떨어진 배가 드넓게 펼쳐진 바다 위 다른 배의 지평선 아래로 사라지는 것처럼 말이다.

이제 실험을 끝내자. 그레이엄의 데이터를 점점 더 많이 집어넣을수록 드 지터 지평선은 커 보인다. 우리 블랙홀의 사건의 지평선은 계속 커지고, 결국 우리의 드 지터 지평선과 만나게 될 때까지 점점 더 뻗어 나간다. 이것을 나리아이 한계Nariai limit라고 부른다. 더는 블랙홀을 키울 수 없다. 가족들은 우리를 우리의 우주적 장막 너머로 밀어내기 위해 더 많은 데이터를 집어넣으려 하겠지만 상황은 더 나빠질 것이다. 이것은 자연은 저항하고 우주는 산산이 부서질 것을 암시한다. 그러나 우리가 겪어 온 이 모든 일에도 불구하고 우리는 여전히 그레이엄 수 근처에도 가지 못할 것이다.

그레이엄 수에 있는 모든 수를 확인하려면 결국 더 큰 우주가 있어야 한다. 그 우주에 드 지터 지평선이 있다면 미터든 마일이든 다른 어떤 단위든 상관없이 그 크기는 반드시 그레이엄 수만 한 크기여야 한다. 우리 우주는 그곳이 아니다. 우리의 드 지터 지평선은 비교적 작다. 그러나 원칙적으로는 그만한 우주가 존재할 수 있다. 끈이론string theory은 다양한 크기와 모양, 차원을 가진 다중우주, 즉 매우 많은 우주의 존재를 예측한다. 만약 다중우주 중 상상할 수 없을 만큼 큰 우주적 장막을 가진 우주가 존재한다면 그레이엄과 그의 거대한 수를 위한 공간도 있을 것이다.

TREE(3)

나무 게임

47번째 경기를 마지막으로 윔블던 18번 코트의 스코어보드는 그 쓸모를 다했다. 때는 2010년 여름, 프랑스 테니스 선수 니콜라 마위 Nicholas Mahut와 미국인 상대 선수 존 이스너 John Isner가 역사에 남을 경기를 치르는 중이었다. 이미 역사상 가장 긴 경기가 되었으나, 끝나려면 아직 멀었다. 스코어보드가 제 할 일을 해내지 못한 건 이런 일이 발생할 리 없다고 생각했기 때문이다. 스코어보드를 프로그래밍한 엔지니어들은 이만큼 긴 경기에 이렇게 많은 데이터를 기록해야 할 줄은 예상하지 못했다. 스코어보드에는 공란이 떴지만 심판은 계속해서 득점을 기록했으며, 이튿날의 경기가 끝날 무렵 어둠이 내려앉았을 때도 경기는 여전히 59번째 대결 중이었다. 밤새 스코어보드를 고친 프로그래머들은 이렇게 경고했다. '추가되는 경기 횟수가 25번을 초과하지만 않으면 괜찮다. 그 이상이 되면 망가질 것이다.' 그들은 운이 좋았다. 3일째 20번째 경기에서 이스너는 놀라운 백핸드 패스를 직선으로 받아쳐 마위의 서브를 깨 버렸다. 소모전이 마침내 끝난 것이다. 이스너는 스코어 6-4, 3-6, 6-7, 7-6, 70-68로 승리를 거두었다. 특별할 것 없던 1라운드 경기가 엄청난 일로 발전했다. 11시간이 넘도록 코트 위에서 격투를 벌인 두 선수는 지친 상태에서도 굴복하지 않았다. 그들은 각자 100개가 넘는 에이스를 서브했다. 윔블던 18번 코트의 관중들과 집에서 이를 지켜보던 수백만 명의 사람들에게, 그 경기는 영원한 승부로서 그들을 위협하는 경기였다.

윔블던에서 다시는 이런 경기를 볼 수 없을 것이다. 마위와 이스너의 역사적인 경기가 펼쳐진 지 9년 만인 2019년, 윔블던의 테니스 클럽인 올잉글랜드클럽은 테니스 규정을 바꾸기로 했다. 무리한 경기와 마라톤식 결투가 선수들의 체력에 안 좋은 영향을 끼칠 것을 우려한 것이다. 그래서 최종 세트가 12점 만점에 도달하는 즉시 타이브레이커tiebreaker(타이브레이크라고도 하며, 무승부 상태에서 일정 포인트를 먼저 획득하는 쪽이 승리하는 경기 단축 시스템—옮긴이)로 가야 한다고 선언했다. 그로 인해 영원한 승부의 위험성이 줄긴 했지만 사라지지는 않았다. 타이브레이커나 개인전에서는 제한이 없기 때문이다. 여전히 테니스는 영원할 수 있는 능력이 있다.

모노폴리도 마찬가지다. 여러분도 대체 언제까지 게임을 하는 건지 몇 시간째 답답해하며 얼른 원하는 지역에 가서 호텔을 사고 게임을 끝내고 싶은 적이 있을 것이다. 3목 두기(오목 두기와 비슷한 게임으로, 한 사람이 연달아 세 개 이상 o 또는 x를 그리면 이기는 게임—옮긴이)처럼 한정된 수 안에서 끝이 보장된 게임에만 집착하는 경우가 아니라면 영원한 승부로 우리를 위협하는 게임은 어디에나 존재한다. 체스는 또 다른 유한한 게임이다. 우리가 의무적으로 75수 제한을 둔다고 가정하면 체스 게임은 반드시 8849수 이하에서 끝나게 된다. 만일 우리의 목표가 유한한 게임에만 참여하는 거라면 누군가 나무 게임을 하자고 제안했을 때 어떻게 해야 할까? 그 게임도 영원한 승부로 우리를 위협할까?

이 문제는 1950년대 후반 위대한 여행자 에르되시 팔이 수학 세계를 돌아다니며 던진 질문이다. 에르되시는 십대 시절에 부다페스트에서 만난 헝가리의 젊은 수학자에 관해 자주 이야기했다. 그의 이름은 엔드레 바이스펠트Endre Weiszfeld였는데, 나중에는 앤드루 바조니Andrew Vázonyi로 개명했다. 이 수학자는 점점 더 심해지는 유대인 차별 때문에 1930년대에 이름을 바꿨고 결국 미국으로 도망쳤다. 에르되시에 따르면 바조니는 나무 게임이 분명 유한하다고 주장했다. 하지만 그는 자신의 생각을 증명하지 못하고 죽었다. 사실 에르되시가 이렇게 바조니의 이야기를 하고 다녔을 때 바조니는 살아 있었지만, 에르되시는 학계를 떠나 보수 좋은 항공기 엔지니어가 된 그를 '죽었다'고 표현했다. 아무튼 바조니의 주장은 여전히 증명되지 않은 채로 남아 있었다. 프린스턴대학의 복도에서 재능 있는 어린 학생이 에르되시의 말에 귀를 기울이고 있었다. 그 학생의 이름은 조셉 크루스칼Joseph Kruskal이다.

1960년 봄, 이제 막 박사학위를 마친 크루스칼은 나무 게임이 유한한 수만큼 움직이고 끝이 난다는 사실을 증명해 냈다. 하지만 주의해야 한다. 유한하더라도 이 게임은 인간이나 행성, 심지어 은하의 수명이 다한 후에도 거뜬히 지속될 수 있다. 우주가 죽은 후에도 여전히 나무 게임을 하고 있을지도 모른다는 것이다.

게임을 시작해 보자.

이것은 특정 씨앗을 선택한 후 나무로 숲을 만드는 게임이다.

아래는 일반적인 나무다.

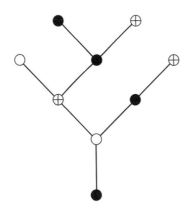

보다시피 나무는 선으로 연결된 구조일 뿐이다. 동그란 것은 씨앗이고, 선은 가지다. 이 예시에서 씨앗의 종류는 검은색, 흰색, 십자가 모양까지 세 가지다. 게임의 규칙은 다음과 같다. 숲을 만들

때 첫 번째 나무는 최대 한 개의 씨앗을, 두 번째 나무는 최대 두 개의 씨앗을 가져야 하며, 계속 같은 식으로 나무가 만들어진다. 기존에 만들어진 나무 중 하나가 포함되는 나무를 만들면 숲은 죽는다. '기존의 나무 중 하나를 포함한다'에는 정확한 수학적 의미가 들어 있지만, 그냥 사과나무를 떠올려도 충분하다. 사과나무는 혼자 서 있을 수도 있고, 다른 나무에서 자랄 수도 있다. 아마 숲 어딘가에서 사과나무를 찾게 될 것이며 더 멀리 보면 커다란 소나무 줄기에 사과나무가 매달려 있는 모습을 볼 수도 있다. 나무 게임에서는 그러면 죽는 것이다.

이 상황을 좀 더 정확히 설명하기 위해, 나무들 몇 개를 비교해 보고 어떤 나무가 다른 나무를 '포함'하는지 확인해 보자. 예를 들어, 아래와 같이 각기 다른 나무들을 나열해 보았다.

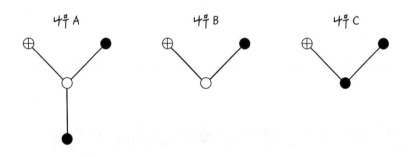

나무 A에 나무 B가 포함되어 있을까? 답은 뻔하다. 당연히 포함되어 있다. 가장 위에 있는 가지에서 바로 보인다. 나무 C는 어떨까? 나무 A에 포함되어 있을까? 얼핏 보면 그렇지 않다고 답할 수

있겠지만, 나무 A 중심에 있는 하얀 씨앗을 가리면 어떻게 되는지 생각해 보자. 실질적으로 남은 것은 나무 C다. 이런 식으로 봤을 때 여러분은 나무 A에 나무 C가 포함되어 있다고 주장할 수 있다.

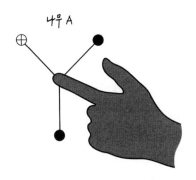

논쟁을 매듭지으려면 규칙서를 자세히 들여다봐야 한다. 나무 하나가 다른 나무를 포함하려면 위의 예시에서처럼 나무 A의 하얀 씨앗을 가렸을 때 나머지 씨앗을 일치시킬 수 있어야 한다. 하지만 이걸로는 충분하지 않다. 일치하는 씨앗은 '가장 가까운 공통의 조상'이 같아야 한다. 나무 위쪽 가지에 있는 씨앗 두 개를 예로 들자면 우리는 이 씨앗들의 가지를 따라 올라가 두 선이 합쳐진 지점의 씨앗을 찾아서 그들의 가장 가까운 공통의 조상을 알아낼 수 있다. 여러분과 사촌을 씨앗이라고 생각해 보자. 두 사람의 핏줄을 따라 올라가 보면 조부모님 선에서 만나게 될 것이다.

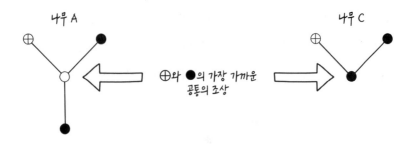

나무 A와 나무 C의 위쪽 가지에 있는 검은 씨앗과 십자가 씨앗을 살펴보자. 각각의 혈통을 추적해 보면 나무 A에서는 그들의 가장 가까운 공통 조상이 흰색 씨앗이지만, 나무 C에서는 검은 씨앗이라는 것을 알 수 있다. 그래서 그 두 씨앗은 조상이 일치하지 않는다. 바로 이런 까다로운 이유로, 우리는 나무 A가 나무 C를 포함하지 않는다고 말할 수 있다.

마지막 예시로 나무들을 좀 더 키워 보자. 여기 나무가 두 그루 더 있다.

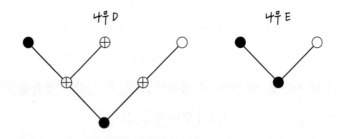

나무 D에 나무 E가 포함되어 있을까? 먼저 우리는 씨앗들을 일치시킬 수 있는지 알아봐야 한다. 나무 D에 있는 십자가 씨앗들을

모두 가려 보니, D와 E의 씨앗이 일치한다는 걸 알 수 있다. 이제는 조상을 따져 보자. 두 나무의 위쪽 가지에 있는 하얀 씨앗과 검은 씨앗을 살펴보자. 이 씨앗들의 혈통을 추정하면 두 개 모두 가장 가까운 공통의 조상이 검은 씨앗임을 알 수 있다. 조건을 모두 만족한다. 따라서 나무 D에는 나무 E가 확실히 포함되어 있다.

이제 규칙을 이해했으니 경기를 시작할 준비가 끝났다. 검은 씨앗만 사용할 수 있는 게임을 해 보자. 내가 먼저 해 보겠다. 기억해야 할 것은, 이것이 첫 번째 나무라는 것이다. 그래서 이 나무는 최대 한 개의 씨앗만 가질 수 있다. 그냥 그려 보도록 하겠다.

●

이제 당신 차례다. 당신은 바로 곤경에 처하게 된다. 숲속 두 번째 나무이므로 씨앗을 두 개까지 넣을 수 있지만, 도움이 되지 않는다. 그릴 수 있는 나무는 두 가지뿐이다. 씨앗 하나짜리 나무를 따로 그리거나, 씨앗 두 개짜리 나무를 그려야 한다.

당신이 처한 문제는, 이 두 가지 나무 안에 나의 나무가 모두 포함되어 있다는 것이다. 둘 중 하나라도 심으면 숲은 죽는다. 피할 방법이 없다. 게임은 한 수만에 끝난다. 씨앗 종류가 하나뿐이면 숲은 절대로 외로운 나무 한 그루를 초과해 확장될 수 없다.

이제 두 종류의 씨앗을 가지고 놀아 보자. 하얀 씨앗과 검은 씨앗이다. 게임은 기껏해야 세 번 만에 끝난다.

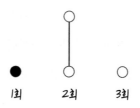

다음에 심는 나무가 무엇이건, 숲은 파괴될 운명에 처한다. 그러나 여러분은 그리 감명받지 않은 눈치다. 누가 세 번 만에 끝나 버릴 게임을 하고 싶겠는가?

기다려 보자.

이제 검은색, 하얀색, 십자가 모양 씨앗 세 종류로 놀아 볼 때다. 몇 가지 시도를 해 보도록 하겠다.

좋다. 숲은 아직 살아 있다. 하지만 얼마나 더 갈 수 있을까? 우리는 이 게임이 언젠가는 분명히 끝난다는 사실을 크루스칼에게 들어서 알고 있다. 그런데 언제 끝이 날까? 백 번 움직이면? 구골플렉스를 넘으면? 그레이엄 수 후에?

그래도 근처에도 못 간다.

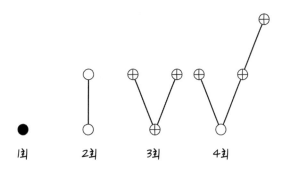

|회   2회   3회   4회

이 책에서 이미 우리는 헤아릴 수 없이 큰 수의 거대함에 관해 이야기를 나누었다. 하지만 그 수들은 이번 리바이어던에 비하면 아무것도 아니다. 이것은 TREE(3)으로 알려진 수로, 씨앗 세 개짜리 나무 게임이 가진 막대한 한곗값이며, 완전히 기이한 수열인 트리 수열TREE sequence에 들어 있다. 만일 여러분이 n개의 각기 다른 씨앗을 가지고 나무 게임을 한다면 게임은 TREE(n)번 움직인 후에 종료될 것이다. 그 시작이 얼마나 순조로운지 살펴보자.

TREE(1) = 1 (씨앗 1개짜리 게임은 움직임 1번 만에 종료되므로)

TREE(2) = 3 (씨앗 2개짜리 게임은 최대 3번 만에 종료되므로)

그러다가, 꽝!

TREE(3) = 구골플렉스와 그레이엄 수를 삼키고도 남는 거대한 수.

우리가 안다고 생각했던 모든 것이 아무것도 아닌 것으로 쪼그라든다. 그런데 이보다 훨씬 더 큰 수로 갈 수도 있다. 씨앗 4개를 사용하면 TREE(4), 5개를 사용하면 TREE(5), 그 이상 더 키울 수 있다. 하지만 TREE(3)으로 이미 충분하다. 숨도 못 쉴 만큼 터무니없는 상상하기도 어려운 수다.

애초에 바조니가 추측했던 대로 그리고 크루스칼이 증명한 바에 따르면 씨앗의 수가 정해져 있는 한 나무 게임은 분명 끝이 난다. 하지만 미국의 수학자이자 철학자인 하비 프리드먼Harvey Friedman은 나무 게임으로 계속 엄청난 수를 뽑아낼 수 있다는 사실을 깨달았다. 프리드먼은 아주 어린 나이에 이미 명백한 논리를 따져 보는 재능을 갖고 있었다. 고작 네다섯 살이었을 때 사전을 발견한 프리드먼은 어머니에게 이게 무엇인지 물었고, 그의 어머니는 "단어들이 무엇을 의미하는지 알아보기 위한 거야"라고 답했다. 며칠 후 프리드먼은 불평했다. 사전의 내용이 쳇바퀴 돌 듯 돌아서 소용이 없다고 말한 것이다. '대형'이라는 단어를 찾으면 '크다'로, '크다'를 찾으면 '거대한'으로, 그러다 다시 '대형'으로 옮겨 갔다. 어떤 단어가 실제로 무엇을 의미하는지 어떻게 알 수 있을까? 10여 년 후 그는 재능을 인정받아 최연소 대학교수가 되어 기네스북에 이름을 올렸고, 겨우 18세에 스탠퍼드대학의 철학 교수진에 합류했다.

프리드먼은 TREE(3)이 막대하게 크다는 것을 알았다. 정확히 몇인지는 말하기 어려워도, 여러분이 이 책에서 찾을 수 있는 다른 어느 수보다 TREE(3)이 더 크다는 사실은 보여 줄 수 있었다. 그는 애커먼 수Ackerman numbers로 알려진 거대한 수를 기준으로 TREE(3)의 추정치를 잡았다. 실제보다 작은 크기의 추정치지만 말이다. 이 수들의 크기를 가늠해 보려면 우리는 그레이엄의 사다리를 다시 가져와야 한다. 여러분은 그 사다리가 첫 번째 칸인 $g_1=3 \uparrow\uparrow\uparrow\uparrow 3$부터 이미 괴물 같았음을 기억할 것이다. 처음 칸에 올라선 후 상황은 빠르게 통제 불가능해졌다. 두 번째 칸은 화살표가 g_1개인 $g_2=3 \uparrow^{g_1} 3$, 세 번째 칸은 화살표가 g_2개인 $g_3=3 \uparrow^{g_2} 3$이었고, 64번째 칸에 도달하여 그레이엄 수를 만날 때까지 사다리는 계속 이어졌다. 그런데 우리가 그레이엄 수만큼의 화살표를 가지고 이후에도 65번째, 66번째, 그리고 67번째 칸을 지나 구골 번째 칸까지 올라간다고 상상해 보자. 이렇게 높은 칸에 오를 때까지 한 번도 쉬지 않았다고 가정해 보는 것이다.

$$2 \uparrow^{187,195} 187,196$$

여기에 커누스의 화살표 187,195개가 있다. 이것은 엄청나게 큰 수지만, 그레이엄의 사다리 칸수를 세는 일 외에 하는 일이 없다! 그레이엄의 사다리 64번째 칸에 올라가면 그레이엄 수가 나온다. 그렇다면 여러분은 사다리의 $2 \uparrow^{187,195} 187,196$번째 칸이 여러분을 어디로 데려갈지 상상이라도 할 수 있겠는가? 이 진정한 괴물은 프리드먼이 추정한 TREE(3)의 값과 비슷하지만, 착각해선 안 된다. 그 값은 훨씬 작게 추정된 것이기 때문이다. 실제 TREE(3)은 리바이어던 중에서도 훨씬 꼭대기에 놓여 있으며, 우리가 수 세계를 여행하면서 마주친 다른 모든 수를 지배하고 있다.

TREE(3)이 광대하게 큰 이유를 직관적으로 이해할 방법은 없다. 아까 했던 게임을 보면 힌트를 얻을 수 있다. 씨앗 2개로 하는 나무 게임의 경우, 우리는 2라운드부터 하얀 씨앗을 가지고 경기를 해야 한다. 사용할 수 있는 씨앗 색이 하나밖에 남지 않은 상황에서, 우리는 한 나무에 다른 나무를 포함할 위험이 훨씬 커지고, 게임은 빨리 끝날 운명에 처한다. 하지만 씨앗 3개짜리 경기의 경우, 2라운드에서 우리에게는 여전히 두 종류의 씨앗이 남아 있다. 이 상황은 여러 씨앗을 조합하여 새롭고 독특한 나무 패턴을 더욱 다양하게 만들 기회를 열어 주어 큰 차이를 만든다. 결국 우리는 기력을 다 소진하겠지만, 아주 아주 오랫 동안은 아니다.

나무는 그런 존재다. 나무는 컴퓨터 과학의 결정 알고리즘부터 진화생물학계에 있는 생명의 나무에 이르기까지 분기가 존재할 때마다 불쑥 나타난다. 이른바 계통수phylogenetic tree는 전염병 학자들이 바이러스와 항체의 진화를 분석하기 위해 사용한다. 암 유전체cancer genome와 같이 진화하는 다양한 시스템에도 적용됐다. 하지만 나무를 향한 프리드먼의 관심은 이보다 더 깊었다. 그는 증명할 수 없는 진실, 즉 진실이지만 적어도 자신의 수학적 틀 안에서는 절대 확인할 수 없는 무언가를 찾고 있었다. 그 무언가는 수학자들이 가진 기술이나 재능과는 아무런 관련이 없다. 조언자들이 아무리 강력한 힘을 가졌어도, 그 무언가는 영원히 증명되지 않은 채 남아 있을 게 분명한 근본적 진리다. 앞으로 다루겠지만, 나무 게임은 수학의 법정에서 벌어지는 증명할 수 없는 진리에 관한 게임이다.

증명할 수 없는 진리는 수학의 근간을 흔든다. 수학은 기본 규칙과 원리에서 발전해 왔다. 이를테면 언제든 숫자를 하나씩 늘릴 수 있다는 연속적 관점에서 덧셈 개념을 구축할 수 있다. 우리가 할 일은 하나씩 늘리고 또 늘리는 일을 반복하는 것이다. 거기서 곱셈과 지수화, 소수 개념, 그리고 소수와 관련된 모든 정리를 개발할 수 있다. 수학은 인간이 만들고 지배하는 시스템이다. 수학은 자신의 기반과 기본 구성 요소를 스스로 세우고, 거기서 우리는 수학적 우주 안에서 마을과 도시를 건설한다. 수학의 이 구성 요소들을 공리axiom라고 부른다. 더 많은 공리에서 시작할수록, 더 풍부하고 복잡한 수학적 우주가 만들어진다. 이 우주는 직관적 이해가 가능하다. 만약 내가 노란색 벽돌만 가지고 있다면 도시의 모든 건물은 노란색이 될 것이다. 하지만 내가 노란색과 빨간색 벽돌을 가지고 있다면 나는 더 흥미로운 패턴을 만들 수 있을 것이다. 당연히 노란색 건물도 있겠지만, 노란색과 빨간색의 정교한 모자이크 무늬로 장식된 건물도 만들 수 있다. 책 후반에 나올 '무한대' 장에서 우리는 또 다른 예시인 유한 수학과 초한적transfinite 수학의 경계를 탐구할 것이다. 유한한 벽돌로 유한한 건물을 짓는다. 그러나 수학이 무한대로 들어가기 위해서는 무한대의 공리로 알려진 새로운 유형의 벽돌이 필요하다는 사실이 밝혀졌다.

수학자들이 공리에 관심을 보이기 시작한 것은 20세기 초였다.

세계적으로 수많은 수학 선도자들이 모든 수학의 이론을 믿었다. 우리가 해야 할 일은 그 공리의 모음을 찾는 일이었으며, 그를 위해 모든 일이 생겨났다. 최소한 원칙적으로는, 이러한 공리 덕분에 진실한 모든 것이 증명될 수 있으리라 믿었다. 수학은 완전하고 모순이 없는 것으로 여겨졌다. 수학에 대한 이런 믿음은 수학이 가진 힘과 아름다움에서 얻은 영감으로 비롯된 것이 분명했다. 수학은 우주를 정복했다. 오직 이단자만이 수학은 깨졌다고, 불완전하다고 말할 수 있을 것이다.

그 이단자는 많은 사람이 아리스토텔레스의 후계자라고 불렀던 체코의 뛰어난 철학자이자 논리학자, 쿠르트 괴델Kurt Gödel이었다. 1931년 12월, 세계 대공황 속에 있던 괴델은 수학이 결코 완전할 수 없다는 '증명할 수 없는 진리'의 존재를 증명했다. 어떤 공리를 선택하든, 어떤 수학적 틀을 선택하든, 증명할 수 없는 진정한 진리는 언제나 존재할 것이다. 물론 우리는 언제든지 증명에 도움이 되는 새로운 공리를 추가하여 더 넓은 틀을 고려해 볼 수 있다. 물론 그러면 새로운 수학적 진술mathematical statement도 추가되어 어려움을 겪게 될 것이다. 공리와 증명은 결코 진리와 함께 걸을 수 없다.

우리가 만든 도시로 돌아가 보자. 그 도시에서 우리는 노란색과 빨간색 벽돌만 사용할 수 있으니 이 두 가지 색으로만 지어진 단순한 건물들이 도시를 뒤덮고 있어도 놀라지 않을 것이다. 이 건물들은 수학적 증명이 가능한 정리theorem와 같다. 충분한 시간과 노력을 들인다면 도시 공학자들은 이 건물들이 어떻게 지어졌는지 우리에게 설명해 줄 수 있을 것이다. 하지만 도시의 어두운 구석 어딘가에는 분명 이상하고 신비로운 건물이 존재한다. 증명할 수 없는 곳이다. 그 어떤 기술자도 그 건물이 어떻게 만들어졌는지 말해 줄 수 없을 것이다. 적어도 이 도시에서 사용 가능한 원자재로는 말이다. 하지만 그곳에는 괴델의 천재성으로 어렴풋이 찾아낸 웅장한 건물이 틀림없이 존재한다.

괴델의 증명에 따른 방식의 옹호자로서, 나는 여러분에게 모든 숫자가 흥미로운 존재라는 사실을 확신시킬 증명을 하고 싶다. 가령 내가 틀렸다고 가정해 보자. 재미없는 숫자가 실제로 존재하는 것이다. 만약 정말 재미없는 숫자가 있다면 그것에 대해 말할 게 없으니 위키피디아 페이지도 없을 것이다. 하지만 재미없는 숫자 중에서도 가장 작은 숫자가 있을 것이다. 논쟁을 위해 그 숫자가 49,732라고 예를 들어 보자. 자, 이제 내가 이 49,732에 대해 위키피디아 페이지를 쓴다면 세상 사람들은 이 재미없는 숫자에 대한 재미있는 사실을 알게 될 것이다. 그러면 우리는 모순에 부딪히게 된다. 따라서 모든 숫자는 재미있을 수밖에 없다.

괴델이 증명한 수학의 불완전성정리incompleteness proof는 훨씬 엄격하지만 이와 비슷한 기조를 따른다. 그 접근법의 핵심은 체계적인 코드, 즉 수학이 스스로 참조하고 스스로 질문을 하는 방법이다. 참이든 거짓이든 모든 수학적 진술, 즉 모든 공리는 고유의 코드 번호를 가지고 있다. ASCII 코드(미국 표준 협회에서 정한 미국의 정보교환용 표준코드체계American Standard Code for information interchange―옮긴이)와 마찬가지로, 수학도 특정 진술과 연결된 특정 숫자를 상상할 수 있다. 예를 들어, 어떤 숫자는 '2의 제곱근은 무리수이다'는 진술과 연결되지만, 다른 숫자는 '1+1=3'과 연결되는 식이다. 수학적 진술의 참 또는 거짓도 해당하는 숫자의 속성과 연결될 수 있다. 가령 짝수는 참인 진술에 해당하지만, 홀수는 거짓에 해당한다고 보는 것이다. 물론 실제로는 이보다 훨씬 더 복잡하나, 그 바탕에 깔린 정신은 옳다. 이처럼 새롭고도 엄격한 코딩 시스템으로 무장한 괴델은 다음과 같은 진술을 생각했다.

'이 진술은 공리에 의해 증명될 수 없다.'

이제 괴델의 체계 밖으로 나가서 수학에 모순이 없다고 가정해보자. 그 말은 괴델의 저 진술이 참 또는 거짓이어야 함을 의미한다. 둘 다일 수는 없다. 그럼 거짓이라고 가정하자. 즉 이 진술이 공리에 의해 증명될 수 있다는 말이기에 우리가 모순에 빠졌음을 뜻한다. 하지만 모순이 없다고 가정했으니 괴델의 진술은 참이 틀림없다. 우리는 공리로는 증명할 수 없지만 수학적으로 참인 진술, 즉 증명할 수 없는 진리를 발견했다. 우리가 세운 수학의 도시에서 신비로운 건물을 찾아낸 것이다.

수학은 절대 완전하지 않다.

괴델은 이 불완전성정리로 유명해졌다. 이 정리는 영적인 이데올로기, 그러니까 수학적 우주만으로는 충분하지 않다는 생각에 힘을 실었다. 이와 같은 성공에도 불구하고, 괴델은 우울증에 시달리는 삶을 살았고, 나이가 들수록 편집증이 더 심해졌다. 그는 자신이 무언가에 중독될까 봐 아내인 아델이 미리 확인하고 준비한 음식만 먹었다. 1977년에 그녀가 아파 병원에 입원하자 괴델은 아예 먹기를 거부했다. 그리고 1978년 1월 14일, 영양실조로 사망했다.

수학자들은 괴델이 보여 준 억지스러운 예시를 넘어, 증명할 수 없는 진리에 관한 더 흥미로운 예시를 찾고 싶었다. 하지만 그것은 쉬운 일이 아니었다. 여러분이 유명한 수학 정리를 증명한다고 상상해 보자. 리만 가설Riemann hypothesis일 수도 있고, 골드바흐의 추측Goldbach's conjecture이나 수학적으로 풀리지 않은 다른 문제일 수도 있다. 시간만 충분하다면 여러분은 필즈상을 안겨줄 그 증명을 위해 밤낮으로 열심히 일할 것이다. 만약 증명할 수 없는 진리가 괴델의 진술뿐이라면 여러분의 연구는 성공할 가능성이 있다. 하지만 흥미롭고도 증명할 수 없는 진리가 더 존재한다면 어떨까? 만일 여러분이 연구하는 정리가 사실이긴 해도, 우리가 만든 수학적 틀에서 증명할 수 없다면 어떨까? 그럼 여러분에겐 방법이 없다. 실패할 운명인 것이다.

1977년, 영국 수학자 제프 페리스Jeff Paris와 그의 미국인 동료 레오 해링턴Leo Harrington은 수학자가 가장 두려워하는 일이 정말로 실현될 수 있음을 보여 주었다. 페아노 산술Peano arithmetic이라고 알려진 수학의 축소판 작업을 통해 그들은 램지 이론에 대한 진정한 진술을 표현할 수 있게 되었다. 하지만 증명하지는 못했다. 즉 페아노 산술은 그들이 정리를 구상하고 명시적으로 진술하는 것까지 도와주었지만, 그것을 증명하는 일은 절대 허락하지 않았다. 증명을 위해서는 더 많은 공리를 가진 훨씬 더 큰 수학적 틀에 발을 들여야할 것이다. 페리스와 해링턴의 증명할 수 없는 진리는 전 세계 수학자들에게 경고로 작용했다.

하비 프리드먼 또한 증명할 수 없는 진리를 찾고 있었다. 그의 임무는 수학 정리를 푸는 것이었다. 수학을 뒤집어서 어떤 공리가 어떤 정리에 필요한지를 알고 싶어 했다. 도시를 걸으며 노란색 집을 발견했다고 상상해 보자. 그리고 자문해 본다. '저 집을 지을 때 뭐가 필요했더라?' 당연히 노란색 벽돌이었을 것이다. 거기에 빨간색까지 더하는 건 과하다. 바로 이것이 프리드먼이 수학에 적용하던 논리였다.

프리드먼의 탐구는 나무 게임과 그 안에 숨은 증명할 수 없는 진리로 그를 이끌었다. 그것을 보려면 먼저 오로지 유한한 벽돌로만 만들어진 유한한 수학의 세계의 틀 속에서 게임을 해야 한다. 예를 들어, TREE(1)과 TREE(2)가 유한하다는 것을 증명하기는 쉽다. 모든 게임을 해 보며 얼마나 빨리 끝나는지 보기만 하면 된다. 우리는 적어도 원칙적으로는 정확히 같은 방식으로 TREE(3)이 유한하다는 사실을 증명할 수 있다. 물론 내가 씨앗 3개짜리 게임이 우주의 죽음을 넘어설 수도 있다고 말하긴 했지만, 지금 우리는 물리학이 아닌 수학을 하고 있을 뿐이다. (감히 그런 말을 하다니!) 우리는 얼마든지 게임을 할 수 있으며, 그 게임을 다 할 만큼 시간이 충분하다고 상상해 보자. 환상적으로 유한한 수와 환상적으로 유한한 게임을 하는 것만으로도 TREE(4)는 물론 TREE(5)와 TREE(6), 그리고 이후의 수들까지 모두 유한하단 사실을 증명할 수 있다.

우리가 계속 이 유한한 세상에서 지낸다고 가정한다면 TREE(n)은 모든 n 값에 대해 유한하다는 진술도 증명할 수 있을까? 순진하게도 여러분은 방금 이야기한 것을 떠올리며 증명할 수 있다고 생각할지도 모른다. 그러나 이것은 TREE(n)이 3이나 4, 또는 구골 같은 특정 값에 대해 유한하다고 말하는 것보다 더 강력한 진술이다. 그런데도 우리는 크루스칼 덕분에 더 강력한 이 진술도 참이라는 사실을 알고 있다. 그러므로 다시 질문을 던진다. TREE(3) 또는 TREE(4)의 유한함을 증명했듯, 유한한 세상에서 저 진술을 '증명'할 수 있는가? 정답은 '아니요'다. 크루스칼은 이것을 증명하는 과정에서 초한적 세계로 넘어가 버렸고 프리드먼은 다른 방법이 없음을 깨달았다. 결국 여러분의 손 위에 이 진술이 놓이게 되었다.

'TREE(n)은 모든 n 값에 대해 유한하다.'

이것은 유한한 세상에서 증명할 수 없는 진리다.

다시 시작되는 우주

여러분과 나무 게임을 다시 한번 해 보고자 한다. 하지만 이번에는 실제 세계에서다. 이제 우리 자신과 게임, 그리고 우리를 둘러싼 예측 불가능한 우주는 물리적 법칙에 영향을 받게 된다. TREE(3)의 거대함 때문에 게임은 불길한 미래로 뻗어 나갈 것이다. 그 과정에서 우리는 독특한 우주론인 홀로그래픽 우주론의 핵심, 다시 시작되는 우주의 자비로움을 경험하게 될 것이다. 지금 우리는 우주가 다시 시작되기 훨씬 전에 일어날 수많은 흥미로운 사건 앞에 서 있다. 실제로 무슨 일이 일어날지 살펴보자.

아름다운 어느 가을날, 여러분은 공원에서 게임을 준비한다. 황금빛 잔디 위에 햇빛이 비치고, 공원의 고요는 검은 새의 노래로 간간이 부서진다. 그리고 여러분이 시작할 차례다. 여러분의 게임 속도로 인해 평온함이 파괴된다. 물리학적으로 가능한 범위 안에서 가장 빠른 속도로 게임을 진행한다. 5×10^{-44}초마다 새로운 나무를 그린다. 이것은 플랑크 시간으로, 우리가 상상할 수 있는 가장 짧은 시간이다. 시간이 더 짧아지면 중력이 양자역학의 희생양이 되어 버려 우리가 아직 이해할 수 없는 방식으로 시공간 구조를 깨뜨릴 것이다. 이렇게 빠른 속도로 24시간이 넘도록 1조조조조 그루의 나무를 그렸지만, 게임은 끝나지 않았다. 우리는 TREE(3)번의 수를 주고받을 수 있으며, 아직 그 한계 근처에도 가지 못했음을 기억해야 한다.

1년이 지나도 게임은 끝나지 않는다. 한 세기가 지나도 계속된다. 나는 여러분이 영원히 나이 들지 않는 피터 팬처럼 늙을 수 없고, 생물학적 변화는 거부하되 물리학에만 답할 수 있다고 상상한다. 시간이 수 세기에서 천년으로, 천년에서 백만 년으로 바뀌어도 게임은 계속된다. 1억 1000만 년 후, 여러분은 게임을 시작했을 때보다 햇빛이 1퍼센트 정도 밝아지고, 지구도 더 뜨거워졌다는 걸 알아차린다. 대륙들은 서로를 감싸다가 약 3억 년 후에는 마침내 하나의 초대륙으로 합쳐질 것이다. 그리고 6억 년 후, 태양은 지구의 탄소 순환을 파괴할 만큼 굉장히 밝아진다. 나무와 숲이 더는 존재할 수 없지만, 우리는 여전히 게임을 하고 있다. 산소 농도가 떨어지면서 치명적인 자외선이 지구 대기를 관통하기 시작한다. 우리는 예방책으로 게임을 실내로 가져간다. 그리고 8억 년 후, 태양이 지구상에 있는 복잡한 구조의 생명체들을 모두 파괴한다. 물론 역경을 무릅쓰고 살아남은 우리는 제외하고 말이다. 그리고 3억 년 후, 태양이 오늘보다 10퍼센트 더 밝아지면서, 바다가 증발하기 시작한다.

게임은 계속된다. 지구에 살기 어려워지자 화성에서 보호구역 일부를 제공해 준다. 약 15억 년 후의 화성은 지구의 빙하기 시절과 비슷해진다. 자리를 이동하기를 잘했다. 45억 년이 지나면 지구는 광폭한 온실 효과에 지배되어 현재의 금성만큼이나 살기 어려워지기 때문이다. 거의 같은 시기에 은하들이 충돌한다. 안드로메다와 우리 은하가 충돌하여 새로운 은하 밀코메다Milkomeda를 탄생시킨다. 뒤이은 성간의 혼돈 속에서 태양계의 운명은 불확실해진다. 일부 과학자들은 목구멍에서 가래를 뱉듯이 은하 밖으로 내쳐지기 전에, 태양계가 중심 블랙홀 쪽으로 향하게 될 거라는 모형을 제안하기도 했다. 하지만 여러분에겐 이런 문제는 중요치 않을 것이다. 태양의 열기로 따뜻해진 화성 위의 새로운 집에서 우리는 게임을 계속하고 있다.

10억 년이 더 지나면 태양의 중심핵에 있는 수소가 고갈되고, 그로 인해 태양은 적색 거성으로 변형하기 시작한다. 그리고 20억 년 동안 팽창하면서 수성과 금성, 심지어 지구까지 삼켜 버릴 것이다. 화성이 너무 뜨거워져서 우리는 토성의 달 위로 게임을 가져간다. 하지만 따뜻함은 오래가지 않는다. 게임을 한 지 약 80억 년이 지나자, 거성의 바깥층이 떨어져 나가면서 태양은 백색 왜성이 된다. 현재 질량의 절반으로 가벼워지고 지구보다 약간 큰 정도로 작아진 이 별은 살아남은 행성을 따뜻하게 해 줄 능력이 없다. 물론 이와 같은 엄청난 변화와 시간을 겪고도 살아남았다고 한다면 정말 말도 안 되지만, 그래도 살아 있다면 게임은 계속될지도 모른다. TREE(3)이 너무 크기 때문이다.

1000조 년 후, 태양은 빛나지 않는다. 어쩌면 행성을 끌어안은 채 공허한 우주를 외로이 떠다닐 것이다. 그러다가 블랙홀과 만날지도 모른다. 우리는 알 수 없다. 우주의 끄트머리에 실제로 무슨 일이 벌어질지는 암흑에너지에 달려 있다. 그것은 오늘날 우리가 볼 수 있는 우주의 진화를 지배하는 신비한 물질이다. 현재 우리가 알고 있는 것은 암흑에너지로 인해 우주 공간이 점점 더 빠른 속도로 팽창하고 있다는 사실이다.

지난 장에서 우리는 암흑에너지와 우주의 진공이 연관되어 있다고 믿는 물리학자들이 많다고 이야기했다. 예측하기로는 양자 우주에서 진공은 찌개처럼 부글거리는 가상입자로 가득하며, 가상입자는 별과 은하 사이의 텅 빈 사막을 가로질러 에너지를 고르게 퍼뜨리고 있다. 만약 이것이 정말로 암흑에너지의 근원이라면 우리 미래는 적어도 당분간은 차갑고 온화할 것이다. 우주는 점점 더 빠른 속도로 팽창하며 계속 성장한다. 그리고 약 10^{40}년 후, 오늘날 우리 눈에 보이는 물질 대부분이 우주를 순찰하는 초거대 블랙홀 군대에 잡아먹힌다. 이 블랙홀들은 우주를 지배하는 황금시대를 즐기다가 지금부터 구골 년 후에 이르고 나면 그냥 죽을 것이다. 정확히 호킹이 예측한 대로 호킹 복사를 빈 우주에 퍼뜨리며 붕괴할 것이다.

블랙홀에서 방출된 광자와 아원자 입자는 우주가 팽창할수록 점점 더 멀리 퍼져 나간다. 결국 남은 것은 우주의 공허뿐이지만 거기에는 부글거리는 가상입자의 암흑에너지가 채워져 있음을 기억하자. 우리는 지금 절대 0도 위에서 내내 얼어붙어 있는 드 지터 공간에 있다. 이제 우주는 열 변동으로 인한 작은 움직임을 제외하고는 모든 일에서 벗어나 잠자듯이 죽어 버린다. 그럼에도 불구하고 누군가가 게임을 이어 나간다면 나무 게임은 여전히 계속될 것이다.

암흑에너지가 가상입자로 들끓는 진공이 아니라면 어떨까? 우리의 운명이 드 지터 공간과 다르다면? 그러면 우주는 훨씬 더 폭력적인 죽음을 맞이할 수도 있다. 예를 들어, 암흑에너지가 언젠가 사라진다면 10억 년 또는 그 후에 우주는 팽창을 멈출지도 모른다. 사실 우주는 수축할 수 있고, 다시 자기 스스로 붕괴할 수도 있으며, 한데 모여 우주 에너지를 짜낼 수도 있고, 우주 대붕괴Big Crunch로 종말론적 결말을 맞이할 수도 있다. 우주 대붕괴에서 가장 무서운 것은 수축 속도다. 일반적으로 그 속도는 팽창 속도보다 더 빠르다. 우주는 마치 롤러코스터처럼 꼭대기까지 천천히 올라갔다가 무서운 속도로 굴러떨어져 버린다.

또 다른 가능성은 암흑에너지가 커지는 것이다. 이것은 팽창 속도만 가속하는 게 아니라 가속화를 더 가속한다. 이 현상이 바로 찢어지는 우주, 우주 대파열Big Rip이다. 우주가 파열하면서 너무 폭력적으로 팽창한 나머지, 행성은 마치 엄마 손을 놓친 아이처럼 그들의 별에서 떨어져 나간다. 그래도 잠잠해지는 일은 없다. 시간이 흐르면 우주의 팽창은 원자와 핵, 그 밖의 모든 것을 파열시킨다.

우주가 죽음의 단계에 접어들면 그게 어느 시점이든 나무 게임은 어떻게 될까? 우주 대붕괴와 대파열의 경우에 죽음은 너무 폭력적이고 게임도 짧게 끝난다. 하지만 지금 당장은 과학자 대부분이 좀 더 온화한 미래를 생각할 것이다. 초신성 관측부터 우주배경복사 측정에 이르기까지 모든 증거가 부글부글 끓고 있는 양자 진공으로 뒤덮인 우주, 즉 얼어붙은 드 지터 공간을 가리키고 있다. 이것이 우리의 운명이라면 우리는 우주의 온화한 죽음을 지나, 구골

년 넘어까지 계속되는 게임을 좀 더 상상할 수 있을 것이다. 그 영원한 시간 동안 게임 선수들의 정체성은 변할 것이다. 그럴 수밖에 없다. 그 누구도 열과 양자 불안정성quantum instabilities의 희생양이 되지 않고는 그만큼 오래 존재할 수 없다. 그러나 게임 자체는 어떨까? 우리가 필요한 만큼 계속할 수 있을까? TREE(3)의 한계에 도달할 수 있을까?

그럴 수 없다.

온화한 죽음은 영원하지 않다. 구골플렉스 년이 조금 더 지난 $10^{10^{122}}$년 후 우주는 반복된다. 우주는 다시 시작된다.

이것이 바로 푸앵카레의 재귀시간Poincaré recurrence time, 즉 우주의 한 귀퉁이가 현재 위치와 가까운 곳으로 되돌아오는 데 걸리는 시간이다. 우주는 우리 눈에 보이는 별, 행성, 인간, 두꺼비, 그리고 미세 외계 생명체까지 똑같이 묘사하면서 똑같은 양자 상태로 돌아온다. 우리는 굉장히 중요하고 거대한 구에 둘러싸여 있고, 그 구 안에 있는 우주는 유한한 수의 존재들을 매우 다양한 방식으로 배열할 수 있다. 그래서 재귀가 일어난다. 왜 그런 일이 일어나는지는 잠시 후 설명하겠지만, 지금은 먼저 우주가 다양한 배열을 진행하는 모습을 상상해야 한다. 우주는 시간의 흐름에 따라 소행성이 멕시코의 유카탄 반도에 떨어졌을 때 모습부터 현재 보이는 모습에 이르기까지, 또는 저스틴 비버가 대통령으로 선출됐을 경우의 모습까지 다양한 배열을 시도한다. 우주는 모든 존재의 배열을 이렇게 저렇게 시도해 보며 과거의 영광과 실패를 영원히 재검토할 것이다. 우리 우주의 구석구석에서는 재귀하기까지 상상도 할 수 없을 만큼 오랜 시간이 걸리지만, 나무 게임에 걸리는 시간은 훨씬 더 길다. 가장 온화한 미래에도 우리 우주는 TREE(3)을 거부한다. 게임이 그 끝에 도달하기 훨씬 전에 이미 다시 시작하고, 또다시 시작하기를 반복한다.

프랑스 수학자 앙리 푸앵카레Henri Poincaré의 이름을 딴 푸앵카레 재귀는 우리 우주뿐 아니라 질소 기체로 가득한 상자, 카드 한 팩 등 유한한 시스템이 가지는 특징이다. 우리가 시스템을 통해 움직이면 그 안의 가능성 있는 모든 일을 탐색하게 되고, 결국에는 원래 시작한 곳으로 돌아온다. 그리고 다시 시작한다. 52장의 카드 한 팩을 정리하는 방법은 10^{68}가지다. 처음에 카드 상자를 열어 보면 카드는 세트별로 순서대로 정리되어 있다. 여러분이 카드를 섞으면 우아했던 배열이 망가지고 새로운 배열이 생긴다. 카드를 다시 섞어서 다시 한번 새로 배열한다. 만일 여러분이 구골 번만큼 오랫동안 카드를 섞고 또 섞는다면 여러분은 틀림없이 어떤 배열이 반복되는 현상을 목격할 것이다. 하지만 푸앵카레는 더 강력한 현상을 증명했다. 만일 카드가 무작위로 섞인다면 어느 순간 그 카드는 처음에 정리되었던 순서대로 되돌아갈 것이다. 이것이 푸앵카레 재귀다.

질소 기체가 담긴 상자는 어떨까? 상자의 오른쪽 상단에 모여 있는 분자에서 시작한다고 가정해 보자. 시간이 지날수록 분자들이 펼쳐지는 모습이 보일 것이다. 분자들은 춤추고 충돌하면서 매우 다양한 모습을 시도하지만, 어느 순간 그들은 되돌아온다. 처음처럼 오른쪽 상단 구석에 모일 것이다. 우리 우주도 다르지 않다. 만약 우주가 유한한 수만큼 배열하는 방법만 알고 있다면 푸앵카레 규칙에 따라 우주는 언제나 지금 있는 곳으로 돌아올 것이다. 반복될 것이다.

나는 우리를 둘러싸고 있는 구에 대해 언급했다. 이것은 차갑고 공허한 우리의 미래이자 진공 속 암흑에너지가 지배하는 드 지터 공간의 미래다. 그로 인해 우리는 모두 드 지터 지평선으로 알려진 거대한 우주 장막에 둘러싸여 있는 것이다. 지난 장에서 잠깐 말하긴 했지만 다시 설명할 가치가 있다. 여러분은 여러분만의 드 지터 지평선이 있고, 나는 나만의 지평선이 있다. 여러분의 지평선은 여러분을 중심으로 반지름이 약 170억 광년인 거대한 구다. 그것은 여러분이 볼 수 있는 것의 한계를 나타낸다. 예를 들어, 상상할 수 없을 만큼 먼 은하계에 나라 정책에 대해 논쟁하는 외계인들이 살고 있을 수 있지만, 여러분은 영원히 살더라도 그들을 절대 볼 수 없다. 왜냐하면 암흑에너지가 여러분과 외계인들 사이의 공간을 점점 더 빠른 속도로 밀어내고 있기 때문이다. 물론 빛이 논쟁하는 외계인들에 반사되어 그 일부가 여러분을 향해 올지도 모르지만, 결코 여러분에게 닿을 수는 없을 것이다. 공간이 너무 빨리 확장되어 외계인에 반사된 빛은 그 속도를 따라잡지 못하기 때문이다.

앞 장에서 나는 드 지터 지평선이 블랙홀의 사건의 지평선과 다르다고 말했다. 드 지터 지평선은 빠져나올 수 없는 경계도 아니고,

살벌한 특이점을 가려 주는 장막도 아니다. 하지만 이렇게 중요한 차이점에도 불구하고, 두 지평선에는 상당히 유사한 면도 있다. 이 개념은 스티븐 호킹과 그의 제자 게리 기번스Gary Gibbons가 만든 것으로, 양자 복사가 블랙홀의 사건의 지평선에서 방출되는 것처럼 우리의 드 지터 지평선에서도 방출되고 있다는 사실을 보여 주었다. 우리 우주의 한구석에서 방출되는 드 지터 복사의 온도는 $2×10^{-30}$ 켈빈으로 차갑다. 따라서 우리가 현실적으로 그 복사를 발견하는 건 바랄 수도 없는 일이지만, 그래도 드 지터 복사는 그곳에 존재한다. 우주의 끝없는 팽창으로 우주가 희석될수록, 이곳에 남은 것은 차갑게 얼어붙은 공허한 우주의 온도뿐일 것이다. 마치 북유럽 신화에 나오는 지하감옥 같지만, 약간의 온기만 있으면 이 절대적 추위는 아주 미세하게 따뜻해진다. 온도가 있는 곳에는 엔트로피가 있다는 것을 기억하자.

블랙홀의 엔트로피가 사건의 지평선 면적에 비례하듯, 드 지터 공간의 엔트로피는 드 지터 지평선의 면적에 비례한다. 여러분을 둘러싼 드 지터 지평선은 약 1조조조조 제곱킬로미터에 달하는 면적을 가진 거대한 지평선이다. 만약 우리가 이 영역을 엔트로피와 연결되는 호킹의 그 유명한 공식에 사용한다면 우리는 결국 300억 조구골이 넘는 엔트로피를 가지게 된다. 이것은 우리 우주의 옷장 속에 들어 있는 옷의 개수, 즉 미세상태 수를 알 수 있도록 도와준다. 저만큼의 엔트로피는 다양한 의상 $10^{10^{122}}$벌이 들어 있는 우주 옷장으로 볼 수 있다. 이 옷장은 킴 카다시안의 옷장보다는 크지만 그래도 유한하다. 만약 우주가 플랑크 시간마다, 매초, 심지어 해마다 새로운 옷으로 갈아입는다고 상상한다면 약 $10^{10^{122}}$번 이후에는 우주가 오늘날 입은 것과 똑같은 옷을 입는 모습을 보게 될 것이다. 우주의 장막과 얼어붙은 미래에 의해 강제로 시행된 패션쇼, 그것이 푸앵카레 재귀인 것이다.

이처럼 우주 한구석에서 일어나는 재귀는 실제일 가능성이 크지만, 암흑에너지에 관해 우리가 아는 모든 지식을 고려해 보면 재귀가 일어나기까지의 시간이 너무 길어서 그 무엇도 이 현상을 볼 수 없다. 이만큼 정밀하게 측정하고 오랫동안 살아남을 수 있는 존재나 기계는 없다. 양자 불안정성 때문이다. 우리가 놀랍도록 정확하게 우주의 상태를 측정할 수 있는 궁극의 도구를 가졌다고 가정해 보자. 그 도구는 오늘날의 우주와 우주가 보는 것들을 측정한다. 미래의 모든 순간에도 같은 것을 측정하고 비교하겠지만, 재귀를 포착하기 위해서는 엄청난 시간 동안 작동해야 할 것이다. 그건 불가능하다. 양자 불안정성은 언제나 그 도구를 방해하고 모든 기록을 망칠 것이다. 우리 우주의 푸앵카레 재귀는 그곳에 존재하지만, 아무도 그것을 측정할 수 없다. 괴델의 불완전성과 같은 면이 있지만, 이 개념은 수학보다는 물리학에 관한 것이다. 물리적 영역의 증명할 수 없는 진리인 것이다. 우리는 TREE(3)와 나무 게임에 대해서도 똑같이 말할 수 있다. 원칙적으로는 존재하지만, 너무 크기 때문에 우리 우주의 법칙은 일어나지 않을 것이다.

홀로그램 우주론

큰 수의 세계를 통과하는 여행이 막바지에 다다랐다. 우리는 미시세계와 거시세계를 향해 모험했다. 세상의 모든 존재 안에 숨어 있는 양자역학이 시간이 멈춘 블랙홀의 끝을 지나, 아직 경계를 알 수 없는 우주를 가로지르는 모습을 희미하게나마 목격했다. 나는 여러분이 숫자라는 문을 통해 우주에서 가장 대단한 물리학 세계로 들어갈 수 있다는 걸 깨달았길 바란다. 구골과 구골플렉스로 여러분의 도플갱어를 찾아보았고, 그레이엄 수를 통해 우리 머리가 블랙홀이 되어 터져 버릴 위험성에 대해 알아보았다. TREE(3)과 나무게임은 다시 시작되는 우주에 대해 알려주었다. 이렇게 거대한 수들은 우리가 현재 알고 있는 물리적 지식을 최대한 이해할 수 있도록 도와주었다.

이제 여러분은 이 책의 주제를 알아차렸을 것이다. 매번 우리는 엔트로피의 도전을 받아 왔다. 여러분과 여러분의 머리, 여러분이 보고 싶어 하는 모든 우주의 미시상태를 묘사하는 데 수적 한계가 있었기 때문이다. 하지만 그 모든 사건에도 불구하고, 우리가 발견한 것을 모두 설명해 주는 물리적 원리가 하나 있다. 그것은 물리학의 끝에 가깝고, 이전에 알던 그 무엇보다 훨씬 극적이다. 내가 보기에 여러분은 감당할 준비가 되었다. 그 설명은 공포 이야기로 시작된다.

비명 같은 알람 소리를 듣고 잠에서 깬다. 당신은 눈을 감은 채

손을 뻗어 소리를 꺼 버린다. 습관적으로 침대에서 일어나 비틀거리며 샤워실로 간다. 머리 위로 따뜻한 물이 느껴지자 당신은 천천히 잠결에서 벗어난다.

그리고 공포가 시작된다.

당신은 2차원 감옥에 갇혀 있다. 당신뿐만이 아니라 샤워실과 싱크대, 침대까지 모든 게 2차원에 묶여 있다. 속에서 두려움이 차오른다. 급히 방으로 돌아가 옷을 입고 계단을 뛰어 내려간다. 기분이 이상하다. 한때 알고 있던 세계, 즉 3차원 세계에서처럼 움직이지만, 이제 당신은 사실 그 세계가 거짓이었음을 깨닫는다. 잠에서 깨니 악몽인 것이다. 탈출하기 위해 현관문을 연다.

하지만 공포는 더 커질 뿐이다.

세상이 모두 2차원에 갇혔는데 아무도 모르는 것 같다. 옷을 잘 차려입은 한 여자가 자전거를 타고 지나간다. 지쳐 보이는 어떤 남자는 헐레벌떡 뛰어간다. 신나게 조잘대는 아이들로 가득 찬 학교 버스도 보인다. 모두 납작해졌지만 아무도 모른다. 당신은 여자를 향해 달려간다. 하지만 여자는 겁먹은 표정으로 뒤를 힐끗 돌아보며 자전거를 타고 재빠르게 가 버린다. 당신은 주저앉는다. 깨달음의 공포가 당신을 압도하자, 충동적으로 울음을 터뜨리고 만다. 바로 이것이다. 이게 현실이다. 당신은 홀로그램에 불과하다.

이것은 여러분의 이야기다. 한 물리학자가 홀로그램에 불과한 우주의 현실을 인식하며 깨어났다. 이 책이 여러분을 데려온 곳이 여기다. 3차원 우주와 중력이 환상과 같은 것이었음을 깨닫는 곳 말이다. 여러분은 평소에 인식했던 공간의 경계, 즉 홀로그램 세상에 갇힌 자신의 모습을 얼마든지 쉽게 상상할 수 있다.

이제 설명을 해야겠다.

홀로그램 우주는 베켄슈타인과 호킹에서 그 폭로가 시작되었다. 두 사람은 여러분과 나, 또는 달걀이나 트리케라톱스처럼 블랙홀도 엔트로피를 갖고 있다는 사실을 알아냈다. 여느 때와 마찬가지로, 우리는 엔트로피를 통해 그 블랙홀을 묘사할 수 있는 모든 미시 상태의 수를 알아내고, 그 안에 숨은 정보를 측정할 수 있다. 여러분은 아마 '구골' 장에서 나온 정원 앞마당에 생긴 블랙홀을 기억할 것이다. 그 질량이 코끼리만큼 무거워졌지만, 우리는 그 원인이 코끼리를 삼켜서인지, 같은 무게의 백과사전을 삼켜서인지 확신할 수 없다. 그러니까 하나의 거시적 물체를 묘사하기 위해 다양한 미세 상태를 상상할 수 있다는 뜻이었다. 다시 말해서, 블랙홀에는 반드시 엔트로피가 있어야만 한다.

하지만 베켄슈타인과 호킹은 여기서 멈추지 않고, 블랙홀의 엔트로피가 사건의 지평선 면적에 비례한다는 것까지 밝혀냈다. 지평선의 면적을 경계의 면적으로도 생각할 수 있다. 이 개념은 블랙홀의 면적 법칙이라고 알려져 있는데, 우리가 예상했던 것이 아니다. 잘 알다시피 여러분과 나는 이 면적 법칙을 따르지 않는다. 달걀이나 공룡도 마찬가지다. 사실 인간이나 달걀과 같은 평범한 존재의 엔트로피는 표면적이 아닌 부피와 함께 커진다. 이 말은 직관적으로도 이해가 되고, 심지어 여러분의 머리로 예를 들 수도 있다. 데이터의 용량을 늘리고 싶다면 더 정확히 말해 같은 온도에서 엔트로피를 더 많이 저장하고 싶다면 더 많은 뉴런이 필요하다. 이를 위해서는 단순히 두개골의 크기가 아닌, 부피가 더 큰 뇌가 필요하다.

하지만 어째서 블랙홀은 우리와 다르게 작용할까? 왜 블랙홀의 엔트로피는 부피가 아닌 표면적에 따라 증가할까? 블랙홀이 여러분이나 달걀과 다른 점은 엄청난 중력을 느낄 수 있다는 정도다. 블랙홀은 굉장한 중력을 갖고 있다. 중력은 블랙홀을 강하게 묶고 있으며, 중력 없이는 블랙홀도 존재하지 못한다. 중력이 그만큼 중요하기 때문에, 블랙홀은 우리와 다른 규칙으로 엔트로피를 저장하며 우리가 현실적 개념으로는 이해할 수 없는 원리를 갖고 있다.

1990년대 초, 네덜란드인 노벨상 수상자 헤라르뒤스 엇호프트 Gerardus 't Hooft와 스탠퍼드대학의 물리학자 레너드 서스킨드는 베켄슈타인과 호킹의 연구가 무엇을 의미하는지 이해했다. 우리가 앞서 보았듯이, 두 사람은 블랙홀이 엔트로피의 먹이사슬 꼭대기에 있으며, 특정 공간에 집어넣을 수 있는 정보의 양에 한계가 있음을 깨달았다. 공간이 블랙홀로 꽉 채워져야만 그 한계점에 도달할 수 있으며, 면적 법칙에 따라 최대 엔트로피는 내부 부피가 아닌 표면적으로 주어진다. 하지만 그들이 깨달은 위대한 사실은 이것이다. 만약 경계선의 표면적으로 최대 엔트로피가 결정된다면 우리는 모든 정보가 경계에 저장된다고 보아야 한다. 다시 말해서, 만일 내가 3차원으로 된 어느 공간 속 모든 물리학을 기술하려면 모든 정보를 해당 공간의 경계, 즉 그 공간을 둘러싸고 있는 2차원 표면에 부호화해야 할 것이다.

잠시 이 내용에 대해 생각해 보자. 엇호프트와 서스킨드는 우리가 궁금해하는 어떤 공간이 있다면 원하는 모든 정보를 그 공간을 둘러싼 표면에서 찾을 수 있다고 말했다. 그 말은 포장된 상자 속에 있는 내용물을 포장지 위에서 찾을 수 있다고 말하는 것과 마찬가지다. 그런 상자가 여러분 집 앞에 놓여 있다고 상상해 보자. 어쩌면 엇호프트가 갖다 놓은 걸지도 모른다. 포장지를 찢어 보니, 책이 들어 있다. 《판타스틱 넘버스》다. 여러분은 목차를 보며 생각한다. '그레이엄 수가 뭐지?', 'TREE(3)은 또 뭐야?' 책을 내려놓고 포장지를 모아 재활용함에 던져 버린다. 하지만 그때 뭔가를 알아차린다. 포장지가 작은 글자들로 덮여 있는 것이다. 잘못 본 게 아니라면 사실 그 글자들은 《판타스틱 넘버스》의 내용과 똑같다고 말할 수 있다. 엇호프트가 배달한 상자의 내용물은 포장지, 즉 그 상자가 차지한 공간의 경계 위에 모두 들어 있었다.

다른 비유로 좀 더 자세히 설명해 보겠다. 크리스마스에 레고 한 상자를 선물로 받는다고 상상해 보자. 그냥 레고가 아니라 플랑크 길이의 작은 레고다. 검은색과 하얀색 블록이 수없이 많으며, 각 블록은 옆면 길이가 겨우 플랑크 길이(약 1.6×10^{-35}미터)로 말도 안 되게 작다. 이 레고 상자에는 우주를 만드는 법에 대한 설명서도 들어 있다. 조립을 시작한 여러분은 곧 다음 그림과 같은 우주를 만든다.

레고 우주.

　이것은 그냥 작은 우주로, 흑백의 패턴이 무작위로 되어 있으며, 각 면을 따라 블록이 8개씩 배열된 정육면체다. 엇호프트와 서스킨드의 생각에 따르면 우리는 이 우주에 대해 알아야 할 모든 것을 경계면 위에 부호화해야 한다. 경계면은 6개 면으로 구성되어 있고, 각 면에는 64개 정사각형이 있기에 전체 면적에 들어 있는 정사각형은 384개다. 가능한 블록 색상이 두 가지니까 우리는 2^{384}가지 배열을 할 수 있다. 하지만 이제부터가 수수께끼다. 안쪽 내용까지 고려하면 이 정육면체는 총 8×8×8=512개 블록으로 구성되어 있어서 최대 2^{512}가지 배열을 하게 된다. 그렇다면 어떻게 2^{384}가지 배열에 2^{512}가지 가능성을 부호화할 수 있을까? 사실은 불가능하다. 만약 엇호프트와 서스킨드의 말이 맞는다면 그것은 이 정육면체 내부에서는 절대 일어날 수 없는, 존재할 수 없는, 심지어 원칙적으로도 허용되지 않는 배열들이 있음을 뜻한다. 대체 무엇이 그 배열을 막는 것일까? 억제제는 무엇일까? 그것은 중력일 수밖에 없다.

기억해야 할 것은 중력이 엔트로피의 전통을 깨 버렸다는 점이다. 엇호프트와 서스킨드는 중력과 블랙홀, 그리고 예상치 못한 면적 법칙을 통해 모든 정보를 경계면에 저장할 수 있다고 믿게 되었다. 그리고 모든 플랑크 블록에 정보를 담지 못하는 이유도 중력 때문인 것이 틀림없었다. 결국 우리는 레고 우주에 대한 두 가지 동일한 사실을 알게 되었다. 우주의 내부는 중력으로 인해 배열이 제한되며, 우주의 경계면은 중력이 없어서 아무것도 억제되지 않고 모든 배열이 가능하다는 사실이다. 똑같은 내용을 두 가지 방법으로 설명한 것이다. 영국 사람이 미트볼 요리를 보면 미트볼이라고 부르지만, 스페인 사람은 알본디가스albóndigas라고 부른다. 다른 언어로 표현했지만 같은 내용이다. 우리의 물리적 우주도 마찬가지다. 우주를 3차원 공간과 중력의 힘에 대한 이론으로 설명할 수도 있지만, 2차원 공간의 경계면에 고정되어 있고 중력이 없는 다른 이론으로 설명할 수도 있다. 그 경계에 대해 상상하자마자, 우리는 가장 높은 공간적 차원을 홀로그램으로 착각하기 시작한다. 사실 그럴 필요는 없다. 경계 이론에 모든 것이 담겨 있기 때문이다. 어떤 면에서 보면 그것 자체가 모든 것이다.

이 내용이 혼란스럽게 느껴질 수 있다. 실제로 2차원 공간을 훌륭하게 물리적으로 설명할 수 있다면 어떻게 3차원 공간을 경험할 수 있는 걸까? 이 모든 것이 우리가 정보를 해독하는 방법과 관련있다. 사실 그것은 홀로그램을 해독하는 방식과 밀접하게 연관되어 있다. 무슨 말일까? 먼저 여러분이 간단한 곰 인형 홀로그램을 만든다고 가정해 보자. 먼저 단일 색상의 순수한 빛을 발사하는 레이저 빔이 필요하다. 빔 스플리터로 레이저빔을 두 개로 나누면 하나는 곰 인형을 비추며 흩어지고, 다른 하나는 거울에 반사된다. 그리고 두 빔은 고해상도 사진판 위에서 다시 합쳐진다. 하나는 곰 인형에 방해를 받고, 다른 하나는 방해받지 않기 때문에, 두 빔의 파동이 만드는 마루와 골은 일치하지 않을 수 있다. 그렇게 두 파동의 불일치로 만들어지는 간섭무늬는 밝고 어두운 띠가 되어 사진판 위에 표시된다.

우리는 '구골플렉스' 장에서 이중 슬릿 실험을 다룰 때 이와 비슷한 개념을 접했다. 세부사항은 달라도 주요 원리는 같다. 두 개의 마루가 사진판에 동시에 도착하면 빛이 중첩되어 밝은 띠가 표시되지만, 마루와 골이 함께 도착하면 상쇄가 되어 어두운 띠가 나타난다. 이제 여러분은 밝고 어두운 띠의 이미지를 3차원 물체를 묘사하는 2차원 코드로 생각할 수 있다. 하지만 해독을 위해서는 조금 더 작업해야 한다. 여러분이 사진판에 있는 간섭무늬를 그냥 쳐다보면 그다지 흥미로운 볼거리는 없을 것이다. 영상이 살아나게 하려면 여러분은 똑같은 빛을 쏘는 다른 빔을 이용해서 2차원의 정보를 진짜 곰 인형 같은 3차원의 모습으로 만들어야 한다.

홀로그램의 뛰어난 점은 2차원 판에 3차원 이미지를 위한 코드를 만든다는 것이다. 다시 말해, 밝고 어두운 띠의 밀도가 사라진 차원들의 깊이를 나타낸다고 볼 수 있다. 짙고 어두운 띠는 사진판과 가까운 수직 거리를 암호화한 반면, 더 밝은 띠는 훨씬 멀리 있

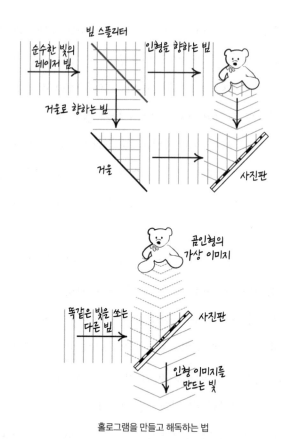

홀로그램을 만들고 해독하는 법

는 거리를 나타낸다. 엇호프트와 서스킨드의 홀로그램도 이와 아주
비슷한 방식으로 사라진 차원을 저장한다. 우리는 일상에서 2차원
이 아닌 3차원을 느낀다. 우리 뇌가 밝고 어두운 띠를 해독하는 방
법으로 3차원을 선택했기 때문이다. 뇌가 그 띠들을 3차원 공간과
약간의 중력으로 표현하기로 한 것이다.

엇호프트와 서스킨드의 이론을 보통 홀로그램 원리Holographic

Principle라고 부른다. 공평하게 하려면 우리는 홀로그램 원리에 대해 상대성이론과 양자역학의 언어로도 이야기해 봐야 한다. 즉 4차원 시공간에서의 양자 중력과 3차원 세계(2차원 공간과 시간)의 경계에서의 양자 홀로그램에 관해 생각해 보는 것이다. 또한 이 홀로그램 규칙을 우리와 완전히 다른 다양한 우주에도 적용해 보는 상상도 할 수 있다. 그 우주들은 순전히 가상의 세계로, 기막히게 뭉개지고 뒤틀려 있으며, 심지어는 우리가 일반적으로 생각하는 3차원 공간을 넘어 공간 차원이 추가된 우주도 있다. 시공간이 어떻든 우리는 홀로그램 게임을 할 수 있다. 우리가 원하는 것은 똑같은 물리학을 두 가지 방법으로 설명하는 것이다. 이를테면 6차원 공간에 시간이 추가된 세계에서, 우리는 7차원 시공간과 6차원 세계의 경계면에 사는 홀로그램에 관해 이야기할 수 있다. 요점은 우리가 중력에 관해 생각할 때마다 홀로그램 원리를 떠올릴 수 있다는 것이다.

의심할 여지가 없다. 엇호프트와 서스킨드의 연구는 양자 중력을 이해하는 우리의 방식에 혁명을 일으켰다. 오래된 문제들을 새롭게 발전된 홀로그램 언어로 재구성할 수 있도록 만들어 주었다. 정보의 역설이 그 예다. '그레이엄 수' 장에서 보았던 것을 기억할지 모르겠다. 호킹 박사는 블랙홀이 정보를 잃고 있으며, 그 뜻은 블랙홀이 근본적인 양자 법칙을 위배한다는 의미라고 확신했다. 그러나 홀로그램을 고려한다면 여러분은 저 말이 사실이 아님을 알 수 있다. 호킹의 말대로라면 우주의 경계에서 블랙홀의 형성과 증발을 부호화할 방법이 필요하기 때문이다. 낮은 차원의 설명 속에 중력이 들어 있지 않기에 우리는 그의 이론을 훨씬 더 단순한 양자 이론으로 보고 있다. 분자의 상호작용이나 핵물리학에서 흔히 볼 수 있는 일반적 힘에 이리저리 흔들리는 하전 입자의 춤과 같은 것으로 말이다. 홀로그램 원리가 이치에 맞으려면 이 경계면 양자 이론이 수학적으로 일관되고 물리적으로도 알맞게 행동해야 한다. 이 대체적인 홀로그램 언어로 한 사건을 설명할 때, 그 무엇도 빠지거나 어긋나선 안 되므로 정보 손실은 있을 수 없다. 물론 이 주장이 효과가 있으려면 홀로그램이 진짜여야 한다.

그렇다면 홀로그램은 진짜일까?

백만 달러짜리 질문이다. 현재 우리에게는 이 세계가 홀로그램이라는 실험적 증거가 없다. 어디에 홀로그램이 있다고 해도, 그것이 어떻게 보일지 확신할 수 없다. 물론 엇호프트와 서스킨드가 깨달았듯이, 블랙홀은 감질나긴 하지만 홀로그램이 있다는 힌트를 보여 주었다. 그러나 우리가 사는 특정한 세계에서는 홀로그램의 현실을 추측할 수밖에 없다. 그러나 홀로그램이 증명된 것이나 다름없는 또 다른 세계들도 있다.

이 세계들은 후안 말다세나Juan Maldacena에 의해 드러났다. 말다세나는 현대 물리학계 거장으로, 수많은 상을 받은 프리스턴 고등연구소Institute for Advanced Study 교수다. 지난 30년간 그는 중력과 우주에 관한 우리의 이해를 넓히는 데 있어 그 누구에게도 뒤지지 않는 지대한 공헌을 했다. 나는 오늘날 살아 있는 가장 위대한 물리학자는 말다세나라고 생각한다. 서스킨드는 존경의 의미로 그를 '마스터'라고 부른다.

1990년대 중반, 말다세나는 아직 물리학계의 신입이었다. 부에노스아이레스 출신의 젊은 박사과정 학생이던 그는 프린스턴 대학에서 끈이론과 블랙홀에 관한 물리학을 연구하면서 명성을 얻기 시작했다. 프린스턴을 떠난 지 1년 후, 말다세나는 암스테르담에서 열린 국제학회에서 들은 러시아 물리학자 사샤 폴랴코프Sasha Polyakov의 강연에 영감을 받았다. 4차원에서의 핵물리학 일부가 5차원 시공간에서 움직이는 끈이론의 끈과 연결될 수 있다고 제안하는 내용이었다. 여러 훌륭한 인맥을 쌓은 젊은 아르헨티나인 말다세나는 몇 달후, 학계에 폭탄을 터뜨렸다.

큰 N 극한에서의 초등각장론과 초중력

The Large N limit of superconformal field theories and supergravity

아주 눈에 띄는 제목은 아니지만, 논문의 내용은 학계에 엄청난 충격을 주었다. 떠오르는 별 말다세나가 초신성이 되는 순간이었다. 그가 1차원 공간이 허상에 불과한 홀로그램 세계를 발견한 것이다. 그 세계가 우리 세계와 얼마나 다른지는 중요하지 않다. 중요한 것은, 허상이 정확히 어떻게 행동하는지를 말다세나가 증명할 수 있을 만큼 그 세계가 수학적으로 매우 단순하다는 점이다. 이제는 홀로그램을 진지하게 받아들여야 했다. 가상에 불과한 이상한 세계를 발견함으로써, 말다세나는 우리가 가장 근본적 수준의 공간과 시간을 더 잘 이해하도록 만들어 주었다.

말다세나의 세계는 우리가 실제로 상상할 수 있는 그 어떤 것과도 다르다. 공간과 시간의 10차원으로 작동하는 끈과 양자 중력의 독특한 세계이다. 그중 5개 차원은 매우 특별한 방식으로 휘어져 있고, 다른 5개 차원은 구체처럼 말려 있다. 그 시공간의 경계에서 말다세나는 또 다른 이론을 보여 주었다. 그것은 공간 내부에서 일어나는 일들을 중력 없이도 모두 설명할 수 있는 이론으로, 두 설명이 정말로 같을 수밖에 없는 방법과 이유를 보여 준 점에서 매우 중요하다. 게다가 어떻게 두 세계의 언어를 유창하게 말할 수 있는지, 즉 공간 내부의 언어와 경계면의 언어를 어떻게 구사할 수 있는지를 알아냈으며, 저명한 미국 물리학자 에드 위튼Ed Witten의 도움을 받아 두 언어 사이의 사전을 쓰기 시작했다. 물론 엇호프트와 서스킨드도 이와 같은 홀로그램 기술이 존재할 거라고 추측했지만, 그들이 한 일은 거기까지였다. 그들은 '중력이 있는 우주가 여기 있고, 여기에 그 홀로그램이 있고, 둘 사이를 연결하는 데 필요한 사전은 여기 있다'라고 말할 수 없었다. 그런데 그 일을 말다세나가 해 낸 것이다. 말다세나도 엇호프트와 서스킨드가 제안한 초기 아이디어를 알고는 있었지만, 그걸 최전선에 두고 생각하지는 않았다. 말다세나의 이론을 홀로그램과 연결한 사람은 에드 위튼이다. 그는 또 다른 천재이자 필즈상 수상자로, 2004년 〈타임〉이 선정한 세계에서 가장 영향력 있는 100인 중 한 명이다. 그의 아버지 루이스는 조숙한 어린 아들과 자신의 연구를 토론하는 이론물리학자였다. 그는 아들과 대화할 때 항상 어른을 대하듯 했고, 에드도 아버지의 연구를 이해할 만큼 재능이 뛰어났지만, 물리학으로 진로를 정하지는 않았다. 그는 매사추세츠에 있는 브랜다이스대학에서 역사를 전공한 후 〈더 네이션〉과 〈뉴 리퍼블릭〉에 기사를 쓰면서 기자로서의 경력을 쌓았다. 하지만 물리학을 향한 여지는 항상 남아 있었다. 프린스턴대학에서 석사과정을 밟고 박사학위를 마친 후, 끈이론의 창시자 중 한 명이 된 것이다. 물리학자인 그의 아내 키아라 나피Chiara Nappi는 이렇게 말했다. "에드워드는 자신의 마음 말고는 절대 계산하지 않아요. 저는 계산으로 종이를 꽉 채우고 난 후에야 제가 하는 일을 이해할 수 있지만, 에드워드가 앉아서 계산하는 거라곤 빼기나 2배수뿐이에요."

말다세나의 홀로그램은 AdS/CFT 대응성correspondence이라는 예시로 잘 알려져 있다. 이것은 정확히 똑같은 물리적 현상에 대한 두 개의 설명, 즉 이중성duality을 기술한 것이다. 이중성에서 한쪽은 중력이 기본 힘으로 존재하는 뒤틀린 고차원 세계, 반 드 지터Anti de Sitter의 약자인 AdS이며, 반대쪽은 저차원 홀로그램의 특수한 수학적 속성을 드러내는 '등각장론Conformal Field Theory'의 약자인 CFT다. 이중성의 한쪽에는 중력이 없는데도 이 둘은 하나의 물리학을 놀랍도록 정확히 똑같이 설명할 수 있다. 그 일은 원자핵을 하나로 뭉쳐주는 운반체인 글루온과 매우 유사한 하전 입자의 무중력 왈츠를 통해 가능했으며, 그 설정은 정말 천재적이게도 홀로그램 자체였다. 여러분은 심지어 글루온이 시공간의 경계면 위에서나 반 드 지터 공간의 바깥벽 위에 살고 있다고 생각할 수도 있다.

말다세나는 맨 처음 논문에서도 AdS/CFT 대응성에 대한 매우 설득력 있는 주장을 펼쳤지만, 엄격한 수학적 증거를 제시할 수는 없었다. 하지만 시간이 흐르면서 그의 주장은 반복적으로 검증되었다. 대응성의 한쪽 면인 중력과 시공간으로 계산해도, 또 다른 면인 홀로그램으로 계산해도 정확하게 일치하는 물리량들이 확인된 것이다. 결과는 항상 일치했고, 더는 의심을 제기할 합리적인 이유가 없었다. AdS/CFT 대응성은 실제로 작동하는 홀로그램 이론의 구체적인 예시인 것이다. 우리는 이제 홀로그램을 통해 중력과 공간의 차원이 제거될 수 있는 세계, 즉 뒤틀린 반 드 지터 세계를 상상할 수 있게 되었다.

하지만 우리는 어떨까? 우리는 정말 홀로그램 속에 있는 것일까? 이것은 훨씬 더 어려운 질문이다. 우리는 5차원의 반 드 지터 공간에 살지 않기 때문에 말다세나의 마법에 기댈 수 없다. 그러나 우리 우주에 있는 블랙홀은 재미있는 일을 한다. 엔트로피는 부피가 아닌 경계 면적에 따라 커진다. 따라서 블랙홀이 가진 정보는 블랙홀 내부가 아닌 사건의 지평선에 저장되어야 할 것처럼 보인다. 마치 우리 세계가 홀로그램이라고 해도, 최소한 당분간은 홀로그램을 비밀로 유지해야 하는 것과 같다. 만일 홀로그램이 정말 존재한다면 우리는 홀로그램을 해독하는 우리 뇌의 기발한 방법 덕분에 중력과 공간의 특정 차원을 경험하는 것이다. 주위를 둘러보자. 왼쪽과 오른쪽, 앞과 뒤, 위아래를 살펴보자. 만일 이 세계가 홀로그램이라는 예상이 맞는다면 그 차원 중 하나는 완전히 다른 무언가로 포장될 수 있다. 우리가 중력의 억압에서 해방되는 순간, 다시는 공간의 3차원에 관해 말할 필요가 없다. 2차원이면 충분하기 때문이다.

플라톤이 말한 동굴의 비유가 떠오른다. 동굴 안에 영원히 갇힌 죄수들이 쇠사슬에 묶인 채 벽면을 향해 있고, 그들의 뒤에서 타오르는 횃불로 만들어진 그림자를 응시하고 있다. 그림자는 죄수들에게 오락거리이자 전부이며, 죄수들이 그곳의 모든 것을 평평하게 인식하도록 만들었다. 그러나 플라톤은 철학과 관념을 통해 죄수들이 사슬에서 벗어날 수 있다고 주장했다. 죄수들은 그들의 꼭두각시 인형들을 그림자 너머로 볼 수 있었다. 하지만 나는 플라톤이 그림자를 과소평가했다고 생각한다. 홀로그램 세계에서 그림자는 꼭두각시 인형처럼 진짜다.

홀로그램 이론은 지난 30년간 물리학계에 나타난 아이디어 중 가장 중요하다. 이 이론은 블랙홀 정보 역설을 해결하고, 양자 중력에 관한 깊은 통찰력을 보여 주는 등 우리가 중력을 이해하는 데 있어 획기적인 발전을 가져왔다. 그리고 아원자 세계에서 쿼크와 글루온이 서로를 끌어당길 때의 미세한 포용력을 더 잘 이해하도록 도와주었다. 하지만 그 무엇보다 홀로그램 이론은 현실에 대한 우리의 인식, 즉 우리를 둘러싼 공간에 관한 우리의 개념에 도전하게 했다. 우리에게 그 현실이 실제로 존재하는 것인지, 아니면 그저 환상인지를 질문하도록 만들었다.

이 환상은 우리의 판타스틱 넘버 가운데 가장 거대하고 웅장한 수의 리바이어던이 우리에게 남긴 유산이다. 지금까지 우리는 구골 플렉스 우주의 도플갱어와 머리를 터뜨리는 블랙홀, TREE(3)과 끝없는 나무 게임과 함께 엔트로피와 양자역학, 중력, 그리고 우주 감옥인 블랙홀의 신비한 물리학 세계에 대해 알아보았다. 각 이야기는 홀로그램 우주론을 뒷받침하는 같은 개념이었다. 이들은 공간의 경계면에 갇힌 가상현실, 즉 낮은 차원 세계에서의 공포를 보여 준다. 우리는 벽에 있는 그림자다.

이제 우리는 마침내 큰 세계에서 작은 세계로, 즉 큰 수에서 작은 수로 이동한다. 그곳에 있는 예상치 못한 일들을 각오해야 할 것이다. 그 작은 수들은 대칭의 아름다움을 보여 주겠지만, 결국에는 우리를 절망에 빠뜨릴 예정이다. 우리는 태어난 순간 잊었어야 하는, 존재해선 안 되는 우주에 관한 이야기를 듣기 전에 마음을 단단히 먹어야 한다. 그것은 우리 우주다. 우리의 예측 불가능한 우주다. 여러분에게 말하기가 조심스럽지만, 사실 그림자보다는 이 이야기가 더 우려스럽다. 내가 아는 모든 것, 그러니까 나와 가족, 가장 친한 친구들이 존재해선 안 된다고 생각해야 하니 걱정된다. 이 책도 절대 존재하지 말았어야 했다. 하지만 그렇다 해도 여러분은 지금, 절대 오지 않았을지 모르는 이 순간에 이 책을 읽고 있다.

PART

2

작은 수

LITTLE NUMBERS

CHAPTER 01

0

아름다운 수

드디어 흥분되기 시작했다. 리버풀이 프리미어 리그 첫 27경기 중 26경기를 이겼다. 카리스마 넘치는 독일 감독 위르겐 클롭은 그의 팀을 '멘탈 괴물'이라고 불렀다. 승산 없는 상황에서도 승리를 거두고 또 이기는 그들의 능력 때문이다. 흐릿한 11월 오후, 아스톤 빌라와의 홈경기에서 그 능력이 더 분명하게 드러났다. 리버풀은 종료 3분을 앞두고 1 대 0으로 지고 있었지만, 결국 세네갈 출신의 사디오 마네가 마지막 터치로 결승골을 넣으면서 승리를 거두었다. 승리가 계속되자, 전문가들은 2020년 리버풀이 프리미어 리그에서 우승할 거라고 확신했다.

나는 교외 주택가에서 자란 어린 시절부터 리버풀을 응원했다.

세계적으로 유명한 풋볼 팬클럽 중 하나인 더 콥The Kop(리버풀 팬클럽―옮긴이)의 소속이던 십대 청소년 시절, 나는 리버풀이 우승하는 광경을 두 번이나 지켜보았다. 하지만 두 번 모두 30년 전 이야기다. 그 사이 수십 년간은 그다지 큰 수확 없이 계속 부진했다. 막강한 경쟁자이자 이웃 도시 맨체스터를 따라잡지 못하는 일이 잦았고 나는 엄청난 실망에 가득 차 있었다. 그래서 리버풀이 프리미어 리그 시즌 내내 성적이 좋았음에도 마음을 놓지 못했다. 나는 리버풀의 경기 성적표를 샅샅이 뜯어봐 줄 사람이 필요했다.

내 친구 댄Dan은 천문학자다. 댄도 리버풀 팬으로 내가 경기를 관람하지 못할 때 가끔 내 시즌 티켓을 가져가기도 한다. 하지만 나와 달리 축구에 적용할 수 있는 기술을 가지고 있어서, 경기 결과를 예측하는 똑똑한 모델 프로그램을 만들었다. 그래서 나는 마음을 진정시키기 위해 남은 몇 달간 경기 시뮬레이션을 100만 번만 돌려 달라고 부탁했다. 그리고 그 결과를 보고 나서야 안심했다. 100만 번의 프리미어 리그에서 리버풀은 999,980번, 맨체스터 시티가 19번, 레스터 시티는 단 한 번만 우승할 것으로 프로그램이 예측한 것이다.

댄이 만든 100만 개의 프리미어 리그 모델은 100만 개의 평행세계, 즉 다중우주였다. 그리고 대부분의 다중우주에서 리버풀이 우승할 것이니 나는 지난 30년간의 우승 가뭄이 곧 끝나겠다고 생각했다. 하지만 확신은 할 수 없었다. 그래도 리버풀은 구석에 있는 일부 다중우주에서 무릎을 꿇고 맨체스터나 레스터에게 우승을 양보할 수도 있다. 물론 그런 불행한 결과가 (나에게) 나올 가능성은 희박했다. 댄의 다중우주는 그럴 확률이 고작 0.00002, 다시 말해 50,000번 중 한 번에 불과할 것으로 예측했기 때문이다.

리버풀은 결국 프리미어 리그에서 우승했지만, 엄청난 위기가 없지는 않았다. 승리를 두 경기 앞둔 2020년 3월, 충격적인 코로나 바이러스가 영국 전역으로 확산되면서 시즌이 중단된 것이다. 그해 봄부터 전국적으로 엄격한 거리 두기를 시행했고, 아무도 이 상황이 언제 정상으로 돌아올지 확신하지 못했다. 축구는 뒷전으로 밀려났지만, 리버풀 팬인 나는 우리가 댄의 다중우주 구석에 있는 예측 불가능한 곳에 사는 게 아닌지 궁금해졌다.

한 가지 확실한 점은 여러분이 축구에서 벗어나 물리학으로 들어올 때, 전혀 예상치 못한 곳에 서 있게 되리라는 것이다. 여러 물리적 세계에서, 우리 우주는 가장 가능성이 낮은 구석에 자리 잡고 있다. 그 충격은 세른CERN(유럽입자물리연구소European Organization for Nuclear Research의 약칭—옮긴이)에서 힉스입자를 발견한 데서 시작하며, 부글거리는 우주 진공의 깊숙한 곳으로 흘러 들어간다. 진실을 말하자면 우리 우주는 설명할 수 없을 만큼 작은 어떤 수와 끔찍하도록 말도 안 되는 진실에 고통받고 있다. 이 문제는 설명이 필요하다. 실패 확률이 0.00002에 불과한데도 리버풀이 리그 우승을 하지 못했다면 뭐가 잘못된 건지 알고 싶은 것이다. 치명적인 바이러스 때문일까? 우리 우주의 예상치 못한 특성과 어떤 작은 수에 맞닥뜨리게 되자, 우리는 물리학에 질문을 던지기 시작한다. 힉스입자를 그토록 가볍게 만드는 것은 무엇일까? 부글거리는 우주의 진공은 왜 이렇게 설명할 수 없을 정도로 부드러울까? 이것은 물리학에서 가장 작은 수를 이해하려는 노력이자, 존재하지 말았어야 할 불가능한 우주에 관한 탐구이며, 아무도 예상하지 못한 이야기다.

이야기는 0에서 시작된다. 절대적인 가치에서, 이 수는 더 작아지지 않는다.

0은 대칭이다.

대형 조직의 장부를 상상해 보면 대칭과 0의 연관성을 엿볼 수 있다. 장부에는 수백만 달러가 정기적으로 드나든 기록이 나와 있다. 몇 가지 세부 내용을 대충 살펴보면 전체 규모를 제외하고는 돈의 출입이 다소 무작위적임을 알 수 있다. 그러나 이 회계 기록에 이상한 점이 있다. 수석 회계사가 매 분기 말에 손익 내용을 정확히 0으로 기록한 것이다. 다시 말해, 이 회사는 항상 손익분기점까지만 이익을 낸다는 말이다. 일반적으로는 장부에 수백만 달러의 손해 또는 이익이 기록되어 있을 거라고 예상하기 마련이고, 이런 일은 잘 생기지 않는다. 그것은 아프리카코끼리 무리와 인도코끼리 무리의 무게 균형을 맞추는 일과 같다. 저울 바늘은 어느 쪽으로든 기울어진다. 회사 손익이 0이라는 말은 들어오는 돈과 나가는 돈이 완벽한 대칭이라는 걸 의미하는데, 이런 일에는 설명이 필요하다. 어쩌면 이 회사는 모든 이익을 좋은 일에 사용하기로 한 자선단체일 수도 있다. 요점은 회계학이든 물리학이든 코끼리 떼든, 가치가 사라지는 일은 우연히 발생하지 않는다는 것이다. 항상 그럴 만한 이유가 있고, 그런 일은 보통 대칭과 관련되어 있다.

대칭은 자연의 이데올로기다. 아원자 입자의 상호작용과 우리 눈에 보이는 모든 것의 구성 요소가 입자물리학 표준모형의 대칭성에 좌우된다. 20세기는 자연의 가장 작은 수 안에 물리학을 이해할 수 있는 요소가 들어 있다는 사실을 종종 가르쳐 주었다. 0 또는 생각지 못하게 작은 것을 목격할 때마다, 우리는 그 원인일 수도 있는 대칭성에 대해 생각해 본다.

대칭이란 무엇일까?

대칭은 아름다움이다. 물리학자로서 하는 말이 아니다. 인간으로서 우리는 대칭이 물리적으로 매력적이라고 느낀다. 다양한 연구를 통해 사람 얼굴의 왼쪽, 오른쪽이 좋은 균형을 이루면 인간은 그것을 아름답다고 느낀다는 사실이 밝혀졌다. 이런 연구 결과는 보통 진화적 이점 이론Evolutionary Advantage Theory으로 설명된다. 우리 유전자는 얼굴이 대칭으로 발달하도록 설계되어 있지만 나이와 질병, 기생충 감염 및 다른 원인들로 대칭성이 어그러질 수 있다. 이는 모두 건강이 좋지 않다는 지표다. 따라서 우리는 대칭적인 얼굴에 매력을 느낀다. 진화론적 관점에서 볼 때 인간은 건강한 상대에게 끌리기 때문이다.

대칭은 시대를 막론하고 예술가들에게 영감을 주었다. 우리는 이것을 스페인 그라나다에 있는 14세기 이슬람 건축물 알람브라Alhambra 궁전을 장식한 제국적인 무늬 및 부족 문양의 좌우 회전 대칭에서도 볼 수 있다. 이슬람 예술가들이 알람브라 궁전의 바닥과

벽에 새길 장식을 떠올릴 때, 그들은 다양한 대칭을 표현하는 여러 모양의 무늬를 만들었다. 이러한 무늬들은 친숙하게 볼 수 있는 축 반사 및 회전대칭에 비교적 덜 친숙한 평행이동 및 미끄럼 반사 대칭이동을 결합하여 만든 방식으로 분류될 수 있다.[1]

알람브라의 문양을 대칭적으로 어떻게 분류할 수 있는지 알아보기 위해, 궁전 내에 있는 아라야네스의 정원Patio de los Arrayanes(도금양의 중정Court of the Myrtles)에서 가져온 아래 문양을 살펴보자.

마치 별이 떠오른 하늘을 배경으로 박쥐들이 세 마리씩 짝지어 춤추는 듯하다. 하지만 이 문양의 진정한 아름다움은 대칭성에 있다. 왼쪽에서 오른쪽으로, 또는 대각선을 따라 그것이 어떻게 평행

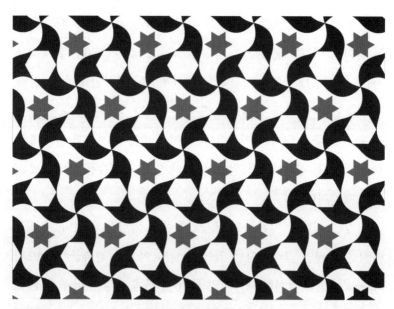

알람브라 궁전의 춤추는 박쥐들

대칭을 이루는지 알 수 있다. 게다가 이 문양은 세 개짜리 회전대칭으로 가득하다. 예를 들어, 만일 여러분이 별 하나를 중심으로 어떤 원을 3분의 1(120도)만큼 회전시켜도 그 이미지는 변하지 않는다. 박쥐 세 마리의 날개 끝이 만나서 이루는 육각형을 중심으로도 똑같이 할 수 있다. 수학자들에게 이 특수한 대칭 조합은 'p3 군'으로 알려져 있다. 알람브라 궁전의 박쥐들에게 경의를 표하며, 우리는 그것을 세 방향 왈츠라 부르고자 한다.

다른 무늬 안에도 이 세 방향 왈츠와 같은 대칭이 들어 있을 수 있으며, 수학적으로 더 뚜렷하게 만들기 위해 또 다른 대칭을 포함시킬 수도 있다. 우리는 이렇게 회전과 반사, 평행이동과 미끄럼 반사 등 다양한 방법이 결합되어 각기 고유의 대칭 무늬로 장식된 정원들이 무한히 반복되는 모습을 쉬이 상상할 수 있다. 수학적으로 구별되는 패턴의 알람브라 궁전이 끝없이 펼쳐진 모습 말이다. 집합적으로 모아 놓은 이러한 패턴들은 명백한 이유를 토대로 특정 벽지 문양으로 구분되고 있다. 하지만 여기에 예상치 못한 일이 있다. 초기 이슬람 예술가들은 17개의 벽지 문양만 사용한 것이다. 별로 많아 보이지 않는다. 하지만 우리가 모든 문화를 통틀어 살펴본다면 아무도 이 17가지 패턴을 넘어서는 무늬를 만들지 못한 것을 알게 될 것이다. 처음에는 이 일이 이상하게 느껴진다. 회전과 반사, 평행이동 및 미끄럼 반사 등 다양한 방식으로 대칭을 결합하면 결국 대단히 많고, 어쩌면 무한한 수의 벽지 문양을 만들 수 있지 않을까 생각할 수 있다. 그런데 왜 역사 속의 위대한 예술가들은 그중 단 17가지 패턴만 선택했을까? 상상력이 부족했기 때문은 분명 아니다. 그것은 수학적 아름다움에 한계가 있기 때문이다. 패턴을 반복해야 하는 필요성 때문에, 우리는 올바른 방법으로 대칭을 결합했을 때 단 17가지 문양만 얻을 수 있다는 사실을 알게 되었다. 소위 수학의 마법 정리magic theorem(반복 패턴으로 이루어진 기본 대칭성 네 가지를 소개한 수학 정리―옮긴이)로 이것을 증명할 수 있다.[2] 이슬람의 예술가들은 궁전에 새겨 넣을 수 있는 패턴을 모두 찾아낼 만큼 충분히 창의적이었던 것으로 보인다.

이 이야기가 주는 교훈은 대칭이 정말 특별하다는 사실이다. 대칭은 그 어떤 오래된 패턴도 허용하지 않으며, 이것은 우리가 알람브라의 궁전 장식을 이야기하든, 예측 불가능한 우주의 예술에 관해 이야기하든 마찬가지다. 무언가 특별하거나 예상치 못한 것을 만났다면 대칭이 원인일 가능성이 크다. 대칭은 우주의 신비를 푸는 열쇠이니 어쩌면 우리는 대칭이 실제로 무엇을 의미하는지 정해야 할 것이다. 내 첫째 딸에게 '대칭'이라는 단어를 들으면 무엇이 생각나는지 물었더니, 정사각형이라고 대답했다. 꽤 좋은 답변이라고 본다. 어쨌든 정사각형은 매우 명확한 수학적 아름다움을 가지기 때문이다. 만일 그 중심을 기준으로 정사각형을 90도 회전시키면 정확히 똑같이 보일 것이다. 대각선을 따라 뒤집거나 반대쪽 중심을 통과하는 선을 가로질러 뒤집어 보아도 똑같이 유지된다. 궁극적으로 이것이 우리가 말하는 진짜 대칭이다. 우리는 뚜렷한 방식으로 어떤 행동을 하지만, 그 행동으로 변화하지는 않는다. 이를

테면 우리 얼굴의 경우, 어떤 일에 대한 반응으로 표정이라는 행동을 수행하지만, 만일 그것이 진정으로 아름답다면 얼굴은 변하지 않을 것이다. 알람브라 궁전에 있는 춤추는 박쥐 무늬는 평행이동과 삼중 회전이라는 행동을 수행하는 것이다.

그럼 0은 어떨까? 이것을 변형시키지 않고 그대로 둘 수 있는 행동이 있을까? 0을 실제 수로 생각하고 싶다면 우리가 할 수 있는 한 가지 행동은 부호 뒤집기다. 그러니까 -5에 5를 보내고, -TREE(3)에 TREE(3)을 보내는 식이다. 부호 뒤집기는 일반적으로 숫자들을 선 반대편으로 이동시키는데, 여기서 한 숫자는 제외된다. 바로 0이다. 즉 0은 부호가 변하는 상황에서도 대칭을 유지하는 유일한 실수real number다. 우리는 이 개념을 복잡한 수로 확장할 수 있다. 이제 우리는 인수를 회전시켜도 그대로 유지되는 유일한 복소수는 0이라고 말할 수 있다. 물론 0과 대칭 사이를 연결하는 일은 몇 가지 수학적 기술을 사용하는 일보다 심오하다. 앞으로 다루겠지만, 자연은 우리에게 예상치 못한 0의 존재를 통해 우리의 물리 세상에도 근본적인 대칭이 존재한다는 사실을 말해 주고 있다. 대칭이 아름답다는 의미는 0에도 아름다움이 있다는 뜻이다.

그 말이 맞는다.

하지만 우리 선조들이 모두 이렇게 생각한 것은 아니다. 이제 여러분에게 0에 대한 또 다른 면에 관해 이야기하고자 한다. 그것은 의심과 불신에 대한 역사 이야기다. 문제는 고대 학자들이 공허의 깊은 곳을 0으로 본 것에서 시작한다. 그들은 신의 부재와 악의 본질을 무nothing, 無로 보았다. 서기 524년, 철학자 보에티우스Boethius는 죽음을 기다리는 동안 다음과 같은 글을 썼다.

"그렇다면 신은 악惡을 행하는가?"

"아니요."

"그러면 악은 아무것도 아니다. 악은 신의 능력 바깥에 있으며, 신의 능력 바깥에는 아무것도 없다."

그의 중세적 관점에서 0은 내가 생각하듯이 아름다움의 대상이 아니다. 악마 자체였다.

0의 역사

이제 악마를 위한 시간이다.

지금이야말로 아름다운 수에 관한 이야기를 처음부터 들려주고, 인류 역사의 편집증을 통과해 온 그 어려운 여정의 진실을 밝혀야 할 때다. 우리는 한 고대 문명에서 다른 고대 문명으로, 메소포타미아에서 그리스로, 인도에서 아랍으로 한 걸음 한 걸음 이동하다가 마침내 서유럽의 악마와 상인들의 장부 이야기에 도달할 것이다. 걸음걸음마다 각자의 이야기를 듣게 될 것이다. 간혹 0의 존재를 환영하는 이야기도 있지만, 대부분은 그 존재를 위축시키고 멸시하는 이야기다. 무의 역사는 현재 이라크 지역에 해당하는 비옥한 초승달 지대Fertile Crescent에서 출발한다. 숫자의 탄생과 함께 시작된다.

숫자는 6000년도 더 전에 이곳 수메르, 세계에서 가장 오래된 고대 메소포타미아문명에서 탄생했다. 고대 수메르의 도시국가인 우루크, 라가시, 우르, 에리두는 티그리스 강과 유프라테스 강 사이에 자리 잡고 있었다. 이집트와 마찬가지로 이곳의 문명도 글 이전에 수학을 먼저 필요로 한 듯 보였다. 여기서 발견된 최초의 기록은 글로 쓰인 단어가 아닌 번호가 매겨진 목록이었다. 그러니까 장부가 먼저 등장한 것이다. 하지만 0의 이야기에서 장부는 맨 나중에 등장할 것이다.

기원전 3000년경 수메르의 상인들은 재고를 점토판에 표시하기 시작했다. 만약 빵 5개와 물고기 5마리를 기록할 경우, 빵 5개와 물고기 5마리 그림을 그리는 식이었다. 그들이 처음으로 엄청난 지적 도약을 시도한 것은 세던 물건에서 수를 분리하기 위해서였다. 즉 빵의 기호 옆에 숫자 5에 해당하는 표시를 그려 넣어 빵 5개를 나타냈다. 만약 다른 물건 5개를 묘사하고 싶을 때는, 숫자는 그대로 놔두고 물고기나 기름 항아리, 또는 관심 있는 다른 물건으로 바꾸면 된다는 것을 깨달았다. 수메르인들은 숫자의 자율성에 관해서도 생각을 발전시켜, 숫자는 그 자체로 존재하며, 무엇에 사용되었든 독립적으로 보았다. 이와 같은 숫자의 자율성은 현대 사상에도 깊이 뿌리 박혀 있어서 당연하게 여기기 쉽지만, 초기 문명에서 그런 개념은 지적으로 대단히 강력하고 새로운 것이었다.

이 돌파구를 이용해 수메르인은 숫자 60을 중심으로 숫자 체계를 1과 10, 60, 600, 3,600, 36,000에 해당하는 기호에 맞춰 발전시

컸다. 그들이 60진법sexagesimal 체계를 선택한 이유는 모른다. 알렉산드리아의 수학자 테온Theon(기원후 335~405)까지 거슬러 올라가는 가장 유명한 이론에 따르면 60이 매우 많은 제수divisor(어떤 정수를 나누어떨어지게 하는 0이 아닌 정수─옮긴이)를 가지기 때문이라고 한다. 그 이유가 무엇이든, 우리가 분마다 60초를, 시간마다 60분을 세는 것을 보면 이러한 60진법적 사고의 유산은 오늘날에도 여전히 남아 있다.

　이처럼 초기의 숫자 체계에는 정밀함이 없었다. 수메르인은 단순히 원하는 숫자에 도달할 때까지 기호들을 쌓아 두었다. 예를 들어, 숫자 1278을 표현하고 싶을 땐 600짜리 기호 두 개, 60짜리 한 개, 10짜리 한 개, 1짜리 여덟 개를 쌓아 두는 것이다. 그다지 효율적이지 않았다. 이 모든 방식은 메소포타미아 수학자들이 그다음 지적 도약을 시도했을 때인 기원전 2000년경에 바뀌었다. 위치의 중요성을 인식한 것이다. 수메르와 바빌로니아의 계승자들은 두 가지 숫자 기호를 가지고 새로운 숫자 체계를 개발하기 시작했다. 1을 뜻하는 쐐기 모양 ▼와 10을 뜻하는 고리 모양 〈이었다. 중요한 것은 이 숫자 기호들의 상대적 위치에 따라 전체 의미가 달라진다는 것이다. 가령 숫자 56을 생각해 보자. 이것은 고리(10) 5개와 쐐기(1) 6개로 기록할 수 있다.

$(5 \times 10) + (6 \times 1) = 56$

그다지 특출나 보이진 않는다. 하지만 쐐기 2개를 해당 기호의 가장 왼편으로 이동시켜 보자.

$(2 \times 60) + (5 \times 10) + (4 \times 1) = 174$

바빌로니아 수학자들은 이것을 1이 두 개 있다고 보지 않고, 60이 두 개 있다고 해석함으로써 총 174라는 숫자를 나타냈다. 그들이 개발한 것은 숫자의 상대적 위치에 따라 60의 거듭제곱을 셀 수 있는 60진법이었다. 다음은 또 다른 예시다.

$(1 \times 60^2) + (3 \times 60) + (4 \times 10) + (2 \times 1) = 3822$

이것은 당시 역사상 가장 영리한 숫자 체계였다. 위치 코드가 숫자를 표현하는 데 필요한 기호 수를 상당히 줄여 준 덕분에 굉장히 효율적이었다. 하지만 뭔가가 부족했다. 아니, 더 정확히 말하면 '아무것도 없음'이 없었다. 내가 이야기로 설명해 보겠다.

고대 바빌로니아의 한 수학자가 신전에 불려 가 그간 거둔 공물의 수를 적어 달라는 요청을 받았다. 곡식과 나무 조각품, 상아와 비단, 귀금속이 있었다. 그는 공물을 모두 세어 보고, 총 62개라는 것을 확인했다. 즉 $62=(1×60)+(2×1)$이다. 그래서 이 수학자는 점토판에 다음과 같은 기호를 새겨 제사장에게 건넸다.

한 주 후, 공물이 전보다 훨씬 많아졌다. 보석과 금, 와인, 음식이 지난주보다 아주 많이 들어 와 있었다. 수학자는 다시 공물을 모두 세고 다른 점토판에 기록해야 했다.

수를 모두 센 후, 그는 첨필을 꺼내 다음과 같이 새겨 넣었다.

제사장은 분노했다. 수학자는 사기꾼이 틀림없었다. 이번 주 공물이 전보다 많은데도 그가 지난주와 똑같이 수를 써넣었기 때문이다. 속지 않기로 한 제사장은 수학자를 처형하라는 엄벌을 내렸다. 사형대로 끌려가던 수학자는 결백을 주장했다. 이번에 세어 본 공물의 수가 3602개였는데, 그것은 62개에 불과했던 지난주보다 훨씬 많았다. 그러나 60진법 체계에서는 $3{,}602=(1{\times}60^2)+(2{\times}1)$이므로 그가 적어 낸 대로 쓸 수밖에 없었다. 하지만 제사장은 바빌로니아 사회의 다른 많은 사람과 마찬가지로 이 새로운 수학 체계를 잘 몰랐다. 그가 보기에 수학자는 같은 것을 두 번 적어 자신을 속이려 했다. 수학자를 구할 수 있는 건 아무것도 없었음이다. 아무것도 없음, 즉 0이었다는 뜻이다. 0 하나면 구할 수 있었다.

60진법 체계에서는 $3{,}602=(1{\times}60^2)+(0{\times}60)+(2{\times}1)$로 쓸 수 있으니 ㅜ과 0을 하나씩 적고 마지막으로 ㅜㅜ를 적으면 되었다. 이렇게 해야 ㅜ 하나와 ㅜㅜ로 표시된 $62=(1{\times}60)+(2{\times}1)$와 구별할 수 있다. 하지만 옛 바빌로니아인들은 그저 공간을 비워서 0을 표시했으며, 특별히 크게 비워 넣지도 않았다. 그들은 아무리 모호해도 문맥에서 이해하면 된다고 생각했다. 신전에 불려 간 수학자의 억울한 이야기에서 보았듯, 이러한 체계는 실패하기 쉽다. 점토판에 새겨진 첫 번째 기호 뒤에 공간이 비어 있다 해도, 제사장은 그것이 그저 의미 없는 공간인지, 의미 있는 0인지 구분할 방도가 없다.

기호의 위치를 이용한 옛 바빌로니아의 숫자 체계는 수학적으로 훌륭했지만, 0을 나타내는 기호가 없다는 치명적 결함이 있었다. 결국 기원전 1600년경에는 사용하는 일이 줄었고, 이후로 천

년 이상 휴면 상태를 지속했다. 그리고 기원전 3세기에 알렉산더 대왕이 마케도니아 군대를 이끌고 메소포타미아를 정복한 후에 부활했다. 알렉산더는 그의 권력이 최고조에 달했던 32세의 나이에 바빌론의 네브카드네자르Nebuchadnezzar 궁전에서 갑작스러운 죽음을 맞이했다. 이후 피비린내 나는 세월 동안 알렉산더의 제국은 분열되었고, 아시아의 상당 부분이 그의 부하 장군이던 셀레우코스Seleucus의 손에 넘어갔다. 기원전 321년부터 기원전 63년 로마의 정복 때까지 이어진 셀레우코스 시대 동안, 메소포타미아의 수학자들은 세 번째 지적 도약에 성공했다. 이전 수학 체계의 훌륭함을 다시 발견한 그들은 아래와 같은 놀라운 재료를 사용해 그 체계에 맛을 더한 것이다.

어느 수 안에 이 기호가 있으면 기호의 위치에 따라 60 또는 3600의 자리가 비었음을 표시할 수 있었다. 이것은 0이었다. 별개로는 쓸 수 없는, 자리를 표시하는 기호였다. 앞 이야기의 수학자가 이 기호를 알았더라면 그는 제사장의 분노를 면했을 것이다. 3602를 훨씬 명확히 기록할 수 있었을 테니 말이다.

$$(1 \times 3600) + (0 \times 60) + (2 \times 1) = 3602$$

0을 표시하는 이 기호는 기존 숫자 체계의 결점이었던 모호함을 일부 제거했으며, 고대 바빌론 수학자들과 천문학자들에게 전례 없는 계산 능력을 제공했다. 비록 일반 사람들 사이에서는 인기를 끌지 못했지만 말이다. 그러나 이상하게도 학자들은 수의 시작이나 중간에만 기호 0을 두고 끝자리에는 절대 사용하지 않았기 때문에, 일부 모호함은 여전히 남아 있었다. 게다가 이 기호는 기호 자체로는, 즉 수와 별개로는 사용되지 않았다. 사실 원래는 수보다 문장을 구분하는 데 사용하는 기호였는데, 이 기호가 숫자가 아닌 공간을 의미했을 수도 있음을 시사한다. 그런데도 바빌로니아인들은 최소한 자리를 구분하는 표시 역할을 하는 0을 사용해야 한다는 주장을 굽히지 않았다.

첫 번째로 0의 표식을 사용한 이들은 메소아메리카Mesoamerica(멕시코 중부에서 중앙아메리카에 이르는 지역—옮긴이)의 마야인과 당연하게도 고대 이집트인이었다. 마야인의 0은 조개껍데기 형태일 때도 있었고, 가끔은 손으로 턱을 괴고 있는 신의 머리 모양일 때도 있었다. 이 표식은 바빌로니아의 0보다 더 일찍 탄생했을지 모르지만, 마야인의 0은 별개의 숫자도 아니었고, 실제로 자리를 구분하기 위한 표시자도 아니었다. 대신 이 표식은 시간을 보존하는 역할을 하며 신화적 창조의 순간인 마야인의 0일, 즉 우리 기준으로 기원전 3114년 8월 11일 이후의 일과 월, 년 날짜를 표시하는 데 도움을 주었다. 이집트인들은 그들의 수에 0을 사용하진 않았지만, 피라미드 건설 현장에서 지하층을 구분하거나 장부를 기록할 때 잔액이 비었음을 표시하기 위해 *nfr*을 사용하고 기호 𓄤로 썼다. 고대 언어로 *nfr*은 '좋다', '완전하다'를 뜻했고, '아름답다'를 의미하기도 했다. 이것은 0이 대칭과 아름다움을 상징한다는 우리의 주제와 강하게 공명한다.

마야인이나 이집트인의 0도 문명의 기슭을 넘지 못했다. 그러나 알렉산더의 정복 이후, 바빌로니아의 0은 금과 함께, 그리고 노예로 끌려간 여성과 아이 들과 함께 그리스로 넘어갔다. 그리스인은 숫자를 알파벳 문자로 표시했다. 1이나 2, 100 같은 특정 숫자에 해당하는 문자를 가지고 있었고, 101이나 102 같은 다른 숫자를 만들기 위해 문자를 조합했다.* 위치를 활용하는 영리함은 없었지만 말이다. 하지만 그리스 수학자들이 바빌로니아의 숫자 체계를 발견했을 때, 몇몇 엘리트들은 비록 놀란 마음을 숨기긴 했어도 그 숫자 체계의 장점을 인식할 만큼 똑똑하긴 했다. 그리고 바빌론 숫자 체계로 더 복잡한 계산을 수행해 본 후, 그것을 고대 그리스 방식으로 바꾸었다. 바빌로니아의 0 기호의 경우, 그리스인들은 확실히 그것을 알고 있었으며 결국에는 오늘날 우리가 사용하는 기호와 미묘하

---

* 1, 2, 100을 $\bar{\alpha}$, $\bar{\beta}$, $\bar{\rho}$로 썼고, 그래서 101은 $\overline{\rho\alpha}$로, 102는 $\overline{\rho\beta}$로 썼다. 글자 위에는 숫자와 문자를 구분하기 위해 막대 표시를 했다.

게 비슷한 기호 ㅎ를 생각해 냈다. 우연의 일치일 뿐일 것이다. 왜냐하면 이 기호는 서구 세계의 고대 숫자 그 어디에도 쓰이지 않았기 때문이다. 그리스인들은 수의 끝에 0을 써서 바빌로니아 숫자 체계를 강화했지만, 결코 따로 사용하진 않았다. 그들은 0 자체를 숫자로 생각하지 않았다. 그리스 수학자들의 명성을 고려해 보면 왜 그랬는지 당연히 궁금할 것이다. 어느 정도 수준에서 보면 그저 흥미롭지 않았기 때문일 것이다. 그리스 수학은 실재적인 길이 및 모양, 기하학이 지배하고 있었기 때문에, 0의 쓸모를 찾기 어려웠을 것이다. 하지만 사실은 더 심오한 문제가 있었다. 그리스인은 서양인의 철저한 맹신에 따라, 0을 경멸했다.

이것은 철학에 관한 문제였다.

이 문제는 엘레아의 제논Zeno of Elea에서 시작되었다.[3] 제논은 스승 파르메니데스Parmenides(존재론과 형이상학의 창시자로, 운동의 변화가 논리적으로 불가능하다고 주장했다—옮긴이)가 이끌던 철학 학파의 주요 구성원으로, 우리 눈에 보이는 움직임은 단지 환상일 뿐이라고 주장하며 변화의 개념을 거부했다. 그는 이러한 철학을 경주 중인 전차, 공중을 가르는 화살, 폭포의 급류 등 모든 움직임에 적용했다. 이러한 움직임은 그 무엇도 진짜가 아니다. 물론 황당한 말이다. 우리는 주변에서 일어나는 다양한 변화와 그 풍경을 우리 눈으로 직접 볼 수 있다. 그러나 제논은 진실을 알고 싶다면 우리 감각을 믿어선 안 된다고 말하며, 그 말을 증명하는 듯한 역설을 여럿 만들었다. 명백함을 바로 따지기가 어려운 것들이지만, 그중에는 이해와 오해가 0

과 긴밀하게 연결된 특별한 것도 하나 있었다.

그 역설을 우리 식으로 이야기해 보겠다. 그리스 신화에서 가장 위대한 전사인 아킬레우스가 거북이와 달리기 경주를 하게 되었다. 그는 이길 자신이 있었다. 아킬레우스의 최고 속도는 초속 10미터였고, 느림보 상대 선수의 속도가 그 10분의 1도 안 되는 걸 모르는 사람이 없었다. 그는 이 파충류보다 10미터 뒤에서 경주를 시작하기로 한다. 출발 즉시 최고 속도에 도달한 아킬레우스는 1초 만에 거북이가 출발한 지점에 도달했다. 하지만 거북이는 이제 그곳에 없다. 당연히 거북이는 그리 멀리 가지 못했고, 단 1미터만을 앞서 있을 뿐이지만, 문제는 아킬레우스가 아직도 따라잡지 못했다는 것이다. 아킬레우스는 10분의 1초 만에 거북이가 있던 곳까지 왔지만, 거북이는 이미 앞으로 나아갔고 이번에는 10센티미터 앞섰다. 아킬레우스가 그 10센티미터를 달려 나갈 동안 거북이는 1센티미터를 더 전진했다. 아킬레우스가 나아갈 때마다 거북이와 더 가까워지긴 하지만, 거북이를 따라잡기 위해서는 무한하게 달려야 한다. 다시 말해, 아킬레우스는 결코 따라잡지 못한다.

제논은 당시 사람들을 당황하게 했다. 분명히 아킬레우스는 역경을 이겨내고 몇 초 만에 거북이를 추월하겠지만, 제논의 주장에는 어떻게 반박할 수 있었을까? 그들은 이 문제가 무한대에 관한 것이라고 보았으며, 그 말이 맞았다. 하지만 무한대의 문제를 극복하는 데 필요했을 0에 관한 수학이 그들에게는 없었다. 제논에는 상관없는 일이었다. 그들은 반박에 실패했고, 제논은 우리의 감각을 믿을 수 없다는 말을 증명했다. 그것은 파르메니데스의 승리였다.

제논의 죽음은 폭력적이었다. 그는 네아르코스라고 불리는 잔인하고 폭압적인 지도자가 통치하는 고대 그리스 도시 엘레아에서 살았다. 제논은 폭군 타도를 공모했으나, 그 일이 발각된 후 체포되어 네아르코스와 그 부하들에 잡혀갔다. 그들은 다른 공모자들의 이름을 밝히라고 요구하며 제논을 고문했지만 그는 끝까지 입을 열지 않았다. 그는 알려줄 것이 있지만, 듣고 싶다면 네아르코스가 가까이 와야 한다고 속삭였다. 네아르코스가 제논에게 몸을 기울이자, 제논은 폭군을 이로 물고는 놓지 않았다. 그리고 창에 찔려 죽었다. 어떤 사람들은 그가 네아르코스의 귀를 물었다고 하고, 어떤 이들은 코를 물었다고 말한다.

한 세기 후, 서양 철학의 아버지 아리스토텔레스는 제논의 역설 Zeno's paradox에 대해 생각하기 시작했다. 그는 자연에서 무한한 수는 결코 있을 수 없다고 주장하며 역설과 씨름했다. 제논은 그 경주를 무한한 조각으로 나누려고 했다. 그러나 아리스토텔레스의 법칙에 따르면 그 조각들은 실재할 수 없었으며, 제논의 상상이 낳은 산물에 불과했다. 아킬레우스가 한 번의 연속적인 움직임으로 거북이를 추월하는 경주의 연속체continuum만이 유일한 현실이었다.

아리스토텔레스는 무한한 수가 존재할 가능성은 인정했지만, 절대 실현될 수는 없다고 주장했다. 그가 하려는 말을 이해하기 위해, 우리가 초콜릿케이크를 자른다고 가정해 보자. 우리는 케이크를 자르고 또 자른다. 원칙적으로 보면 우리가 케이크를 영원히 무한히 여러 번 자르는 모습을 상상할 수 있다. 하지만 현실 세계에서는 결코 그렇게 되지 않는다는 것을 알고 있다. 우리는 무한대에 도달할 가능성을 인식할 수는 있지만, 절대로 무한히 작은 케이크 조각을 자를 수 없다는 사실도 알고 있다. 다시 말해, 생각으로는 무한히 작은 케이크 조각을 얻을 수 있지만, 손으로 들어 올릴 수는 없다. 아리스토텔레스에 따르면 이곳이 바로 제논이 틀린 곳이다.

0에 대한 현대적 이해를 바탕으로 우리는 제논의 상상력과 아리스토텔레스의 연속체 사이의 간격을 메울 수 있다. 요점은 무한한 수의 단계들이 자동으로 무한한 시간을 의미하는 게 아니라는 점이다. 단계의 수가 무한대에 가까워지면서 단계의 길이가 점점 짧아지고 0에 가까워지는 한, 우리는 유한한 시간을 가질 수 있다. 제논의 역설을 자세히 살펴보면 아킬레우스는 1초 후에 1단계를 지나고, 1.1초 후에 2단계, 1.11초 후에 3단계, 1.111초 후에 4단계를 지나는 식으로 달리며, 그 증가폭이 점점 작아지는 것을 알 수 있다. 무한한 수의 단계를 통해 결과를 추정해 보면 우리는 시간 전체가 1.1초를 반복한다는 사실을 알 수 있다. 이것은 수학적으로 $1+1/9$초와 같다.[4] 이렇게 역설이 해결되었다. 아킬레우스는 거북이를 추월할 뿐만 아니라, 그러는 데 2초도 걸리지 않는다.

0에 대한 제대로 된 이해가 없다면 이 결과는 언제나 아리스토텔레스와 다른 그리스 철학자들 이후로 넘어갈 수밖에 없다. 실제로 제논의 역설을 완전히 이해하기까지 2000년이 넘게 걸렸다. 여기에는 아리스토텔레스도 어느 정도 책임을 져야 한다. 무한대에 대한 그의 거부감이 서양 사상을 0에 대한 불신으로 이끈 삼위일체trinity 사상 가운데 첫 번째였기 때문이다. 무한을 부정하는 아리스토텔레스는 무한한 작음, 즉 아킬레우스의 경주에 나오는 사라질 만큼 작은 단계들의 존재도 부정했다. 하지만 그는 이념적 삼위일체의 두 번째 부분에서 더 심오해졌다. 공허void를 부정한 것이다. 공간의 공허와 무의 본질을 부정했다. 그의 작업을 연구하는 중세인들에게 이것은 0에 대한 거부로 받아들여졌다.

이런 일이 벌어진 이유는 당시 아리스토텔레스가 경쟁하던 원자론자들과 싸우고 있었기 때문이다. 원자론자들은 물질이 무한히 분해될 수 없다고 믿었으며, 대신 무한한 공허 속에서 이리저리 뛰어다니는 작은 조각들, 즉 더는 쪼갤 수 없는 '원자'로 이루어져 있다고 주장했다. 이 개념은 제논의 역설에 대한 그들만의 견해를 안겨주었다. 하지만 만약 물질이 계속 분해될 수 없다면 제논은 어떻게 경주 속 단계들을 점점 더 작게 만들 수 있었을까? 원자론적 관점은 아리스토텔레스의 관점과 정반대였다. 아리스토텔레스는 물질이 하나의 연속적 유체이며, 수축하고, 팽창하고 흙, 물, 공기, 불의 네 기본 요소 사이에서 변화한다고 믿었다. 그의 모형에서 우주는 동심원형 구체들로 이루어져 있다. 중심에는 인간이 사는 지구형 구체가 있으며, 가장자리에는 달과 태양, 행성, 별과 같은 천체가 반짝이는 천체형 구체가 있다. 지구형 구체는 변화하고 부패하기 쉬운 곳으로, 네 개 층으로 나뉘어 있는데 가장 안쪽에 흙, 그다음에 물, 그리고 공기, 마지막에는 불이 있다. 이 물질들은 한 형태에서 다른 형태로 바뀔 수 있다. 춥고 건조하면 흙이 되고, 춥고 습하면 물이 되며, 덥고 습하면 공기, 덥고 건조하면 불이 된다. 물질은 형태를 바꿀 때마다 자연적인 위치를 찾을 때까지 층을 옮겨 다녔으며, 흙은 가장 안쪽으로 떨어지고, 불은 바깥쪽으로 솟아올랐다.

아리스토텔레스의 우주에는 공허가 필요 없었지만, 원자론적 우주에는 필요했다. 입자들이 움직이려면 뭔가가 있어야 했다. 그래서 아리스토텔레스는 그 개념을 해체하기 시작했다. 먼저 단단한 물체가 어떻게 땅을 향해 떨어지는지에 관해 생각했다. 그는 물체가 물처럼 꽉 채워진 매질을 통해 떨어질 때보다 듬성듬성한 매질을 통과할 때 더 빨리 떨어진다는 사실을 알아챘다. 또한 공중에서 떨어지는 돌과 깃털을 떠올리면 알 수 있듯이, 무거운 물체가 가벼운 물체보다 더 빨리 떨어진다고 주장했다. 아리스토텔레스는 이러한 사실을 토대로 낙하하는 물체의 속도는 아래와 같이 간단한 비율에 따른다고 판단했다.

$$\frac{\text{물체의 무게}}{\text{매질의 밀도}}$$

공허는 그 즉시 곤경에 처했다. 공허는 밀도가 없다는 뜻이니 공허가 존재한다면 모든 물체는 무한한 속도로 질주하고, 원자 사이의 공간도 무한히 빠르게 채워진다는 말이기 때문이다. 이런 일은 일어날 수 없으므로 공허는 존재할 수 없었다. 물론 돌이 깃털보다 빨리 떨어지는 이유는 무게 때문이 아니라 공기 저항 때문이다. 이것이 아리스토텔레스 논리의 약점이었지만 그건 문제가 아니었다. 싸움은 끝났다. 아리스토텔레스와 그의 추종자들에게 공허는 존재하지 않았다. 무한대도 있을 수 없고, 0도 존재하지 않는다.

이런 생각들은 어째서 그토록 오래 지속되었을까? 아리스토텔레스의 작업 가운데 그 무엇이 중세 유럽 학자들의 마음을 끌어당겼을까? 바로 그의 이념적 삼위일체 중 세 번째 부분, 신의 존재에 대한 증거 때문이다. 그 증거는 에테르aether라 불리는 다섯 번째 기본 요소로 구성된 천체형 구체에서 온 것이었다. 지구형 구체의 네 가지 기본 요소와 달리, 에테르는 형태를 바꿀 수 없었다. 즉 부패하지 않았다. 에테르층은 지구층에서 바깥쪽으로 퍼져 나가며 각기 다른 값으로 회전했다. 여기에는 달을 위한 층, 태양을 위한 층, 각 행성과 떠돌이별들을 위한 층이 있었다. 이 모든 것을 둘러싸는 영원한 어둠의 마지막 층은 반짝이는 불빛으로 뒤덮여 있다. 이 불빛은 고정된 별들로, 물질세계의 가장자리에서 하나로 움직였다. 그러면 이 모든 움직임은 어디서 시작되었을까? 천상의 오케스트라를 지휘하는 건 누구일까? 아리스토텔레스는 무언가가 움직이기 위해서는 다른 무언가가 움직여야 한다고 주장했다. 예를 들어, 각 구체가 그와 이웃한 더 큰 구체에 의해 움직이는 모습을 상상해 보자. 달 구체는 수성에 의해 움직이고, 수성은 금성에 의해 움직이는 식으로 말이다. 하지만 만약 우리가 이렇게 움직이다가 별이 있는 마지막 층에 도달하면 무슨 일이 일어날까? 누가 그것을 움직일까? 아리스토텔레스는 이 운동이 물질세계 너머의 무언가에 의한 것이라 주장했다. 그것은 원동력prime mover, 다시 말해, 신의 움직임이었다.

기독교에 휩싸인 서구 세계가 어떻게 이런 철학에 이끌렸는지 쉽게 알 수 있다. 아리스토텔레스는 실존적인 신의 존재를 증명한 것이지만, 성 토마스 아퀴나스St. Thomas Aquinas 같은 기독교인들은 그 증명을 자신의 증거로 기꺼이 사용했다. 그들은 아리스토텔레스의 세계를 받아들였으며, 원자론자들을 지지하는 것은 신의 존재를 부정하는 것이라고 믿게 되었다. 그들은 공허를 부정했고, 0을 거부했다.

하지만 0의 이야기는 계속된다. 태양과 같이 그것은 동쪽에서 떠올랐다. 아무래도 수냐śūnya의 출현에 관해 이야기해야 할 것 같다. 수냐는 0을 뜻하는 산스크리스트어로, 공허를 의미하기도 한다. 이단을 두려워하는 기독교인들과 달리, 불교도들은 공허를 포용했다. 그것은 그들의 영성spirituality 중 핵심이었다. 수냐타Śūnyatā는 공허의 공허를 의미했다. 불교도들은 명상의 힘을 통해 공허한 곳으로의 해방을 추구했다. 힌두교와 자이나교 같은 다른 동양의 종교에서도 이와 비슷한 생각을 찾을 수 있다.

어떤 이들은 0이 알렉산더의 정복 후 몇 년에 걸쳐 바빌론에서 인도로 넘어간 것이라 말하고, 다른 이들은 0이 그 내부에서 수냐타의 씨앗에서 자랐다고 말한다. 아무도 모른다. 우리가 아는 것은 0의 뿌리를 인도가 제공했다는 사실이다. 인도는 여러 세대를 걸쳐 오늘날 우리에게까지 도달한 원형의 기호가 시작된 곳이다. 그러나 더 중요한 것은, 마침내 바로 이 인도에서 0이 자유를 찾게 되었다는 사실이다.

기원후 첫 번째 천 년의 중반에 이르는 어느 시점, 인디언들은 우리와 매우 유사한 숫자 체계로 전환했다. 그들은 바벨로니아인들과 마찬가지로 숫자의 위치를 잘 활용했지만, 그것은 십진법 체계로 60진법과는 달랐다. 정확히 언제 무슨 이유로 변화가 일어났는지는 알기 어렵다. 최초의 문건 중 상당수가 특정 개인에게 부여하는 토지를 증명하기 위한 법적 성질을 띠고 있었다. 그 문건들은 나중에 토지가 누구의 것인지를 주장하는 소유권 증명으로 사용되었기 때문에 날짜가 위조되는 일이 잦았다.

어떤 사람들은 이런 상황을 이용해 인도의 숫자가 9세기까지 나타나지 않았다는 주장을 지지하기도 한다. 만약 인도의 숫자가 나타난 날짜가 그보다 오래되었음을 암시하는 문서가 있으면 그것은 위조된 것으로 치부되었다. 이러한 광신적 견해는 조지 케이George R. Kaye의 활동에서 비롯되었다. 케이는 영향력 있는 영국의 학자이자 20세기 초반의 동양학자였다. 그는 위험한 계획을 세우고 있었다. 인도를 경멸하여, 수학계에서 유럽 패권을 확립하기로 한 것이다. 초기 인도 문서의 신용도를 떨어뜨림으로써, 그는 현대의 숫자 체계가 인도의 발명품이 아닌, 그리스나 아라비아에서 인도로 수입된 것이라 주장했다. 안타깝게도 케이의 생각을 지지하는 학자들이 많았고, 그들 중에는 동양에 대한 편견으로 학문적 판단이 흐려진 이들도 많았다.

하지만 케이의 관점은 널리 신뢰받지 못했다. 비록 어떤 문서들은 의심해 볼 수 있지만, 모든 문서가 잘못된 날짜로 기록될 가능성은 없으며, 학자 대부분이 이제 우리의 현대 숫자 체계가 5세기 이전에 인도에서 나타난 것에 동의하고 있다. 여기에는 0도 포함된다. 이 이야기의 과거로 거슬러 올라가다 보면 1881년에 지금의 파키스탄인 박샬리Bakhshali의 한 마을에서 어느 농부가 발견한 자작나무의 껍질을 만날 수 있다. 나무껍질에는 제곱근과 음수를 계산하는 방법인 수학 기호들과 숫자들이 남아 있는데, 숫자 몇 개는 지금도 무엇인지 알아볼 수 있다.

박샬리 필사본에 있는 숫자 목록

여기서 우리의 숫자 0은 그 직계 조상인 점으로 표시되어 있다. 박샬리 필사본의 연대는 우리를 큰 혼란에 빠뜨린다. 편견에 사로잡혀 있던 케이는 그것이 12세기 이전일 수 없다고 주장했지만, 분명히 그보다 오래되었다. 내용을 분석한 결과, 이 문서는 3세기 정도의 굉장히 오래된 작품의 사본일 가능성이 있었다. 이 필사본은 영국 옥스퍼드에 있는 보들리안Bodleian 도서관에 보관되어 있는데, 방사성 탄소 연대 측정법을 통해 그 논쟁을 매듭짓기 위해 세 개의 표본을 채취했다. 그러나 표본들은 각기 기원후 224~383년,

680~779년, 885~993년의 서로 다른 시대를 가리킬 뿐이었다.[5]

0은 위대한 인도의 수학자이자 천문학자인 브라마굽타Brahmagupta에서 마침내 자유를 찾았다. 628년, 그는 '브라마의 올바르게 확립된 교리'를 의미하는 《브라마시단타Brāhmasphutasiddhānta》를 저술했다. 그는 음수를 가지고 놀고 있었는데, 그 숫자들의 문턱에서 수냐를 보았다. 그리고 합과 차이, 곱셈과 나눗셈의 의미를 생각하기 시작했다. 3-4가 숫자라면 3-3은 왜 아닐까? 브라마굽타는 0이 진정한 숫자이며, 단순히 자리만 표시하는 것이 아닌, 수학 경기에서 움직이는 정직한 선수라고 보았다. 규칙은 간단했다. 0을 더하거나 빼면 같은 숫자가 나온다. 0을 곱하면 0이 된다. 그러나 0으로 나눌 땐……. 글쎄, 모든 것이 그리 간단하진 않다.

브라마굽타는 그의 새로운 숫자로 나눗셈을 시도하면서 잘못을 저지르기 시작했다. 예를 들어, 0을 0으로 나누면 0이라고 주장했지만, 이것은 꼭 사실은 아니다. 그 이유를 알아보기 위해 일란성쌍둥이 두 명을 상상해 보자. 두 사람은 몸이 줄어드는 약을 먹고 갑자기 크기가 줄기 시작한다. 순식간에 키가 반으로 줄고, 또 반으로 줄었는데, 0으로 줄어들 때까지 영원히 계속되었다. 둘 다 정확히 같은 비율로 줄었기 때문에, 두 사람의 키 비율은 언제나 1이다. 그 비율은 절대 변하지 않기에 만일 무한한 미래에 두 사람의 키가 0으로 줄었을 때도 그들의 비율은 여전히 1이어야 한다. 그 말은 0을 0으로 나누면 1이라는 뜻이지 않을까? 글쎄, 꼭 그렇지만도 않다. 거인과 난쟁이에게 약을 먹인다면 어떨까? 거인은 원래 난쟁이

보다 10배 컸는데, 두 사람 다 같은 비율로 줄기 때문에 키 비율도 그대로 유지된다. 10배인 것이다. 두 사람이 쌍둥이처럼 계속 줄어든다면 0을 0으로 나눈 값이 10이라는 결론을 내릴 수 있다. 하지만 좀 전에 그 값이 1이란 걸 증명하지 않았는가? 결국 진실은 무엇이든 될 수 있다는 것이다. 0이나 1, 10, TREE(3) 또는 무한대일 수도 있다. 0의 비율은 그 자체로 잘못 정의되어 있다. 우리는 매우 작은 수 두 개의 비율을 가지고 그 값을 점점 더 작게 만듦으로써 그 한계를 연구할 수는 있다. 수학적으로는 완벽하게 말이 되지만, 방금 우리가 보았듯 최종 답은 언제나 우리가 어떻게 그 한계에 접근하느냐에 달려 있다. 0을 0으로 나눈 값은 그 0이 어디에서 온 건지 설명하기 전까지는 의미가 없다. 그러면 분모는 0으로 내버려 두고 분자에서 0을 빼 보면 어떨까?

브라마굽타는 1을 0으로 나누는 일을 포기했다. 놀랄 일은 아니다. 인도의 또 다른 수학자 바스카라차리야Bhāskarāchārya가 12세기에 기록했듯, 이 같은 분열은 무한한 전능의 신 비뉴수와 같은 카라khahara, 즉 무한대를 낳는다. 그로부터 800년 후에 '0으로 나누기'는 미군의 힘을 무너뜨렸다. 1997년 9월 21일, 버지니아의 케이프 찰스 근해를 항해하던 1만 톤급 미사일 순양함 USS 요크타운의 컴퓨터 시스템 깊숙한 곳에 0이 숨겨져 있었다. 그리고 단 한 번의 '나누기'로 네트워크 전체가 불능이 되어 추진에 실패했고 함선이 마비되었다. 이 대서양 함대의 기술자이자 자칭 내부고발자인 토니 디조르조에 따르면 요크타운은 노퍽 해군기지로 견인되어 이틀간 꼼짝 못 하고 있었다고 한다. 함대 관계자들은 이 말을 부정했지만, 배가 거의 3시간 동안 물 위에 죽은 듯이 있었던 이유가 '0으로 나누기' 때문이었음은 인정했다. 0은 숫자에 불과할 수도 있다. 그러나 브라마굽타가 깨달았듯이, 무엇을 하든 간에 0으로 나누기는 삼가길 바란다. 전쟁과 관련된 일이라면 특히 말이다.

이제 자유를 찾은 0은 전 세계로 뻗어 나갈 준비를 마쳤다. 5세기 초에 브라마굽타가 그의 걸작을 완성했을 때, 예언자 마호메트가 추종자들에게 메카로 순례를 떠날 준비를 하도록 명령했다. 그리고 이슬람 문화가 중동 전역에 퍼지기 시작했다. 그 후 수 세기 동안 이슬람 문화는 계속 퍼져 나가, 서부의 스페인에서 동부의 중국에 이르기까지 광대하고 웅장한 제국으로 확장되었다. 그 생동력은 무역의 정맥과 동맥에서 비롯되었다. 물건들뿐 아니라 생각도 흘러갔다. 거기에는 물론 종교와 수학이 들어 있었다.

이 지적 세계의 중심에는 바그다드에 있는 지혜의 집House of Wisdom이 있다. 이슬람의 지도자 칼리프들은 지식의 중요성을 이해했다. 그래서 제국 구석구석의 문헌들을 수집하기 위해 학자들을 파견했는데, 9세기 초 이슬람을 통치한 아바스 왕조에서 가장 학술적이었던 칼리프 알마문Caliph Al-Ma'mun 시대에 특히 그랬다. 그의 재임 동안 지혜의 집은 세계에서 가장 위대한 학문의 중심지로 꽃피웠다. 당시 학자 중에는 무하마드 이븐 무사 알콰리즈미Muhammad ibn Mūsô al-Khwārizmi라는 뛰어난 페르시아 수학자가 있었다. 알콰리즈미는 방정식을 푸는 수학 기술을 요약한 논문 〈알자브르Al-jabr〉로 유명했는데, 대수학의 원어인 '알지브라algebra'가 여기서 유래했다. 〈알자브르〉는 수학 역사상 가장 중요한 논문으로 손꼽힌다. 기하학에 대한 고대 그리스의 집착은 수학적 감소에 대한 미묘한 형태로 대체되었다. 질문은 그 공식들의 근원에 답하는 방정식으로 변했고, 대수학은 모든 것을 하나로 묶어 주는 마법이 되었다.

알콰리즈미가 일을 시작할 무렵, 인도 사람들은 점으로 0을 표시하지 않고 원을 사용하고 있었다. 약 50년 전인 773년, 인도의 신드Sindh 지방에서 바그다드에 있는 칼리프 알만수르Caliph al-Mansur의 궁정까지 외교적 방문이 있었고, 아랍인들은 이후에야 0과 나머지 인도 숫자들을 알게 되었다. 신드 지방의 대사가 칼리프에게 브라마굽타의 책 한 권을 선물로 가져온 것이다. 수십 년 후 그 책을 연구하기 위해 신드에 온 알콰리즈미는 즉시 그 중요성을 깨달았다. 그리고 0을 포함한 인도 수학의 규칙을 풀어내기 시작했고, 긴 덧셈과 뺄셈, 곱셈, 나눗셈을 위한 알고리즘algorithm을 개발했다. 사실 '알고리즘'이라는 단어는 알콰리즈미라는 이름을 라틴어식으로 변형한 algorismus에서 유래했다. 오늘날 숫자들이 인도에서 기원했음에도 불구하고, 많은 수학 단어가 아랍어에서 유래할 만큼 알콰리즈미의 유산이 많다. 그는 세공하지 않은 인도의 보석을 가져다가 그것을 갈고 닦고 높이 들어 올려 이슬람 세계 전역과 그 너머에서 밝게 빛나도록 만들었다.

숫자 270이 바로 눈에 띈다. 이것은 델리에서 남쪽으로 약 250마일 떨어진 구알리오르Gwalior의 차투르부즈 사원Chaturbhuj Temple에 있는 비문으로 9세기에 새겨진 것이다.

알콰리즈미는 0을 표시하기 위해 시프르sifr라는 문자를 사용했다. 이는 오늘날 우리가 사용하는 단어의 어원이다. 시프르는 아리스토텔레스의 가르침과 충돌하는 공허인 수냐를 직역한 것이다. 이슬람교도들은 신의 존재에 대한 아리스토텔레스의 증명과 그의 존재를 정확히 알고 있었다. 그런데도 왜 그들은 시프르를 부정하지 않았을까? 어째서 서구 세계처럼 0을 싫어하지 않았을까? 진실은 아리스토텔레스를 의심하기 시작한 사람들에게 있었다. 10세기 초, 이슬람 신학에서는 새로운 학파(아샤리 학파—옮긴이)가 발전하기 시작했다. 그 학파는 수니파Sunni(이슬람교도인 무슬림은 수니파와 시아파로 나뉜다—옮긴이)인 알 아샤리Al-Ash'arī에 의해 설립되었는데 그는 아리스토텔레스를 거부했다. 이는 아리스토텔레스의 강력한 경쟁자들인 원자론자들에 유리한 일이었다. 원자론은 신의 전능을 모든 자연에 부여하는 급진적 시도이자 그의 사상인 기회원인론Occasionalism과 부합했다. 기회원인론은 튕기는 공부터 인간의 생각에 이르기까지 모든 것이 신에 의해 발생한다고 주장했다. 시간은 일련의 사건들로 쪼개지며 각 사건은 신의 뜻이다. 물질은 쪼개져 원자로 분해되고, 원자는 그 사건의 희생자다. 그 모든 별개의 순간마다 신은 새로운 사건이 일어나길 바라고, 원자들은 그에 따라 배열된다. 양자역학과 공명하는 철학이라고 볼 수도 있다. 원자의 운동은 결정되어 있지 않다. 대신 아샤리 학파의 관점에서는 신의 뜻으로 정해지고, 양자론의 관점에서는 측정에 따라 정해진다.

아샤리 학파에서 가장 유명한 인물은 많은 사람이 무자디드Mujjaddid로 여긴 아부 하미드 알 가잘리Abu Hamid Al-Ghazali다. 무자디드는 이슬람 사람들의 믿음을 쇄신하기 위해 한 세기에 한 번 나타나는 인물을 일컫는다. 그는 가르침을 통해 아리스토텔레스의 사상과 신의 전능에 반하는 유사한 사상들을 비난했으며, 그들을 따르는 자들은 누구든 사형에 처해야 한다고 선언했다. 그의 영향력은 중세 이슬람에서 자연철학의 종말을 촉발했으며, 종교적 강경 노선을 강화했다. 그러면서도 원자론자와 공허의 개념은 포용함으로써 시프르의 사용이 번성하는 것은 허용했다. 마치 0이 알라의 승인을 받은 것 같았다.

그로부터 고작 7년 만인 8세기 초, 우마이야 왕조Umayyad Caliphate는 이베리아 반도로 거침없이 뻗어 나갔다. 그들은 그곳에서 알안달루스라는 도시를 세웠고 이슬람의 지식을 서유럽으로 전달할 수 있는 통로를 열었다. 하지만 결코 평화로운 국경지대는 아니었다. 778년 샤를마뉴의 스페인 북부 침공부터 11세기와 12세기, 13세기에 걸친 동방 십자군 전쟁에 이르기까지 기독교와 이슬람 세계는 종종 전쟁을 벌였다. 그동안 기독교인들은 여전히 로마숫자를 사용했고, 0이라는 이단적 개념에는 대부분 관심이 없었다. 그들은 아리스토텔레스와 공허에 대한 부정, 신의 존재에 대한 증거에 몰두했다. 0은 그것에 도전하는 것이었다. 그들의 믿음에 도전하는 존재였다.

12세기 말, 피사Pisa의 세관원인 굴리에모 보나치오Gulielmo Bonaccio가 알제리에 있는 지중해 마을 부지아Bugia로 가게 되었을 때 대세가 바뀌기 시작했다. 그는 아들 레오나르도Leonardo를 데려가기로 했다. 아랍 세계는 지적으로 끓어오르는 곳이었기에 별다른 일이 없다면 레오나르도가 그곳에서 주판 사용법을 익힐 수도 있었다. 하지만 그는 더 많은 것을 배웠다. 아랍 수학과 인도 숫자와 사랑에 빠졌고, 그의 이름을 세상에 영원히 남길 연애를 했다. 여러분은 아마 그의 이름을 다르게 알고 있을 것이다.

바로 피보나치Fibonacci다.

이 이름으로 알려지게 된 건 의외의 사건 때문이다. 레오나르도가 그의 작품에 '보나치오의 아들'이라는 뜻인 '필리우스 보나치filius Bonacci'라고 서명했는데, 훗날 학자들이 그의 성을 피보나치로 착각한 것이다. 하지만 그의 생전에는 피보나치로 알려진 적이 없다. 오히려 여행자를 의미하는 비골로Bigollo라는 이름으로 알려져 있었다. 피보나치는 시칠리아와 그리스, 시리아, 이집트를 두루 돌아다니며 가는 곳마다 지식을 수집했으므로 딱 맞는 별명이었다. 13세기 초, 약 30세가 된 그는 정착을 결심하고 역작을 만들기 위해 피사로 돌아왔다. 그로부터 2년 후, 1202년에 출판된 저서 《리베르 아바치 Liber Abaci》다. 피보나치가 아랍 세계에서 배운 수학에 관한 논문으로 대수학과 산술, 무역의 수학, 그리고 그가 너무도 경이로워했던 인도 숫자에 관한 놀라운 내용이 담겨 있다. 첫 장의 첫머리에서 그는 다음과 같이 썼다.

이것은 인도인들이 사용하는 아홉 개 숫자다.
9, 8, 7, 6, 5, 4, 3, 2, 1
이 아홉 개 숫자와 아랍어로 시프르라고 부르는 부호 0을 사용하면
모든 수를 쓸 수 있다.

명칭이 구분되어 있는 것에 유의해야 한다. 피보나치는 0을 다른 아홉 개 '숫자'와 구분하여 '부호'라고 말했다. 물론 그는 브라마굽타의 업적, 즉 0의 해방에 대해 알았겠지만, 그는 0을 나머지 인도 숫자들과 동등하게 배치할 수 없었다. 그저 너무 이상했다. 피보나치는 그 느낌 그대로 이 숫자에 대해 여전히 불안해했다. 하지만 결국에는 문제가 되지 않았다. 이때가 바로 0과 나머지 인도 숫자

들이 최종전선을 돌파하는 순간이었다. 기독교 사회 안으로 들어선 것이다.

피보나치의 책에서 상당 부분은 동양의 알고리즘을 사용하여 이익과 이자를 계산하거나 통화를 변환하는 무역 수학에 대한 것이었다. 이러한 명백한 이점에도 유럽 무역업자들은 그 내용을 받아들이기까지 시간이 걸렸다. 여전히 많은 이들이 주판이나 구슬과 조약돌로 된 셈판으로 계산하며 로마숫자로 일하기를 선호했다. 그러다가 오래된 방법으로 돈을 세는 아바시스트abacist와 동양 수학의 계산법을 수용한 알고리스트algorist 사이에 경쟁이 일어나기 시작했다.

일반 사람들은 동양에서 온 이 신기한 방식을 믿지 않았고, 관리자들도 마찬가지였다. 1299년 피렌체에서는 사기를 막기 위해 숫자 사용을 금지하기도 했다. 0을 6이나 9로 쉽게 바꿀 수 있기 때문이다. 하지만 금지령도 알고리스트를 막지 못했다. 그들은 알콰리즈미의 정신을 소환해서 계산했으며, 인도숫자를 계속 몰래 사용했다. 처음에 그들은 기도보다는 알고리즘 계산에 더 많은 시간을 소비하는 비기독교적인 자들로 치부되었다. 그러나 언제나 그렇듯 상업적으로 압력이 가해지자 관리자들도 제재를 완화했다. 0과 인도숫자들은 무시하기엔 너무 강력했다. 그것들은 번영할 운명이었다.

심지어 교회도 변화할 준비가 되어 있는 듯했다. 13세기 파리의 주교들은 파문을 초래할 수 있는 이단적인 가르침의 목록을 실은 일련의 규탄문을 발표했다. 이 규탄문에는 신에 대한 증거로 성 토마스 아퀴나스에게 영감을 준 아리스토텔레스의 말도 들어 있었다. 주교들은 몇 세기 전 이슬람교도들이 그랬던 것처럼 아리스토텔레스의 사상이 신의 전능함에 도전하는 부분을 발견하기 시작했다. 1277년의 규탄문에서 에티엔 텅피에Étienne Tempier 주교는 천구를 움직이는 문제에 관해 언급했다. 아리스토텔레스는 여러 층으로 된 이 천구를 일직선으로는 결코 움직일 수 없다고 말했는데, 그렇게 되면 그가 단호하게 부정했던 공허로 가득한 진공 상태를 만들기 때문이었다. 그러나 템피어에게 이것은 명백한 이단이었다. 신은 그가 원한다면 무엇이든 할 수 있다. 신은 그가 원하는 대로 하늘을 움직일 수 있다. 진공 상태도 만들 수 있다. 그렇지 않다고 주장한 아리스토텔레스는 누구인가?

기독교 철학 안에서 아리스토텔레스의 지배력은 여전히 강력했지만 그의 영향력은 무너지기 시작했다. 기독교인들이 공허를 인정할 수 있다면 철학자들도 0을 받아들일 수 있었다. 그러나 지속해서 변화를 시도하고 0을 수용한 이들은 파리의 주교들이 아니었다. 회계원들이었다.

그들은 복식부기double entry를 발명했다.

어떻게 보면 0의 역사에 있어 별로 감동적이지 않은 결말이지만, 결국 이렇게 해서 이긴 것이다. 복식부기는 더욱 복잡해지는 무역 실정을 위해 도입되었다. 이 방법을 사용한 가장 오래된 중세 기록이 1340년 제노바 공화국의 국고에서 나왔다. 시스템은 간단하지만 기발했다. 같은 거래에 대해 한쪽에는 채권을 집계하고, 다른 쪽에는 채무를 집계했을 때, 모든 것이 맞는다면 차액은 0이 될 것이다.

이것은 알고리즘의 장점을 살린 것으로, 각 금액이 홀로 자유로운 0의 양쪽에서 양수와 음수로 균형을 이루었다. 1494년, 회계학의 아버지인 프란치스코회 수도사 루카 파치올리Luca Pacioli가 실용수학에 관한 그의 전설적 저서에서 이 방법을 요약하여 기술했다. 그는 채무와 채권, 텅 빈 잔고 등을 모두 숫자로 고정시켰다. 더는 논쟁의 여지가 없었다. 0의 승리가 분명했다. 그것은 종교적 이상을 폭력적으로 쓰러뜨려서가 아니라 장부의 균형을 맞추려는 상인의 은밀한 노력을 통해서였다.

0은 대칭이다

0이란 무엇일까? 우리 선조들은 그것이 공허라고 했다. 서양에서 공허는 신의 부재라며 저주했고, 동양에서는 고요한 완벽으로 칭송받았다. 여러분은 1이나 2 또는 그레이엄 수처럼 0도 숫자일 뿐이라고 말할 수 있다. 그러면 나는 이 질문을 던져야겠다. 숫자란 무엇일까? 고대 수메르인들이 숫자를 자유롭게 해방시키기 전, 숫자는 언제나 빵 다섯 덩어리나 물고기 다섯 마리, 기름 다섯 병 등 어떤 물건과 함께 사용되었다. 그 돌파구는 수메르인들이 각각의 집합들을 하나의 공통된 실로 꿸 수 있다는 사실을 알게 되었을 때 나타났다. 자유로운 숫자 5로 말이다. 숫자와 수를 세는 일 사이의 연결고리는 끊기가 어렵다. 빵을 세는 5와 물고기를 세는 5는 정말 똑같을까?

실제로 이 문제가 대두되기 시작한 것은 19세기 말, 독일의 게오르크 칸토어와 같은 수학자들이 물체의 모음, 즉 집합에 관해 생각하면서부터다. 앞으로 '무한대' 장에서 다루게 되겠지만, 이 집합론 set theory은 칸토어의 종교적 탐구에서 시작되어 무한한 하늘 높이에 도달하기까지, 즉 무한대로 발을 들여놓는 데까지 성장했다. 하지만 이러한 집합을 0이나 1, 2, 3 등 우리가 보통 자연수라고 부르는 숫자에 대입해 사용하기 시작한 이는 또 다른 독일 수학자 고트로브 프레게Gottlob Frege였다.

빵 5덩이와 물고기 5마리짜리 집합을 이야기하는 경우, 우리는 이 두 가지 집합이 아주 간단한 방식으로 연결되어 있음을 명백히 알 수 있다. 모든 빵은 각 물고기와 짝을 이룰 수 있고, 모든 물고기는 빵 한 덩이와 짝을 이룰 수 있다. 수학자들은 이렇게 정돈된 배열을 일대일 매핑one-to-one map 또는 전단사함수bijection라고 부른다. 우리는 빵 5덩이와 기름 5병, 또는 미국 대통령 5명이나 아이돌 그룹의 멤버 5명과도 일대일 매핑을 할 수 있다. 이러한 5개짜리 숫자 집합들은 모두 연결되어 있다. 만약 우리가 숫자 5를 설명하기 위해 집합론을 사용한다면 이 집합들 중에서 무엇을 사용해야 할까? 프레게는 특별히 선택할 수 있는 게 없다고 생각했다. 숫자 5를 말하는 데 있어서, 그는 빵 5덩이나 다른 5개짜리 숫자 집합을 제치고 미국 대통령 5명을 먼저 선택해야 할 타당한 이유가 없다고 말했다. 평화적 해결 방안으로, 그는 숫자 5야말로 이 모든 것을 하나로 묶어 주는 집합이라고 선언했다. 다시 말해, 5는 5개짜리 집합들의 집합인 것이다.

우리는 이러한 형식주의formalism 속에서도 0을 찾을 수 있다. 0은 아무것도 없는 모든 집합의 집합이기 때문이다. 아무것도 없는 집합은 무엇일까? 그런 집합은 오직 하나, 공집합empty set뿐이다! 예를 들어, 우리는 이 공집합을 소수인 제곱수 집합 또는 고양이인 강아지 집합으로 정의할 수 있다.

프레게는 이 새로운 집합론의 언어로 산수의 기초를 개발하기 시작했지만, 그의 두 번째 저서가 출판된 시점에 그의 집으로 폭탄 하나가 도착했다. 그것은 영국의 철학자이자 지식인 버트런드 러셀Bertrand Russell의 편지였다. 이 편지는 단 한 번의 폭발로 한 수학자의 작품 전체를 파괴할 수 있는 타협 없는 엄청난 내용을 담고 있었다. 프레게의 생각은 우리가 어떤 특징적인 속성을 가진 모든 종류의 집합에 적용할 수 있음을 가정하고 있었다. 바로 그 덕분에 5개짜리 집합으로 5를 나타내고, 10개짜리 집합으로 10을 표현하기가 편했던 것이다. 하지만 큰 규모 집합의 경우에는 그렇게 무신경한 방식으로 정의하면 정말 위험하다. 러셀은 이렇게 물었다. '자기 자신을 포함하지 않는 집합만 모두 표현하는 집합은 무엇인가?'

러셀이 하는 말이 무슨 뜻인지 보여 주기 위해, 주세페라는 이발사에 관한 이야기를 해 보겠다. 주세페는 스스로 면도하지 않는 모든 남자에게 면도를 해 주며 좋은 인생을 살고 있다. 내가 이 이야기를 처음 들었을 때, 궁금한 생각이 들었다. 주세페의 면도는 누가 해 줄까? 아마도 그는 스스로 면도할 것이다. 아니 그럴 리가 없다.

왜냐하면 그는 면도하지 않는 남자들의 면도만 하기 때문이다. 그래, 그럼 스스로 면도하지 않는다는 말일 것이다. 그런데 그것도 옳지 않다. 만약 그가 스스로 면도하지 않는다면 그는 주세페에게 면도를 부탁해야 하기 때문이다.

하지만 그가 바로 주세페다!(이 이야기를 집합론적으로 옮긴 것을 러셀의 역설Russel's Paradox이라고 한다—옮긴이)

러셀이 프레게에게 던진 질문에는 이와 아주 비슷한 폭탄이 실려 있다. 프레게의 제안에 타격을 입혔음에도 불구하고, 러셀은 자신의 역설을 피하는 방법으로 프레게의 생각 중 일부를 부활시키고자 노력했다. 그는 정해진 크기의 집합들을 모두 모아서 프레게와 비슷한 방식으로 숫자를 생각해 보았다. 그러나 집합 그 자체만으로는 집합들을 구분할 수 없었고, 그로 인해 자연수를 더 간단하고 경제적으로 생각하는 방법이 밝혀졌다. 그 방법은 특정한 한 가지 숫자에 의존하여 사용되었다. 그 숫자는 바로 0이다.

어떤 집합을 0으로 구분해야 할까? 우리는 이미 그 집합을 안다. 명백하게도 그것은 비어 있는 공집합이다. 빈 상자의 관점에서 생각해 보면 알기 쉽다. 만일 다른 숫자를 만들려면 비어 있지 않은 다른 상자가 필요하다. 숫자 1의 경우, 우리는 상자에 물건 하나를 넣어야 한다. 그러면 어떤 물건을 넣어야 할까? 글쎄, 이 단계에서 우리가 아는 것이라곤 0과 빈 상자뿐이니 우리는 새로운 상자 안에 빈 상자를 넣고 이 전체를 '1'이라고 부르면 될 것이다. 집합론의 언어로는 이 1을 공집합을 포함한 집합이라고 부른다. 그러면 2는 이

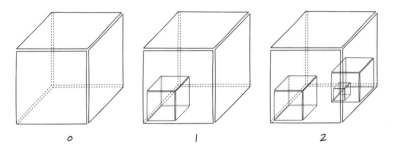

자연수의 구성: 0은 여기서 빈 상자로 표현된 공집합, 1은 빈 상자를 포함하는 상자,
2는 0과 1을 포함하는 상자이며, 그 외 숫자도 마찬가지다.

떨까? 숫자 2를 나타내는 상자에는 다른 물건 2개가 들어 있어야 한
다. 그 결과, 이제 우리는 0과 1로 구분된 상자라는 두 물건을 사용
하게 된다. 이제 우리가 할 일은 두 상자를 모두 새 상자에 넣고 그
전체를 '2'라고 부르기만 하면 된다. 즉 2는 0과 1에 대한 집합을 포
함하는 집합이다.

우리는 계속 이런 식으로 이어 나갈 수 있다. 3은 0과 1, 2를
포함하는 집합이고, 4는 0과 1, 2, 3을 포함하는 집합이며, 이렇
게 각각의 자연수를 자신의 특성 집합과 매핑하면서 TREE(3)과
TREE(TREE(3))을 지나 계속 항해해 나갈 수 있다. 존 폰 노이만Jon
von Neumann과 에른스트 체르멜로Ernst Zermelo 같은 수학자들은 집합의
역학 내부 깊은 곳에 잠복하고 있는 수와 산술의 기초를 발견했다.
0은 무의 집합인 공집합으로 변해 있었다. 그것은 우리가 키운 모든
자연수 나무의 씨앗이었다.

이렇게 놀라운 추상적 개념에서는 0을 찾을 수 있지만, 실재로도

존재할까? 여기에는 합의점이 없다. 플라톤학파Platonist는 다른 모든 숫자와 함께 0도 존재하지만, 시간과 공간 밖에 있는 추상적 세계에서만 존재한다고 주장했다. 유명론자nominalist들은 더 실용적인 관점에서 보았다. 그들은 숫자란 우리가 현실 세계에서 보이는 것, 즉 빵이나 생선, 기름병과 같은 것을 세기 위해서만 존재한다고 믿기 때문에 해방된 개념에서의 숫자를 부정한다. 허구주의자fictionalist들도 숫자의 존재를 완전히 거부한다! 그러나 나는 숫자를 믿는다. 공집합의 추상화에서 0을 보고, 공집합 안에서 대칭을 본다.

왜일까? 무의 개념으로 설명해 보도록 하겠다.

우리는 절대적 무Nothing와 일반적 무nothing를 구분할 필요가 있다. 절대적 무는 말 그대로 절대적인 개념이며 훨씬 더 이해하기가 어렵다. 이것은 우리가 사과나 오렌지, 공기 분자를 없애거나 심지어 물리 법칙을 제거하면 얻을 수 있는 무언가로 생각해서는 안 된다. 우리는 진공 상태를 만들 수는 있지만, 절대적 무는 만들어 낼 수 없다. 진정으로 절대적 무는 무언가로부터 얻을 수 있는 것이 아니며 그럴 가능성이 있는 것도 아니다. 우리가 할 수 있는 건 아무것도 없다. 만약 절대적 무가 존재한다면 하지만 어떻게 존재할 수 있는지 알기 어렵다면 우리는 그것으로부터 분리되어야 한다.

그러나 절대적 무는 우리의 관심사가 아니다. 우리는 좀 더 약한 형태의 일반적 무에 관심이 있다. 이 무는 우리와 분리된 것이 아니다. 물건을 없애버리면 얻을 수 있는 것이다. 바로 그것이 우리가 무를 0의 대칭으로 연결하는 방법이다. 예를 들어, 우리에게 사과

더미가 있다면 우리는 사과의 개수가 0이 될 때까지 사과를 계속 뺄 수 있다. 오렌지나 공기 분자, 심지어 공룡 뼈로도 같은 일을 할 수 있다. 이 약한 형태의 무는 절대적인 것이 아닌 상대적 개념이다. 하지만 우리에게 중요한 점은 사과 0개와 오렌지 0개를 구별할 수 없다는 것이다. 각각은 아무것도 없는 공집합과 같다. 어떤 면에서 봤을 때 우리는 0 또는 무는 우리가 단위를 바꿔도 변하지 않는 것이라고 말할 수 있다. 사과 0개와 오렌지 0개, 공룡 뼈 0개는 모두 구별할 수 없다. 0 아래에서는 모두가 평등해진다. 다시 말해, 0은 대칭이다. 무의 대칭인 것이다.

0과 대칭 사이의 연결고리는 수학과 철학 사이의 것 그 이상이다. 그것이 엮여 우주의 구조를 만들고, 우주의 물리적 법칙을 뒷받침하고, 기본 입자의 밀고 당김을 명령한다. 우리가 곧 다룰 내용처럼, 바로 그 연결고리로 인해 에너지가 파괴되지도 창조되지도 않으며, 빛이 광속으로만 이동하는 것이다. 어쩌면 우리 우주가 엄청나게 많은 대칭으로 꽉 채워진 우주라는 사실이야말로 20세기의 가장 위대한 발견일지 모른다. 우리 우주는 0으로 가득 찬 우주다.

0을 찾아서

2020년 봄, 영국 정부가 코로나바이러스 확산을 통제하기 위해 전국적 봉쇄령을 내렸을 때, 아내와 나는 두 딸을 번갈아 맡으며 홈

스쿨링을 했다. 종종 우리는 학교의 수업 계획을 무시하고 자유롭게 교육했다. 아내는 아이들이 생태계를 배울 수 있도록 생물권 모형을 만드는 법을 가르쳤고, 나는 스크래치Scratch(어린이용 코딩 프로그램—옮긴이)로 단순한 컴퓨터 게임을 코딩하는 법을 알려주었다. 물론 교육과정에서 너무 많이 벗어나진 않았고, 가끔 선생님들이 보내 준 자료를 훑어보기도 했다. 그런 상황에서 나는 내 작은딸과 대칭을 연구하기 시작했다.

딸아이는 다양한 도형에서 대칭선을 구분해 보라는 질문을 받았다. 정사각형의 경우, 중심을 통과하는 두 직선과 대각선을 긋는 식이었다. 나는 아이에게 다른 대칭성은 보이지 않는지 물어보기로 했다. 아이의 수업은 단순히 반사대칭에 관해서만 소개하는 것이었기에 처음에는 망설였다. 하지만 내가 약간 조심스럽게 유도하자, 아이는 중심점을 기준으로 정사각형을 회전해 보기 시작했고, 4분의 1바퀴(90도)를 돌리니 정사각형이 전과 같아졌음을 깨달았다. 우리는 오각형으로 5분의 1바퀴(72도)를 돌려 보고, 육각형으로 6분의 1바퀴(60도)를 돌려 보며 다른 도형으로도 같은 게임을 해 보았다. 이때부터 나의 예술적 기량이 무너지기 시작했지만, 아이는 이미 이해하고 있었다. 모든 도형이 회전 각도에 따라 특별한 회전대칭을 가지고 있다는 사실을 말이다. 회전대칭과 반사대칭은 불연속대칭성discrete symmetry의 예시로, 불변하는 무언가를 남기는 특별하지 않은 움직임을 의미한다.

자연 그 자체일 수 있는 무언가를 뜻하는 것이다. 자연의 불연속

대칭성을 이해하기 위해 우리는 자연의 미시적 왕국을 깊이 들여다보고 그에 상응하는 0을 찾아야 한다. 가능한 대칭성 하나는 모든 입자가 그들의 반입자들과 상호 교환하는 현상으로 그 반대도 마찬가지다. 이 대칭성이 정말 자연에 존재할까? 만일 그렇다면 0이 존재해야 하며, 그것은 우리 우주의 입자와 반입자 수의 차이어야 할 것이다. 하지만 그 차이 값은 0이 아니다. 우리 우주에는 약 10^{80}개의 입자가 있지만, 반입자는 소수에 불과하다. 이것은 우리에게 엄청난 행운이다. 만일 입자와 반입자 수가 같았다면 빅뱅 이후 서로를 망각의 순간으로 전멸시켜 버리고, 방사능과 죽은 우주만 남았을 것이다. 우리는 아직도 어떻게, 혹은 왜 우리에게 이런 운 좋은 불균형이 주어졌는지 모른다. 물질과 반물질을 자폭시켰을 대칭성이 왜 깨어졌는지 말이다.

나는 우리 집 대칭 수업에서 정사각형과 육각형의 불연속 대칭성에 관해 딸아이와 이야기를 나누다가, 원을 그린 후에 질문을 던졌다. '원은 얼마나 회전시켜야 모양이 변하지 않을까?' 당연히도 정답은 원하는 각도만큼이다. 다른 모형에서 90도나 72도, 60도의 배수로 제한되었던 것과 달리, 원에서는 제한이 없다. 원의 중심을 기준으로 어떤 각도든지 연속해서 회전시킬 수 있으며, 그래도 원 모양은 언제나 완전히 똑같다. 이것은 원이 불연속적 대칭성이 아닌 연속적인 대칭성을 갖고 있음을 의미한다. 자연 안에서의 연속적 대칭성continuous symmetry은 물리학에서 가장 중요한 원리 중 일부를 차지한다.

예를 들어, 약 4세기 전에 뉴턴이 고안한 물리 법칙은 오늘날에도 적용된다. 먼 미래에는 컴퓨터 프로그램 과학자들만 그 법칙을 고려할지도 모르지만, 앞으로 400년 혹은 1000년 후까지는 그대로 적용될 것이다. 자연이 시간의 흐름에 따라 자유롭게 진화하긴 하지만, 물리학의 기본 법칙은 그대로인 듯하다. 그것은 연속적 대칭이다. 우리는 이에 해당하는 0을 율리우스 폰 마이어의 혈관 착시현상에서 찾을 수 있다.

여러분은 '구골' 장에서 나왔던 폰 마이어를 기억할 것이다. 선 내의사였던 그는 따뜻한 열대지방의 태양 아래서 선원들의 피 색깔을 연구하여 에너지가 생성되거나 파괴될 수 없다는 사실을 깨달았다. 하지만 에너지는 왜 보존되는 것일까? 에너지의 보존은 단지 신의 권위나 우연으로만 일어나는 현상이 아니다. 그것은 여러분이 시간을 여행해도 물리 법칙은 그대로 유지된다는 사실에서 비롯된다. 에너지의 보존은 시간의 연속적 대칭성에서 오는 것이다.

이 말이 왜 사실인지 직관적으로 느껴 보기 위해, 시간이 지남에 따라 상황이 달라지고 물리 법칙이 바뀐다면 어떤 일이 벌어질지 생각해 보자. 예를 들어, 만약 중력이 하룻밤 사이에 더 강해진다면 어떨까? 그러면 이제 무에서 에너지를 만드는 일이 쉬워진다. 우리가 할 일은 이 책을 바닥에서 주워, 책장에 가지런히 꽂아 놓고, 하룻밤 동안 거기에 가만히 내버려 두는 것이다. 책을 들어 올릴 때 우리는 어떤 에너지를 책으로 전달하게 되며, 그 에너지는 중력의 위치에너지로 책에 저장된다. 다음 날 아침, 우리는 책이 더 무거워졌다고 느낄 텐데, 그것은 책의 중력이 더 강해져서 잠재적 에너지를 더 많이 저장하게 되었기 때문이다. 만일 우리가 책을 다시 바닥에 떨어뜨린다면 책은 그 에너지를 방출할 것이다. 그 에너지는 우리가 전날 쏟아부은 에너지보다 더 많은 양이다. 잘했다. 시간이 지남에 따라 물리 법칙이 변한 덕분에 우리가 에너지를 새로 생성해 낸 것이다. 이와 대조적으로, 물리 법칙이 언제나 변화하지 않는 듯한 우리 우주에서는 에너지가 절대 생성되거나 파괴되지 않는다. 에너지는 항상 보존된다.

연속적 대칭성이 나타날 때마다 그에 상응하는 보존 법칙이 존재한다. 예를 들어 보겠다. 물리학의 기본 법칙은 우리가 우주에서 돌아다닐 때도 변하지 않는 것으로 생각된다. 우리 집에서의 물리 법칙은 이웃집에서도 같고 심지어 궁수자리 부근에 있는 외계인의 집에서도 같다. 이러한 대칭성은 곧장 운동량 보존으로 이어진다. 비슷한 맥락에서, 회전하는 우주에 관해 동일 물리 법칙이 적용된다는 사실은 각운동량의 보존으로 이어진다. 이러한 연속적 대칭성들을 통해 우리는 그에 상응하는 0을 찾는다. 에너지와 운동량, 각운동량 또는 그 밖에 보존되는 에너지 양의 총 변화가 바로 0이다.

이와 같은 대칭성과 보존성 그리고 0 사이의 깊은 연관성을 발견한 사람은 대칭성의 수호자, 에미 뇌터Emmy Noether다. 아인슈타인은 뇌터를 '수학 천재'로 묘사했고, 다른 이들은 퀴리 부인과 동등할 정도의 학문적 찬사를 부여했다. 그 상당한 재능에도 불구하고 그녀는 평생 주변 사람들의 편견과 싸워야 했다. 그들은 먼저 뇌터가 여자라는 사실을 걸고넘어졌고, 나중에는 유대인이라는 것을 문제 삼았다. 뇌터는 19세기 말 독일의 어느 학구적인 가정에서 자랐다. 그녀와 같은 중산층 가정의 소녀들은 신부 수업을 위한 학교에 다니며 예술적 소양을 쌓는 일에 치우쳐 있었다. 그러나 이를 거부한 뇌터는 아버지가 교수로 일했던 에를랑겐대학에서 수학과 언어 강의를 들었다. 그러나 여자라는 이유로 정식 학생으로 등록할 수 없었다. 그저 강사의 재량에 따라 수업에 참석할 수밖에 없었고 오직 청강만 허락되었다. 뇌터는 당시 에를랑겐에서 공부하는 여학생 단두 명 중 한 명이었다. 남학생은 천 명에 달했다.

그녀는 박사학위를 받은 후 수학 연구소에서 강의했지만, 직함도 급여도 없는 2등급 교원에 불과했다. 하지만 그녀의 명석함이 사람들의 관심을 끌었다. 다비트 힐베르트와 펠릭스 클라인Felix Klein이 뇌터를 괴팅겐대학으로 데려오기 위해 열심히 싸웠다. 두 사람은 반대에 직면했고, 수많은 동료에게서 '우리 군인들이 대학에 돌아왔을 때 여성의 발밑에서 공부해야 한다는 사실을 알게 되면 뭐라고 생각하겠는가?'라는 질문을 받았다. 하지만 힐베르트와 클라인은 승리했고, 그녀는 1915년에 괴팅겐대학으로 자리를 옮겼다. 물론 보수를 받지 못했고, 힐베르트의 이름으로만 강의를 알릴 수 있었다. 뇌터는 이 괴팅겐대학에서 대칭성과 자연의 에너지 보존 법칙 사이의 상호작용을 보기 시작했다. 지위가 낮아 왕립 과학 협회에서 연구물을 발표하는 일이 허락되지 않았기에, 펠릭스 클라인이 그녀를 대신해 주었다.

제1차 세계대전이 끝나자 독일 사회가 서서히 변화했고, 1920년대 초, 뇌터는 대학에서 일한 대가로 적은 급여를 받기 시작했다. 괴팅겐에서 더 많은 인정을 받았으나, 과학 아카데미에 선출되지도, 정교수로 승진하지도 못했다. 그녀가 첫 급여를 받은 지 10년 후, 나치가 독일을 장악하면서 뇌터는 다른 유대인 및 '정치적으로 의심스러운' 학자들과 함께 대학에서 쫓겨났다. 미국으로 도피한 그녀는 펜실베이니아에 있는 브린마칼리지Bryn Mawr College와 프린스턴대학에 부임했다. 그리고 미국에 정착한 지 2년 후 종양으로 세상을 떠났다. 그녀는 몰락한 뇌터 가문의 유일한 비극이 아니었다. 동생 프리츠도 나치에서 도망쳐 소련의 국립톰스크대학Tomsk State University에서 교수로 재직했지만, 몇 년 후 반소련 선전으로 기소되어 감옥에 갇혔고 처형당했다.

자연을 이해하려면 대칭성과 보존 법칙을 이해해야 한다는 생각이 퍼지면서, 에미 뇌터의 사상이 20세기 기초물리학을 장악했다. 폴리에스터 옷에 유리 조각을 문지르면 그에 관한 매우 중요한 예시를 볼 수 있다. 당연히도 전자가 유리에서 떨어져 옷에 쌓이므로 정전기가 발생한다. 이제 유리는 양전하를 띠지만, 옷은 음전하를 띤다. 그러나 두 전하의 균형이 완벽해서 총 전하량은 그대로 0이다. 전하는 생성되거나 파괴되지 않기 때문이다. 뇌터의 말에 따르면 이 보존 법칙은 연속적 대칭성에서 비롯되어야 한다. 그렇다면 대칭성은 무엇일까? 전자와 양전자 같은 하전입자에 관한 이론은 그 내부에 문자판이 있다는 개념으로 설명할 수 있다는 사실이 밝혀졌다. 이 문자판은 하전입자가 무엇을 하는지를 설명할 때, 우리가 어떤 언어를 써야 하는지 알려 주는 표시에 불과하다. 이때 사용되는 언어는 영어나 스페인어가 아닌 복잡한 회전체의 수학적 언어다. 여기서는 자세히 언급하지 않을 것이다. 우리가 알아야 할 내용은 문자판이 돌면서 회전체도 돈다는 사실이다. 물리학이 변하지 않는 방식으로 말이다. 결국 전하의 보존을 보장하는 것은 이 내부 문자판의 연속적 대칭성이다.

사실 우리가 방금 설명한 것보다 전자기학의 대칭성이 훨씬 강력하다. 그 이유를 알려면 우주를 상자에 넣은 후, 전하를 보존할 방법을 생각해야 한다. 예를 들어, 하전입자가 우리의 코앞에서 사라졌다가 그 즉시 도로 반대편에서 나타나는 일이 가능할까? 이상하게 들리겠지만, 만일 전하를 보존하는 데만 관심을 둔다면 이 일은 절대적으로 가능하다. 하전입자는 순식간에 뛰어나갔을 뿐 실제로 우주를 떠난 적은 없기 때문이다. 그러나 우리가 아인슈타인과 '1.000000000000000858' 장에서의 정신을 발동하는 순간, 하전입자는 빛보다 빠른 무한한 속도로 우주를 뛰어다닐 수 없다는 사실을 깨닫게 된다. 상대성이론과 일치시키려면 전하는 시간과 공간 어디에서나 국지적 수준local level에서 보존되어야 한다. 다른 말로 하면 우리의 코앞에 있든, 우주 반대편에 있든, 전체 전하는 즉시 바뀔 수 없다. 이것은 관련된 대칭성을 국지적 시스템으로 만들어 버린다. 우리는 더 이상 단일 하전입자 속에 들어 있는 문자판을 전 우주에 대입해서 이야기하지 못한다. 하지만 시간과 공간 속에는 무한히 많은 문자판이 곳곳에 흩어져 있으며, 명확히 한 방향을 가리키고 있다.

우리는 이 강력하고도 국지적인 대칭성을 게이지 대칭성gauge symmetry이라 부른다. 무슨 의미인지 이해하기 위해, 우리 집 앞 거리를 우주라고 상상해 보길 바란다. 거리에 있는 집들은 모두 우주의 한 점에 해당한다. 우리 집에는 나와 아내 그리고 두 딸이 산다. 왼쪽 집에는 게리와 린, 오른쪽 집에는 피트와 스테프가 살고, 조금 더 가면 류프초와 릴리아, 길 건너편에는 이안과 수가 사는 집이 있다. 모두 매우 사교적이라 종종 정원 울타리 너머로 담소를 나누는 모습을 볼 수 있다.

각 집 안에 언어 문자판이 있다고 가정하자. 지금 그 문자판은 모두 '영어'로 설정되어 있어서 모두 영어로 말한다. 그 덕에 의사소통이 쉽다. 만일 내 아내가 파티를 열기로 했다면 아내는 스테프에게 그 소식을 영어로 전할 것이고, 스테프도 릴리아에게 영어로 말해 줄 것이며, 이런 식으로 이웃끼리 영어로 소식을 전달할 것이다. 그 소식은 빠르게 퍼진다. 하지만 만일 문자판이 영국식 영어에서 미국식 영어로, 또는 다른 나라 언어로 변환되다가 나중에는 프랑스어가 되어 버린다면 무슨 일이 벌어질까? 이제 모두가 프랑스어를 하게 될 텐데, 문제가 있을까? 당연히 아무 문제 없다. 내 아내가 또 다른 파티를 연다면 스테프에게 프랑스어로 말하면 된다. 그러면 스테프가 릴리아에게 프랑스로 소식을 전달할 것이고, 릴리아도 사람들에게 프랑스어로 전달할 것이다. 이렇게 다시 소식이 퍼진다.

여러분은 문자판의 대칭성 덕분에 소식이 보존되었다고 말할 수 있을 것이다.

하지만 우리는 대칭성이 그보다 더 나은 일을 한다는 사실에 관해서도 이야기했다. 대칭성은 강력하며 국지적이다. 그것은 다른 문자판들이 동시에 작동할 필요가 없음을 의미한다. 우리 집 문자판은 프랑스어로, 게리와 린은 독일어로, 피트와 스테프는 스와힐리어로 되어 있을 수도 있다. 이 동네 모든 집이 각자 다른 언어로 말할 수도 있다. 그렇다면 이것은 내 아내가 파티를 열었을 때 그 소식을 전하기 어렵다는 뜻일까? 그렇지 않다. 자연은 상황에 적응하기 위한 똑똑한 방법을 찾아낸다. 이것이 게이지 이론gauge theory이다. 이 이론은 모든 가정에 맞춤식 언어 사전을 제공해서 사람들이 가까운 이웃들과 연결되도록 도와준다. 우리 집 사전의 경우, 프랑스어를 독일어로 번역해서 게리와 린과 연결해 주거나, 스와힐리어로 번역해서 피트와 스테프와 연결해 준다. 파티 소식은 여전히 널리 퍼질 것이다. 우리 거리에 있는 모든 이웃이 자연으로부터 올바른 사전을 제공받으므로 어떤 언어를 선택하든 그에 맞는 문자판을 설정할 수 있다. 물리학자들은 이러한 언어 사전을 접속connection 또는 게이지장gauge field이라고 부른다. 이것은 소식을 여기저기로 옮기는 일을 돕는다. 바로 그 때문에 게이지장이 자연의 힘이라고 생각하는 것이다. 전자기학에서의 게이지장은 전자기장이고, 그에 상응하는 양자는 빛의 입자인 광자다. 이때 광자는 하전입자 사이에서 전자기적 소식을 전달하는 일을 돕는다.

이제 우리는 강력하고 국지적인 새로운 대칭성을 갖게 되었다. 그렇다면 0은 어디에 있을까? 0은 언어 사전 깊은 곳에 숨은 것으로 밝혀졌다. 여기서 우리가 물어볼 수 있는 한 가지는 사전, 즉 게이지장이 언어를 바꾸도록 파동치는 데 얼마나 많은 에너지가 필요한가에 관한 것이다. 결국 게이지장은 무거울수록 움직이기 어려울 것이다. 쥐와 코끼리의 꼬리를 같은 힘으로 흔드는 경우를 생각해 보자. 코끼리 꼬리가 훨씬 무거우므로 덜 흔들릴 것이다. 게이지장도 마찬가지라는 것을 느낄 수 있다. 매우 적은 에너지 비용으로도 바뀐다면 우리는 그 게이지장이 아주 가볍다는 걸 알 수 있고, 에너지가 많이 든다면 무겁다는 사실을 알 수 있다. 그러면 어떤 것이 가볍고 무거울까? 답은 게이지 대칭성에 있다. 만약 이웃 사람들이 문자판을 재설정해서 다른 언어로 바꾸려 한다면 어떨까? 별문제 없다는 걸 우리는 안다. 대칭성 덕분에 그들은 어떠한 물리적 대가 없이, 즉 에너지 비용 없이 언어를 바꿀 수 있다. 물론 이 말의 뜻은 자연이 스스로 우리 사전을 업데이트하여 변화에 적응한다는 의미다. 다시 말해, 에너지 비용 없이도 게이지장을 무료로 바꿀 방법이 필요하다. 이것은 게이지장이 최대한 가벼워야 한다는 것을 의미한다. 질량이 없다. 0, 그것은 게이지장의 질량이자 그에 해당하는 양자다. 전자기학의 게이지 대칭성 덕분에, 광자는 사라지는 질량을 갖게 되며 빛의 속도로 이동할 수밖에 없다.

자연은 대칭성, 특히 게이지 대칭성에 대한 실제적 욕구가 있는 듯 보인다. 게이지 대칭성은 우리에게 힘을 준다. 이것은 우리가 전자기학뿐 아니라 중력과 강한 핵력, 약한 핵력을 이해하게 해 주는 중요한 핵심이다. 이러한 생각은 거의 한 세기 동안 물리학 세계를 지배해 왔다. 우리가 더 강력해진 입자 가속기를 통해 더더욱 깊은 아원자 입자들의 미시적 움직임을 들여다볼수록 그만큼 더 많은 대칭성을 만나게 된다. 자세히 볼수록 자연은 더 많은 대칭성을 보이며 아름다워진다. 그리고 모든 새로운 대칭성에는 0이 존재한다.

고대 바빌로니아인들이 처음으로 0을 기록했을 때는 식량이나 가축, 사람, 물건의 회계 내역을 잘 기록하려는 목적 때문이었다. 하지만 0은 결국 위험과 흥분을 일으킬 운명을 지닌 너무나 강력한 성질을 가진 숫자다. 시간이 흐르면서 0은 공허, 신의 부재와 동일시되며 악마와 어울리는 존재가 되었다. 오랫동안 이단으로 비난받았던 숫자가 진정한 자연의 한가운데 있는 핵심이라는 게 이상하게 느껴진다. 수학에서 0이란 물리 세계에서도 찾을 수 있는 대칭성의 또 다른 모습인 공집합을 뜻한다. 사라지는 광자의 질량부터 전하와 에너지의 변화가 사라지는 현상에 이르기까지, 우리 우주는 기본 물리학의 시계 태엽 구조에서 대칭성을 상징하는 0으로 가득 채워져 있다.

다음 두 장에서 만나겠지만, 자연은 0 외에도 매우 작은 수를 가지고 있다. 그 수들은 1보다 훨씬 작으나 완전히 0은 아니다. 전자의 질량이 그 예다. 전자는 사라지지 않지만, 쿼크나 힉스입자 같은 무거운 입자보다 훨씬 가볍다. 이는 완벽하게 아름다운 얼굴에 난 작은 흠처럼 조금 불완전한 대칭성을 보인다. 하지만 작은 수 가운

데는 여전히 이해 불가능한, 대칭성을 보이지 않는 것들도 있다. 그
수들은 발견되지 말았어야 할 기본 입자들에 관한 수수께끼이자,
태어나지 못할 운명이었던 우리가 존재하는 이 예상치 못한 우주의
신비다.

0.0000000000000001

예측 불가능한 힉스입자

그날은 2012년 7월 4일이었다. 미국 전역에서는 독립기념일을 축하하고 있었지만, 진정한 전율이 일어난 곳은 몽블랑 산맥의 작은 언덕 가까이에 있는 스위스-프랑스 국경 근처 강연장이었다. 이 강연장은 역사상 최대 규모의 가장 진보된 기술을 자랑하는 실험의 본거지, 유럽입자물리연구소 세른CERN에서 제일 큰 강당이었다. 과학자들은 세른에서 아원자 입자를 빛의 속도로 가속 후 충돌시키는 일명 빅뱅머신, 대형강입자충돌기를 제작했다. 그들의 목표는 무슨 일이 일어났는지 기록할 수 있는 제어력을 가지고 엄청난 양의 에너지를 우주의 아주 작은 영역 속에 집어넣어 기초물리학의 시계태엽 구조 속을 들여다보는 것이었다. 그러던 2012년 여름, 과학자들은 몇 가지 충돌 실험의 여파에서 중요한 것을 발견했다. 그리고 이제 세상에 알릴 준비를 마쳤다.

그날 청중 가운데는 물리학의 거장 다섯 명이 앉아 있었다. 톰 키블Tom Kibble, 제리 구랄닉Gerry Guralnik, 칼 하겐Carl Hagen, 프랑수아 앙글레르François Englert였으며 당연히 피터 힉스Peter Higgs도 있었다. 그들은 1년 전에 사망한 친구이자 동료 로버트 브라우트Robert Brout와 함께 대칭성이 지배하는 세상에서 질량의 기원을 이해하는 데 중요한 역할을 한 '6인조' 과학자들이었다. 그들의 이론은 당시에도 이미 널리 받아들여지긴 했으나 아직 실험으로는 확인되지 않은 상황이었다. 그러나 미국의 독립기념일에 모든 것이 바뀌었다. 세른의 실험팀은 이 현명한 과학자 다섯 명에게 실험 결과를 발표했고, 그 모습을 50만 명이 인터넷을 통해 시청했다. 실험팀은 질량이 약 125기가전자볼트GeV인 새로운 입자를 발견했으며, 그것이 힉스입자임을 강하게 확신했다.

축하할 일이 많았다. 이론과 실험에서 모두 승리를 거두었으니 말이다. 입자 충돌기의 힘으로 세른은 쿼크와 글루온 및 우주를 만드는 기타 재료들이 강하게 충돌했던 초기 우주의 용광로를 구현해냈다. 그러나 2012년 7월 4일 아침에 열린 기념행사 이면에는 그 자리에 초대된 모든 이론학자를 걱정스럽게 만든 어둡고 불안한 비밀이 존재했다. 그것은 다음 문장에 숨어 있었다.

실험팀은 질량이 약 125기가전자볼트인

새로운 입자를 발견했으며…….

125기가전자볼트. 단위를 변환해서 쉽게 말하자면 약 2.2×10^{-25} 킬로그램의 질량이다.[1] 이것은 세상에서 가장 작은 곤충인 요정말벌fairyfly의 무게보다 10억 배의 10억 배 가벼운 무게다. 물론 힉스입자 하나를 수십억의 수십억 배 되는 원자로 구성된 요정말벌과 비교하기에는 무리가 있지만, 아무리 그래도 힉스입자는 예상했던 것보다 훨씬 가벼웠다. 모든 것을 고려했을 때, 힉스입자는 전자나 양성자보다 훨씬 무거운 입자여야 했다. 계산대로라면 수 마이크로그램 정도의 무게는 나갔을 것이다. 공교롭게도 이것은 요정말벌과 비슷한 무게다.

여러분이 무슨 생각을 하는지 안다. 요정말벌이 힉스입자와 무슨 상관이지? 아무런 상관도 없다. 직접적으로는 말이다. 사실 요정말벌의 무게는 중력이 허용하는 한에서 가장 작고 강하게 압축되어 있는 양자 블랙홀quantum black hole의 질량과 거의 같다. 그러나 양자 블랙홀은 이 곤충과 질량은 비슷할지 몰라도, 그것을 백만조조 배는 더 작은 공간에 구겨 넣을 힘이 있다. 실제로 블랙홀은 11마이크로그램을 반지름이 플랑크 길이, 약 1.6×10^{-35}미터인 미세한 공간 안에 집어넣는다. 이 길이는 중력이 시간과 공간의 구조를 분해하기 시작하는 크기다. 상상할 수 없을 만큼 작지만, 힉스입자에게는 굉장히 중요한 '길이'이다. 만일 물리학에 관한 우리의 이해를 이작은 역치까지 끌어내린다면 힉스입자는 부글부글 끓고 있는 양자 세계로 끌려가서 결국에는 양자 중력 앞에 발을 맞대고 서게 될 것이다. 자세한 내용은 이 장의 뒷부분에서 설명하겠다. 일단 요정말벌만큼, 양자 블랙홀만큼 무거워야 하는 힉스입자가 사실은 그렇지 않다는 걸 받아들이도록 노력해 보자. 힉스입자는 그 무게보다 0.0000000000000001배나 가볍고, 아무도 그 이유를 알지 못한다.

앞 장에서 나는 아주 작은 숫자에는 설명이 필요하다고 말했다. 우리가 0을 만나면 자연은 그 아름다움으로 우리를 현혹한다. 대칭성으로 말이다. 어쨌거나 0에는 완벽함이 있다. 하지만 매우 작지만 0은 아닌 숫자는 어떨까? 0.0000000000000001처럼 말이다. 좌우가 완벽하게 대칭을 이루는 얼굴의 왼쪽 뺨에 자그마한 주근깨가 난 경우와 같이, 완벽에 가깝지만 완벽하진 않다. 대칭성의 마법에 걸려 있지 않는 한, 물리적인 세계에서는 아주 큰 수나 작은 수를 기대하기는 어렵다. 고작해야 한두 자릿수 정도의 특별할 것 없이 평범한 비율만 볼 수 있다. 만약 여러분이 아주 놀라운 숫자를 보게 된다면 거기에는 그만큼 놀라운 일이 벌어지고 있을 가능성이 크다.

이 말이 진짜인지 확인하기 위해 우리가 할 수 있는 작은 실험이 있다. 여러분의 친구 10명에게 -1에서 1까지의 숫자 중 무리수 irrational number를 하나씩 무작위로 고르라고 해 보자. 여기서 무리수란 분수로 쓸 수 없는 수를 말한다. 그러면 친구들은 아래와 같은 수들을 고를 것이다.

$$\frac{1}{\sqrt{2}}, \frac{\pi^2}{18} \text{ 또는 } -\frac{1}{\sqrt{13}}.$$

모두 골랐다면 고른 수를 모두 더한 후에 전체 부호를 없애 보자. 그럼 몇이 남을까? 만약 0.0000000000000001보다 작은 수라면 그건 정말 놀랄 만한 일일 것이다. 그랬다면 어떻게 했는지는 몰라도 여러분의 친구들이 말도 안 되는 일을 벌인 게 틀림없다. 모종의 음모 없이는 일어나기 어려운 일이다. 하지만 답은 0에 가까운 수가 아니다. 그것은 너무 크지도, 작지도, 특별히 멋진 구석도 없는 그저 평범한 수일 뿐이다.

우리는 최고의 과학 모형을 선택하는 데도 이러한 철학을 사용할 수 있다. 그 철학이 어떤 식으로 적용되는지 알아보려면 우리는 사람들 대부분이 지구가 전체 우주의 중심이라고 믿었던 16세기 초로 가야 한다. 당시 천문학 관측 결과는 이 믿음과 일치하지 않았다. 그래서 알렉산드리아의 프톨레마이오스가 만든 고대 우주 모형으로 그 관측들을 설명했다. 주전원epicycles(프톨레마이오스가 제창한 행성의 원운동 중 작은 원—옮긴이)과 동시심equants(주전원이 원운동을 하는 데 중심이 되는 점—옮긴이)이 존재하고, 행성들의 순행과 역행을 설명하는 모형이었다. 정지한 지구를 중심으로 다른 행성들이 비슷한 속도로 움직이고 있다는 사실만 빼면 세부 사항은 별로 중요하지 않다. 그러던 1543년, 니콜라우스 코페르니쿠스Nicolaus Copernicus가 그 믿음에 도전했다. 폴란드에서 태어났고 가톨릭교회의 일원이던 코페르니쿠스는 수학과 천문학을 좋아했다. 그는 철학자 키케로Cicero와 플루타르크Plutarch의 글에 영감을 받았으며, 지구가 멈춰 있지 않다고 주장했다. 지구도 다른 행성들과 함께 움직여야 한다고 말이다. 그 후 코페르니쿠스는 우주 중심에 태양이 있고 다른 궤도에 지구가 있는 지동설heliocentric model을 제안했다. 당시 천문학 관측 결과들은 이 급진적이고 새로운 개념을 증명하거나 뒷받침할 수 있을 만큼 정확하지 않았기에, 거의 모든 철학자의 공분을 샀다. 코페르니쿠스의 우주 모형이 보편적 상식에, 더 나쁘게는 성경 자체에 대항하는 것처럼 보였기 때문이다. 코페르니쿠스가 예상한 반응이었다. 그는 비난이 뒤따를 것을 두려워한 나머지 삶의 마지막 순간까지 자신의 모형을 세상에 발표하지 못했다.

코페르니쿠스와 동시대를 살았던 사람들은 평범한 수를 바탕으로 더욱 획기적인 우주 모형을 선택해야 했다. 지동설에서는 행성들이 태양을 중심으로 대략 비슷한 속도로 움직인다. 수성이 시속 107,000마일(시속 172,200킬로미터—옮긴이)로 가장 빠르며, 그다음으로는 금성이 시속 78,000마일(시속 125,500킬로미터—옮긴이), 그리고 지구가 시속 67,000마일(시속 107,800킬로미터—옮긴이), 화성이 시속 54,000마일(시속 86,900킬로미터—옮긴이)로 움직인다. 태양에서 멀어질수록 속도도 느려지지만, 행성들의 속도 비율은 너무 높지도, 작지도, 너무 특별하지도 않으며, 모두 평범하다. 하지만 프톨레마이오스의 천동설geocentric model은 확실히 다르다. 여기서는 다른 행성들과 달리 지구가 멈추어 있다고 보기 때문에 그 속도 비율이 사라진다. 그로 인해 천동설에는 주목할 만큼 매우 작은 숫자, 0이 들어있다. 그러나 자연에 이렇게 놀라운 숫자가 있을 때는 그럴 만한 특별한 이유가 있는 법이다. 프톨레마이오스를 지지한 사람들은 0에 관한 질문을 던졌어야 했다. 왜 지구는 가만히 있어야 하는가? 지동설에서는 태양이 다른 행성들보다 훨씬 무겁고 더욱 강한 관성을 가졌다는 사실로 그 정적인 움직임을 설명할 수 있다. 그러나 지구의 관성은 금성이나 화성의 관성과 거의 비슷하다. 지구가 정적이라고 가정할 수 있는 타당한 이유가 없으며, 프톨레마이오스의 0도 정당화될 수 없다. 비록 천문학 관측 결과로 프톨레마이오스와 코페르니쿠스의 모형들을 구별하기 어렵더라도, 우리는 코페르니쿠스를 지지한다고 주장할 수 있었을 것이다. 그의 우주 모형은 충분히 관측 가능했고, 설명할 수 없는 놀라운 어떤 숫자에 의존하지도 않았다.

어떤 이론을 선택할 때 사용하는 이러한 기준을 자연성naturalness이라고 한다. 한 이론 안에 설명하기 힘들거나 정교하게 꾸며 낸 내용만 없다면 그 이론은 자연스럽다. 이론 속에 작거나 섬세한 숫자를 사용할 수는 있겠지만, 그 수를 뒷받침하는 물리학을 이해해야만 한다. 그러한 이해가 없다면 무언가가 누락되었을 수도 있고, 천동설처럼 이론 자체가 근본적으로 틀렸을 가능성도 있다. 물론 자연성이란 어느 정도는 미적인 고려 사항에 불과하며, 실험적 데이터에 앞서 사용되면 안 된다. 그러나 우리를 안내할 데이터가 준비되어 있지 않은 상황에서는 자연성이 유리한 대리인이 되어 줄 수 있다. 설명하기도 해명하기도 어려운 작은 수를 볼 때마다, 우리는 왜 저 수가 그곳에 있는지 고민한다. 대칭성이란 무엇일까? 우리가 놓치고 있는 새로운 물리학은 무엇일까?

자연성을 토대로 한 이론에는 설득력이 있다. 단지 수학적인 이유뿐만이 아니라, 자연 안에서 실현되는 모습을 매우 자주 볼 수 있기 때문이다. 예를 들어, 앞 장의 마지막에서 우리는 광자가 어떻게 0으로 사라지는 질량을 갖게 되었는지 배웠다. 그것은 무작위로 선택된 0이 아니라, 공간의 모든 지점에서 내부 문자판을 자유롭게 설정할 수 있는 전자기의 게이지 대칭성 덕분에 생긴 것이다. 핵물리학에도 양성자와 중성자의 내부 구조 안에 0이 숨어 있다. 양성자와 중성자를 만드는 기본 쿼크는 글루온에 의해 서로를 붙잡고 있다. 글루온도 광자와 마찬가지로 사라지는 질량을 가지고 있는데, 이번에는 전자기와는 반대로 강한 핵력과 관련된 또 다른 게이지 대칭성 덕분이다.

하지만 자연성은 오직 0에만 국한된 것이 아니다. 놀라울 만큼 작은 수도 자연성과 연관이 있다. 전자는 광자나 글루온처럼 질량이 0인 건 아니지만, 우리가 그냥 생각했던 것보다 최소한 백만 배는 더 가볍다. 그렇게 작은 수, 그러니까 특정 값의 백만분의 일에 불과한 수에는 설명이 필요하다. 그리고 우리에게도 설명할 게 있다. 전자가 가벼운 건 대칭성 때문이다. 완전한 대칭성은 아니다. 그러면 전자의 질량은 사라질 테니 말이다. 대신 전자에는 근사 대칭성approximate symmetry이 있다. 우리의 고민 대상은 대칭성이 무엇인지보다는 대칭성이 어떤 일을 하는지에 관한 것이다. 대칭성은 전자가 무거워지는 일을 막아 준다. 아주 잘된 일이다. 만약 전자가 지금보다 세 배만 무거웠어도 수소 원자를 불안정하게 만들었을 테니 말이다. 화학이나 생물학 같은 것도 없었을 것이며, 여러분과 나도 존재하지 않았을 것이다.

자연성이 가장 큰 승리를 거둔 사건은 1974년에 일어난 소위 11월 혁명November Revolution 때였을 것이다. 그것은 스탠퍼드 선형가속기센터Stanford Linear Accelerator Center와 브룩헤이븐 국립연구소Brookhaven National Laboratory 팀들이 맵시charm라고 불리는 새로운 쿼크 종류를 발견한 일을 일컫는다. 맵시를 발견하기 불과 몇 달 전, 젊은 이론물리학자 매리 갤리어드May Galliard와 벤저민 리Benjamin Lee는 시카고 부근에 있는 페르미연구소Fermilab에서 케이온kaon이라는 고에너지 입자에 관해 연구했는데, 이 입자는 질량을 두 가지나 가지고 있었고, 그들은 그 질량 간 차이를 알아보고 있었다. 만일 새로운 물리학적 존재가 눈앞에 나타나지 않는 한, 이 현상은 자연성의 실패를 보여주는 사건이 될 것이었다. 하지만 만약 정말 그런 존재가 나타난다면 그것은 새로운 종류의 쿼크일 거라고 예상했다. 그리고 때마침, 자연이 말한 바로 그곳에 맵시 쿼크가 나타났다.

다시 40년 후 2012년 미국 독립기념일에 세른에서 열린 모임으로 넘어가 보자. 힉스입자가 도착했고, 과학자들은 그걸로 기초물리학의 점들을 연결해서 우주가 어떻게 그 많은 대칭성을 숨겨 왔는지 설명할 수 있게 되었다. 하지만 우리가 보았듯, 그렇게 끼워 맞춘 설명 속에는 부자연스러운 무엇이 존재했다. 힉스입자가 예상보다 10억 배의 10억 배나 가벼운 것이다. 우리가 열정적으로 축하한 그 이론 속에는 0.0000000000000001만큼이나 아주 작은 수가 들어 있었다. 자연은 정당한 이유 없이는 그만큼 작은 수를 허용하지 않는다. 그 수는 어째서 그곳에 있었을까? 우리를 그 수에서 구해 줄 새로운 물리학은 무엇일까? 새로운 대칭성은 무엇일까?

1974년 여름, 정말 갈리아드와 리의 눈앞에 새로운 물리학적 존재가 나타났고, 자연성을 지켜 주었다. 하지만 2012년 세른에서 열린 모임에서 10년이나 지난 지금, 여전히 우리는 힉스입자가 왜 그렇게 작은 수로 우리를 놀리는지 이해하기 위해 기다리는 중이다. 자연성이 약속한 그 새로운 존재는 아직도 그 모습을 드러내지 않고 있다. 결국 자연성이 실패한 걸까? 우리는 이렇게 이유도 알지 못한 채, 예측 불가능한 우주이자 존재하지 않았을 우주에서 살게 될 운명인 걸까? 이 골치 아픈 새로운 입자에 관해 좀 더 자세히 살펴봐야겠다. 사실 우리는 모든 입자를 자세히 살펴볼 필요가 있다.

이 장에서 다룰 모든 입자에 관한 요약 가이드

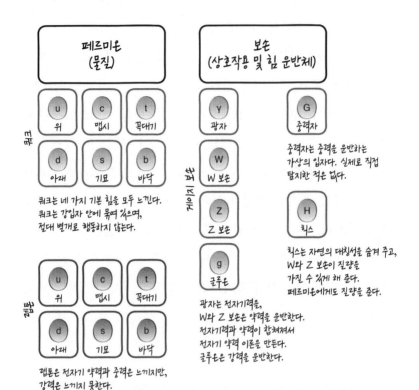

**페르미온
(물질)**

쿼크

u 위	c 맵시	t 꼭대기
d 아래	s 기묘	b 바닥

쿼크는 네 가지 기본 힘을 모두 느낀다.
쿼크는 강입자 안에 묶여 있으며,
절대 별개로 행동하지 않는다.

렙톤

u 위	c 맵시	t 꼭대기
d 아래	s 기묘	b 바닥

렙톤은 전자기 약력과 중력은 느끼지만,
강력은 느끼지 못한다.

**보손
(상호작용 및 힘 운반체)**

게이지 보손

Y 광자
W W 보손
Z Z 보손
g 글루온

G 중력자	H 힉스

중력자는 중력을 운반하는
가상의 입자다. 실제로 직접
탐지한 적은 없다.

힉스는 자연의 대칭성을 숨겨 주고,
W와 Z 보손이 질량을
가질 수 있게 해 준다.
페르미온에게도 질량을 준다.

광자는 전자기력을,
W와 Z 보손은 약력을 운반한다.
전자기력과 약력이 합쳐져서
전자기 약력 이론을 만든다.
글루온은 강력을 운반한다.

입자 각론

아리스토텔레스는 힉스입자를 싫어했을 것이다. 아니, 그는 모든

입자를 싫어했을 것이다. 그는 자연의 만화경이 실제로는 수십억

개의 작은 조각들이 합쳐진 풍경이라는 말에 움츠러들었을 것이다. 아리스토텔레스는 원자론자들과 전쟁을 치렀다. 최초의 입자물리학자인 레우키포스와 그의 제자 데모크리토스의 주장에 반대했다. 원자론자들은 모든 물질이 우주의 진공 속을 돌아다니는 미세하고도 더 쪼갤 수 없는 조각들로 이루어졌다고 주장했다. 그리고 입자들 혹은 그들이 즐겨 부르던 '원자'들이 굉장히 다양한 모양을 가지고 있다고 말했다. 어떤 것은 오목하거나 볼록하지만, 또 어떤 것은 갈고리나 심지어 사람 눈처럼 생겼다. 그들은 그 입자들로 인간의 감각을 설명할 수 있다고 믿었다. 예를 들어, 쓴맛은 혀 위를 지나가는 들쑥날쑥한 입자들에서 나오는 반면, 단맛은 더 둥근 입자에서 나온다고 생각했다. 물론 현대의 입자 이론은 좀 더 정교하지만, 그 핵심에서는 원자론적인 견해를 가지고 있다. 실제로 물질은 더 쪼개질 수 없는 작은 조각들로 이루어졌으며, 이제 우리는 그것을 쿼크와 렙톤이라고 부른다. 그 입자들은 다른 종류의 입자와 함께 춤을 춘다. 그 춤은 화학적인 결합과 생명을 불어넣는 생물학의 예술로 만들어진 발레다.

입자를 상상할 때, 여러분은 무엇을 생각하는가? 옛 원자론자들처럼 갈고리나 눈 모양을 떠올릴 거라고는 생각하지 않는다. 아마도 여러분은 먼지 한 톨이나 꽃가루의 반짝임을 상상할 수도 있겠다. 확실히 그쪽이 더 진실에 가깝지만, 힉스나 전자 또는 다른 기본 입자에 관해 말할 때 우리가 진정으로 의미하는 것은 그게 아니다. 실제로 입자가 무엇인지 알려면 먼저 장field에 관해 다룰 필요가 있다. 어렸을 적에 나는 장이라고 하면 축구를 할 수 있는 운동장만 생각했다. 하지만 물리학에는 밀고 당기는 보이지 않는 힘을 뜻하는 다양한 종류의 장이 있다. 먼저 자석의 끌어당김이나 무서운 번개 폭풍의 형태로서 보이지 않는 힘을 휘두르는 전자기장, 블랙홀에 너무 가까이 다가갔을 때 행성의 움직임을 제어하고 별들을 산산조각 내는 중력장이 있다. 거기에 쿼크장과 힉스장까지 포함하는 전자기장도 있다. 장에는 화려하거나 신비로운 것이 없다. 그저 시공간을 넘나들며 다른 지점에서 다른 값을 취할 뿐이다. 이를테면 우리는 기상도에 나타나는 온도에 관한 장을 통해 영국의 피할 수 없는 추위와 이탈리아나 스페인의 따뜻함에 대해 말할 수 있다. 또는 은하계의 밀도에 관한 장을 통해 성간 가스나 별 또는 행성 같은 뭉쳐진 천체의 분포를 나타낼 수도 있다. 전자기장도 이런 지도 중 하나로, 시간과 공간의 모든 지점을 표시하는 수많은 숫자 덩어리에 불과하다고 볼 수 있다. 그리고 이제야 그 전자기적 배경의 강도를 암호화했다.

물론 전자기장은 어떤 의미에선 다른 장보다 우수하다. 모든 것의 기본 구조를 밝히기 위해 꼭 필요한 기본 장fundamental field이기 때문이다. 그 밖의 기본 장으로는 전자장과 힉스장, 위 쿼크와 아래 쿼크 장, Z 보손 장, 그리고 당연히도 중력장이 있다. 이들 중에서 전자장 같은 일부 장들은 오직 양자 세계에서만 설명할 수 있는 양자장인 반면, 전자기장 및 중력장 같은 장들은 거시세계에서도 존재할 수 있다. 이러한 장들이 어떻게 작동하는지는 잠시 후에 다루겠다. 하지만 어떤 장이든, 우리는 그 장을 시공간 전체에 퍼져 있는 일련의 숫자들, 즉 그 장과 연관된 물리적 효과들을 암호화한 맞춤형 지도라고 생각해야 한다. 만약 이 세상에서 전자장이 사라진다면 분명히 그 어떤 전자도 찾을 수 없다고 볼 수 있다.

입자는 이 모든 장의 어디에서 나타나는 걸까? 우리가 '그레이엄 수' 장에서 보았듯, 입자는 사실 아주 작은 파동이며, 정확히는 양자장에서 진동하는 양자 파동이다. 바다의 수면에 비유해 보자. 수면의 높이가 바다의 움직임에 따라 천천히 오르락내리락한다. 가장 높은 수면에서 일어난 작은 파동을 떠올려 보면 그것은 입자와 같다. 다른 장의 파동은 다른 입자를 나타낸다. 전자장의 파동은 전자, 전자기장의 파동은 광자, 중력장의 파동은 중력자, 위 쿼크 장의 파동은 위 쿼크를 나타낸다. 모두 마찬가지다.

또한 입자는 실제 입자뿐 아니라 가상 입자로도 묘사될 수 있다. 다시 말해, 실제 광자도 있지만 가상 광자도 있는 것이다. 전자나 쿼크, 글루온 등 다른 모든 기본 입자들도 같다. 이 모든 말이 현실보다는 조금 더 신비롭게 들릴 것이다. 실제 입자는 촛불을 켜면 방출되는 실제 광자나 고전적 실험에서 이중 슬릿을 통과시킨 실제 전자처럼 손에 넣을 수 있는 입자를 말한다. 그러나 가상 입자는 잡을 수 없다. 어떤 가상현실 게임에서 입자를 잃어버렸기 때문이 아니다. 사실 가상 입자는 입자가 아니기 때문이다. 그것은 다른 입자와 다른 장에 의해 교란이 일어난 결과다. 예를 들어, 전자는 옆을 지나가는 다른 전자의 영향을 받아 전자기장에 교란을 일으킬 것이

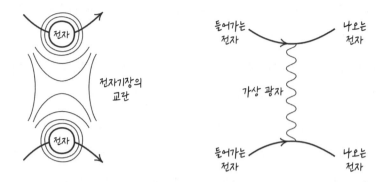

두 전자는 전자기장에서 교란 또는 파문을 일으키며, 이것이 바로 우리가 말하는 가상 광자다.
왼쪽 그림은 전자기장의 윤곽을 보여 주는 더 실제적인 모습이고,
오른쪽 그림은 정확히 같은 내용을 표현한 이론물리학자의 다이어그램이다.
리처드 파인먼의 이름을 딴 일명 파인먼 다이어그램Feynman diagram의 한 예시다.

며, 그 반대도 마찬가지로 교란이 일어난다. 그리고 이 교란이 전자를 밀어낸다. 여러분은 심지어 그 교란을 파동, 즉 광자라고 생각할 수 있지만, 사실 그것은 어떤 의미에서도 진짜 입자가 아니다. 가상의 존재이기 때문이다. 가상 광자의 파문은 실제 광자처럼 빛의 속도로 이동하지도 않으며, 그것을 잡아챌 방법도 없다.

가상 입자는 각기 다른 장이 서로 어떻게 영향을 끼칠 수 있는지를 생각하는 편리한 방법에 불과하다. 우리가 자주 쓰는 비유는 두 빙상 스케이트 선수가 서로에게 공을 던지는 상황이다. 두 사람이 공을 던지거나 잡을 땐 어쩔 수 없이 둘 다 뒤로 약간씩은 밀리게 되어 있다. 마치 상대편 선수를 거부하듯 말이다. 여기서 스케이트 선수들은 전자기적 반발을 느끼는 전자들과 같고, 선수 간에 주고받는 공은 그 반발 효과를 전달하는 가상 광자와 같다. 이 비유로

끌어당기는 힘을 설명하긴 어렵지만, 그래도 전하를 가진 물체 사이에 오가는 가상 입자를 생각하는 데 도움이 된다.

게다가 입자 대부분은 '회전spin'하는 본질적인 능력이 있다. 1920년대 초, 독일인 과학자 오토 스턴Otto Stern과 발터 게를라흐가 자석과 은 원자로 연구를 시작하면서부터 이 능력에 대한 힌트를 얻게 되었다. 회전은 실제로 각운동량의 한 형태다. 탁구공의 회전이나 축제에서 추는 왈츠처럼 우리가 평소에도 볼 수 있는 회전운동과 같은 운동량이다. 이러한 운동량은 탁구공, 심지어는 양자 탁구공으로도 충분히 상상할 수 있지만, 이것이 기본 입자들에게 무엇을 의미하는지를 상상하기에는 조금 부족하다. 왜냐하면 기본 입자는 무한히 작기 때문이다. 빙판 위에서 피루엣(발끝으로 도는 기술—옮긴이)을 하는 스케이트 선수는 더 빨리 회전하기 위해 팔을 안으로 모은다. 그러면 각운동량이 보존되는 효과가 있다. 각운동량은 얼마나 빨리 회전하고, 얼마나 넓게 확산되는가, 이 두 가지 조건에 달려 있다. 선수가 팔을 안으로 모으면 빠르게 회전함으로써 확산하지 못한 손실을 보상한다. 무한히 작은 입자가 아무 각운동량도 갖지 않는다는 말은 마치 무한히 빠른 속도로 회전하는 것과 같다. 이런 일은 확실히 말도 안 된다. 그렇다면 정말 무슨 일이 일어나고 있는 걸까? 점같이 작은 입자들로 우리가 말하고자 하는 것은 입자의 고유한 스핀intrinsic spin에 관한 것이다. 마치 무한한 광란 속을 돌아다니지 않고 회전만 하는 것처럼 보이고 행동하는 능력 말이다. 정치인을 생각해 보자. 그들은 마치 우리의 이익을 최고로 염두에

둔 사람처럼 보이며 행동한다. 실제로 그런지 아닌지는 전혀 다른 문제다.

위와 같은 경고를 염두에 두고, 입자가 미시적 크기로 축소된 탁구공이라고 상상해 보자. 각기 다른 회전량을 가진 입자들은 회전하면서 서로 다르게 행동한다. 탁구공 위에 웃는 얼굴을 그려 보자. 공을 돌리면 웃는 얼굴이 움직이면서 우리 시선이 계속 바뀐다. 전체적으로 회전 한 바퀴를 돌아야 비로소 처음과 같이 정확하게 보인다. 이것이 바로 광자와 같이 소위 '스핀 1spin one'이라는 입자들에게 벌어지는 일이다. 이 입자들을 원래의 양자 상태로 되돌리려면 회전을 한 바퀴 해야 하는 것이다. 중력자 같은 '스핀 2'에는 어떤 일이 일어나는지 보기 위해 공 반대편에 똑같이 웃는 얼굴을 그려 보자. 이제 공을 돌려 보면 그림이 180도 회전 후와 360도 회전 후에 총 두 번 원래대로 돌아오는 것을 볼 수 있다. 스핀 2 입자들은 한 번 회전하는 동안 원래의 양자 상태로 두 번 돌아가는 것이다. 스핀 3 입자들은 세 번 돌아갈 수 있으며, 이런 식으로 계속 이어진다.

우리가 방금 설명한 입자들은 모두 정수 스핀integer spin을 갖고 있지만, 반정수 스핀 입자도 존재한다. 입자를 반 바퀴만 회전시키면 어떤 일이 벌어질까? 여기서부터 일이 조금 까다로워진다. 이제는 탁구공 대신 흡혈오징어를 생각해 보길 바란다. 양자 크기로 축소된 오징어. 오징어를 한 바퀴 돌리면 원래 모습을 볼 수 있다고 예상하겠지만 사실은 그렇지 않다. 오징어가 자체적으로 안팎을 뒤집은 것이다. 역으로 뒤집혔다. 실제로 흡혈오징어는 이런 일을 할 수 있다. 하지만 양자역학의 언어로 말하자면 이것이 의미하는 것은 확률 파동이 뒤집힌 상황이다. 마루는 골이 되고, 골은 마루가 되었다. 이런 일은 반정수 스핀의 입자에서 항상 벌어진다. 전체 회전을 한 번 하고 나면 그들은 마치 뒤집힌 것처럼 원래 양자 상태에서 반대되는 상태로 전환한다! 그리고 두 번 회전하고 난 후에야 비로소 원래대로 돌아온다.

우리는 스핀을 통해 입자를 두 개의 다른 진영에 넣을 수 있다. 한 손에는 자연의 모든 힘을 전달하는 역할을 하는 정수 스핀 입자, 즉 보손boson(스핀이 정수이며, 여러 입자가 하나의 상태에 존재할 수 있는 입자—옮긴이)이 있다. 광자도 보손이다. 광자는 스핀 1이며, 전자기력을 운반한다. 그 외에도 핵물리학의 힘을 운반하는 W 보손과 Z 보손, 글루온 같은 스핀 1 입자들도 있다. 그리고 중력자도 있다. 이것은 감지하지 못한 스핀 2짜리 양자로, 중력을 운반한다고 알려져 있다. 광자와 같이 가벼운 입자들은 매우 먼 거리에 걸쳐 그 힘을 운반한다. 그러나 무거운 입자가 힘을 운반하면 입자의 능력은 빨리 고갈되고 힘의 범위는 더 짧아진다. W 보손과 Z 보손이 약한 핵력을 운반할 때 그런 모습을 볼 수 있다.

전자와 쿼크 같은 반정수 스핀 입자는 어떨까? 페르미온이 여기에 해당한다. 페르미온은 물질을 만들기 때문에 우주의 속을 채우는 역할을 한다. 별과 행성, 블랙풀Blackpool의 락캔디(영국 블랙풀 지역 특산품으로 길쭉한 지팡이 모양의 사탕—옮긴이) 같은 모든 고체 물질을 구성한다. 여기에는 아주 좋은 이유가 있다. 페르미온은 정확히 같은 곳에서 같은 일을 하며 모여 있는 걸 좋아하지 않는다. 사실 그 어떤 양자 체계에서든지 페르미온은 두 개가 같은 양자 상태로 존재하는 일이 완벽히 금지되어 있다. 이것은 파울리의 배타 원리Pauli Exclusion Principle로 알려져 있는데, 독일의 뛰어난 물리학자 볼프강 파울리Wolfgang Pauli의 이름으로 명명되었다. 다음 몇 장에 걸쳐 만나게 될 것이다. 이 원리가 작동하는 방식은 이렇다. 먼저 페르미온 두 개가 찻잔 속 차 안에서 떠다니고 있다고 상상해 보자. 만약 우리가 차를 휘저으면 어떻게 될까? 페르미온은 정말 이상하다. 이 페르미온을 회전시키면 그들은 차를 설명하는 확률 파동을 뒤집어 버린다. 양의 마루는 음의 골이 되고, 그 반대도 마찬가지다. 흡혈오징어가 다시 안팎을 완전히 뒤집는 극적인 사태와 같다. 만약 두 페르미온이 똑같아진다면 차에는 문제가 생길 것이다. 여기서 똑같다는 말은 스핀도 같고, 에너지도 같으며, 브렉시트에 대한 의견도, 그밖의 모든 양자 DNA까지 똑같은 도플갱어를 의미한다. 만약 우리가 그것들을 회전시킨다면 실제로는 아무것도 바뀌지 않는다. 어떻게 그럴 수 있을까? 그들은 결국 도플갱어이기 때문이다. 하지만 방금 우리는 모든 것이 뒤집힌다고 말했다. 파동이 뒤집혔는데도 변한 게 없다면 결국 거기에는 애초부터 마루도 골도 없었던 것이다! 우리가 어디를 보든지 파동은 완전히 평평하고, 잠잠히 0으로 가라앉아 있어야 한다. 이것은 정말 확률 파동이기에 언제나 확률이 사라진다는 것을 의미한다. 다시 말해서, 똑같은 페르미온들을 넣은 차 한 잔에는 아무 기회가 없다. 즉 존재할 수 없게 된다. 흡혈오징어는 보통 포식자들을 물리치기 위해 안팎으로 몸을 뒤집는다. 하지만 만일 오징어의 겉과 속이 똑같아 보인다면 그 전략은 실패할 것이고, 결코 살아남을 수 없을 것이다. 이것이 바로 파울리의 배타 원리다.[2]

파울리는 화려하지만 타협하지 않는 과학자였다. 그는 과학계에서 완벽주의자로 유명했고, 동시대 사람들의 연구에 가차 없는 비판을 내리기로 유명하여 '물리학의 양심'으로도 불렸다. 한때 파울리의 조수였던 루돌프 파이얼스Rudolf Peierls는 회고록에서 파울리의 독설 중 일부를 회상했다. 한번은 어리고 미숙한 어떤 물리학자가 파울리에게 자신의 논문에 관한 의견을 물었다. 파울리는 그의 논문이 옳지도 않거니와, 논문의 주장이 너무 일관되지 않다고 판단하여 "심지어 틀리지도 않았다not even wrong"며 비난했다. 이 말은 이후에 미흡한 과학 논문을 묘사하는 이론 물리학계의 용어로 사용되었다. 파울리로 말할 것 같으면 그는 더 유명한 과학자들에게도 똑같이 잔인할 수 있었다. 러시아의 위대한 물리학자 레프 란다우Lev Landau와 오후 내내 긴 논쟁을 벌였는데, 란다우는 자신의 말을 모두 헛소리로 생각하냐고 물었다. 그러자 파울리는 이렇게 말했다. "아니요! 그보다 더합니다. 당신이 한 말은 너무 정신없어서 그게 헛소린지 아닌지 구별하기도 어렵네요."

보손 입자에 대한 배타 원리는 없다. 보손은 사교적 무리이며, 같은 양자 상태에서 서로 나란히 모여 있기를 참 좋아한다. 사실 그들에는 군집적 특성이 있어서 거시적인 크기의 거대한 짐승이 되기도 한다. 이런 특성은 거대한 레이저 총을 만들어 인류를 위협하려는 제임스 본드의 상대편 악당들에게 특히 중요한 일이다. 레이저는 똑같은 양자 상태에 있는 실제 광자가 모여 있는 방대한 집합이며, 그들의 위상은 서로 맞물려 있다. 우리가 전자기학과 중력에서 볼 수 있는 거시적 파동은 사실 엄청난 수의 실제 광자와 중력자 들이 서로 겹쳐진 것으로, 보손 입자만 할 수 있는 일이다.

우리 대부분이 전자기력과 중력은 익숙하게 여기지만, 주로 원자핵 깊숙한 곳에서 핵물리학의 규모로만 일하는 다른 두 가지 힘은 잘 모른다. 잠시 후에 보겠지만, 원자핵 속은 쿼크들이 글루온에 묶여 있고, W 보손과 Z 보손의 도움으로 다른 쿼크로 변환하기도 하는 쿼크의 세계다. 생명을 주는 태양의 온기에서 핵 종말의 공포에 이르기까지 엄청난 힘을 발산하는 피할 수 없는 힉스 보손이 만들어 낸 대혼란의 미시세계다. 처음에 언급했듯, 아리스토텔레스와 그의 고대 추종자들은 아원자로 이뤄진 이 복잡한 동물원을 결코 매력적으로 여기지 않았을 것이다. 하지만 그의 적이었던 데모크리토스와 나머지 원자론자들은 어땠을까? 굉장히 좋아했을 것이다.

필연적인 힉스입자

원자 속으로 들어가 보자.

지금 우리는 작은 태양계 안에 들어와 있고, 행성인 전자는 핵으로 알려진 미세한 '태양' 주위를 공전하고 있다. 물론 이 원자 궤도는 실제 태양계처럼 중력으로 제어되는 것이 아니라 전자기력에 제어된다. 음전하를 띤 전자와 양전하를 띤 원자핵 사이의 전자기력은 중력보다 약 1000조조조 배 강하다. 원자핵은 양성자와 중성자로 이루어져 있다. 양성자는 전자에 달라붙는 데 필요한 양전하를 주는 반면, 중성자는 이름에서도 알 수 있듯 전기적으로 중성이다. 우리는 원소에 따라 핵 안에 많은 양의 양성자가 쌓여 있는 모습을 이따금 발견할 수 있다. 수소 원자의 핵에는 양성자가 단 하나만 있지만, 금 원자의 핵에는 양성자가 79개나 들어 있다. 이 사실은 우리를 첫 번째 수수께끼로 데려간다. 양전하는 서로를 밀어내는 것으로 잘 알려져 있다. 그러면 어떻게 양성자 79개가 이토록 작은 공간에 함께 있을 수 있을까? 거기에는 중성자와 양성자를 서로 끌어당기고 전자기적 저항을 극복하게 하는 큰 힘이 존재할 것이다. 우리는 그 힘이 중력이 아니라는 사실을 안다. 그러기에 중력은 너무 약하다. 뭔가 더 강한 힘이 틀림없다.

강한 핵력

만일 우리의 걱정거리가 양성자와 중성자로 끝이었다면 강한 힘에 관한 이야기는 비교적 간단했을 것이다. 하지만 제2차 세계대전 이후 수십 년간 입자물리학은 그 누구도 상상하지 못할 만큼 풍부하고 특별한 발전을 이루었다. 사진 기술의 발달로 지구 대기를 통과하는 우주 방사선의 흔적을 포착했다. 그 속에서 새롭고도 놀라운 다양한 입자들이 모습을 드러냈는데, 그중 많은 입자가 강한 핵력의 곡조에 맞춰 춤을 추고 있었다. 그 입자에는 파이온pion과 케이온kaon, 에타eta와 로rho 메손meson, 람다Lambda와 크사이Xi 바리온baryon이 있었고, 이들은 모두 현재 강입자로 알려진 더 넓은 입자 계열의 구성원이 되었다. 새로운 것들이 계속 발견되자 따라잡기 힘들어졌다. 의사 표시에 절대 인색하지 않던 파울리는 "식물학처럼 되리란 걸 예견해야 했는데"라며 불평했다고 한다.

파울리는 소란스러운 새로운 발견의 동물원에 인상을 찌푸렸을지 모르지만, 미국 로어 맨해튼의 머리 겔만Murray Gell-Mann이라는 젊은 물리학자는 발견들 속에서 패턴을 찾기 시작했다. 그는 이스라엘의 유발 네만Yuval Ne'eman과 함께 새로운 입자들의 특성을 조사하여 스페인의 알람브라 궁전에도 어울릴 아름다운 8중 무늬와 10중 무늬로 배열했다. 그런 조직적 우아함이 우연히 일어날 리는 없었다. 거기에는 어떤 근본적 구조가 존재해야 했다. 그 구조가 무엇인지 알아낸 이는 당연히 겔만이었다. 그리고 리처드 파인먼의 지도 아래 캘리포니아공대에서 막 박사학위를 받은 젊은 러시아계 미국인 조지 츠바이크George Zweig도 마찬가지였다.

겔만은 쿼크라고 불렀고, 츠바이크는 에이스ace라고 불렀지만, 이들은 하나이자 같은 것이었다. 양성자와 중성자, 파이온과 다른 모든 강입자를 만든 벽돌이었다. 이제 우리는 최대 6가지 종류의 쿼크를 알고 있다. 위, 아래, 기묘, 맵시, 꼭대기, 바닥 쿼크이다. 이들은 모두 페르미온이며, 일부는 다른 쿼크보다 무겁고 서로 다른 양전하를 가지며, 아이소스핀isospin이나 맵시charm, 기묘함strangeness 같은 양자 특성도 다르다. 만일 쿼크 세 개가 함께 묶여 있다면 양성자나 중성자와 같이 중입자라고 알려진 입자를 가질 수 있게 된다. 파이온 같은 중간자는 쿼크 세 개가 아닌 두 개로 만들어진다. 서로 다른 조합은 서로 다른 입자 특성을 가진다. 가령 양성자는 위 쿼크 두 개와 아래 쿼크 하나로 이루어졌다. 위 쿼크가 +2/3의 전하를 아래 쿼크가 -1/3의 전하를 가지고 있는 것을 고려하면 양성자는 총 1단위의 양전하를 가진 셈이다. 중성자는 아래 쿼크 두 개와 위 쿼크 하나로 만들어지니 전하량은 중성이다.

이쯤 되면 파울리의 유령이 귓가에 속삭일 것이다. 쿼크는 페르미온이다. 어떻게 양성자가 위 쿼크 두 개, 즉 같은 페르미온 두 개를 가질 수 있단 말인가? 그것은 배타 원리로 금지된 일 아닌가? 이 말은 위 쿼크 두 개가 완전히 같다면 사실이겠지만, 똑같지 않다.

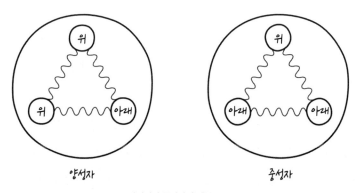

양성자와 중성자의 기본 구조.
이 입자들은 서로 다른 색깔의 위 쿼크와 아래 쿼크로 만들어졌으며, 글루온으로 묶여 있다.

쿼크는 빨강, 초록, 파랑 등 다양한 색깔로도 나타낼 수 있다. 양성자 안에서 위 쿼크 중 하나가 빨강이면 다른 하나는 초록이거나 파랑이어야 한다. 이 색은 우리가 평소에 떠올리는 색깔과는 아무 상관이 없다. 그저 전하를 나타내는 새로운 유형의 표시일 뿐이다. 이와 같은 혼란이 불만스러웠던 파인먼은 이 새롭고도 복잡한 재료에 붙일 "멋진 그리스어를 아무것도 떠올리지 못한 것"이 분명한 "바보 같은 물리학자들"이라고 소리쳤다.

그것은 아마도 겔만을 향한 말이었을 것이다. 칼텍의 사무실에서 그리 멀지 않은 곳에 살았던 두 사람은 껄끄러운 관계였다. 파인먼은 이름 짓기에 집착하는 겔만을 종종 비웃었다. 사실인지는 확실치 않지만 그는 이런 이야기도 한 적이 있다. 어느 금요일 날, 새롭게 발견한 입자에 어떤 이름을 붙일지 필사적으로 걱정하던 겔만이 파인먼을 찾아왔고, 파인먼은 그에 빈정대며 '꽥quacks'으로 지으라고 답했다. 그다음 월요일이 되자 겔만은 흥분한 상태로 다시 파인먼을 찾아와 제임스 조이스James Joyce의 《피네간의 경야Finnegans Wake》를 읽다가 "머스터 마크에게 세 개의 쿼크를Three quarks for Muster Mark"이라는 문장에서 딱 맞는 단어를 찾아냈다고 말했다.

그렇게 해서 파인먼이 제안한 꽥이 아닌 '쿼크'가 되었다고 한다.

파인먼은 겔만을 좋아하진 않았을지 모르지만, 그를 굉장히 존경했다는 점에는 의심의 여지가 없다. 2010년, 나는 겔만의 80회 생일을 기념하는 학회에 참석하는 특권을 얻었다. 싱가포르에서 학회가 열렸는데, 적어도 나 같은 물리학 열성 팬에겐 수많은 스타가 모인 행사였다. 그곳에는 겔만 외에도 노벨상 수상자 세 명이 참석했다. 'TREE(3)' 장에서 만난 헤라르뒤스 엇호프트, 겔만의 제자 케네스 윌슨Kenneth Wilson, 그리고 중국 물리학자 양전닝Yang Chen-Ning이었다. 양전닝은 프랭크Frank로도 불렸는데, 미국의 저명한 지식인 벤저민 프랭클린의 이름에서 따온 것이다. 조지 츠바이크도 참석했다. 이렇게 최신 물리학계에서 가장 예리한 두뇌들에 둘러싸여 있었어도 겔만은 눈에 띄었다. 그는 내가 전에도 본 적 없고, 이후에도 본 적 없는 자신감과 지성을 뿜어 냈다. 내가 저 인기 스타에게 푹 빠진 건 인정한다. 당시에 겔만은 물리학의 황금세대 마지막 주자였다. 그는 칼텍에서 파인먼과 결투를 벌였으며, 마흔의 나이에 노벨상을 받았고, 그 후 몇 년간 두세 번은 쉽게 그 상을 더 받을 수 있었던 사람이다. 겔만의 정신력은 보통 사람을 훨씬 능가했다. 아홉 살때 브리태니커 백과사전을 외웠고, 최소한 13개 국어에 능통한 언어학자이기도 했다.

겔만의 쿽인지 쿼크인지는 렙톤으로 알려진 또 다른 페르미온 계열 입자와 함께 모든 물질을 구성하는 요소다. 렙톤은 전자와 전자의 무거운 사촌인 뮤온muon과 타우tau, 그리고 우리가 잠시 후 약한 핵력에 관해 이야기할 때 만날 재밌는 이름의 중성미자를 포함한다. 렙톤과 쿼크에는 공통점도 많지만, 그 둘은 아주 중요한 면에서 매우 다르다. 렙톤은 강한 핵력의 영향을 받지 않는다. 강력을 전혀 느낄 수 없다. 하지만 쿼크는 강력에 갇혀 버린다. 강한 핵력이 쿼크를 하나로 묶고, 강입자에 영원히 가둬 놓는다. 렙톤과 달리 절대 자유롭지 못한 쿼크는 감금confinement이라는 저주를 받았다. 감금이란 쿼크가 우주를 홀로 떠돌아다니는 모습을 결코 볼 수 없음을 의미한다. 쿼크는 항상 또 다른 쿼크와 함께 양성자, 중성자 또는 다른 강입자 안에 묶여 있을 것이다. 그 사슬은 투옥의 입자이자 강한 핵력의 운반체인 글루온으로 만들어진다.

글루온은 쿼크만 포로로 잡아 두는 것이 아니다. 서로를 포로로 잡기도 한다. 그들은 쿼크뿐만 아니라 다른 글루온들도 잡아당겨 힘의 경계를 쥐어 짜내고, 결국 그 모두를 구속하여 감금한다. 우리가 거시적인 생활에서 강한 핵력을 볼 수 없는 이유가 그 때문이다. 글루온은 질량이 없지만, 감금된 글루온은 핵 안에 있는 힘을 계속 압축시킨다. 아직도 우리는 이 과정을 제대로 이해하지 못하고 있다. 클레이 수학 연구소Clay Maths Institute에서 이 문제를 주제로 백만 달러의 상금을 걸었으니, 만일 이 모든 과정에 관해 알아낸다면 여러분은 부자가 될 것이다.

1970년대 초, 겔만과 그의 동료들은 우리가 알고 있던 지식을 한데 모았다. 쿼크와 글루온이 '색깔'을 가졌다고 알려져 있었기에, 이 이론은 양자 색역학quantum chromodynamics 또는 줄여서 QCD라고 불리게 되었다. 그 씨앗은 싱가포르 참석자 중 한 명인 프랭크 양과 그의 미국인 동료 로버트 밀스Robert Mills가 현재 양-밀스 이론Yang-Mills theory으로 알려진 복잡한 전자기학 이론을 만들면서 수십 년 전에 심은 것이었다. 이 새로운 이론에는 광자보다 더 복잡하다고 오해받을 만한 새로운 게이지 보손이 자체적인 힘 운반체로 들어 있었다. 양이 프린스턴에서 그 입자에 대해 발표했을 때, 파울리는 그 새로운 입자의 질량에 대해 반복적으로 질문을 던졌다. 파울리에게는 매우 중요한 문제였다. 왜냐하면 그 입자가 전혀 보이지 않았기 때문이다. 답을 몰랐던 양은 파울리의 맹렬한 공격에 너무 당황한 나머지 세미나 발표 중에 주저앉아 버렸다. 그 모습이 너무 어처구니없어 파울리는 입을 다물었고, 다음 날 양에게 편지를 보내 자네가 주저앉는 바람에 그 후로 이야기를 더 하지 못했다며 비난했다. 이제 우리는 파울리의 질문에 대한 답을 안다. 양이 말한 힘 운반체에는 질량이 전혀 없다. 대칭성 때문이다. 겔만은 질량이 아닌 대칭성을 약간 조정하여, 양성자와 중성자, 원자의 핵을 결합하는 사슬인 이 새로운 입자에 글루온이라는 정체성을 부여했다. 글루온은 강한 핵력의 운반체다.

약한 핵력

내 친구 스마티는 아이 셋을 낳는다면 과학을 위해 직접 실험해 볼 거라며 농담하곤 했다. 한 아이에게는 환상, 다른 한 아이에게는 명석, 마지막 아이에게는 쓰레기라는 이름을 지어 주고 어떻게 될지 지켜보겠다는 것이었다. 그리고 정말 아이 셋을 얻었다. 하지만 다행히 그의 아내가 계획을 실행에 옮기는 걸 막았다. 나는 이 이야기를 생각할 때마다 중력, 강한 핵력, 전자기력 같은 인상적인 이름을 가진 힘들 사이에 껴 있는 약한 핵력의 처지를 떠올리게 된다. 아이러니하게도 약한 핵력은 네 개의 기본 힘들 중에서 가장 약하지도 않다. 그 불명예는 약학 핵력보다 1조조 배 약한 중력에게 돌아가야 한다.

물론 약한 핵력은 강한 핵력이나 심지어 전자기력만큼 강하지는 않지만, 우리를 어지럽게 만들 수는 있다. 아원자 세계의 햇빛이기 때문이다. 내 말뜻은 문자 그대로다. 약한 핵력은 태양이 생명의 빛을 뿜게 만든다. 태양의 중심핵 안에서 수소 원자핵 두 개가 서로를 쥐어짜면 두 개의 양성자 중 하나가 중성자로 변형되어 중수소로 알려진 무거운 형태의 수소를 만들 수 있다. 이것은 태양이 그토록 많은 에너지를 생산하게 만드는 핵융합 과정의 첫 단계다. 잠시 후 다루겠지만, 양성자와 중성자가 모양을 바꾸게 하는 것이 바로 약한 핵력이다. 그것은 방사능의 힘이다.

물리학에서 흔히 볼 수 있듯 이 모든 일도 수수께끼에서 시작되었다. 제1차 세계대전 전날, 제임스 채드윅James Chadwick이라는 영국의 젊은 물리학자가 한스 가이거Hans Geiger와 함께 연구하기 위해 베를린으로 떠났다. 당시 가이거는 유명한 가이거 계수기를 개발했는데, 채드윅은 그것을 베타 붕괴라고 알려진 핵 과정에서 방출되는 방사선의 스펙트럼 측정에 사용했다. 그때는 베타 붕괴가 무거운 원자핵이 전자를 뱉을 때 일어나는 현상으로 해석되었다. 양자 세계의 다른 모든 것과 마찬가지로, 붕괴 전후의 원자핵 에너지도 매우 정확한 값을 가질 것이라 기대되었다. 만약 에너지가 보존된다면 방사선을 구성하는 전자들의 에너지도 보존되어야 했다. 하지만 그렇지 않았다. 채드윅은 전자가 그 어떤 양의 에너지도 가질 수 있음을 알아차렸다. 에너지양의 분포가 연속적이었던 것이다. 베타 붕괴는 마치 에너지가 추가로 생성되거나 파괴되지 않는다는 원칙에 어긋나는 것 같았다. 그 결과로 물리학계는 혼란에 빠졌다. 위대한 닐스 보어조차 에너지 보존을 포기할 준비를 마쳤고, 오래전에 율리우스 폰 마이어가 선원들의 피를 검사하여 이룬 중대한 발견을 내던지려 했다. 마침내 전쟁이 발발하자 독일에 억류된 채드윅은 민간인 수용소에 갇혔다. 그러나 그의 독일인 동료들은 채드윅이 독일에서도 실험을 계속할 수 있도록 실험실을 차려 주고 방사성 치약(당시 치아 미백 효과가 있다고 알려져 있었다—옮긴이)을 제공해 주었다.

채드윅의 수수께끼는 다른 독일인이 풀었다. 1930년 12월, 튀빙겐에서 열린 학회 참석자들은 파울리에게서 특별한 편지를 받았다. 파울리는 취리히에서 열리는 무도회에 가느라 직접 참석할 수 없었지만, 편지를 통해서나마 참석한 것과 다름없는 이바지를 했고 이 학회가 물리학 역사에서 한 자리를 차지할 수 있도록 해 주었다. 지루한 소개를 싫어한 파울리는 "친애하는 방사능 신사 숙녀 여러분께"라며 서두를 시작했다. 그리고 놀라운 추측으로 그 뒷말을 이었다. 그는 베타 붕괴 문제가 아주 작은 중성자로 해결될 수 있다고 제안했다. 즉 중성자가 채드윅의 실험에서 사라진 에너지를 가지고 전자와 함께 방사선으로 방출될 수 있다는 말이었다. 파울리의 중성자는 원자핵 안에 양성자와 함께 숨어 있는 중성자와는 달랐다. 채드윅은 한두 해 만에 이 중성자들을 발견했으며, 파울리가 제안한 입자보다 훨씬 무거웠다. 파울리는 현재 우리가 중성미자neutrino

라고 부르는 작고 가볍고 전기적으로 중성인 입자를 생각해 낸 것이었다.

파울리가 1933년 브뤼셀에서 열린 회의에서 그 작은 중성자에 관해 말했을 때, 페르미온의 아버지라고 불리는 엔리코 페르미Enrico Fermi는 강한 인상을 받았다. 페르미는 파울리의 생각을 상세히 정리해 보기로 하고 로마로 돌아왔다. 베타 붕괴 과정에서 원자핵이 전자를 뱉었을 때, 그는 그것이 이미 존재하던 전자를 뱉은 게 아니라는 사실을 깨달았다. 뭔가 완전히 새로운 다른 일이 벌어지고 있었다. 원자핵 내부에 있는 중성자는 우리가 현재 약력이라고 알고 있는 미지의 힘을 통해 붕괴하고 있었다. 그 붕괴의 산물은 양성자와 전자 그리고 파울리의 중성미자들 중 하나였다. 엄밀히 말하면 반중성미자antineutrino였지만, 그에 대해 너무 신경 쓰지 않아도 된다. 우리는 중성자가 양성자와 전자, 중성미자로 만들어진 다음 분해된다고 생각해서는 안 된다. 중성자는 말 그대로 아원자의 형태 변환자처럼 그들로 변하는 것이다. 일단 변환이 완료되면 양성자는 원자핵의 원자번호를 증가시켜 주기율표에서 한 자리 뒤로 밀리고, 전자와 중성미자는 방사선으로 방출된다. 이 모든 방사능 사건을 일으키는 페르미의 새로운 힘은 마치 무한히 무거운 입자로 운반되는 것처럼 무한히 짧은 거리에 걸쳐 작용한다. 이것이 바로 우리가 접촉력이라고 부르는 힘으로 중성자가 양성자나 전자, 중성미자 같은 새로운 입자들과 한순간, 한 장소에서 키스하는 것과 같다. 페르미는 〈네이처〉에 그의 연구 결과를 제출했지만, 내용이 물리적 현실과 너무 동떨어져 있다는 이유로 거절당했다. 훗날 〈네이처〉는 그 결정이 역사상 가장 큰 실수 중 하나였음을 인정했다. 페르미는 그 거절을 심각하게 받아들여 이론물리학에서 잠시 벗어나야겠다고 결심했다. 그리고 한동안 실험에 집중한 후 1930년대 말에 노벨상을 받았다. 중성자를 감속시키는 방법을 개발했고, 그것을 더 정교하게 다듬어 원자핵을 분열시키는 발사체로 만든 것이다. 그는 막대한 양의 원자력을 추출할 방법을 알아냈고 산업적 규모로 원자력을 발전시키는 데 공헌했다.

중성미자를 발견하기란 어렵다. 질량이 거의 없고 전하도 없어서 특징지을 만한 게 별로 없기 때문이다. 지금도 매초 약 100조 개의 중성미자가 우리 몸을 통과하고 있지만 우리는 느끼지 못한다. 파울리와 페르미의 최초 제안 후 20년이 지난 1956년까지 중성미자는 실험으로 발견되지 않았다. 그래서 중성미자를 발견했다는 소식을 들었을 때, 파울리는 이미 알고 있었다는 듯 "기다릴 줄 아는 사람은 모든 걸 얻는다"라고 말했다.

중성미자가 발견된 지 6개월 후, 물리학계는 훨씬 더 놀라운 실험 결과로 뒤흔들렸다. 그 주인공은 마담 우Madame Wu라는 이름으로 더 잘 알려진 과학자 우젠슝Chien-Shiung Wu이었다. 그녀는 중국 양쯔강 하구 근처에 있는 류허에서 성장했으며, 교사와 기술자인 부모는 딸의 학문적 관심을 열성적으로 격려해 주었다. 그 진보적인 환경은 우젠슝이 학문적으로 더 발전할 수 있도록 해 주었다. 나중에 〈뉴스위크〉와의 인터뷰에서 언급했듯 "중국 사회에서 여성은 오로지 자신의 공로로 평가받는다. 남성은 여성이 성공하도록 격려하기 때문에 여성들은 자신의 여성적 특성을 바꿀 필요가 없다." 그러나 1963년 우젠슝이 박사학위를 위해 미국 미시건대학에 왔을 때, 그녀는 전혀 다른 시각을 경험했다. 여학생들은 새로운 학생회관에 들어갈 때 정문을 이용할 수 없었고, 옆문으로만 몰래 들어가야 했다. 이에 너무 놀란 우젠슝은 좀 더 자유로워 보이는 서부의 버클리대학으로 가기로 했다. 그곳에서도 여전히 과학자들이 그녀와 동급으로 보이고 싶어 하지 않는다는 사실을 견뎌야 했다. 우젠슝은 작고 예뻤으며 〈오클랜드 트리뷴〉은 그녀가 과학자보다는 여배우 같다고 보도했다. 하지만 이러한 편견에도 불구하고 그녀는 핵물리학자로서 대단한 명성을 쌓았고, 얼마 지나지 않아 방사능의 비밀을 처음 밝혀낸 화학자 마리 퀴리와 비견되었다. 우젠슝이 그 누구보다 존경했던 여성이다.

1950년대 중반, 우젠슝은 워싱턴 DC에 있는 저온 실험실에서 베타 붕괴 실험을 하고 있었다. 동료 중국인 과학자 프랭크 양과 리정다오Tsung-Dao Lee는 그녀에게 전혀 예상치 못한 것을 찾아보길 제안했다. 그것은 우주가 왼쪽과 오른쪽의 차이를 구별할 수 있는지를 물어봐야 하는 문제였다. 우주가 거울이라고 생각하고 좌우, 위아래, 앞뒤가 모두 우리와 반대로 되어 있다고 상상해 보자. 그런 우주의 물리학은 다르게 행동할까? 그 당시의 사람 대부분은 그렇게 생각하지 않았다. 결국 전자는 여전히 양성자를 향해 끌려갈 것이고, 다른 전자에 의해 제거될 터였다. 지구는 여전히 태양 주위에 타원 궤도로 묶여 있을 것이고, 죽음과 세금도 존재할 것이다. 그러나 우젠슝이 양과 리가 제안한 실험을 수행해 보니, 베타 붕괴가 항상 왼쪽으로 도는 전자들만 뱉어 낸다는 사실을 알아차렸다. 이동 방향을 기준으로 했을 때, 이 좌회전 전자들은 시계 반대 방향으로 회전하는 것처럼 보이지만, 우회전 전자들은 시계 방향으로 회전한다.[3] 우는 실험을 통해 우리 우주가 왼쪽과 오른쪽, 시계 방향과 시계 반대 방향의 차이를 구별할 수 있음을 증명한 것이다. 거울의 세계에 들어가면 물리학은 바뀐다. 모두 다 바뀌는 것은 아니다. 중력과 전자기력, 강한 핵력은 이전처럼 작용할 것이다. 하지만 약한 핵력은? 그건 다를 것이다.

이 발견으로 양과 리는 곧 노벨상을 받았으나, 우젠슝의 공헌은 말도 못 하게 무시당했다. 두 이론물리학자는 그것이 졸렬한 결정이라는 데 동의하고 이후에라도 그녀가 상을 받을 수 있도록 노력했지만 성공하지 못했다. 우젠슝의 획기적인 실험 후 왼쪽과 오른쪽이 중요해졌고, 이것은 페르미의 이론에도 관심이 필요함을 의미했다. 하버드대학의 물리학자 로버트 마샥Robert Marshak과 그의 인도인 학생 조지 수다르샨George Sudarshan은 V-A 이론(이 이론의 이름은 약한 핵력을 식으로 기술할 때 벡터[V]에서 축벡터axial vector[A]를 뺀 조합으로 표현해야 한다는 의미로 만들어졌다—옮긴이)으로 알려진 약학 핵력에 대한 보편적 방식을 구상했다. 이 이론은 페르미의 이론과는 의미 면에서 비슷했지만, 거울상에서는 다르게 작용했다. 게다가 전자의 무거운 사촌인 뮤온에 관한 붕괴 현상도 전자와 관련된 붕괴와 똑같이 일어났다.

마샥과 수다르샨이 이 이론을 처음 제안했다는 데는 의심의 여지가 없지만, 그 이론에 관한 공적은 대부분 칼텍 출신의 특이한 두 사람에게 돌아갔다. 파인먼과 겔만도 비슷한 시기에 비슷한 이론을 개발하고 있었고, 실제로 먼저 연구를 발표했기 때문이다. 그리고 그들은 하버드 쪽 사람들보다 조금 더 시끄러웠다. 이 경쟁에는 약간의 출혈이 있었다. 파인먼이 미국 물리학회에서 특유의 멋진 강연으로 자신들의 연구 발표를 마치자 마샥이 마이크를 잡고 외쳤다. "내가 먼저였습니다! 내가 먼저였다고요!" 그러자 파인먼이 진지하게 답했다. "내가 아는 건 난 마지막이었다는 것뿐입니다."

페르미의 이론에서처럼 V-A 이론에서도 힘은 무한히 짧은 거리에서 작용하며, 입자들이 한 점에서 만난다. 그러나 이것은 힘이 실제로 작용하는 방식이 아니라는 것을 우리는 안다. 그 안에는 항상 운반체가 있다. 그렇다면 V-A 이론은 어떻게 이런 실험적인 성공을 거두며 제대로 된 이론으로 부상했을까? 할리우드의 스타가 연인에게 가볍게 키스하려는 모습을 상상해 보자. 만약 이 스타가 연인에게 가까이 다가간다면 멀리서 보는 사람들의 눈에는 그 둘이 이미 키스를 한 것처럼 보일 수 있다. V-A 이론도 이와 비슷한 방식으로 나타난다. 마치 입자가 직접 접촉하는 것처럼 보일 수 있지만, 사실은 운반체가 너무 무거운 나머지 멀리까지 힘을 전달하지 못해서 그렇게 보일 뿐이다.

그렇다면 힘을 실어 나르는 이 무거운 존재는 무엇일까? 실제로 약한 핵력을 운반할 수 있는 입자가 세 개 있다는 사실이 밝혀졌는데 셋 다 무겁고, 스핀 1인 입자다. 그중 두 입자인 W 보손은 사실 V-A 이론이 발표되기 전에 또 다른 미국인 과학자 줄리안 슈윙거 Julian Schwinger에 의해 확인되었다. 슈윙거는 파인먼과 같은 세대의 과학자이자 이론물리학의 거장으로서 두 사람은 종종 비교 대상이 되었다. 파인먼은 떠들썩하고 직관적이었고, 슈윙거는 신중하고 복잡했다. 페르미의 이론에 따르면 중성자는 전자와 반중성미자를 뱉어 냄으로써 양성자로 변한다. 슈윙거는 입자 네 개가 만나는 것을 막기 위해 그가 발견한 새로운 보손을 마치 구스베리(우리나라의 꽈리와 비슷한 열매로 그 즙을 손으로 짜내 음식의 소스로 많이 이용된다—옮긴이)처럼 짜 넣고 싶어 했다. 다시 말해, 그는 다음 그림과 같이 음전하를 띤 W 보손을 먼저 뱉어 내게 만들어 중성자가 양성자로 변하기를 바랐다. 다른 과정에서는 양전하를 띤 W 보손을 뱉어 냈기 때문에 W 보손은 총 두 개였다.

조금씩 다른 걸음을 내디뎠는데도 전자기력과 약한 핵력은 같은

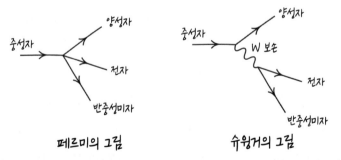

중성자 붕괴를 표현한 그림. 왼쪽은 페르미의 그림으로, 중성자가 세 개의 다른 입자로 순식간에 붕괴한다. 오른쪽은 무거운 W 보손이 과정 중간에 끼어 들어간 슈윙거식 붕괴 그림이다.

무도회장에서 춤을 추고 있는 듯 보인다. 어떻게 보면 그것은 전하의 춤이다. 전자기력 쪽에서는 전하가 공간을 통해 이동함으로써, 전자는 전자를 밀어내고 양성자를 끌어당긴다. 반면 약한 핵력은 전하를 변환시킨다. 중성자처럼 전기적으로 중성인 입자를 양전하를 띤 양성자로 바꿔 버릴 수 있다. 게다가 이 말은 약한 핵력이 자체적으로 전하를 가진 입자, 즉 전자기력을 받는 입자에 의해 운반되고 있다는 뜻이다! 그렇다면 전자기력과 약한 핵력은 동전의 양면 같은 사이였던 걸까? W 보손과 광자를 한 묶음으로 포장하고, 자연의 두 기본 힘들을 가져와 하나의 힘으로 결합할 수 있는 걸까?

슈윙거는 확실히 그렇다고 믿었다. 그래서 두 힘을 합치려 했다. 마치 알람브라 궁전의 벽 무늬들을 하나로 꿰매려는 예술가의 노력을 연상시키지만, 앞 장의 초반에서 이야기했듯이 대칭성은 특별하다. 만약 우리가 대칭성을 붙잡고 싶다면 바느질은 불가능하다. 바로 이것이 고대 이슬람 궁전의 벽과 바닥에 새겨진 무늬가 17가지밖에 없던 이유다. 그리고 슈윙거가 광자와 W 보손 한 쌍을 제대로 꿰맬 수 없었던 이유이기도 하다. 결국 너무 많은 불균형이 일어난 것이다. 보손 하나(광자)는 전기적으로 중성이고, 다른 두 개(W 보손들)는 전기적으로 대전되어 있다. 대칭성이 살아 있는 무늬를 만들려면 또 다른 중성 보손이 필요하다. 이것이 우리가 지금 Z 보손이라고 부르는 입자다. 찾고 있던 입자가 바로 이것이라는 사실을 알아챈 사람은 미국 브롱크스 출신의 어린 학생 셸던 글래쇼 Sheldon Glashow였다. 슈윙거의 지도를 받던 박사과정 학생이었지만,

논문에 관해 쓴 글을 보면 글래쇼가 겔만과의 대화에서 영감을 얻었음을 알 수 있다.

모든 것이 합쳐졌다. 말 그대로 약력과 전자기력이 광자와 한 쌍의 W 보손, 그리고 Z 보손까지 네 개의 보손에 의해 운반되는 최고의 힘으로 뭉쳐졌다. W 보손과 Z 보손이 약력을 담당하고, 광자는 전자기력을 담당한다. 근본적 구조는 그로부터 10년 전에 양과 밀스가 제안했던 강력의 경우와 마찬가지다. 프린스턴에서 파울리를 화나게 했던 그 발표 내용 말이다. 글래쇼는 전자기력과 약력을 통일시키는 이론의 문을 열었다. 1960년대 말, 글래쇼와 같은 브롱크스고등학교 출신의 스티븐 와인버그Steven Weinberg는 현재 전기약 이론electroweak theory으로 알려진 이론을 최종적으로 손봤다. 처음에는 학계에서 알아주는 이가 없었지만, 몇 년 후 헤라르뒤스 엇호프트와 그의 조언자 티니 펠트만Tini Veltman까지 두 네덜란드인이 그 이론이 수학적으로 완벽하게 들어맞음을 보여 주면서 그제야 성공을 거두었다. 전자기력과 약력의 통일은 물리학에서 베를린 장벽의 붕괴와 맞먹는 사건이었다. 두 이론이 하나가 되어 더 강력하고 심오한 무언가로 합쳐지는 순간이었다. 물론 물리학에서는 이전에도 이런 순간들이 있었다. 맥스웰이 전기와 자성을 결합했을 때나 뉴턴이 행성의 운동을 사과의 추락과 연결했던 일처럼 말이다. 이처럼 전기약 이론의 탄생은 맥스웰과 뉴턴의 역사적 업적과 나란히 서게 되었다. 그것은 정말이지 놀라운 일이었다.

1973년 와인버그가 MIT에서 하버드로 짧은 거리를 이사했을 때, 그는 슈윙거가 비워 놓은 사무실을 물려받았다. 슈윙거는 그곳에 신발 한 켤레를 남겨 놓았는데 와인버그는 그것을 도전으로 해석했다. '자네가 이것을 채울 수 있다고 생각하나?' 나는 와인버그가 해냈음을 의심치 않는다. 같은 해 세른에 있는 가가멜 거품상자 Gargamelle Bubble Chamber(거품상자에 입자를 통과시키면 그 길을 따라 거품이 만들어지는데, 그것을 분석해 입자의 성질을 알아내는 장치. 가가멜은 세른에 있는 거품상자의 명칭이다—옮긴이)로 중성 입자에 의해 전달되는 약력의 증거를 발견했는데, 이는 와인버그의 전기약 이론에서 Z 보손을 통해 앞서 예측한 것이었다. 결국 와인버그와 글래쇼는 슈윙거가 있는 노벨상의 신전에 이름을 올렸다.[4]

브롱크스의 두 소년, 와인버그와 글래쇼는 대칭성이 안내해 주는 길을 잘 따라왔지만, 전기약 이론에 관해 걱정할 것이 남아 있었다. 나는 여러분에게 W 보손과 Z 보손이 대단히 무겁다고 이야기했다. 약력은 10억 분의 10억 분의 1미터, 혹은 양성자 반지름의 약 1퍼센트에 해당하는 매우 짧은 거리에서만 힘을 쓸 수 있으므로 그럴 수밖에 없다. 어쩌면 아무 문제 없어 보일 수 있지만, 앞 장에서 우리는 대칭성이란 0을 의미한다는 것과, 어떻게 대칭성으로 질량이 사라지는 입자로 힘이 운반되는지도 이야기했다. 그렇다면 우리가 대칭성이 지휘하는 우주에서 살고 있다면 왜 그 대칭성은 W나 Z 보손 같은 무거운 입자를 위한 공간을 만든 것일까? 대칭성이 원하는 것처럼 왜 이 입자들에서는 질량이 사라지지 않는 것일까?

이제 힉스를 데려올 시간이다.

힉스 보손

힉스가 성당으로 걸어 들어온다.

신부가 묻는다. "무슨 일로 왔습니까?"

힉스가 답한다. "미사mass(질량이라는 뜻도 있다—옮긴이)를 드리러
왔습니다."

정말 미안하다. 끔찍한 농담이라는 걸 안다. 하지만 물리학에서
는 어떨까? 여러분은 어쩌면 힉스가 우주에 질량을 준다는 말을 들
었을지 모르겠다. 그건 사실이 아니다. 지금 손에 들고 있는 책이나,
저스틴 비버, 심지어 흙 속에서 꿈틀거리는 지렁이에 대해 따져 보
자. 이 모든 것들은 무겁고 질량이 있다. 하지만 그 질량은 모두 어
디서 오는 걸까? 힉스에서 질량을 얻는 것은 그중 1퍼센트도 안 된
다. 아인슈타인의 질량과 에너지 등가성 덕분에, 우리 주변에 보이
는 것은 모두 에너지에서 질량을 얻는다. 그것은 핵물리학의 결합,
즉 양성자와 중성자를 결합하는 글루온 사슬에 저장된 에너지다. 만
약 욕실 거울에 비친 여러분의 모습이 생각보다 몇 킬로그램 더 나
가는 것처럼 보인다면 글루온을 탓하고, 에너지를 탓하고, 금요일
저녁에 먹은 맛있는 케밥을 탓하라. 힉스입자는 탓하면 안 된다.

지금 내가 말한 모든 것은 책과 비버와 지렁이에 관한 것이다. 하
지만 만일 우리가 W와 Z 보손이나 쿼크, 렙톤 같은 기본 입자에 대
해 따져 본다면 상황은 조금 다르다. 그 입자들이 실제로 가진 무게

는 힉스입자들 때문이다. 우리는 대칭성이 0이라는 사실을 알고 있다. 그리고 힘의 운반체에 관해서라면 대칭성은 그 운반체들이 질량을 가질 수 없음을 알려준다. 바로 그 때문에 광자와 글루온의 질량이 없는 것이다. W와 Z 보손 같은 무거운 입자가 존재하려면 대칭성을 없애야 한다.

글래쇼는 이 사실을 알고 있었다. 그는 자기의 생각을 이끌어 준 대칭성을 집어 들었고, 계산 끝에 그것을 파괴했다. 산산조각 냈다. 하지만 더 부드러운 방법도 있었다. W 보손과 Z 보손에 질량을 부여하기 위해 대칭성을 파괴하지 않아도 된다. 그냥 가리기만 하면 되는 것이다. 대칭성은 자발 대칭 깨짐spontaneous symmetry breaking이라는 과정을 통해 가릴 수 있다. 끔찍한 이름이긴 하지만 그 의미에 너무 연연하지 말자. 대신 내가 옛날이야기 하나를 해 주겠다.

옛날 옛적에 아름답고 긴 금발을 가진 공주가 살고 있었다. 공주의 이름은 라푼젤이었고, 사악한 마녀로 인해 숲 한가운데 있는 탑에 갇혀 있었다. 그러던 어느 날 한 물리학자가 숲을 지나가다가 라푼젤을 보았다. 그는 '내 실험에 완벽한 대상이야'라고 생각했고 라푼젤을 우주로 데려갔다. 지구의 중력에서 멀리 떨어진 우주의 진공에 다다랐을 때, 물리학자는 라푼젤의 황금빛 머리카락이 모든 방향으로 똑같이 뻗어 있는 모습을 보았다. 그가 원했던 순간이었다. 물리학자는 그녀를 이리저리 돌려 보았지만, 어떤 각도에서도 그녀의 모습은 변하지 않았다. 머리카락이 사방을 가리켰다. 이것이 바로 회전대칭rotational symmetry으로, 아무리 그녀를 회전시켜도 물리 법칙은 그 회전에 신경 쓰지 않는다는 자연의 방식이다. 얼마 지나지 않아, 물리학자는 라푼젤을 지구로 데려와 같은 실험을 반복했다. 대칭성이 사라졌다. 그가 공주를 회전시키면 그녀의 머리카락 방향은 땅을 향하는 쪽으로 자꾸 변했다. 하지만 시간이 흐르자 물리학자는 대칭성이 실제로 사라진 것은 아니라는 사실을 이해했다. 근본적인 물리 법칙은 회전에 대해 신경 쓰지 않는다. 그것은 그저 라푼젤의 머리카락을 잡아당기는 지구의 중력장 때문에 잠시 시야에서 가려진 것뿐이다. 이야기 속에서 대칭성은 빈 공간인 진공에서는 분명히 나타났지만, 지구의 중력장에서는 가려진다.

1960년대 초에 난부 요이치로Nambu Yoichiro라는 일본 물리학자는 우리가 위와 반대되는 게임도 할 수 있단 걸 알게 되었다. 즉 진공 자체에서도 대칭성을 숨길 수 있는 것이다. 그로부터 약 50년 후 난

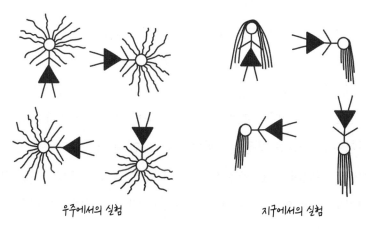

우주에서의 실험   지구에서의 실험

우주와 지구에서 회전하는 라푼젤.

부는 그 통찰력 덕분에 스톡홀름에서 노벨상을 받았다. 사람들 대부분은 진공을 떠올릴 때 모든 들판이 사라진 황량하고 텅 비어 버린 공간을 생각한다. 그런 경우도 종종 있지만, 난부가 깨달았듯 꼭 그렇지만도 않다. 진공의 정의에 따르면 그것은 양자 상태가 제일 편안한 상태, 즉 에너지가 가장 낮은 상태를 말한다. 어떤 집에서 에너지와 흥분으로 가득 찬 광란의 파티가 열려 그곳의 모든 사람이 춤추고 있다고 상상해 보자. 여기 있는 사람들은 분명 편안한 상태가 아니므로 우리는 이것을 진공이라고 부를 수 없다. 나중에 모두가 잠들고 난 후에야 그 집은 전보다 낮은 에너지 상태를 갖는다. 그리고 모두를 밖으로 내쫓으면 에너지를 더 낮출 수 있다. 양자장을 모두 비우는 것이다. 이것이야말로 진공일 것이다. 하지만 난부와 그의 이탈리아인 동료 조바니 요나라시니오Giovanni Jona-Lasinio는 어떨 때는 에너지를 그보다 좀 더 낮출 수 있다는 것을 보여 주었다. 양성자와 중성자에 대한 그들의 기발한 모형을 보면 장들은 실제로 진공에서도 비어 있지 않았다. 그 양자장들이 공간 전체에 채워져 있었고, 그래서 특정 대칭성이 가려졌다.

난부와 요나라시니오의 모형이 원형이겠지만, 진공이 어떻게 대칭성을 숨길 수 있는지 제대로 보고 싶다면 우리는 힉스에 관한 모형처럼 더 단순한 것을 사용해야 한다. 와인 한 병으로도 무슨 일이 벌어진 것인지 직관적으로 알 수 있다. 우선 내가 가장 좋아하는 일이기도 한데, 와인 병을 비워야 한다. 이 작업을 끝내고 밑면을 살펴보자. 유리 바닥이 작은 언덕을 가운데 두고 그 주위를 해자로 둘러쌴 모트 앤 베일리 성과 같은 모양임을 알게 될 것이다. 병을 바닥에 놓고 회전시켜도, 회전대칭 때문에 모습이 변하지 않는다. 이제 코르크 마개에서 코르크 한 조각을 떼어 내 병 안으로 떨어뜨리자. 이 조각이 매우 매우 작은 가능성으로 해자가 아닌 언덕 위로 떨어졌다고 치자. 이 상태에서 아까처럼 부드럽게 병을 돌려본다. 만약 코르크 조각이 언덕 아래로 떨어지지 않는다면 대칭성은 살아남을 수 있다. 하지만 내 생각에 조각이 해자의 어딘가로 떨어졌을 것이다. 그렇다면 대칭성은 어그러진다. 병을 돌리면 코르크 조각도 돌고, 와인 병의 모습도 바뀐다. 코르크 조각이 해자에 안착함으로써 대칭성을 깨뜨린 것처럼 보인다.

여기서 코르크 조각은 힉스장과 같고, 와인 병은 소위 '전위potential'를 의미한다. 전위는 전기퍼텐셜electric potential 또는 중력퍼텐셜gravitational potential과 유사한 것으로, 힉스에 에너지를 넣거나 뺄 때 힉

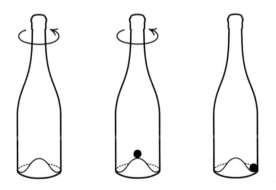

와인 병 속의 자발 대칭 깨짐 현상.

스입자에 벌어지는 일을 제어한다. 코르크 조각이 병의 중앙축에서 얼마나 멀리 떨어져 있는지를 측정해 보면 힉스장의 크기를 읽을 수 있다. 다시 말해, 코르크 조각이 작은 언덕의 꼭대기에 있다면 힉스는 0이고, 해자에 있다면 0이 아니다. 위 그림에서 우리는 힉스장의 질량 속에 저장된 에너지도 읽어 낼 수 있다. 바로 병 속에 들어 있는 코르크 조각의 높이다. 코르크 조각이 해자 어딘가에 놓여 있다면 가장 낮은 에너지 상태를 의미한다. 예상대로 힉스는 그 값이 0이 아닌 진공 속에 안착했으며, 그래서 대칭성이 깨진 것으로 보인다.

실제로는 깨진 게 아니라, 그저 가려진 것뿐이다.

그 속에 있는 대칭성을 밝히기 위해서는 0을 알아내야 한다. 결국 그 0은 입자의 스펙트럼 안에 숨어 있는 것으로 확인되었다. 기억할 것은 입자란 진공에 대해 꿈틀거리는 움직임일 뿐이라는 점이다. 여기서는 코르크의 움직임일 것이다. 코르크 조각을 흔들 방법은 두 가지다. 코르크를 해자 바깥으로 나오게 하는 방법과 해자를 따라 움직이는 방법이다. 해자 바깥으로 나오게 하면 코르크 조각은 병의 측면을 따라 올라올 것이다. 코르크의 높이는 힉스장의 질량 속에 저장된 에너지양을 의미하기에 우리는 이런 종류의 움직임을 입자의 질량과 연관 지을 수 있다. 실제 힉스 보손의 경우, 이것은 결국 세른에 있는 터널 속에서 양성자와 함께 부순 후 발견된 무거운 입자인 것이다. 그러나 해자를 따라서 코르크 조각을 흔들 때는 코르크의 높이가 변하지 않는다. 즉 장의 질량 속에 에너지가 더 공급되지 않음을 의미하기 때문에, 그 움직임은 질량이 없는 입자와 연관 지을 수 있다. 이 모든 내용을 종합해 보자면 우리는 움직임의 스펙트럼 속에 두 가지 유형의 입자, 즉 질량이 있는 입자와 질량이 사라지는 입자가 들어 있다는 사실을 알 수 있다. 사라지는 질량이란 0을 재발견하게 해 주는 숨은 대칭성인 것이다!

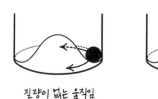

질량이 없는 움직임   질량이 있는 움직임

1962년, 케임브리지대학의 학자 제프리 골드스톤Jeffrey Goldstone은 스티븐 와인버그와 파키스탄 물리학자 압두스 살람Abdus Salam과 함께 진공 상태에서 대칭성을 숨기려 할 때마다 대칭성은 항상 그에 대응하고, 질량이 없는 보손(이 보손을 골드스톤 보손Goldstone boson이라고 한다—옮긴이)을 만들어 낸다는 것을 증명했다. 이것은 골드스톤의 정리Goldstone's theorem라고 알려져 있었는데, 이 내용은 재앙이나 다름 없었다. 자발 대칭 깨짐의 요점은 W 보손이나 Z 보손처럼 거대한 보손을 만드는 것이지, 골드스톤 보손처럼 질량 없는 보손을 만드는 것이 아니기 때문이다.

입자물리학자들은 패배를 인정할 준비가 되어 있었다. 그런데 한 미국 응축-물질 물리학자가 그들을 응원했다. 이 물리학자, 필 앤더슨Phil Anderson은 개별 입자의 미세한 춤에는 별로 관심이 없을 것 같은 인물이었지만, 초전도체에 관한 연구에서 숨겨진 대칭성을 어느 정도 경험했던 '사려 깊은 괴팍한 노인'이기도 했다. 그가 보기에 모두가 기억해야 할 것은 W와 Z 보손 장이 게이지장이라는 사실과 문제가 되는 대칭이 게이지 대칭이라는 점이었다. 우리가 앞 장에서 보았듯이, 게이지 대칭은 우리가 시간과 공간의 모든 점에서 대칭을 적용할 수 있음을 의미한다. 대칭성이 개방되어 있을 때, 우리는 해당 게이지 보손에 분명히 질량이 없을 것을 안다. 하지만 그 대칭성이 숨겨져 있다면 게이지 보손도 질량을 얻을 수 있을 것이다. 앤더슨은 무게 말고도, 질량이 없는 게이지 보손과 질량이 있는 게이지 보손에 관한 중요한 차이점, 즉 작업 부품의 수를 지적했다. 질량이 없는 게이지 보손은 광자의 두 편극처럼 두 개의 부품만 갖지만, 질량이 있는 게이지 보손은 어째서인지 세 개의 부품을 가진다. 앤더슨은 이 추가된 작업 부품이 골드스톤이 예측했던 사라진 입자에서 나온 것인지 궁금했다. 실제 세계에서도 대칭성이 깨질 때마다 골드스톤 보손이 나타나지 않는 게 아니다. 그 입자들은 그곳에 존재한다. 하지만 어떻게든 무거운 W 보손들과 Z 보손에 흡수되는 것이다. 골드스톤 보손은 W와 Z 보손의 일부가 되고 그 안에 숨어서 그들에게 적합한 작업 부품을 제공해 준다.

앤더슨은 자세한 내용은 제시하지 않았다. 그의 주장은 직관적이었고, 아인슈타인과 상대성이론에 관해서는 걱정할 필요가 없는 단순한 세계가 배경이었다. 그런 점이 걸림돌이 될 거라고 생각한 입자물리학자들도 많았다. 상대성이론을 고려하게 되면 전체 주장이 완전히 무너질 거라고 말이다.

그 의구심을 돌파한 것은 〈PRL〉로 더 잘 알려진 권위 있는 학술지 〈피지컬 리뷰 레터스*Physical Review Letters*〉에 1964년 6월과 10월 사이에 제출된 세 편의 훌륭한 논문들이었다. 이 논문들은 브라우트, 앙글레르, 피터 힉스, 구랄닉, 하겐, 키블 여섯 명의 현명한 과학자들이 작성한 것으로, 이들 중 다섯 명은 약 반세기 후에 세른의 강당에 모여 그들의 작품을 확인하게 된다. 논문 속 자세한 내용은 앤더슨이 예상한 대로였지만, 이번에는 상대성이론이 적용되었다. 힉스장이 빈 와인 병 속 코르크 조각처럼 진공 속으로 굴러떨어질 때마다 대칭성은 어그러질 것이다. 힉스입자들은 게이지 보손에 질량을 주기 시작하고, 미미한 골드스톤 보손들이 그 일을 피할 방법은 아무것도 없다. 과학자들은 종종 게이지 보손이 골드스톤 보손을 '먹는다'고 말한다. 보손 세계의 식인 풍습처럼 들리겠지만, 실제로 그것이 질량이 생기는 방법이다. 골드스톤 보손은 게이지 보손에 삼켜진 후에, 질량을 필요로 하는 추가 작업 부품을 제공한다.

두 명의 벨기에인 로버트 브라우트와 프랑수아 앙글레르는 앤더슨의 생각을 전혀 모르는 상태로 논문을 발표했다. 어떤 의미에서 보면 두 가지 이야기로 구분할 수 있겠다. 게이지 장의 이야기와 대칭성을 깨는 장의 이야기로 말이다. 브라우트와 앙글레르는 게이지 장에 집중했고, 영국 북동부 출신의 조르디인 피터 힉스는 현재 알려진 대로 대칭 파괴자, 즉 힉스입자에 초점을 맞췄다. 힉스는 이 대칭 파괴자가 어떻게 두 부분으로 나뉘는지 보여 주었다. 하나는 게이지 장에게 먹혀서 질량을 갖고, 다른 하나는 코르크 조각이 와인 병 측면을 움직이듯 그 자체로 질량을 갖는다. 사람들이 말하는 세른에서 발견된 입자, 다시 말해 힉스장과 반대되는 힉스입자는 꿈틀거리는 움직임을 의미하는 것이다. 처음에 힉스는 이전에 연구물을 게재한 적 있는 다른 저널 〈피직스 레터스*Physics Letters*〉에 논문을 보냈지만, 그들은 "신속한 게재를 보장하지 못한다"면서 거절했다. 힉스는 즉시 〈*PRL*〉로 논문을 보냈고, 난부 요이치로가 그의 연구를 검토했다. 힉스는 두 번 거절당하지 않았다.

한편 칼 하겐은 MIT에서 알고 지낸 오랜 친구 제럴드 구랄닉을 만나기 위해 런던으로 갔다. 당시 구랄닉은 톰 키블이 연구원으로 있는 임페리얼 칼리지에서 박사후과정으로 일하고 있었다. 하겐의 방문으로 구랄닉과 키블은 골드스톤의 정리에 관한 연구에 박차를 가했다. 어떻게 대칭성을 숨기면서도 골드스톤 보손에 걸린 저주를 피할 수 있느냐는 문제였다. 구랄닉과 하겐이 그 해결책을 학술지에 실으려고 할 때, 키블이 브라우트와 앙글레르의 새로운 논문과 피터 힉스의 또 다른 논문을 휘두르며 걸어 들어왔다. 자세히 들여다본 결과, 그들은 내용이 겹치지 않음을 확인했다. 이 논문들은 골드스톤의 정리를 푼 것이 아니라, 이야기의 양자적 면을 고려해 풀어낸 것이었다.

처음에는 그 어떤 학술지도 진정성을 가지고 주목하지 않았지만, 이들은, 특히 키블은 계속 밀어붙였다. 키블은 더 많은 세부 사항을 골라냈고, 1967년에는 전자기력과 약력의 통일을 끝맺기 위해 와인버그에게 모든 적절한 재료를 준비시켰다. 와인버그는 두 개의 W

보손과 하나의 Z 보손 장까지 총 세 개의 게이지 장에 질량을 주입해야 한다는 사실을 알게 되었다. 그 뜻은 작업 부품이 적어도 네 개인 특별한 힉스입자가 필요하다는 것이었다. 그중에서 세 개는 먹힘으로써 게이지 장에 질량을 주고, 네 번째 입자는 남게 될 것이었다. 그것이 바로 2012년 7월 4일에 발견된 것으로 발표된 무거운 힉스입자였다.

그다음 해 노벨상 수상 대상자 발표를 앞두고, 우리 중 많은 이들이 1964년부터 시작된 여러 논문의 저자들에게 그 상이 주어질 거라고 기대했다. 그들 여섯 명 중 로버트 브라우트는 힉스입자가 발견되기 1년 전에 세상을 떠났지만, 나머지 다섯 명은 아직 살아 있었다. 그 누구도 이 다섯 사람 중 몇 명만 선택하기는 어려웠다. 공평하지 않은 일이었다. 그래서 노벨상 위원회가 수상자를 세 명까지만 선정할 수 있는 규칙을 완화할 거라는 추측도 있었다. 하지만 그러지 않았다. 구랄닉, 하겐, 키블은 상을 받지 못했다.

실망스러웠다. 그즈음에 나는 훗날 톰 경으로 불릴 톰 키블을 알게 되었다. 영국에서 일하는 우주학자들이 정기적으로 만나는 영국 코스몰로지UK Cosmology 모임에서 종종 그를 보았다. 요즘에는 모임이 커져 참석자들이 100명에 달하지만, 처음에는 임페리얼 칼리지에 있는 톰의 사무실에서 12명 정도의 사람들이 생각을 주고받는 것으로 시작했다. 톰 키블은 물리학계의 거장이자 진정한 신사였다. 그는 결코 주목을 받으려 하지 않았고, 항상 자기보다는 다른 사람들의 업적을 먼저 축하하길 원했다. 하지만 내 생각에 그는 힉스입자에 대한 우리의 이해를 확장시킨 여섯 명 과학자 중 가장 현명했다. 톰은 다른 어떤 것보다 그만의 독창적인 생각을 기반으로 연구했다. 결국 그는 한 개도 아니고 두 개의 노벨상에 자신의 흔적을 남겼다.[5]

힉스의 작용방식

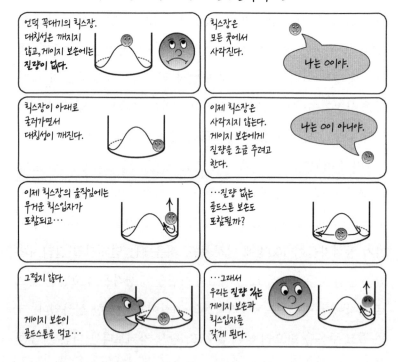

간략히 보는 게이지 보손에 질량을 부여하는 8단계

엄밀히 말하면 자연스럽지 않다

힉스입자는 우리를 놀렸다. 오랜 시간 동안 우리가 전자기력과 약력이 다르다고 믿도록 만들었다. 우리에게서 전기약 이론의 대칭성과 아름다움을 숨겼고, 그 결과, W 보손과 Z 보손은 너무 무거워져서 우리의 거시적인 세계를 관통할 수 없게 되었다. 우리는 힉스입자가 남겨 놓은 광자와 전자기력에 의존하게 되었다. 사람들이 제일 좋아하는 기기 대부분이 전기와 자성을 이용하거나 무선 전송으로 통신한다. 휴대전화로 틱톡을 확인하거나, 음식이 신선하도록 냉장고에 보관하거나, 좋아하는 노래를 듣기 위해선 전자기력이 필요하다. 우리 일상의 도구들은 분명히 약력도, 심지어 전자약력도 아닌, 전자기력으로 탄생된 존재들이다. 그리고 전자기력은 힉스입자에 달려 있다.

힉스입자와 그 부서진 아름다움으로 질량을 얻은 것은 W와 Z 보손뿐만이 아니다. 위와 아래, 기묘와 맵시, 꼭대기와 바닥 쿼크 들도 질량을 얻었다. 그리고 전자와 뮤온, 타우, 중성미자와 같은 렙톤들도 마찬가지다. 이 입자들이 어떻게 질량을 얻었는지에 관해서는 1993년으로 거슬러 올라가 세른의 과학자들이 대형강입자충돌기를 만들기 위해 영국 정부에 지원을 요청하던 때를 들여다보면 가장 잘 알 수 있다. 당시 과학을 담당했던 각료, 윌리엄 월드그레이브 William Waldegrave는 힉스입자의 물리학을 이해하는 데 어려움을 겪었기 때문에, 연구팀에게 좀 더 쉽게 알아볼 수 있는 내용으로 한 쪽짜리 보고서를 달라고 요청했다. 심지어 그는 가장 좋은 설명에 빈티지 샴페인 한 병을 내걸었다. 결국 영국 정부는 세른에 재정 지원뿐 아니라 뛰어난 설명을 해 준 유니버시티 칼리지 런던 출신 데이비드 밀러에게 1985년산 뵈브 클리코Veuve Cliquot 한 병을 선물했다.

그의 설명을 내 식으로 이야기해 보겠다(자유로운 창의성을 약간 발휘해서). 우리 집 근처에 데이브라는 사람이 운영하는 구멍가게가 있다. 그는 꽤 상냥하지만 우리 마을 밖에서는 그다지 유명하지 않다. 어느 날, 세계적인 슈퍼스타이자 음악가인 에드 시런이 데이브의 가게에 들어왔다. 데이브는 연예인을 별로 좋아하지 않아서 분위기가 약간 경직되어 있었다. 두 사람은 모두 밖으로 나가고 싶어 했다. 공교롭게도 에드와 데이브는 체격이 매우 비슷하니 두 사람은 자연스럽게 거의 같은 비율로 가게를 가로질러 가속하며 나갈 것이다. 가게가 텅 비어 있다면 둘 다 거의 같은 시간에 건너갈 수 있다. 이것은 유사성에 근거한 대칭성의 일종이다. 하지만 만약 가게 안이 (데이브의 짜증을 일으키는) 에드 시런의 시끄러운 팬 수백 명으로 가득 차 있다면 대칭성은 파괴된다. 두 사람 모두 열광적인 무리에 발이 묶이겠지만, 에드의 경우엔 그 정도가 훨씬 극적이다. 에드는 계속 사인을 요청하고 사진을 찍는 사람들에게 시달리겠지만, 데이브는 크게 관심을 받지 않은 채 그의 길을 갈 수 있다.

에드와 데이브는 쿼크들이다. 에드는 꼭대기 쿼크이고 데이브는 위 쿼크이며, 팬 무리는 힉스장이다. 여러분도 상상하다시피, 팬들은 노팅엄의 구멍가게 주인보다, 그들이 제일 좋아하는 가수와 훨씬 많이 교류할 것이다. 팬들이 가게를 꽉 채웠을 때, 다시 말해, 힉스장이 '켜졌을 때' 그들은 데이브보다 에드의 속도를 더 늦춘다. 어떤 면에서 보면 팬들은 에드에게 더 많은 '질량'을 줘서 에드가 더 무겁게 보이도록 만든다. 그래서 그것은 꼭대기 쿼크와 위 쿼크와 함께 있는 것이다. 꼭대기 쿼크는 힉스장과 더 강력한 상호작용을 하기에 힉스장이 켜졌을 때 꼭대기 쿼크는 더 많은 질량을 얻는다. 이 이야기 속에는 힉스 보손도 들어 있다. 팬들 사이로 흥분의 물결이 흘러간다고 생각하면 된다. 아마도 팬들은 에드가 노래를 부를 거란 소식을 접하고는 옆에 있는 사람들에게 그 말을 전하면서, 소문을 퍼뜨리는 군집을 형성할 것이다. 그 군집은 힉스입자가 세른의 산 아래 터널을 통과하듯이, 같은 소문을 퍼뜨리며 가게 안을 돌아다닌다. 가게에 사람들이 많을수록, 이 군집이 더 많은 사람들에게 소식을 전할수록, 속도는 더 느려진다. 이것은 마치 힉스입자가 자기 자신과 소통하면서 스스로 속도를 늦추고 그 파문에 '질량'을 조금 더 부여하는 현상과 같다.

이처럼 힉스입자를 찾는 일은 지옥의 불 속에서 눈사람을 찾는 일과 같다. 일어날 수는 있지만, 절대로 일어나서는 안 된다. 뜨거운 곳에 얼음 한 덩이를 가져갔다고 가정해 보자. 내 말은, 오븐이나 영원한 지옥의 불길같이 엄청나게 뜨거운 곳으로 가져가는 것이다. 여러분은 그 얼음덩이가 얼마 못 간다고 생각할 것이다. 주변에 열에너지가 너무 많기 때문이다. 공기 분자가 얼음으로 뛰어 들어가 열에너지를 전달하고 얼음은 녹아 버릴 것이다. 이런 일이 벌어지지 않을 가능성, 즉 분자들이 얼음을 지나쳐서 얼음이 기적적으로 살아남을 가능성은 매우 희박하다. 그럴 일은 거의 없다.

힉스의 이야기도 꽤 비슷하다. 힉스입자를 요정말벌만큼 무겁게 만들고 싶어 하는 양자 에너지가 주변에 존재한다! 양자 에너지는 가상입자, 즉 우리가 절대 손에 쥘 수 없는 입자에서 나온다. 그러나 우리가 기억할 것은 양자장들이 항상 서로 소통한다는 것과, 입자의 입장에서 그들의 소통은 정체성의 위기를 일으킬 수 있다는 사실이다.

이 내용을 조금 더 잘 이해하기 위해 잠시만 힉스를 잊자. 그리고 런던에서 파리로 이동하는 광자가 있다고 상상해 보자. 파인먼은 이미 우리에게 저 입자가 두 지점 사이를 이동하기 위해 취할 수 있는 모든 경로를 탐색할 거라고 말했다. 그 입자는 곧장 갈 수도 있고, 여러분의 집 앞 도로 꼭대기에 있는 상점을 통과할 수도 있고, 심지어 안드로메다를 거쳐 갈 수도 있다. 하지만 우리는 광자가 전자-양전자 쌍으로 변할 수 있으며, 그 반대 경우도 가능함을 안다. 그렇다면 이 광자가 런던에서 파리까지의 모든 여정을 광자라는 옷만 입은 채 이동했다고 확실할 수 있을까? 한두 번쯤은 전자와 양전자로 바뀌었다가 돌아온 건 아닐까? 정답은 완전히 그렇다! 양자역학은 이러한 불확실성을 만들며, 입자들이 옷을 바꿔 입는 경로를 포함하여 모든 가능한 길을 우리가 탐험하도록 만든다.

광자와 똑같은 여행을 하는 사업가가 있다고 상상해 보자. 그는 고급 양복점 거리 새빌 로에서 양복을 사 입고 런던을 출발하여 언제나 같은 옷을 입은 상태로 파리에 도착한다. 그가 여행 내내 그 양복을 입고 있었을 가능성이 있지만, 그러지 않았을 가능성도 있다. 어쩌면 그가 풋볼 유니폼이나 칵테일 드레스를 입었던 순간이 몇 번 있을지도 모른다. 사실 우리는 절대 모른다. 양자역학은 확률의 게임이다. 만약 광자가 전자와 양전자의 옷을 입고 시간을 보냈을 가능성이 있다면 우리는 그 가능성을 고려해야 한다. 이러한 다른 복장들을 가상입자로 생각해야 한다. 아무에게도 보여선 안 되고, 잡히거나, 가로채여서도 안 되지만, 궁극적으로는 그 흔적이 남는다. 그리고 우리는 그 흔적을 느낀다. 가상전자와 양전자는 수소 원자의 에너지 준위를 분열시킨다. 이것을 윌리스 램Willis Lamb이 1974년에 측정했다.

그렇다면 이 모든 내용이 힉스 보손에게는 무슨 뜻일까? 광자와 마찬가지로 힉스 보손에게도 런던에서 파리까지 어떻게 이동했는

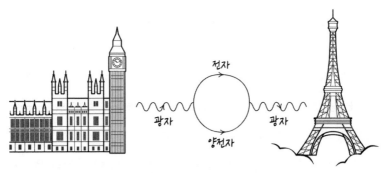

런던에서 파리로 이동하는 광자를 표현한 파인먼 스타일의 그림으로,
이동 중에 잠시 전자와 양전자의 옷을 입고 시간을 보낸다.

지 묻는다면 우리는 힉스가 이동 내내 힉스 차림만 하고 있었으리라고 생각할 수는 없다. 힉스도 쿼크나 전자 또는 우리가 아직 알지 못하는 다른 장의 옷을 입고 시간을 보냈을 수 있다. 그리고 그 모든 일에는 흔적이 남았을 것이다.

어떤 흔적일까? 의상을 바꿔 입는 일은 모두 힉스입자의 무게에 영향을 약간 끼쳤을 것이다. 전자와 양전자로 위장하는 데 시간이 걸릴 수 있기에 힉스는 그들의 무게를 느끼고 싶어 할 것이다. 우리는 직관적으로 옷이 담긴 여행가방의 크기만큼 짓눌려 있는 힉스의 모습을 상상해 볼 수 있다. 힉스가 움직이려고 할 때, 가상전자와 양전자는 일종의 양자 매개체로 변하여 힉스를 끌어당긴다. 여행가방에 이런 가상입자가 가득 있어서 힉스는 그와 함께 무거워진다. 그렇다면 얼마나 무거울까?

만약 가상전자와 양전자가 실제 전자와 양전자와 무게가 같다면 우리는 걱정할 일이 없다. 실제 전자와 양전자는 힉스입자보다 10만 배 가볍다. 여행가방이 이만큼 가볍다면 거의 차이를 느끼지 못할 것이다. 하지만 가상입자의 경우에는 걱정할 게 더 있다. 그것은 힉스가 전자와 양전자 쌍으로 위장하는 데 시간이 얼마나 드는지, 또는 얼마나 자주 변하는지에 대해 우리가 아직 이야기하지 않았다는 사실로 요약할 수 있다. 그 변화는 아주 빨랐을 수도 있고, 끊임없이 일어났을 수도 있다. 곧 다루겠지만, 그 말은 어떤 가상입자는 무척 무거울 수도 있음을 의미한다. 양자역학은 이 가상의 무거운 짐으로 여행가방을 채워서, 우리가 받아들일 수 있는 정도보다 훨썬 더 무겁게 힉스를 짓누른다.

가상의 무거운 짐이 대체 어디서 왔는지 이해하려면 매우 빠르게 의상을 갈아입는 일에 대해 조금 더 생각해 볼 필요가 있다. 힉스가 전자와 양전자 쌍으로 빠르게 들어오고 나갈 때, 우리는 전자장에 짧은 시간 동안 파문이 일어났음을 깨닫는다. 하지만 하이젠베르크의 불확정성 원리 덕분에 그 짧은 파문은 정말 큰 에너지를 뜻할 수 있었다.

$$\Delta E \Delta t \geq \frac{\hbar}{2}$$

'구골플렉스' 장에서 내 친구 필 모리아티가 기타로 처킹 연주를 하며 가장 짧은 소리로 가장 넓은 주파수를 펼쳤던 것을 기억하는가? 이 현상은 순간적으로 나타난 전자와 양전자에게서도 일어난다. 카메오가 짧게 출연할수록 그들이 도달할 수 있는 에너지는 더 크다. 이제 그들을 가상입자로 생각해 보자. 그리고 이 입자들이 거대한 에너지, 엄청난 질량으로 여행가방을 가득 채워 힉스입자를 짓누르고 또 짓누른다고 상상해 보자. 만약 여러분이 전자와 양전자가 순식간에 가방을 드나들도록 허용한다면 그들은 단위에 상관없이 그레이엄 수나 TREE(3)을 초과하는 에너지에 닿을 것이고, 그러면 힉스입자는 한계 없이 무거워진다. 하지만 이건 너무 지나친 생각이다. 우리는 힉스가 전자와 양전자로 한순간에 변하는 현상도 제대로 이해하지 못하고 있다. 너무 순식간에 벌어지는 일이기 때문이다. 'TREE(3)' 장에서 나무 게임을 했을 때, 우리는 5×10^{-44}초인 플랑크 시간보다 더 빠른 것에 대해선 할 수 있는 게 없다고 배웠다. 플랑크 시간도 이미 매우 빠르다. 만약 힉스입자가 그만큼 빠른 속도로 전자장을 오가도록 만든다면 그 에너지에 엄청난 불확실성이 생길 것이다. 여러분이 자리에 앉아서 여행가방에 들이부은 무게, 즉 힉스입자에게 먹인 질량을 계산해 보면 그 값이 양자 블랙홀에서 찾을 수 있는 질량과 매우 유사하다는 것을 알 수 있을 것이다. 그것은 요정말벌의 질량이기도 하다.[6]

그러나 힉스는 이만큼 무거운 것 근처에도 가지 못한다. 사실 힉스입자의 실제 질량은 그보다 0.0000000000000001배 가볍다. 우리의 생각이 뭔가 크게 잘못된 것이 틀림없다. 우리는 실험을 통해 가상입자가 수소 원자의 에너지 준위에 흔적을 남긴다는 사실을 알고, 힉스에도 흔적을 남길 것이라 예상한다. 그러면 왜 힉스가 가진 그 추가된 질량이 보이지 않는 걸까? 조용히 말해 보자면 우리 물리학자들은 이 수수께끼를 풀기 위해 종종 힉스를 몰래 들춰볼 것이다. 힉스가 가진 사연에 더 많은 내용이 들어 있을 것으로 생각하기 때문이다. 힉스 자체에 다른 질량의 재료가 내재해 있을 거라고 말이다. 만일 힉스가 가상입자 여행가방으로 무거워진 엄청난 질량에 그 새롭고 신비한 재료를 더한다면 우리는 그 재료가 마이너스 부호가 되어 모든 질량이 기적처럼 사라질 것이라 가정하고 있다. 이 장의 시작 부분에서 그런 일은 아프리카코끼리와 인도코끼리 무리의 무게 균형을 맞추는 일이나 다름없다고 이야기했다. 좀 더 정확한 비유를 들어 보겠다. 여러분에게 총 무게가 100만 킬로그램인 코끼리 떼 200마리가 있다고 치자. 그런데 여러분이 상대편 무리에게 속눈썹 한 올로 정확히 같은 무게를 맞추라고 요구한다. 우리는 바로 그런 균형 잡기를 힉스에게서 찾고 있다.

전혀 자연스럽지 않다.

이쯤 되면 여러분 중 누군가는 내게 이렇게 소리칠 것이다. '옷을 갈아입고, 질량이 무거워지는 등 방금 힉스에 대해 말한 모든 내용이 광자에도 똑같이 적용될 수 있는 거 아닌가?' '광자도 요정말벌만큼 무거워야 하지 않는가?' 그럴 수 없다. 무척이나 아름다운 이유, 대칭성 때문이다. 우리는 전자기의 대칭성 덕분에 광자가 사라지는 질량을 가진다는 사실을 알고 있다. 어쩌면 여러분은 양자역학이 전자기의 대칭을 어지르고, 그래서 이 모든 질량을 광자에게 주입해서 대칭성을 파괴할지도 모른다고 생각할 수 있다. 하지만 여기에는 문제가 있다. 만일 대칭성이 정말 존재한다면 양자역학은 대칭성을 그대로 내버려 둘 것이다. 마치 아름다움에 매혹된 것처럼 말이다. 여러분이 자리에 앉아 전자와 양전자 또는 다른 입자들이 광자에 얼마나 많은 질량을 공급하는지 계산해 보면 그 답이 항상 0이라는 것을 알 수 있다. 대칭성과 아름다움은 절대 파괴되지 않는다.

힉스입자가 가진 문제는 같은 방식으로 질량을 보호해 줄 대칭성이 없다는 것이다. 양자역학의 세계는 힉스가 감당할 수 있는 무게보다 더 많은 질량을 제공하는 가상입자가 신나게 끓어오르는 곳이다. 힉스가 자기 자신을 구하려면 속눈썹 한 올에 대응하는 코끼리 무리처럼 터무니없는 균형 잡기를 해야 한다.

스칼렛 핌퍼넬[*]

이것은 계층문제hierarchy problem라고도 부른다. 세른에서 측정한 힉스의 질량과 우리가 양자 이론으로 예상한 거대한 질량에는 어째서 그만큼 큰 차이, 즉 계층의 차이가 존재하는 것일까? 어쩌면 우리는 전자에서 그 이유에 대한 영감을 얻을 수 있을지 모른다. 전자도 그런 질량 문제를 겪은 적이 있다. 그때는 전자가 그저 또 하나의 하전 입자에 불과했던 때였고, 양자 이론에 대해서도 많은 정보를 알기 전이다. 그 당시 전자의 질량을 계산하는 가장 좋은 방법은 전기장에 저장된 에너지를 알아내는 것이었다(에너지와 질량은 하나이자 같은 것임을 기억하자). 이 방법의 문제점은 전하가 전자의 내부 어느 한 점에 묻혀 있다고 가정하는 것이다. 그래서 전기장에 저장된 에너지를 계산하면 실제로 무한한 값을 얻게 된다. 당연히 말도 안 되는 소리처럼 들리겠지만, 정말로 그렇다. 만일 우리 몸에 있는 전자들이 모두 그만큼 무거우면 꼼짝도 할 수 없을 것이다. 하지만 더 나쁜 소식은 우리가 시간과 공간의 구조를 찢어 버리게 된다는 사실이다.

---

[*]   붉은 별봄맞이 꽃의 명칭이자, 영국 소설가 바로네스 오르치Baroness Orczy의 소설 작품명이기도 하다. 공포정치에 맞서고 희생자들을 구하는 동명의 주인공이 활약을 펼치는 내용의 소설이다—옮긴이.

앞선 내용들 속에서 보았듯이 우리는 무한하게 작은 시공간에는 관여할 수 없다. 그 대안으로 반경이 플랑크 길이, 즉 우리가 감당할 수 있는 가장 작은 길이인 작은 공 안에 전자의 전하가 저장되어 있다고 상상해 보자. 아니, 이것도 별로 도움이 되지 않는다. 아직도 전자의 무게가 요정말벌 정도로 너무 무겁다. 만약 계속 이렇게 옛날 방식으로 계산하겠다고 고집한다면 차라리 지름이 10억 분의 1밀리미터 정도인 훨씬 더 큰 공에 전하가 펼쳐져 있다고 상상하는 편이 낫겠다. 그러면 정답인 약 10^{-30}킬로그램을 얻는다. 하지만 만약 여러분이 공을 더 작게 만들고 싶다면 뭔가 새로운 것이 필요하다. 새 재료로 만든 완전히 새로운 이론 말이다. 그것이 바로 양전자라는 새로운 입자로 만든 양자장 이론이다.

점 같은 전자 하나가 가상의 양전자와 전자의 쌍들로 이루어진 구름에 둘러싸인 모습을 표현한 그림. 전하를 펼쳐 놓은 이 구름 때문에 전자가 실제보다 더 크게 보인다.

일단 양전자가 게임에 참여하면 우리는 전자를 플랑크 길이까지 축소할 수 있다. 위 그림처럼 가상의 양전자와 전자의 구름은 실제 전자를 감싸는 역할을 하는데, 마치 전하가 훨씬 더 큰 반경에 걸쳐 펼쳐 있는 듯 보인다. 힉스입자와 마찬가지로 전자도 이러한 가상 입자로부터 질량을 공급받지만, 그 영향은 별로 크지 않다. 사실 만약 우리가 질량이 전혀 없는 전자를 상상하더라도 상황은 광자와 마찬가지다. 가상입자가 질량을 더 공급할 수 없다. 언제나처럼 대칭성이 유지되기 때문이다. 이 경우의 대칭성은 흠이 있는 근사 대칭성이다. 그래서 전자에게 질량이 조금 있긴 해도 너무 크진 않은 것이다. 만약 전자가 더 가벼운 세계를 상상해 보자면 그곳에는 흠이 더 작고 완벽에 가까운 대칭성이 있다. 전자에 질량이 아예 없다면 흠도 완전히 사라진다.

그렇다면 이 작고 똑똑한 대칭성의 정체는 무엇일까? 전기역학에서는 전자와 양전자를 묘사하는 데 사용하는 수학적 대상을 회전시키며 내부 문자판을 자유롭게 돌릴 수 있다고 이야기한 바 있다. 하지만 이것은 우리가 찾는 대칭성이라기엔 너무 완벽하다. 기억하자. 우리는 흠이 있는 대칭성을 원한다. 질량이 없는 전자가 존재하는 상상 속 세계에서만 완벽할 수 있는 그런 대칭성 말이다. 키랄 대칭성chiral symmetry이라고 알려진, 그런 대칭성이 있긴 하다. 전문용어는 신경 쓰지 말자. 기본적으로 다른 버전의 내부 문자판이긴 하지만, 이 대칭성은 시계 방향이나 시계 반대 방향으로 회전하는 입자에 대해서는 조금 다르게 작용한다. 이는 전자에만 국한되지 않는 매우 일반적인 작용이라고 볼 수 있다. 키랄 대칭성은 어떤 페르미온이든 간에 양자 이론의 칼로리를 과도하게 섭취하는 일을 막아준다.

매우 훌륭한 대칭성이지만, 힉스 보손 같은 입자에는 별 도움이 되지 않는다. 힉스입자는 그 어떤 회전도 하지 않기 때문이다. 그러므로 힉스의 질량이 없든지, 요정말벌의 무게처럼 무겁든지 간에 그 대칭성은 같다. 힉스가 자신을 보호할 능력은 없더라도, 수호천사를 가질 수는 있을까? 힉스를 보호할 만한 다른 존재가 있을까?

그렇다. 바로 힉시노Higgsino이다.

그 누구도 혼자가 아닌, 모든 이에게 완벽한 짝꿍이 있는 세상을 상상해 보자. 환상적인 세상 같겠지만, 그런 곳이 우리 눈앞에서, 입자물리학의 미시세상에서 펼쳐질 수 있다. 모든 보손이 새롭게 만들어진 페르미온과 연결되고, 모든 페르미온이 또 새롭게 만들어진 보손과 연결된다고 상상해 보길 바란다. 다시 말해, 장들의 수를 두 배로 늘리는 것이다. 사치스러워 보일 수 있지만, 이 모든 일의 바탕에는 모든 입자를 완벽한 쌍으로 만들고 싶어 하는 새로운 대칭성, 일명 초대칭성supersymmetry의 개념이 깔려 있다. 그것은 보손과 페르미온이 결합할 경우, 그들은 그 관계를 이루기 위해 질량이나 전하 등 특정한 공통점을 가진다는 개념이다. 이 새로운 입자들을 초입자superparticle라고 부른다.

초입자는 힉스를 어떻게 도울 수 있을까? 힉스는 보손이기 때문에, 힉시노라고 하는 새로운 페르미온과 연결된다. 완벽한 짝으로 만들기 위해, 우리의 대단하고 새로운 초대칭성은 힉스와 힉시노가 똑같은 질량을 갖도록 요구한다. 그런데 정말 놀랍지 않은가? 이제 힉스의 질량이 힉시노의 질량에 묶여 있게 된다. 힉시노는 페르미온이기 때문에, 그 질량은 전자의 질량과 마찬가지로, 근사적인 키랄 대칭성으로 보호받는다. 따라서 힉시노는 많은 질량을 가질 수 없다. 요정말벌만큼 무거워지는 일은 절대로 없을 것이며, 그 짝꿍인 힉스도 그만큼 무거워지지 않는다. 힉스가 수호천사를 찾았다.

우리는 초대칭성, 혹은 흔히 부르는 사랑스러운 별칭 '수지susy'를 모든 아름다움을 능가하는 아름다움으로 생각할 수 있다. 그 누구도 그토록 아름다운 것을 보지 못했다는 게 흠이라면 흠이다.

수지의 세계에서는 전자와 초입자가 연결되어 있으며, 이 새로운 보손을 초전자selectron라고 부른다. 초전자와 전자는 같은 질량과 전하를 가져야 한다. 그러나 우리는 지금껏 수없이 많은 전자를 봐왔지만 아무도 초전자를 보지 못했다. 그 말은 수지가 그리 완벽하지 않음을 의미한다. 우리의 일상생활에서 수지는 깨어져 있거나 숨어 있으며, 오직 우리가 세상에서 가장 작은 세계 속 물리를 들여다볼 때만 복원된다. 다르게 말하면 우리가 굉장히 높은 에너지로 물체들을 부쉈을 때만 수지의 세계가 재생된다. 이렇게 깨어진 대칭성은 초전자와 힉시노 등 모든 초입자를 깨어지지 않았을 때에 비해 훨씬 더 무겁게 만든다. 초대칭성이 더 많이 깨질수록 초입자들은 더욱 무거워진다.

수지를 찾으려면 이 초입자들을 찾아야 한다. 그 말은 초입자들을 만들 만큼 충분히 큰 에너지가 필요하다는 뜻이다. 현재, 산 아래 깊은 곳에 있는 세른에서는 양성자들이 거의 빛과 같은 속도로 대형강입자충돌기를 돌고 있다. 그곳에서 양성자들이 서로 충돌하면 원시 우주의 환경이 재현된다. 각 양성자가 정면으로 충돌할 때 에너지는 약 10테라전자볼트TeV로, 모기 한 마리가 고속 열차와 충돌할 때 얻을 수 있는 에너지다. 나는 매번 이 비유가 조금 실망스럽다고 생각한다. 하지만 우리가 기억해야 할 것은 거대한 강입자충돌기의 모든 에너지가 상상할 수 없을 만큼 작은 양성자 두 개의 충돌에서 나온다는 사실이다. 충돌기에 필요한 충격에 관해서는 이렇게 생각하면 된다. 만약 우리 몸의 모든 양성자가 충돌기에서와 비슷한 방식으로 충돌한다면 1883년의 크라카타우Krakatoa 화산 폭발보다 약 2만 배 더 큰 에너지를 방출할 것이다.

수지의 세계에서 중요한 문제는 10테라전자볼트가 실제 전자 질량의 약 1000만 배, 힉스 질량의 약 100배 크기에 해당한다는 것이다. 그런데도 우리는 그 어느 시점에서든 초전자나 힉시노, 또는 그어떤 초입자에 대해서도 의심한 적이 없다. 가장 단순한 모형으로 봤을 때, 이것은 오직 한 가지를 의미한다. 초입자가 너무 무거워서 우리의 충돌기로는 생성될 수 없다는 것이다. 걱정스러운 일이다. 떠올려보자면 우리는 힉시노가 힉스의 수호천사이며, 둘의 질량이 같다고 주장했었다. 하지만 세른에서의 실험 결과는 힉시노가 예상보다 적어도 100배는 더 무겁다는 걸 암시한다. 힉스가 요정말벌만큼 무거울 필요는 없겠지만, 이 단순한 모형에서는 실제 무게보다 적어도 100배는 더 무거워야 한다. 이는 확실히 큰 발전이긴 하지만, 여전히 조금 부자연스럽다.

모든 이들은 세른이 수지를 발견할 거로 믿었다. 우리가 해야 할 일은 충분한 열정을 가지고 양성자 두 개를 충돌시키는 것뿐이었다. 그렇게 믿은 이유는 수지가 자연성을 살리고 질량이 가벼운 힉스의 당혹스러운 문제를 해결할 거라는 사실 때문만이 아니었다. 수지는 가장 가벼운 초입자를 완벽한 후보로 제공하여 암흑문제를 해결했을 뿐만 아니라, 우아하게도 네 개의 기본 힘 중 세 가지 힘이 같은 기원을 가진다는 사실을 밝혀내 더 많은 통일성을 이룬 듯 보였다. 엄청난 성공의 해트트릭으로, 수지는 옳아야만 했다. 하지만 세른은 발견하지 못했다. 사람들은 수지를 찾으려는 그들의 동기를 의심하기 시작했고, 암흑물질을 설명할 만한 다른 곳을 찾아보았다. 통일성에 대해 다르게 생각하기 시작한 것이다.

이제는 자연성을 버리기로 마음먹은 사람들도 생겼다.

하지만 모두가 그런 것은 아니다. 어쨌든 아직은 아니다. 예상치 못한 일이 벌어졌을 때, 과학은 우리에게 그 이유를 찾으라고 가르쳤다. 숫자가 너무 크거나 작은 경우는 드물다. 그래서 힉스입자가 0.0000000000000001배나 가볍다는 말을 들으면 물리학자 대부분은 그 이유를 설명해보려 애를 쓴다.

우리는 많은 일을 시도했지만, 그 어느 것도 옳다고 증명되지 않았다. 추가적인 차원도 시도해 보았고, 수지도 시도해 보았다. 심지어 힉스를 아주 작은 조각으로 쪼개어 보기까지 했다. 이것은 모두 자연성을 살리는 똑똑한 방법이지만, 자연은 신경 쓰지도 않는 것 같다. 힉스는 아직도 현재 경기에서 1000만의 10억(10의 16승, 1경—옮긴이) 분의 1이라는 확률로 어쩌다가 이긴 꼴등 선수이며, 그 이유는 아무도 모른다.

1000만의 10억 분의 1, 여전히 이것은 자연성에 대한 작은 문제일 뿐이다. 이제 큰 문제에 관해 이야기해 보겠다.

10^{-120}

당혹스러운 수

함부르크의 헤를린 레스토랑이 대화하는 사람들로 북적였다. 이곳
은 1920년대에 대도시의 엘리트들이 모인 곳으로, 이너 알스터의
둑 위의 고급 호텔, 피어 야레스차이텐Vier Jahreszeiten에 있었다. 여기
서 만나자고 한 사람은 오토 슈테른Otto Stern이었다. 슈테른은 좋은
음식과 좋은 와인, 좋은 친구 등 좋은 것들로 인생을 즐겼다. 또 다
른 엘리트, 볼프강 파울리는 그보다는 덜 까다로웠다. 물론 파울리

도 야레스차이텐의 매력을 좋아했으나, 그곳은 전날 밤 술을 마셨던 악명 높은 상파울리 지역의 지저분한 카바레 술집과는 거리가 멀었다. 그날 밤 또 싸움을 벌인 그의 오른쪽 눈 위에는 여전히 상처가 나 있었다. 슈테른에게는 넘어졌다고 말했고, 슈테른도 더는 알고 싶어 하지 않았다. 파울리는 낮에는 금욕적인 교수로 살았지만, 밤에는 술을 진탕 마시고 싸움을 벌이는 난봉꾼이 되었다.

두 물리학자가 브랜디를 다 마셔 갈 즈음, 슈테른은 그간 생각해 온 새로운 개념에 대해 흥분해 말했다. "볼프강, 이건 정말이네. 영점에너지zero-point energy는 진짜야. 영점에너지가 네온 동위원소의 증기압에 미치는 영향을 내가 계산해 보았다네." 파울리는 친구를 빤히 바라보다가 브랜디를 한 모금 마셨다. 슈테른은 계속 말했다. "만약 자네가 말한 대로 영점에너지가 없다면 네온 20과 네온 22의 증기압 차이는 엄청날 거야. 애스턴(영국의 실험물리학자 프랜시스 애스턴Francis Aston―옮긴이)이 그것을 쉽게 분리할 수 있었지만, 사실은 그럴 수 없다는 걸 우리는 알지 않나!"

"그러면 중력은 어떤가, 오토?" 파울리가 진지하게 물었다. 답은 없었다. 그러자 파울리는 펜과 공책을 꺼내고 말했다. "그럼 계산해 보세." 그는 슈테른이 자리에 앉아 관심 있게 지켜보는 동안 수 몇 개를 휘갈겨 적기 시작했다. 일이 분 후 파울리는 의기양양하게 고개를 들었다. "알겠는가, 오토! 만약 영점에너지가 진짜라면 우주는 달까지의 크기도 되지 못했을 걸세!"

위 장면에는 극적인 연출이 첨가되긴 했지만, 우리가 사실로 알고 있는 특정 요소들이 들어 있다. 슈테른이 최고의 레스토랑만 선택하는 봉 비방bon vivant(좋은 음식, 술, 친구로 인생을 즐기는 사람을 뜻하는 프랑스어—옮긴이)이었던 것은 확실하다. 그는 고작 점심을 먹기 위해 비행기를 타고 함부르크에서 빈까지 가곤 했다. 친구들이나 동료들의 눈에 띄지 않을 때마다 유흥 거리의 술집과 사창가를 드나든 것으로 알려진 파울리와는 대조적이었다. 슈테른은 친구에게 영점에너지를 이해시키기 위해 최선을 다했지만, 파울리가 고집스럽게 버텼던 것도 사실이다. 파울리가 1985년에 사망하고 얼마 지나지 않아 파울리의 두 조수가 말한 바에 따르면 상대방의 기를 꺾은 그 유명한 파울리의 계산 사건도 1920년대에 있었던 일이다.[1]

그런데 파울리와 슈테른은 무엇에 관해 논쟁했던 걸까? 이 영점에너지란 무엇일까?

해리포터의 볼드모트처럼 이것은 영점에너지 말고도 진공 에너지, 우주 상수 등 다양한 이름을 갖고 있다. 게다가 볼드모트처럼 우주가 창조되자마자 우주를 다시 망각 속으로 몰아넣었을 존재다. 이 에너지는 별과 행성 들이 만들어지고, 여러분과 내가 태어날 기회를 없애 버릴 수도 있었다. 그런데 어찌 된 일인지 우리는 해냈다. 자연은 이 어두운 존재이자 종말을 향한 욕망인 영점에너지로부터 우리를 보호하고 있다. 그러나 아무도 그 방법을 모른다. 우주에서 살아남은 우리의 존재는 현대 물리학에서 가장 큰 수수께끼다.

영점에너지는 빈 공간의 에너지다. 우주 어느 한구석에 우주 물질 압류 집행관이 찾아왔다고 상상해 보자. 이 집행관들은 모든 별과 행성, 가스 물질, 그리고 모든 암흑물질을 전부 압류한다. 그들이 남긴 것은 공허뿐이다. 원자도 없고 빛도 없다. 황량하고 텅 비어 있지만, 이 공백 속에는 집행관들이 손댈 수 없는 것이 있다. 바로 진공 속에 저장된 에너지, 영점에너지다. 그들이 아무리 노력해도 진공은 잠재울 수 없다. 양자역학은 가상입자들이 진공 속에서 끊임없이 안팎으로 튀어 오르며 찌개처럼 들끓게 만들면서, 단 한 순간이라도 그 에너지로 세상을 건드리도록 만든다.

이 내용을 이해하려면 부엌에 있는 커다란 그릇을 하나 꺼내 와야 한다. 구슬이나 탁구공처럼 작은 공을 그 안에 던져 보자. 무엇이 보이는가? 의심할 여지 없이 공은 그릇 안에서 조금 돌다가 그릇 바닥에 안착한다. 만일 따로 공을 만지지 않았다면 여러분은 공이 처음에 몇 번 흔들렸던 것 말고는 정확히 그 바닥에 놓일 거라고 예상했을 것이다. 하지만 만일 여러분이 부엌 온도를 절대영도로 낮추고 공기를 모두 빨아 없앤다면 어떻게 될까? 절대로 움직이지 않을까? 흔들리지도 않을까?

흔들린다.

그 유명한 하이젠베르크의 불확정성 원리 때문이다. 위치와 운동량 사이에는 언제나 대립하는 균형이 존재한다는 것을 떠올려 보자. 입자의 위치를 잘 알수록, 운동량은 더 모호해지고, 그 반대도 마찬가지다. 우리 실험의 규모를 축소해서 작은 그릇에 아주 가벼운 입자를 던져 보자. 만일 입자가 점점 내려가서 마침내 그릇 바닥에 꼼짝없이 정지한다면 우리는 이 입자의 위치와 운동량 모두에 대해 완벽하게 알 수 있을 것이다. 하지만 이것은 불확정성 원리에 어긋나는 일이니 둘 중 하나는 양보해야 한다. 입자는 약간의 양자 흔들림을 수행해야 한다. 안착하는 일은 영원히 있을 수 없다.

이러한 통찰력을 가지고 아까의 그 우주 한구석으로 돌아가 보자. 압류 집행관들이 도착하기 전, 그곳에는 행성과 별을 만들기 위해 모인 입자들과 작은 녹색 인간들로 가득 차 있었다. 전자와 광자, 쿼크와 글루온, 게이지 보손과 힉스 보손 등 우리가 모르는 입자까지 온갖 입자들이 모여 있었다. 이들은 기본 장들의 파장에 불과했다. 집행관이 와서 모든 것을 없앴을 때 사라진 그 파동 말이다. 만약 우리가 이 장들을 바다라고 치고, 입자들을 그 꼭대기의 파동이라고 상상한다면 집행관들이 한 일은 바다를 잠잠하게, 완전히 평평하게 만든 것이라고 볼 수 있다.

하지만 바다는 절대 평평하지 않다. 하이젠베르크의 불확정성 원리 때문에 양자 흔들림이 항상 존재한다. 그것은 진공 상태의 장에서도 마찬가지다. 이 장들도 절대 완벽하게 잠잠하지 않다. 그곳에서는 언제나 미세한 진동이 일어난다. 그러나 이 진동이 실제 입자가 아니라는 걸 명심해야 한다. 그렇다면 집행관들이 잡아갔을 테니 말이다. 따라서 이 진동은 가상일 것이다. 사실 이것은 이전 장에서 힉스가 런던에서 파리로 이동했을 때 잠시 변했던 양전자와 전자와도 매우 흡사하다. 그 내용을 다시 요약해 보면 힉스입자들이 런던을 떠나 그 모습대로 파리에 도착했지만, 이동하던 중에 있었던 일은 아무도 짐작하지 못한다. 가능성 하나는 힉스가 여정 내내 자기 모습 그대로 이동한 것이고, 다른 하나는 전자와 양전자 쌍으로 옷을 갈아입고 잠시 시간을 보내고 돌아온 것이다. 파인먼은 한 입자가 온갖 가능성과 온갖 경로로 탐험을 할 수 있다고 말했다. 그 경로들은 각 힉스에게 흔적을 남길 것이다. 질량을 줄 것이다.

진공의 경우도 마찬가지다. 텅 빈 우주 구석으로 돌아가 보면 그곳은 아침에도 비어 있을 것이고, 시간이 지난 후 나중에도 비어 있을 것이다. 시간 간격은 그리 중요하지 않다. 중요한 것은 빈 상태로 시작해서 빈 상태로 끝난다는 것이며, 그 사이 그곳에서 일어난 일은 아무도 추측하지 못한다. 진공은 힉스가 그랬듯 쉽게 옷을 바꿔 입을 수 있고, 마치 팝콘이 터지듯 가상입자들이 생겼다가 사라지도록 만든다. 이 가상입자들은 힉스 때도 그랬듯 진공에도 흔적을 남긴다. 질량을 준다. 에너지도 준다. 그것도 아주 많은 에너지를.

진공 속에 얼마나 많은 에너지가 숨어 있는지 알아내려면 마치 3차원 공간의 거대한 우주 직소 퍼즐처럼 진공을 아주 작은 조각으로 쪼개 보아야 한다. 앞으로 보게 되겠지만, 조각의 크기는 그 결과에 근본적으로 영향을 끼칠 것이다. 만일 맨눈으로 보는 물리학에만 흥미가 있다면 조각을 대각선 길이 1밀리미터 미만의 상자로 만들면 된다. 하지만 우리는 그보다 더 야심 차야 한다. 파울리는 점심을 먹으며 이것에 대해 생각하다가, 그의 우주 퍼즐 크기를 고전적인 전자의 반지름 길이, 즉 몇 펨토미터로 대각선 길이를 맞추었다. 이 크기는 원자 하나 크기보다 1만 배 작은 것으로, 맨눈으로는 볼 생각조차 할 수 없는 매우 짧은 길이다. 파울리의 시대에는 이 크기가 물리학의 맨 가장자리, 과학자들이 이해하고자 했던 진리의 끝 경계선에 있는 것이었다.

상대론적 세계에서는 가장 짧은 거리가 가장 짧은 시간이 된다. 만약 우리의 직소 조각들이 파울리의 상상대로 몇 펨토미터 정도라면 우리가 현실적으로 고려할 수 있는 가장 짧은 시간은 약 100조분의 1나노초일 것이다. 이것은 우리의 퍼즐 상자 하나를 빛이 가로지르는 데 걸리는 시간으로, 상상하기도 어려울 만큼 짧다. 우리는 진공에서 가상입자가 얼마나 빨리 튀어나오고 사라지는지를 제한하기 위해 그 시간을 사용한다. 더 빠른 속도의 가상입자는 고려하기 어렵다. 그러려면 우주를 더 작은 직소 조각으로 맞춰야 하기 때문이다. 이러한 과도한 진동은 힉스입자가 그랬던 것처럼 주변의 양자 에너지를 통해 진공에 공급된다. 가장 빠른 속도로 튀어 오르는 가상입자들로 진공 또한 가장 높은 에너지를 얻고, 광적으로 높은 주파수의 진동은 불확정성 원리가 허용하는 한도 내에서 엄청난 에너지를 쏟아부을 것이다. 우리의 작은 조각 상자마다 약 5조 분의 1줄^{2}의 힘으로 이러한 일이 진행된다. 별거 아닌 것 같아도 상자가 매우 작아서 그 밀도가 위험할 만큼 높다는 점을 기억해야 한다. 이것은 지구의 모든 바다를 끓일 약 10만조조 줄의 에너지가 커피잔 하나에 들어 있는 것이나 다름없다.

하지만 여기서 끝낼 수 없다.

파울리가 그 기발한 계산을 휘갈긴 지 거의 한 세기가 지났고, 이후로 우리는 훨씬 더 깊이 들여다보는 법을 배웠다. 세른의 입자 충돌기는 파울리가 상상했던 것보다 실험물리학의 경계를 1만 배는 더 확장시켰다. 실험물리학은 현재 약 10^{-19}미터의 헤아릴 수 없을 만큼 작은 크기까지 관찰할 수 있게 되었다. 만약 우리가 직소 조각을 이렇게 작게 만든다면 진공 속에서 매 10억 분의 10억 분의 1초마다 튀어 오르고 사라지는 가상입자에 대해 생각할 수 있다. 그리고 진공은 계속 이 모든 양자 에너지를 엄청난 양으로 집어삼키고 있다. 이제 커피잔 속엔 마치 스타워즈 영화처럼 행성 하나를 통째로 폭파하고 그 파편을 우주 구석구석까지 빠르게 날려 버릴 만한 에너지가 담겨 있게 될 것이다. 그 에너지는 이런 일을 1000억 번 이상 반복하며 은하계의 행성을 모두 쓸어버리기에 충분하다.

하지만 우리는 아직 멈출 수 없다.

세른의 충돌기는 기술적, 금전적 제한이 있어서 실험물리학으로 가능한 범위까지만 작동한다는 한계가 있다. 하지만 물리학 자체는 거기서 그치지 않는다. 계속 이어진다. 그것은 우리를 곧장 벼랑 끝으로, 시간과 공간의 개념이 붕괴하기 시작하는 지점까지 데려간다. 우주의 직소 조각은 플랑크 길이만큼 더 작아져야만 한다. 이것은 우리의 실험적 한계보다 1000만억 배는 더 작은 크기이다. 이것이 진공에게 주는 영향은 정말 무시무시하다. 가상입자들은 플랑크 시간마다, 즉 10^{-35}초마다 빈 공간을 튀어 오르고 사라지기를 반복해야 한다. 주변의 양자 에너지는 정말 거대해지고, 진공은 그 에너지를 탐욕스럽게 기쁘게 집어삼킨다. 진공 1리터 안에서 우리는 구골기가 줄의 에너지를 얻게 된다. 와! 관측 가능한 우주의 모든 행성을 다 파괴하고 그 일을 1조조조조 번 이상 반복하며 모든 것을 없앨 수 있는 에너지가 커피잔 하나에 들어 있다.

이렇게 거대한 에너지가 여러분의 모든 주변에, 심지어 여러분의 몸 안에, 원자 속 빈 공간에 존재할 수 있다는 것을 알게 된 지금, 두려움이 느껴지는가? 이렇게 많은 에너지를 가지고 어떻게 지금까지 살아왔을까? 솔직히 중력만 없으면 걱정할 게 없다. 진공 안에 얼마나 많은 에너지가 도사리고 있는지는 중요치 않다. 우리는 그 에너지를 행성을 파괴할 엄청난 힘을 가진 무기로 바꿀 수 없다. 사실 우리는 진공에너지를 전혀 사용할 수 없다. 진공 속 에너지는 어디서나 똑같기 때문이다. 어떤 흥미로운 사건이 벌어지려면 에너지 차이, 즉 에너지의 기울기gradient가 필요하며, 기본적으로 깔려 있는 진정한 진공에너지로는 아무것도 할 수 없다. 이 빈 공간의 에너지는 영점이며, 그 이상의 모든 것을 측정하는 기준점이다. 이것은 절대 더 밀거나 당기는 데 사용될 수 없다. 진공은 중력 없이는 우리를 건드릴 수 없다.

하지만 중력만 있으면 진공은 거칠어진다.

빈 공간에 이토록 많은 에너지가 있다면 아인슈타인의 법칙을 따랐던 우주는 자체 무게에 짓눌려 부서졌을 것이다. 파울리가 주장한 대로 우주는 '달까지의 크기도 되지 못했을' 뿐만 아니라, 원자 크기도 안 됐을 것이다. 우주는 어떤 방향으로든 플랭크 길이보다 약간 더 확장된 상태로 쪼그라들고 뒤틀리고 깨어진 시공간이었어야 한다.

아인슈타인은 우리에게 중력이 되는 것은 질량이 아닌 에너지라고 가르쳤다. 먼 별에서 온 광자 하나가 태양의 주위를 돌며 안쪽으로 구부러져 들어온다. 광자에는 질량이 없으므로 태양은 질량을 끌어당기는 게 아니다. 에너지를 끌어당기는 것이다. 아인슈타인의 세계에서는 모든 형태의 에너지가 중력 왈츠를 추고 있다. 태양과 행성들, 여러분과 나, 외계인 오소리, 블랙홀 거머리, 심지어 진공 그 자체까지도 모두 다 춤을 추어야 한다.

진공에너지는 공간에서든 시간에서든 변하지 않고 어디서나 존재한다. 바로 이런 이유로 우주상수cosmological constant라고 불리기도 한다. 다른 에너지와 마찬가지로 진공에너지도 존재하는 곳의 시공간을 곡선으로 만든다. 에너지가 긍정적이면 우리 한 사람 한 사람 주위에 지평선이 형성될 것이다. '그레이엄 수' 장에서 말한 드 지터 지평선으로, 우리가 보고 싶어 하는 것의 가장자리를 나타낸다. 진공 속에 더 많은 에너지가 숨어 있을수록 지평선은 우리에게 더 가까워지고 우리 세계는 더 작아진다. 만약 파울리의 퍼즐 조각을 이용해 진공에너지를 추정한다면 약 237킬로미터 거리에 지평선이 있을 것이다. 이 우주의 크기는 달은커녕 국제우주정거장에나 겨우 닿을 크기가 된다. 직소 조각을 플랑크 길이만큼 축소해서 진공에너지를 다시 추정하면 지평선은 바로 우리 코앞에, 플랑크 길이 앞에 놓일 것이다. 이것은 진공에 패배한 우주이자, 무에 짓눌리고 구겨지고 부서진 우주다.

우리 우주가 아니다.

주위를 둘러보자. 우리 지평선은 여러분 코앞에 있지 않다. '그레이엄 수' 장에서 보았듯, 그것은 약 1조조 킬로미터 거리에, 상상하지도 못할 만큼 멀리 떨어져 있다. 우리 우주는 천천히 가속하며 커지고 있고, 먼 은하들이 보이지 않는 무언가로 인해 점점 더 멀어지고 있다. 우리는 그 무언가를 암흑에너지라고 부르지만 그것은 그저 이름에 불과하다. 사실 과학자들은 대부분 진공의 압력이라고 생각한다. 빈 공간에 숨은 영점에너지의 압력 말이다. 그러나 이 압력은 부드럽다. 우리와 멀리 떨어진 은하가 가속하는 속도에 맞추려면 이 진공에너지는 1리터당 1조 분의 1줄 미만으로 매우 얇게 퍼져 있어야 한다. 이 값은 우리가 양자 이론으로 따져 본 직소 퍼즐의 추정값과 전혀 비슷하지 않다. 진정한 진공 상태로 채워진 커피잔 안에는 행성을 파괴하거나 바다를 끓일 만한 에너지가 담겨있지 않다. 사실 이 커피잔이 최소 1만 컵은 있어야 요정말벌 한 마리를 잡을 에너지가 나올 것이다. 그리고 여러분도 알다시피 요정말벌은 세상에서 가장 작은 곤충이다.

당혹스러운 일이다.

양자장 이론, 입자와 장을 미시적으로 설명하는 이 이론은 인류 역사상 가장 정확한 이론이라고 보는 경우가 많은데, 그에는 타당한 이유가 있다. 양자장 이론은 전자의 변측적인 자기 운동량 같은 것들을 예측할 수 있고, 오차범위 1조 분의 1인 정확도로 검증되고 확인되기 때문이다. 그래서 우리는 이 최고의 이론으로 진공에너지 밀도를 예측해 봤지만, 실제 값이 그에 비해 10^{-120}배 작다는 사실만 알게 되었다. 이것은 꽤 작은 수다. 만약 이 수를 소수로 적는다면 아래와 같을 것이다.

0.000000000000000000000000000000000000000000000000000000
000000000000000000000000000000000000000000000000000000
000000000001

앞에서 이야기했듯, 자연은 타당한 이유 없이는 이만큼 작은 수를 허용하지 않는다. 그렇다면 왜 이 수는 여기에 있을까? 우리가 훌륭히 해낸 예측은 진공 공간에 1리터마다 1구골기가 줄의 에너지로 가득하다고 말하지만, 자연은 그곳에 피코줄picojoule(10^{-12}, 즉 1조 분의 1줄─옮긴이)만큼의 에너지도 없다고 말한다. 우리는 물리학에서 가장 부정확한 예측을 한 것이다. 정말 잘된 일이 아닐 수 없다. 만일 그 예측이 맞았다면 우주는 중력에 의해 구부러지고 파괴되었을 테고, 우주는 시간에서나 공간에서나 그리 확장하지 못했을 것이며, 지적 생명체를 보유하는 데 필요한 별과 행성도 존재하지 않았을 것이다. 그러나 우리의 예상은 빗나갔다. 이 우주의 진공에너지는 그보다 10^{-120}배나 작다. 그리고 우리는 이해 불가능한 매우 작은 수가 존재하는 넓고 오래된 이 우주에서 살고 있을 만큼 운이 좋다.

이 수는 기초물리학에서 가장 당혹스러운 수다. 최첨단의 계산 기술과 우리 주변에서 볼 수 있는 현실 간의 매우 놀라운 차이점이다. 아인슈타인의 일반상대성이론과 양자장 이론은 20세기의 이론

중에서도 가장 잘 검증된 이론이지만, 그 둘을 합치면 우주상수 문제로 알려진 이 엄청난 재난과 직면하게 된다.

아인슈타인에게 가장 어려운 관계

우주상수 이야기는 플랑크와 널펑츠에네르기Nullpunktsenergie(독일어로 영점에너지를 뜻한다—옮긴이)로 시작한다. 이 이름은 지하창고에서 연주하는 1980년대 중반의 독일 록밴드를 연상케 하지만, 사실 땀이나 치렁치렁한 머리, 일렉트릭기타와는 아무런 관련이 없다. 이것은 플랑크가 제1차 세계대전이 일어나기 전 몇 년간 두 번째로 양자 이론을 시도하는 과정에서 처음 소개된 영점에너지다. 우리는 양자 이론에 대한 플랑크의 첫 시도를 '구골플렉스' 장에서 만난 바 있다. 그때 플랑크는 에너지를 덩어리로 쪼개 우리를 자외선의 재앙으로부터 구해 주었다. 에너지 덩어리라는 개념은 옳았고 훌륭하게 적용도 되었지만, 막상 플랑크는 별로 좋아하지 않았다. 덩어리라는 개념이 전혀 마음에 들지 않았던 그는 그 당시, 버릴 수만 있으면 버리고 싶다고까지 말했다. 그리고 결국엔 그 절반을 버리는 데 성공했다. 두 번째 시도한 양자 이론에서도 여전히 플랑크는 복사가 덩어리로 방출된다고 했지만, 흡수될 때는 덩어리일 필요가 없다고 주장했다. 지금 우리 눈에는 이 대칭성의 결여가 예뻐 보이지 않지만, 양자 이론의 초기에는 너무 급진적이지도 않고, 너무 보수적이지도 않아 보였다. 하지만 여기에는 대가가 따랐다. 이 대체된 양자 이론이 물리학에 적용되려면 플랑크는 여분의 에너지가 필요하다. 심지어 온도를 절대영도로 낮추어 영점으로 만들었을 때조차 말이다. 그에게는 널펑츠에네르기가 필요했다.

플랑크의 두 번째 양자 이론은 첫 번째 이론을 이길 수 없었다. 맞지 않는다는 단순한 이유로 말이다. 그런데도 영점에너지에 대한 개념은 아인슈타인과 그의 공범자인 오토 슈테른의 방황하던 눈길을 사로잡았다. 그 비슷한 시기에 독일의 화학자 아르놀트 오이켄 Arnold Eucken이 수소 분자의 비열specific heat(어떤 물질 1그램을 섭씨 1도로 올리는 데 필요한 열량—옮긴이)에 대한 데이터를 얻었다. 그 자세한 내용과 상관없이, 여기서 중요한 것은 오이켄의 데이터를 이해하는 데 영점에너지가 도움이 될 수 있다는 사실을 아인슈타인과 슈테른이 보여 주었다는 점이다. 하지만 아인슈타인의 애정은 오래가지 못했다. 몇 년이 지나자 그는 영점에너지에 관한 개념 전체를 격렬히 반대하면서 이렇게 비웃었다. "난처하고 어리둥절한 표정 없이 영점에너지라는 단어를 입에 올릴 이론물리학자는 없을 것이다." 그가 이렇게 변한 것은 오스트리아 물리학자 파울 에렌페스트Paul Ehrenfest 때문이다.

에렌페스트는 영점에너지 없이도 오이켄의 데이터를 맞출 수 있었다. 현재 우리가 맞는다고 보는 플랑크의 첫 번째 양자 이론을 사용해서 말이다. 아인슈타인은 평소 필요 없는 것에 대해선 신경 쓰지 않아도 된다고 생각하는 데다 에렌페스트를 존경했다. 그 둘은 매우 막역한 친구 사이였다. 에렌페스트의 사연은 물리학을 통틀어 가장 비극적이기 때문에 그 이야기를 위해 여기서 잠시 멈추는 것도 좋겠다. 에렌페스트는 위대한 인물인 볼츠만의 제자였다. 볼츠만은 만년에 자기 의심으로 고통스러워했고, 에렌페스트가 박사학위를 마친 지 2년 후 자살했다. 당시 에렌페스트는 물리학자로서만이 아니라 당대 가장 위대한 선생으로서 이제 막 명성을 쌓는 중이었다. 독일에서 가장 영향력 있는 물리학자로 손꼽히는 조머펠트 Sommerfeld는 그에 관해 이렇게 외쳤다. "그는 명장처럼 강의한다. 나는 남자가 그렇게 매혹적이고 명석하게 말하는 경우를 거의 들어본 적이 없다." 하지만 그 탁월한 능력에도 불구하고 에렌페스트는 자신의 스승을 무너뜨린 괴물보다 더 극악한 악마에게 시달리고 있었다. 아인슈타인은 그 사실을 알고 있었다. 1932년 8월에 아인슈타인은 친구를 걱정하며 에렌페스트가 일하는 라이덴대학으로 편지를 보냈다. 결혼생활에 실패하고 물리학도 포기한 에렌페스트는 우울증의 암흑에 잠식됐고, 아인슈타인은 그 모습을 지켜보았다. 그리고 1년 후 에렌페스트가 세상을 떠났다. 1933년 9월 25일, 그는 열다섯 살 아들 와식을 만나기 위해 암스테르담에 있는 아동 병원에 찾아갔다. 와식은 다운증후군이었는데 당시 나치군이 독일의 권력을 장악하자 안전을 위해 독일을 떠나 온 상황이었다. 병원 대합실에서 아들을 만났을 때 에렌페스트는 권총을 꺼내 아들의 머리에 총을 쐈다. 그리고 곧 자신에게도 총을 겨누었다.

아인슈타인이 영점에너지로부터 맹렬히 등 돌리게 만든 사람은 에렌페스트였다. 그리고 그를 다시 돌아오게 만든 이도 에렌페스트였을지 모른다. 전쟁 기간과 1920년대 초에 어떤 일이 일어났고, 아인슈타인은 다시 한번 영점에너지에 유혹당했다. 어떤 일이 있었는지는 아무도 모른다. 우리가 아는 것은 아인슈타인이 에렌페스트와 편지를 주고받으면서 영점에너지가 헬륨이 가진 매우 흥미로운 특성을 설명할 수 있다고 제안한 것이다. 원소가 냉각될 때마다 분자는 운동에너지를 잃고 액상은 고체로 변한다. 하지만 헬륨에서는 이런 일이 절대 일어나지 않는다. 적어도 대기압에서는 말이다. 심지어 절대영도까지 냉각시켜도 결코 고체가 되지 않는다. 그리고 이러한 특성을 영점에너지와 연관시키면 아인슈타인은 어느 정도 맞는다. 영점에너지는 헬륨의 밀도가 낮아지도록 내부 압력으로 고정해서 팽창시키기 때문에 단단한 구조가 형성되는 일을 막는다.

1920년대 초, 하버드대학의 로버트 멀리컨Robert Mulliken 같은 분자화학자들은 영점에너지에 관한 증거를 더욱 많이 발견했다. 그러나 플랑크의 두 번째 양자 이론을 신뢰하지 못한 상태라 영점에너지의 기원을 제대로 이해할 수 없었다. 이 상황은 양자역학이 마침내 꽃을 피운 1925년에 뒤바뀌었다. 양자역학의 개화는 두 사람의 귀촌과 관련된 내용이다. 앞서 슈뢰딩거가 자신의 정부와 함께 알프스 산맥에 들어가 물리학계를 뒤흔든 방정식을 생각해 낸 이야기를 한 적이 있다. 하지만 그보다 6개월 전, 베르너 하이젠베르크 또한 도시를 떠나 북해에 있는 헬골란트 섬으로 갔다. 슈뢰딩거와 달리 하이젠베르크는 아내에게서 도망친 게 아니라 '꽃과 목초지'로부터 도망친 것이었다.

하이젠베르크의 이야기는 타블로이드용 스캔들만큼 자극적이진 않지만 그에 못지않게 중요하다. 1925년 늦은 봄, 건초열로 크게 앓던 그는 알레르기를 피하려고 섬으로 갔다. 하이젠베르크가 모래언덕이 내려다보이는 게스트하우스에 들어섰을 때, 그의 얼굴이 너무 통통 부어서 그가 싸웠다고 생각한 집주인은 잘 간호해서 건강하게 해 주겠다고 약속했다. 가끔 해변을 걷고 바다에서 수영하는 일 외에는 이 귀촌 생활에서 젊은 물리학자를 방해할 만한 것이 별로 없었다. 그는 수소 원자에 대해 더 깊이 생각할 자유를 얻었고, 수소 원자 스펙트럼선, 즉 수소가 흡수하고 방출하는 에너지 덩어리의 기원을 알아보려고 노력했다. 이 문제에 골몰하느라 불면증을 겪었지만, 마침내 어느 더운 여름의 이른 새벽에 하이젠베르크는 돌파구를 찾았다. "밤 3시쯤, 최종 계산 결과가 내 앞에 놓였다. 처음에는 깊이 전율했다. 너무 흥분해서 잘 수가 없었다. 그래서 집을 나와 바위 꼭대기에서 일출을 기다렸다."

하이젠베르크는 원자 속의 전자는 원래 보르가 제안한 것처럼 날카로운 궤도를 가진 게 아니라는 사실을 깨달았다. 전자가 핵에서 멀리 떨어져 높은 곳에 있을 때는 그 말이 사실처럼 보였다. 하지만 가까이 들여다보면 전자의 궤도는 훨씬 더 흐릿했다. 전자가 있는 곳이 이 궤도인지 저 궤도인지 확실치 않았다. 슈뢰딩거는 직관적인 파동 그림으로 이 흐릿함을 포착했지만, 하이젠베르크는 행렬이라는 추상적인 수학 언어를 사용해 표현했다. 하지만 두 사람은 모든 것이 우연의 게임인 마법의 세계, 즉 양자역학이라는 정확히 같은 내용을 다르게 설명한 것뿐이었다.

하이젠베르크의 작품은 투르 드 포스tour de force(역작力作이라는 뜻의 프랑스어—옮긴이)였다. 뉴턴이 우리가 매일 보는 거시세계의 역학을 설명하고자 미적분을 발명했듯, 하이젠베르크는 우리가 볼 수 없는 미시세계를 설명하기 위해 새로운 수학을 발명했다. 슈뢰딩거의 이론과 마찬가지로 작업이 쉽진 않았지만, 적은 재료를 가지고 양자세계의 추상적 아름다움을 담아낼 수 있었다.[3]

하이젠베르크가 노벨상을 받은 1933년, 나치가 독일을 장악했다. 그들은 아리아인이 아니거나, 정부에서 봤을 때 정치적으로 신뢰하기 어려운 사람을 겨냥하는 정책을 펼쳤다. 수많은 학자가 그에 대한 항의로 사임하거나 희생되었다. 하지만 하이젠베르크는 반대 진영에서 조용히 있기로 했다. 히틀러의 독재가 오래가지 않을 것이기에 고개를 숙이고 있어야 한다고 판단한 것이다. 그런데도 나치는 그를 겨냥했다. 유대인들이 20세기 초에 발달한 과학에 대한 추상적이고 수학적인 접근 방식에 큰 영향을 끼치는 모습을 보았기 때문이다. 하이젠베르크가 뮌헨의 저명한 교수직 자리를 위해 줄을 섰을 때, 그는 요하네스 슈타르크Johannes Stark의 감시망에 걸려들었다. 슈타르크는 노벨 물리학상을 받은 과학자이자 열렬한 나치당원으로, 하이젠베르크가 '백인 유대인'이자 '물리학계의 오시에츠키Ossietzky'라고 주장한 SS 문건(친위대라는 뜻의 독일어 슈츠슈타펠 Schutzstaffel을 줄여 SS라고 칭한다—옮긴이)에 서명한 자였다. (오시에츠키는 나치 강제수용소에 수용된 적 있는 독일 언론인이자 평화주의자다.) 이 상황을 정리한 사람은 하이젠베르크의 어머니다. 그녀의 가족이 하인리히 힘러Heinrich Himmler(독일의 정치가—옮긴이)와 관련 있었기에 하이젠베르크는 더 이상의 인신공격을 면할 수 있었으나 뮌헨으로는 가지 않았다.

그는 라이프치히에 머물렀다. 다른 나라, 특히 미국에서도 연구 제안을 많이 받았지만, 정치 상황과 관계없이 고국에 머물러야 한다는 의무감을 강하게 느꼈기 때문이다. 그리고 전쟁 동안 독일 핵 연구 프로그램에서 주도적인 역할을 했다. 하이젠베르크가 독일의 핵 프로그램을 의도적으로 방해했다고 믿는 이들도 있으나 확실하게 밝혀진 것은 없다. 1941년 덴마크를 방문한 그는 핵무기 연구와 관련하여 닐스 보어의 화를 돋웠는데, 훗날 하이젠베르크는 보어가 자신의 의도를 오해했다고 주장했다. 그로부터 1년 후 하이젠베크는 나치의 국방장관 알베르트 슈페어Albert Speer를 만나 더는 핵무기 연구를 진행하지 말자고 설득했다. 그러나 그는 원자력에 관한 실험을 계속 진행했고, 그것은 당연히 독일의 과학적 명성을 높이기 위함이었다.

나는 이 장을 쓰는 동안 가족과 함께 독일 블랙포레스트Black Forest(독일 서부에 있는 숲으로 여행지로 유명하다—옮긴이)에 있는 농장에서 지냈다. 여행 계획을 변경하느라 하룻밤 머물 숙소가 필요해서 하이겔로크라는 그림 같은 마을이 내려다보이는 숲 가장자리의 고대 성의 방을 예약했다. 운 좋게도 이곳은 양자 물리학의 역사에서

한 역할을 한 성이다. 하이젠베르크와 그의 동료들이 베를린으로 쏟아지는 폭탄을 피하고자 그곳에서 멀리 떨어진 이 성 아래의 동굴에 원자로를 만든 것이다. 전쟁이 끝날 무렵 독일군이 원자력 경쟁에서 이기고자 필사적으로 강행한 마지막 시도였다. 이제 그 동굴은 하이젠베르크 실험 모형을 보여 주는 박물관이 되었는데, 중수heavy water(일반 물보다 분자량이 큰 물—옮긴이)통 안에 사슬로 매달아 놓은 우라늄 입방체들을 실물 크기로 전시해 놓았다. 무거운 수소 원자로 인해 속도가 느려진 중성자는 우라늄 핵 일부를 분열시키는 데 사용되었고, 과학자들은 더 많은 중성자를 발사하여 더 많은 핵을 분열시켰다. 그들의 목표는 자생적인 연쇄 반응을 일으켜서 거대한 양의 원자 에너지를 방출하는 것이었다. 하이젠베르크의 연구진은 성공에 다다랐다. 핵 속에 우라늄을 50퍼센트만 더 넣었어도 원자로가 작동하기에 충분했을 것이다. 그러나 연합군이 동굴을 발견할 즈음, 하이젠베르크는 어둠을 틈타 자전거를 타고 하이겔로크 마을을 탈출하고 있었다. 그리고 땅 아래 묻혀 있던 우라늄 입방체들이 성 옆 들판에서 발견되었다.

연합군은 곧 하이젠베르크의 고향 바이에른 주의 알프스산맥에서 그를 붙잡았고, 심문을 위해 영국에 있는 팜홀 마을로 데려갔다. 영국 정보부는 팜홀에서 있었던 과학자들 간의 대화를 비밀리에 녹음했고, 그 녹취록을 1992년에야 공개했다. 비록 하이젠베르크가 만든 원자로가 거의 작동할 뻔했지만, 녹취록 속의 그는 다른 과학자들에게 폭탄 제작을 심각하게 생각한 적이 없다고 말했다. "우리가 우라늄 엔진을 만들 거라는 데는 전적으로 동의했습니다. 하지만 폭탄을 만들 거라고는 생각하지 못했고, 결국 폭탄이 아닌 엔진에서 그쳤다는 점에서 정말이지 기쁘게 생각합니다. 그건 인정해야겠습니다."

하이젠베르크는 자신이 만든 뛰어난 양자역학 공식에서 나타난 영점에너지의 기원을 처음으로 이해한 사람이다. 그는 양자적 떨림을 만드는 양자진동자quantum oscillator 안에 에너지가 있을 수밖에 없음을 보여 주었다. 기본 입자의 물리학은 사실 이러한 미세한 떨림의 물리학인 것이다. 우리가 실제 입자를 가질 때마다, 그 꿈틀거리는 입자는 흥분된 상태에 있다. 진공 상태에서는 불확정성의 원리가 허용하는 한도 내에서 떨림이 가라앉지만, 하이젠베르크가 보여주었듯 에너지는 사라지지 않는다.

하지만 이 진공에너지는 물리적으로도 진짜일까?

천장에 붙어 질주하는 도마뱀붙이는 '진짜'라고 말할 것이다. 벽을 걷는 그 마법 같은 능력이 진공에너지의 변화와 양자 진공의 힘 덕분으로 생각되기 때문이다. 진공에너지가 주변의 모양에 따라 달라진다는 사실이 밝혀졌다. 우리가 알고 있듯 영점에너지는 존재의 안팎을 오가는 가상입자의 파문에서 나온다. 그러나 결정적으로 이러한 파문은 진공 가장자리의 크기와 모양에 따라 달라진다. 우리는 수면의 잔물결에서 유사한 모습을 볼 수 있는데, 이 잔물결은 수영장이나 호수, 심지어 바다의 모양에 따라 변한다. 진공의 가장자리를 바꾸면 가상입자의 파문을 바꿀 수 있고, 그러면 영점에너지도 바뀔 수 있다. 이 말은 진공이 파문을 바꾸고 에너지를 낮추고자 자신을 둘러싼 벽을 밀고 당긴다는 것을 뜻한다. 이 효과를 소위 카시미르 힘Casimir force(카시미르 효과라고도 한다—옮긴이)이라고 하는데, 에렌페스트의 제자였던 독일 물리학자 헨드릭 카시미르Hendrik Casimir의 이름에서 따온 것이다. 진공의 벽이 멀리 떨어져 있으면 카시미르 힘이 약하지만, 벽을 미시적으로 매우 가깝게 만들면 그 힘을 측정할 수 있다. (이것이 바로 로스 알라모스 국립연구소의 스티브 러모로Steve K. Lamoreaux와 그의 연구팀이 1977년에 한 실험이다.) 비슷한 맥락에서, 영점에너지의 변화는 원자와 분자 사이의 힘, 일명 반데르발스력van der Waals force으로 이어질 수 있다. 여기서 도마뱀붙이가 다시 소환된다. 일부 생물학자는 도마뱀붙이의 발바닥에 있는 미세한 돌기 사이에 진공이 있고 그곳의 영점에너지가 변하여 일어나는 반데르발스력으로 도마뱀붙이가 천장에 붙어 있을 수 있다고 생각한다.

이렇게 측정할 수 있는 효과를 보면 영점에너지 이론이 옳다는 확신이 들지만, 진실은 과학자들이 국소적 변화만을 측정하고 있다는 것이다. 도마뱀붙이의 발 속 원자와 분자의 벽이 빈 공간을 둘러쌀 때 발생하는 영점에너지의 변동과 같은 경우에 한해서 말이다. 러모로가 로스 알라모스 국립연구소에서 수행한 것과 같은 실험들은 우리에게 그 뒤에 있는 괴물, 즉 우주 전체를 지탱하는 거대한 진공에너지 저장소에 관해서는 알려주지 않는다. 이것이야말로 우리가 온갖 벽을 없애고 우주를 완전히 비워 버려도 찾을 수 있는 진정한 영점에너지다. 지금까지 보았듯 이 괴물은 분명 거대하다. 그리고 이 괴물은 우주를 멸망시킬 수밖에 없다.

영점에너지에 관한 우주론적 이야기는 양자역학의 발전과는 별개로 시작되었다. 이 특별한 이야기를 하려면 하이젠베르크가 양자의 기원을 밝히기 8년 전인 1917년의 첫 몇 달로 돌아가야 한다. 그당시 알베르트 아인슈타인은 여전히 영점에너지에 격렬히 반대하고 있었고, 그에 관해 일절 신경 쓰지 않았다. 대신 그는 중력에 관한 것과 그의 대단하고 새로운 이론이 우주 전체에 어떤 영향을 끼칠지를 생각했다.

그 생각은 무한한 공간에 관한 수수께끼 문제에서 시작되었다. '정말 그런 공간이 존재할까?' 이 문제를 피하고 싶었던 아인슈타인은 우주를 거대하지만 결국 끝이 있는 유한한 거대한 공과 같은 구체로 생각하길 선호했다. 일반상대성이론을 보면 아인슈타인의 방정식이 우주의 모양과 크기를 우주가 포함하는 물질과 연관시키고 있음을 알 수 있다. 가장 큰 규모에서 그는 구형의 우주가 그 안의 물질에 의해 영원히 밀고 당겨진다고 보았다. 절대 안정되지 않는 우주였다. 하지만 아인슈타인은 시간이 흐르면서 진화하는 이 우주의 개념을 굉장히 혐오했다. 그의 직관은 시작도 끝도 없는 변하지 않는 우주를 요구했지만, 그의 방정식은 공놀이를 거부했다. 그에겐 수정이 필요했다.

아인슈타인은 모든 공간과 시간에 퍼져 있는 새로운 성분, 즉 우주상수를 통해 우주 진화라는 문제를 해결할 수 있다고 생각했다.

이 우주상수는 오직 그의 상상에서 나온 것으로, 아인슈타인은 이 것이 우주의 영점에너지와 연결되리라곤 생각도 하지 못했다. 하지 만 일단 우주상수를 상상한 후, 우주상수로 물질과 공간의 곡률 사 이의 균형을 조심스럽게 맞추어 우주가 변하지 않도록 설정했다. 이것은 시공간이라는 전쟁터에서 우주 거인들 사이에 맺은 불안한 휴전이었다. 오래가지 못할 휴전이었다.

아인슈타인을 향한 첫 번째 경고는 같은 해인 1917년 말에 네덜 란드 천문학자 빌럼 드 지터의 맹렬한 공격으로 나타났다. 드 지터 는 아인슈타인의 기본 가설 중 많은 부분에 의문을 제기했고, 실험 적으로나 수학적으로나 아인슈타인의 우주를 대체할 수 있는 다른 대안들을 보여 주었다. 드 지터는 온 우주에 오직 우주상수만 있고 물질은 거의 없는 매우 묽은 상태의 우주를 상상했다. 이 우주는 전 적으로 아인슈타인의 우주적 개념으로만 형성된 대안적 우주였다. 그러나 아인슈타인은 여기에 별이나 행성 같은 평범한 물체가 가 진 역할이 없으니 이것이 우리 우주를 정확히 묘사한 것으로 보기 어렵다고 생각했다. 설상가상으로(아인슈타인의 입장에서는), 천문학 자 아서 에딩턴은 만약 이 우주에 별이나 행성을 집어넣는다면 그 들 사이의 공간이 넓어짐에 따라 서로 더 빠르게 가속하며 멀어질 것을 보여 주었다. 아인슈타인과 드 지터는 서로를 매우 존경했고 함께 열심히 논쟁도 벌였지만, 아인슈타인이 드 지터가 제시한 해 결책을 받아들였다는 증거는 없다. 아인슈타인의 세계와 드 지터의 세계는 당대를 선도하는 우주 모형이 되었다.

알렉산드르 프리드만Alexander Friedmann은 편 가르기에 관심 없었다. 1922년 이 젊은 러시아 물리학자는 진화하는 우주의 가능성을 더 심각하게 받아들이기로 했고, 완전히 새로운 해결책들을 발견했다. 프리드만의 세계에는 우주상수가 없었다. 대신 그의 우주에서는 물질이 희석됨에 따라 팽창의 속도가 느려졌다. 이 개념을 앞의 두 우주 모형과 대조해 보자. 아인슈타인의 세계에서는 우주가 고요하다. 드 지터의 세계에서는 팽창이 있지만, 전적으로 우주상수에 의해 움직였으며, 팽창이 빨라지고 가속화될 수밖에 없었다. 우주 초기와 마지막 시기에 일어나는 몇 번의 가속 폭발 내용을 제외하면 팽창하되 속도는 느려지는 프리드만의 우주론이 우주의 역사 대부분을 가장 잘 설명하는 모형이라고 밝혀졌다.

처음에 아인슈타인은 프리드만의 논문이 수학적으로 문제가 있다고 일축했다. 이후에 논문의 수학적 타당성이 확실해지자 아인슈타인은 그 내용의 중요성을 깨닫기 시작했고, 5년 전에 자신이 도입한 우주상수와의 관계에도 변화를 도모했다. 1923년에 헤르만 바일Hermann Weyl에게 보낸 엽서에서 아인슈타인은 "준정적인quasi-static 세계가 없다면 우주적 상수를 없애라"고 말했다. 다시 말해, 그는 팽창하는 우주의 개념을 받아들이면서, 지난 1917년에 심어 놓은 고정관념으로 일반상대성을 변색시킬 필요가 없다고 본 것이다. 즉 우주상수를 고집하는 것이 무의미했다. 그리고 온갖 증거들이 발견됨에 따라, 프리드만이 제안한 느리게 팽창하는 우주 개념은 향후 70년간 지배적인 시각이 되었다. 앞으로 다루겠지만, 그렇게 모습을 감춘 우주상수는 천문학자들이 우리 우주가 최근에 가속했다는 징후를 감지하기 시작한 1990년대까지 돌아오지 않았다.

프리드만은 자신의 우주론이 승리하는 모습을 보지 못했다. 1925년 여름에 신혼여행을 마치고 집으로 돌아오는 길에 기차역에서 배를 먹었는데, 제대로 씻지 않은 그 배에 세균이 가득했다고 한다. 레닌그라드로 돌아온 후 장티푸스 진단을 받은 프리드만은 2주 후 사망했다.

아베 조르주 르메트르Abbé Georges Lemaître가 자기만의 생각을 개발하기 시작한 시기도 이 무렵이었다. 벨기에 샤를로이의 부유한 가톨릭 가정에서 자란 르메트르는 겨우 아홉 살 때 사제가 되기로 마음먹었고, 같은 달에 과학자가 되겠다고도 결심했다. 〈뉴욕타임스〉에서 그는 이렇게 말했다. "나는 진실에 관심이 있었다. 구원의 관점에서 보는 진실뿐 아니라 과학적인 확실성에서 보는 진실도 흥미로웠다." 이 두 가지 면은 그의 삶에서 그 어떤 갈등도 일으키지 않았다.

르메트르는 프리드만의 연구를 따르지는 않았지만, 나선 성운이라고 알려진 희미한 나선형 빛을 관측한 미국 천문학자 베스토 슬라이퍼Vesto Slipher의 저서를 읽었다. 슬라이퍼는 그 나선형 빛이 우리에게서 멀어지고 있음을 알아챘고, 르메트르는 그것이 우주의 팽창 때문이라고 정확히 해석했다. 대략적인 추정에 의하면 나선은하들은 매우 멀리 떨어져 있어서 어떤 천문학자들은 나선은하들이 실제로 수백만, 어쩌면 수십억 개의 별로 이루어진 섬 우주라고 추측했다. 그리고 그들이 옳았다. 에드윈 허블Edwin Hubble은 은하들을 좀 더 자세히 들여다본 후에야 개별 항성들을 구분할 수 있었다. 슬라이퍼의 나선 성운은 현재 우리가 은하라고 부르는 것이었다.

르메트르는 팽창하는 우주를 위한 방정식을 풀기 시작했지만, 아인슈타인은 감동하지 않았다. 르메트르는 행성과 별, 심지어 우주상수까지 모든 것을 그의 모형에 던져 넣었으나, 아인슈타인에게 그것은 과잉 살상이었다. 팽창하는 세계에서 그는 우주상수의 가치를 찾을 수 없었다. 아인슈타인에게 있어 우주상수의 목적은 우주의 팽창을 멈추고 정적인 상태로 만드는 것이었다. 1927년 솔베이에서 열린 학회에서 르메트르가 논문을 토의하기 위해 찾았는데 아인슈타인은 당시 관용을 베풀 기분이 아니었다. "당신의 계산은 정확하네요." 그가 르메트르를 불러 칭찬하며 말했다. "하지만 물리적 통찰력은 끔찍합니다."

그러나 에딩턴은 르메트르를 칭찬했다. 르메트르의 연구가 아인슈타인의 정적 우주 모형을 종결시킨다고 보았기 때문이다. 르메트르가 직접적으로 말하지는 않았지만, 그의 계산은 아인슈타인의 우주가 불안정하다는 사실을 암시했다. 아인슈타인의 우주는 물질과 우주상수 사이의 불안한 휴전에 너무 많이 의존했다. 만약 그 휴전이 깨지면 그게 아무리 적은 물질량의 밀도를 아무리 부드럽게 조정한 것이라 해도 우주는 재빨리 다른 것으로 변할 것이다. 게다가 한 가지는 확실했다. 우주는 절대 정적이지 않다.

1920년대 말까지 허블은 슬라이퍼 은하까지의 거리를 정확히 측정할 수 있었다. 그 거리를 은하가 멀어지는 속도와 비교하자, 아인슈타인의 1917년 모형과 대조되는 프리드만과 르메트르가 개발한 팽창 우주 모형이 증명되었다. 이 시점에서 아인슈타인은 더 목소리를 높여 우주상수를 거부했다. 우주는 정적이지 않았기에 우주상수는 이제 필요치 않았다.

아인슈타인이 우주상수를 "인생에서 가장 큰 실수"라고 말했다는 보도가 종종 있었지만, 그가 실제로 그렇게 말했는지는 논란의 여지가 있다. 아인슈타인이 우주상수로 절대 돌아가지 않은 것은 확실한 사실이다. 그는 제2차 세계대전이 끝날 무렵에 쓴 논평에서 "만약 일반상대성이론을 만들었을 때 허블의 팽창 현상이 발견되었더라 우주적 구성원(우주상수를 뜻한다—옮긴이)은 절대 도입하지 않았을 것이다"라고 고백했다. 2년 후 그는 르메트르에게 편지를 보내 우주상수의 추악함을 한탄하고, 이 용어를 도입한 것에 대해 "항상 양심의 가책을 느꼈다"고 이야기했다. '가장 큰 실수'라고 말한 것에 대해 처음 밝힌 사람은 우크라이나 물리학자 조지 가모브 George Gamow다. 미국의 유명 물리학자 존 휠러John Wheeler가 가모브와 아인슈타인이 프린스턴에서 나눈 대화에서 이 말을 우연히 들었다고 주장했지만, 가모브의 성격 때문에 몇 가지 의심이 제기되었다. 뛰어난 물리학자인 가모브는 짓궂은 유머 감각을 가진 술꾼이기도 했다. 그의 놀라운 일화 중 하나는 그가 제자인 랄프 앨퍼Ralph Alpher 와 함께 쓴 수소와 헬륨 등 가벼운 원소의 합성에 관한 연구 논문에 친구인 한스 베테Hans Bethe의 이름을 추가한 사건이다. 베테의 이름을 추가하면 논문의 저자명이 앨퍼Alpher-베테Bether-가모브Gamow로 나열되어, 그 첫 문자가 마치 그리스 알파벳을 순서대로 읽는 것처럼 되기 때문이었다. 어쨌든 아인슈타인이 우주상수를 정말 자신의 '가장 큰 실수'로 표현했는지는 별로 중요하지 않다. 그가 가장 통렬하게 반성한 일에 비해서는 아무것도 아니다. 1939년 아인슈타인은 독일이 원자폭탄을 만들 수도 있다고 경고하면서 루스벨트 대통령에게 미국의 자체 핵무기 개발을 장려하는 서한을 작성했는데, 이 일은 아인슈타인이 가장 후회하는 일이 되었다.

르메트르는 아인슈타인의 비판에 낙담하지 않고 우주상수와 팽창하는 우주의 연관성을 계속 고민했다. 그리고 1931년 〈네이처〉에 보낸 편지(코브라의 내장에서 발견된 곤충에 관한 논의 다음에 게재되었다)를 통해서 만약 우리가 시간을 거슬러 올라가, 아주아주 오래된 우주의 옛 모습을 상상한다면 어떨지 물었다. 그는 온갖 행성과 별, 복사의 모든 펄스 등 모든 것의 에너지가 매우 작은 공간, 아직 아무도 모르는 '양자' 하나 속에 들어 있을지도 모른다는 사실을 깨달은 것이다. 우리가 현재 우주의 초기 특이점, 즉 시간과 공간의 시작을 나타내는 무한 밀도의 원시적 붕괴라고 부르는 것에 대해 해결하려고 노력하고 있다. 아인슈타인과 달리, 르메트르는 우주상수를 절대 포기하지 않았다. 우주상수를 진공에너지로 처음 인식한 것도 그였지만, 영점에너지와 양자역학과의 연결성은 전혀 발견하지 못했다. 만약 그랬다면 아인슈타인을 다시 끌어들였을 것이다.

이후 30년 동안 우주상수는 우주론을 연구하는 몇 안 되는 물리학자 사이에서도 대부분 무시되었다. 이 분야에서 가장 뛰어난 두

뇌들은 미시세계와 뒤엉켜 기본 장의 구조를 분해하는 입자 세계에 더 관심 있었으며, 애초부터 우주상수를 옹호한 이들은 성직자들이었다. 우주상수를 부활시킨 이는 제2차 세계대전 후 소련 핵무기 프로그램을 이끌던 한 사람이다. 야코프 젤도비치Yakov Zel'dovich는 소련 최고 계급인 사회주의노력영웅으로 선정된 16명 중 한 명이다. 1960년대 후반, 그는 하이젠베르크의 영점에너지와 우주상수를 연결하면서 우주 진공의 점들을 결합했다. 그것은 파울리가 카페에서 휘갈기며 계산했던 것을 현대적 방식으로 바꿔 계산한 것이다. 그리고 파울리가 그랬던 것처럼 젤도비치도 문제를 발견했다. 끔찍하게도 큰 문제였다.

젤도비치는 양자장 이론이 맞는다면 진공은 영원히 존재의 안팎을 드나들며 부글거리는 가상입자로 채워져야 한다는 사실을 깨달았다. 이 가상입자들은 우주가 망각으로 휘어질 만큼 많은 에너지와 압력으로 진공을 가득 채워서 진공에 일종의 무게를 가해야만 한다. 더는 우주상수를 무시할 수 없었다.

젤도비치가 선언한 이후로 반세기가 지났지만, 우주상수 문제는 여전히 존재하며 오히려 더 악화되었다. 젤도비치는 진정한 우주상수가 사라지고 있다고 믿었지만, 어떻게 사라져야 하는지는 알지 못했다. 그 무엇이 가상입자들을 길들일 수 있는지 몰랐기 때문이다. 하지만 그 무언가는 존재해야만 했다. 어쩌면 대칭성일 수도 있다. 그로부터 30년이 지난 1990년대 후반, 천문학자들은 멀리 있는 초신성이 점점 더 빠른 속도로 우리에게서 멀어지고 있는 모습, 즉 우주 가속화의 증거를 발견하기 시작했다. 그 가속의 형태는 마치 우주상수가 밀고 있는 듯 보였지만, 그 우주상수는 양자 이론이 예측한 우주상수나 진공에서 튀어나와 광분하는 가상입자가 아니었다. 그보다 10^{-120}배나 작은 우주상수였다.

비록 우주상수의 실제 값으로 인해 매우 어려운 문제들이 제기되었지만, 그 존재는 아인슈타인에게 예상치 못한 승리를 안겨 주었다. 아인슈타인은 우주상수를 버렸을지 모르나, 실수하지 말아야 할 점은 어쨌거나 우주상수는 그의 발명품이라는 것이다. 가속하는 우주는 드 지터에게도 승리를 안겨 주었다. 팽창하는 우리의 우주는 점점 묽어지고 있으며, 어디에나 스며들어 있는 우주상수에 의해 움직이는 공허하고 영원한 우주, 드 지터 세계에 접근하고 있는 것처럼 보인다. 하지만 한 가지 의문이 남는다.

왜 이렇게 당혹스러울 만큼 작을까?

황금 티켓

상황이 상당히 절박해지고 있다. 파울리가 슈테른과 함부르크의 한 카페에 앉아 우주가 '달까지의 크기도 못 됐을 것'이라고 주장한 지 거의 한 세기가 지났다. 그간 우주상수 문제에 대해 모든 사람을, 아니, 어느 누구도 만족시킬 해결책조차 아무도 생각해 내지 못했다. 우리는 작은 수가 우연히 생기지 않는다는 사실을 알고 있지만,

우주상수는 예상값의 0.0000000000000000000000000000000000000000000000000000000000000000000000000000000000000000000000000000000000000000000000000000001배(10^{-120}배—옮긴이)나 작다. 자연성은 기초물리학 내 거의 모든 영역에서는 훌륭한 성공을 거두었지만, 우주적 진공 상태에서는 물에 잠기고 있었다.

보어는 우주상수를 구하기 위해 노력한 처음의 사람 중 한 명이다. 1948년 브뤼셀에서 열린 솔베이 학회의 개막 연설에서 그는 영점에너지에 대해 숙고한 내용을 언급했다. 파울리의 생각처럼 그도 중력이 개입할 경우 영점에너지는 광적으로 변할 것이고, 공간을 망각의 상태로 구부러뜨릴 거란 사실을 알고 있었다. 그래서 보어는 무언가 중력을 사라지게 만들고 있는 게 틀림없다고 생각했다. 부글부글 끓는 가상입자들의 완벽한 균형에 대해 상상하면서, 어떤 입자들은 진공에 양의 에너지를 주고, 또 다른 입자들은 음의 에너지를 주어서 에너지를 서로 상쇄할 것이라 보았다. 마치 같은 수의 천사와 악마에게 둘러싸여 있는 것처럼 말이다. 천사들은 우리에게 행복과 기쁨의 선물을 가져다주고, 악마들은 그것들을 빼앗아 간다. 만약 그 둘이 균형을 이룬다면 우리는 기쁘지도 슬프지도 않다. 바로 그것이 우주상수일 수도 있다. 어떤 가상입자들은 에너지를 위로 밀어 올리고, 다른 입자들은 아래로 밀어 내린다. 그래서 결국 에너지가 0에 정착하는 것이다.

보어는 가상 양성자와 전자가 이런 식으로 힘겨루기를 할 수 있다고 생각했다. 하지만 실제로는 그렇지 않다. 둘 다 페르미온이기 때문이다. 진공에 있는 가상의 페르미온은 항상 진공에너지를 아래로 밀어내서 우리를 음의 에너지로 가게 한다. 하지만 가상 보손은 그 반대다. 보손들은 에너지를 위로 끌어올리려고 노력한다. 파울리는 이것을 처음으로 알아챈 사람이다. 만약 보손이 천사처럼 행동하고, 페르미온이 악마처럼 행동한다면 그들은 보어가 상상한 것처럼 서로를 상쇄시키고 완벽한 균형을 이루면서 우주적 진공을 다스릴 수 있었을 것이다.

좋은 생각이다. 하지만 좋은 생각인 건 유니콘의 존재도 마찬가지다. 단지 우리가 사는 특정 세계에 설 자리가 없을 뿐이다. 보손과 페르미온 사이가 적절한 균형을 이루려면 이전 장에서 말했던 대칭성, 즉 '수지'가 필요하다. 수지는 우리가 상상했던 힉스의 질량을 보호하는 초대칭성이다. 입자의 수를 두 배로 늘려서 모든 보손이 새로운 페르미온과 결합하고, 모든 페르미온이 새로운 보손과 결합한다는 개념이다. 각각의 만남이 제대로 이루어지기 위해서는 두 입자가 똑같은 질량과 전하를 가져야 한다. 우주상수를 배제할 경우, 우리에게 필요한 것이 바로 이 초대칭성이다. 완벽하게 초대칭적인 이 세계에서 각 가상 보손은 진공에너지로 우주를 짓누르려고 할 것이며, 오직 페르미온 짝꿍만이 그 효과를 상쇄할 수 있다. 하지만 우리 세계는 완벽한 초대칭 세계가 아니다. 사실 수지의 존재에 대한 그 어떤 징후도 발견하지 못했다. 아직까진 말이다. 만일 우리가 진공을 직소 조각으로 잘게 분해해서 실험물리학의 가장자리까지 끌고 간다 해도, 다시 말해, 세른의 충돌기 능력치를 최대로 끌어올린다 해도 초대칭성을 찾거나 진공에너지를 기적적으로 상쇄할 가능성은 없다.

이는 첫 번째 시도에 실패한 내용에 불과할 뿐, 사실은 이후에도 많은 시도가 있었다. 우주상수 문제는 마치 세이렌처럼 먹잇감을 유인한다. 물리학자들은 자연성을 지키기 위해 우주상수를 정복하겠다 결심하고 다가가지만 결코 성공하진 못하는 것 같다. 반세기가 넘도록 우주상수 문제는 우리를 거부하고 있으며, 잇따른 실패는 우리의 결심을 약하게 만든다. 이미 자연성은 죽었다고 믿는 사람들도 있다. 절망 속에서 낡은 방식을 버린 그들은 새로운 사고방식에서 피난처를 찾았다.

인류학Anthropics이다.

부모님이 내 어릴 적에 크리스마스 선물로 사 주셔서 날 어리둥절하게 만들었던 그 콜린스 영어 사전을 보면 '인류적anthropic'이라는 단어는 '인간 또는 인류에 관한 것'을 의미했다. 물리학에서 보면 인류학적 원리는 인간의 존재, 더 넓게는 복잡하고 지적인 생명의 존재를 기본 법칙들과 연결해 주는 것이다. 예측 불가능한 우주의 맥락에서 보면 이 원리는 자연성의 대안을 제공한다. 우리가 자연에서 발견한 작은 수 가운데 일부는 신비한 대칭성이나 멋지고 새로운 물리학 때문이 아니라, 생명이 번영하기 위해서 존재한다는 것이다.

그것은 삶과 죽음 그리고 다중우주에 관한 과학이다. 하지만 과학으로 볼 수 없다고 말하는 사람도 있긴 하다.

이에 관한 기본 개념은 호주 물리학자 브랜던 카터Brandon Carter
가 코페르니쿠스의 지식에 도전했던 1973년으로 거슬러 올라간다.
500년 전, 코페르니쿠스는 겸손하게도 우리가 특별한 존재가 아니
라고 선언했다. 우주에서 우리 위치에는 특권이 없다고 말이다. 하
지만 카터는 다르게 생각했다. 그의 눈에는 마치 물리 법칙이 완벽
히 조정되어 있어서, 교향곡이 시작되면 지적 생명체가 진화할 수
있는 것처럼 보였다. 스티븐 와인버그는 마침내 이 논리가 우주상
수에 어떻게 적용될 수 있는지를 보여 주었지만, 과학자들은 그의
논리를 다른 수수께끼들, 특히 공간 차원의 수나 예상보다 훨씬 작
았던 힉스 보손의 질량 같은 문제에 적용했다.

이 장의 첫 부분에서 보았듯이, 우리의 우주상수가 나타날 확률
은 구골 분의 일도 되지 않는다. 만약 로또 당첨률이 그 정도라면
여러분은 복권을 살 생각조차 하지 않을 것이다. 하지만 로또에 당
첨되어야만 한다고 치자. 여러분 목숨이 거기에 달렸다고 가정해
보자. 그러면 무엇을 해야 할까? 가능성을 높이는 유일한 방법은 복
권을 엄청나게 많이 사는 것이다. 우주상수의 로또 추첨에서, 각 복
권은 각기 다른 진공에너지를 가진 우주들이다. 자연은 우주상수
를 가진 우주들을 모아 놓은 다중우주 복권 여러 장을 사서 당첨 확
률을 높일 수 있다. 이 우주들은 대부분 너무 무거우며, 복잡한 생
명체가 진화하기엔 진공에너지가 너무 가득 차 있지만, 그들 중 일
부는 우리처럼 다른 우주보다 구골 배 더 가볍다. 이 가벼운 세계로
들어가려면 황금 티켓을 손에 넣어야 한다. 오직 이곳 다중우주 안

에서도 특권을 가진 이 구석진 우주에서만 위대한 문학과 예술을 발견할 수 있고, 과학이 꽃피울 수 있으며, 지적 생명체들이 우주상수에 관한 질문을 던진다.

하지만 자연은 그것이 황금이든 아니든 상관없이 복권을 살 곳이 필요하다. 여기서 바로 끈이론string theory이 등장한다. 다음 장 마지막 부분에서 다루겠지만, 끈이론은 우리에게 다중우주, 즉 가능하지만 서로 다른 우주들의 풍경을 제공할 것이다. 양자역학의 마법 덕분에 우리는 어떤 한 우주에 있는 자신을 발견한 다음 다른 우주로 스스로 뛰어들 수 있다. 바로 이것이 손에 쥔 로또 복권을 가지고 자연이 움직이는 방식이다. 첫 번째 복권은 거대한 우주상수를 가진 우주일 것이며, 두 번째도 세 번째도 이후로 수많은 복권도 비슷한 우주일 것이다. 자연은 이들 중 많은 우주를 무작정 건너뛰겠지만, 그 우주는 과연 어떤 모습일까? 그렇게 무거운 우주에서도 리오넬 메시가 축구를 할 수 있을까? 비틀스가 미국을 정복할까? 그래도 공룡들이 지구를 지배할까? 모든 질문에 대한 대답은 '아니요'이다. 황금 티켓 하나를 찾기 위해, 자연은 매우 작은 우주상수를 가진 우주로 건너가야 한다.

이것은 모두 우리가 우주먼지이기에 일어난 일이다. 여러분도, 리오넬 메시도, 트리케라톱스도 우주먼지다. 우리와 우리가 사는 행성을 구성하는 모든 것이 별 안에서 만들어졌다. 그러나 복잡한 생명체로 진화하기 위해선 별뿐만 아니라 은하도 필요하다. 은하가 별 무리를 함께 묶어 놓지 않으면 초신성 폭발에서 방출된 무거운 원소들은 빈 공간 속으로 사라져 버릴 것이다. 은하는 이 파편들을 모아서 복잡한 생명체로 진화할 수 있는 성분들로 가득 찬 행성들을 만들기도 한다. 생명으로 향한 황금 티켓은 은하계가 있는 우주로 가는 티켓이다.

와인버그는 은하계에 진공에너지가 너무 많으면 안 된다는 사실을 깨달았다. 만일 우주상수가 크고 양의 값일 경우, 팽창이 초반부터 가속되었으리란 걸 알아챈 것이다. 그 경우엔 별들이 우주 팽창으로 격렬하게 밀려나 버려서 우리에게 필요한 은하가 형성될 시간이 충분하지 않다. 이 상황을 우주상수가 크고, 음의 값일 경우와 대조해 보자. 그 우주에는 가속은 없으나 더 나쁜 일이 생긴다. 우주가 음의 우주상수를 느낄 때마다 팽창을 멈추는 것이다. 그때 우주는 수축하기 시작할 것이고, 붕괴에 의한 종말로 끝이 난다.

업데이트된 와인버그 이론을 보면 우리가 우주에서 발견한 우주상수보다 수천 배가 안 되는 작은 값의 우주상수들이 있어야만 은하가 나타날 수 있다. 이 우주상수들이 바로 우리가 말한 황금 티켓이다. 이런 우주상수가 있어야만 다중우주의 한쪽 구석에 있는, 은하가 존재하고 생명체 진화가 가능한 맞춤형 우주로 들어갈 수 있다. 다중우주의 나머지 부분은 불모지다. 그곳에 대한 인류학적 접근 방식은 비틀스나 메시, 젤도비치, 또는 우리가 사는 우주에 관한 어려운 질문을 던지는 복잡한 생명체의 존재를 물어보는 것이다. 하지만 우리가 그런 식으로 접근하는 순간, 우리는 우리 세계의 가능성을 좁히게 된다. 너무 큰 우주상수를 가진 다중우주의 한 모퉁

이에 대해 더는 걱정할 필요가 없다. 우리는 오직 황금 티켓, 즉 복잡한 생명체가 번영할 수 있을 만한 우주들과 비교하는 일에만 관심을 가져야 한다.

다시 질문해 보자. 우주상수의 전형적인 값은 몇일까? 우리는 황금 티켓에만 관심을 두고 있으니 가능한 우주상숫값의 범위는 그렇게 넓지 않다. 사실 그 값은 우리가 우주에서 본 값의 수천 배 이상일 수는 없다. 우리는 복잡한 생명체의 존재를 설정하고 인류학적 원리를 적용해서 우주상수에 허용되는 값의 범위를 대폭 줄였다. 우리 우주는 이제 구골 분의 1 확률의 외톨이가 아니다. 오히려 복잡한 생명체를 지닌 황금 티켓을 가진 우주이며, 올바른 우주상수를 찾을 확률도 수천 분의 일로 줄었다. 꽤 큰 발전이다.

인류학은 똑똑한 접근법이기도 하고, 다른 세계가 있는 다중우주와 함께 다룰 때는 매력적일 수도 있지만 분열을 일으키기도 한다. 인류학이 과학의 경계에서 너무 멀리 벗어나 있으며, 심지어 원칙적으로 입증할 수도 없다고 우려하는 비평가들이 많다. 그러나 이것은 부당한 평가일지도 모른다. 1997년 와인버그는 예측했다. 그와 협력가들은[4] 진공에너지가 우리 우주에 있는 총 에너지의 약 60퍼센트보다 작다면 인류학적 접근법으로는 그렇게 작은 이유를 설명할 수 없을 것이라 주장했다. 이 주장은 당시 심사 중에 논문이 게재되는 데 결정적인 역할을 했다. 〈천체물리학저널Astrophysical Journal〉의 편집자가 인류학을 혐오하고 있었는데, 그는 이 논문이 인류학의 개입을 완전히 끊어 낼 만한 길을 제시한다고 판단하여 논문 게재에 동의한 것이다. 이듬해 애덤 리스와 솔 펄머터가 이끄는 초신성 팀이 우주 가속에 대한 증거 자료를 발표했다. 그리고 우리는 이제 우주상수가 우주 에너지의 약 70퍼센트를 차지한다는 사실을 알게 되었다. 와인버그의 예언이 들어맞았다. 그는 인류학을 시험했고, 인류학은 그 시험에 통과한 것이다.

인류학의 문제는 다른 많은 것들과 마찬가지로 종종 우리가 직접 겪은 경험으로 편향된다는 점이다. 생명체에 관한 질문을 던질 때마다, 우리는 주변 환경을 보며 우리의 놀라운 행성이 가진 다양성에 큰 영향을 받는다. 하지만 그런 경험을 하는 순간 우리는 타협하게 된다. 나는 어떤 생물학자에게 외계 생명체가 DNA를 가지고 있다고 생각하는지 물어본 적이 있다. 그는 모른다고 했다. 어떻게 알겠는가? 그는 다른 우주는 물론이거니와 다른 행성에서 온 외계인도 해부해 본 적이 없다. 우리가 인류학적 원리를 적용하기 위해 사용하는 기준과 지적 생명체의 존재는 우리가 이미 교육받은 추측 속에서 자주 어지럽혀지고 있으며, 그 추측이 맞는지 제대로 알기도 쉽지 않다.

그리고 다중우주 자체에도 문제가 있다. 정말 존재할까? 우리는 실험적으로든 수학적으로든 다중우주가 사실이라는 증거를 갖고 있지 않다. 끈이론으로 다중우주 하나를 예측하는 것 같긴 하지만, 그 구조에 대해서는 거의 알지 못한다. 양자 마법으로 구조를 알아낼 수도 있겠지만, 다중우주 속에 이 일을 단념시키거나 철저히 막아 버리는 장벽이 존재하면 어떻게 될까? 다중우주에 관한 세밀한 지식이 없다면 우리가 경고와 추측에 짓눌리지 않고 말할 수 있는 건 그리 많지 않다.

인류학 이론은 생명체에 관한 이론이자, 자연에 존재하는 초미세 균형을 이해하기 위한 탐구다. 그리고 중간 크기 별 주변의 거주 가능 영역에 존재하는 바위투성이 행성에서 여러분과 내가 태어나도록 만들어 주었다. 하지만 인류학에는 아직 모르는 게 많이 남아 있으며, 어쩌면 미지의 이론이 될 수도 있다. 우리는 정말 자연성을 버리고 이렇게 허술한 이론을 붙잡아야 하는 걸까? 내 본능은 아니라고 말한다. 자연성은 자연의 아름다움과 우아함에 대한 경외다. 대칭성에 관한 탐구다. 그 대칭성은 빛이 광속으로 이동할 수 있도록 광자의 질량을 사라지게 해 주었고, 전자가 너무 무거워져서 원자를 불안정하게 만드는 일을 막아 주었다. 하지만 빈 공간의 에너지로부터 우리 우주를 보호해 주는 대칭성은 무엇일까? 우주상수를 다스리는 아름답고도 새로운 물리학은 대체 무엇일까?

뉴턴의 유령

나는 그 건물에 들어가면서 허리를 굽혀야 했다. 낮은 천장에는 나무 대들보가 교차로 걸쳐져 있었고, 벽에는 마녀를 내쫓기 위한 조각들이 놓여 있었다. 내가 있는 곳, 울스소프Woolsthorpe 저택은 링컨셔 시골 깊숙한 데 자리 잡은 곳으로 역사가 짙게 느껴지는 오래된 농장이었다. 1642년 크리스마스의 이른 새벽, 해나 뉴턴Hannah Newton이 장남 아이작Issac을 낳은 곳이 바로 여기다. 해나는 아이가 머그잔에 들어갈 만큼 작다고 말했고, 그 아이는 훗날 과학계의 왕이 된다.

나는 캘리포니아대학 동료와 함께 영감을 얻고자 울스소프를 찾아갔다. 그러나 21세기 물리학자 두 사람의 상태는 그다지 나아지지 않았고, 우리는 농장 과수원에서 아직 잘 자라고 있는 사과나무 아래에 앉아 생각과 방정식을 이리저리 굴리며 뉴턴의 유령이 찾아와 우리를 이끌어 주길 바라고 있었다.

거의 그럴 뻔했다.

폐장 시간이 되어 농장에서 쫓겨날 때쯤, 우리는 곧 닥칠 종말과 우주상수 문제를 연결하는 흥미진진하고도(무섭기도 한) 새로운 생각을 공식으로 만들었다. 아직 집에 갈 준비가 안 되어 있었기 때문에 우리는 콜스터워스 마을에 있는 가장 가까운 술집인 화이트 라이언으로 향했다. 이곳은 나무 바닥에 돌담이 있는 꽤 예스러운 술집으로, 뉴턴이 세례를 받았던 색슨 교회를 내려다보고 있었다. 내가 친구에게 맥주잔을 건넸을 때, 그는 냅킨 뒤에 방정식 몇 개를 더 휘갈겨 쓰고 있었다. 우리는 몇 가지 세부적인 문제로 논쟁을 벌였는데, 곧 옆 테이블에 앉아 있던 긴 수염의 건설 노동자들이 호기심 어린 눈으로 우릴 보고 있단 걸 알아차렸다.

"둘이 뭐 하는 거요?"

링컨셔 지방 사투리로 강하고 투박한 말투였다. 나는 우리가 조금이라도 덜 괴짜처럼 보일 만한 대답을 하고 싶었다. 누가 뭐래도 과하게 몰입한 학자들처럼 보이지 않도록 말이다. 하지만 내가 너무 늦었다. 그 즉시 영국의 술집 문화에 익숙하지 않은 미국인 교수가 이렇게 말했다.

"우주가 언제 끝날지 이야기하고 있었어요."

하지만 걱정할 필요가 없었다. 이후로 우리는 한 시간가량 술집에서 만난 새 친구들에게 우리의 생각을 설명했고 그들을 매료시켰다. 우주에 관한 기존 관점이 왜 말이 안 되는지, 우주의 진공이 어떻게 양자 들뜸의 거품이 되어 우주를 아주 격렬히 산산조각 내고, 별과 행성 그리고 인간이 결코 존재할 수 없게 만드는지를 이야기했다. 그리고 이 난제를 해결할 방법이 있다고 말하면서, 그 대가도 치러야 한다고 덧붙였다. 우주는 끝날 것이며, 곧 그렇게 될 거라고 말이다.

그들이 놀란 표정을 짓는 건 당연했다. 물론 우리가 말하는 '곧'이란 우주적인 용어였다. 그것은 몇 백억 년으로, 그 정도면 한 잔씩 더 하기에 충분한 시간이니 우리 친구들은 당연히 안심했다.

그 따뜻한 여름날 울스소프에서 주고받은 생각은 아주 간단한 사실을 관찰하며 얻은 영감이었다. 알다시피 우주상수는 상수constant라는 사실이었다. 아주 명백하지는 않지만, 바로 이것이 실제로 우주상수를 특별하게 만드는 것이다. 그 점이 우주상수를 행성이나 별 그리고 중력에 영향을 미치는 다른 모든 것과 구별되게 만든다.

우주상수를 행성과 비교해 보자. 행성도 우주상수처럼 중력장에 영향을 미치지만, 그 효과는 상당히 다르다. 행성의 질량은 균일하게 퍼져 있는 것이 아니라, 시공간이라는 작은 영역에 모여 있다. 다시 말해, 질량 밀도가 떨어지기 시작하는 영역에 변화율이 있다는 말이다. 하지만 우주상수는 다르다. 우리가 아는 한 그것은 일정하다. 우주의 한구석에서든, 어떤 특정한 시간에서든, 근본적인 진공에너지는 변하지 않는다. 변화율이 없다.

아인슈타인의 일반상대성이론을 통해 우리는 모든 형태의 에너지가 그 어떤 예외도 없이 중력에 영향을 받는다는 것을 알게 되었다. 시공간은 행성과 별, 인간과 지각을 가진 외계 존재로 인해 휘어진다. 진공에너지에 의해서도 구부러질 것이다. 여기서 우리가 하려 했던 것은 우주상수를 약간 다르게 취급하는 새로운 중력 이론을 개발하는 것이었다. 행성과 별들은 아인슈타인의 말대로 중력을 끌어들인다. 여러분도 그렇고, 나도 그렇다. 하지만 진공에너지 아래에 있는 저장고, 즉 상수는 중력을 전혀 느끼지 않는다.

우리 이론은 진공에너지 격리vacuum energy sequestering 이론으로 알려지게 되었다. 무언가를 격리한다는 것은 그것을 따로 두거나 어딘가에 숨기는 것이다. 이 이론은 아인슈타인의 중력 이론과 매우 유사하지만, 양자역학으로 예측한 큰 진공에너지를 숨기기 위한 구조를 갖추고 있다. 이 이론이 어떻게 작동하는지 이해하려면 냉장고를 차갑게 유지하는 방법을 생각해 봐야 한다. 냉장고에는 아마 섭씨 4도 정도의 특정 온도에 맞춰진 온도조절기가 있을 것이다. 내부 온도가 4도를 넘어가면 온도조절기가 외부 냉각 장치를 작동시켜 압축기가 켜지고 냉매가 시스템을 통해 순환하기 시작한다. 냉장고가 다시 차가워지면 온도조절기는 압축기를 끄고 냉각을 멈춘다. 진공에너지 격리 이론에서는 우주에도 온도조절기가 있으며, 모든 시간과 공간에 걸쳐 우주의 평균 온도를 측정한다.

이제 압도적으로 큰 진공에너지를 가진 우주를 상상해 보자. 예를 들어, 빈 공간 1리터 안에 구골기가 줄의 에너지가 들어 있는 것과 같다. 일반상대성이론에서 이 정도 에너지는 우주 온도를 거의 섭씨 10억조조 도까지 끌어올리면서 우주를 구부리고 산산조각 내어 짓뭉개 버릴 것이다. 하지만 진공에너지 격리 이론에는 온도조절기가 있다. 원칙적으로 이 조절기는 우리가 어떤 값으로든 설정할 수 있으니 우리는 절대영도 부근으로 맞춘다. 이 거대한 진공에너지가 존재할 때, 온도조절기는 외부 냉각 장치를 작동시켜 에너지를 낮추고 평균 온도를 원하는 값으로 조절한다. 이것은 시공간 바깥에 있는 외부 장치이기 때문에, 한 시공간 점과 다른 시공간 점을 구분하지 않는다. 오늘과 내일이나 미국과 안드로메다를 구분하지 않는 것이다. 그리고 시간과 공간의 모든 점에서 같은 양만큼의 에너지를 낮춘다. 다시 말해, 진공에너지 아래에 있는 저장고의 기준선을 끌어 내린다. 별과 행성, 아니면 작은 녹색 외계인 같은 다른 에너지원은 이 변화에 영향을 받지 않는다. 진공에너지만 격리된다.

이 온도조절기의 보호를 받으면 마치 우주가 예지력을 가지고 있는 것과 같아진다. 진공에너지가 무엇이든 간에, 우주는 처음부터 살아남으리란 걸 알고 있다. 온도조절기는 인간이 진화하기에 적당할 만큼 우주가 나이 들고 커지고 황량해질 때까지 자라도록 만든다. 여러분은 그 둘 사이에 약간의 인과관계가 있다고 생각할 수도 있고, 어쩌면 운명 같다고 느낄 수도 있다. 운명을 믿는가? 과학자 대부분은 부정하겠지만, 만일 그들이 은하 중심의 왕좌에 있는 포웨히나 다른 블랙홀의 사건의 지평선을 넘는다면 무슨 일이 일어날까? 결국 블랙홀의 특이성과 함께 무한한 고통 속에서 하루를 끝낼 운명이지 않을까? 진실은 그 과학자들이 사건의 지평선을 넘어서는 순간 그들의 운명도 봉인되리라는 것이지만, 그렇다고 그 말이 물리적으로 모순된다는 의미는 아니다. 시간 여행자가 시간을 거슬러 올라가 자신을 잉태하기 전에 부모를 없애는 이야기처럼, 인과적 역설들은 시간이 고리에 걸릴 때만 나타난다. 그러나 우리 이론에는 그런 일이 일어날 만한 명백한 메커니즘이 없다. 역설은 없다. 우주에는 운명만 있을 뿐이다. 온도조절기 덕분에 우주가 나이를 먹고 크게 자라야 한다는 것을 알게 되었다.

이와 같은 우주상수와 우주 예지 사이의 연결고리는 새로운 것이 아니다. 수십 년 전부터 시드니 콜먼Sidney Coleman을 비롯한 많은 사상가가 제안한 내용이다. 콜먼은 물리학자의 물리학자로, 겔만의 제자였으며 과학계 내에서는 만만치 않은 명성을 쌓았지만, 이상하게도 외부에는 그리 알려지지 않은 인물이다. 내가 미국인 동료와 한 일은 콜먼의 생각을 단순한 작업 모델로 만드는 것이었다.

하지만 맞는 생각일까?

솔직히 말하자면 모른다. 내가 말할 수 있는 건 그 생각이 명백히 잘못된 것은 아니라는 점이며, 이미 우리만큼 성숙해진 분야에서 어느 정도 성취가 이루어진 생각이라는 것이다. 우리는 그 생각을 8년 동안이나 개발해 왔다. 첫 번째 논문을 발표했을 때 딸이 태어났고, 나는 그게 얼마나 오래됐는지 항상 인지하고 있다. 물론 일부러 그렇게 시간을 맞춘 건 아니다. 딸아이는 두 달 후에나 태어날 예정이었다. 하지만 내 딸이 자라는 동안 우리 모델도 계속 살아남아 있다. 이 이론은 그 어떤 관찰 후에도 배제되지 않았고, 그 어떤 수학적 불일치나 파국을 초래할 만한 불안정성의 희생양이 되지도 않았다.

그러면 종말론은 어떻게 되었을까? 술집에 있는 친구들에게 적어도 우주적 관점에서는 종말이 임박했다고 말하지 않았는가? 우리는 한동안 그게 사실이라고 생각했다. 이론의 초기 모델에서 우주상수를 정복하기 위해 감당해야 하는 대가였다. 비록 종말론은 충격적이긴 했으나 우리가 의미 있는 대화를 나누고 다른 내용을 예측할 수 있도록 도와주었다. 하지만 시간이 지남에 따라 우리 모델은 더 성숙해졌고, 우리는 결국 종말이 꼭 일어나지 않아도 된다는 사실을 깨달았다. 언젠가는 다시 그 술집으로 돌아가 친구들에게 모든 일이 잘 돌아가고 있다고 말해 주고 올지도 모른다. 만약 우리의 최근 모델이 맞는다면 우리는 우주의 미래를 더 길게 내다볼 수 있고 우주상수도 없앨 수 있을 것이다.

이 장 첫머리에서 나는 우주상수와 힉스로 인한 너무 작은 수와 절망적일 만큼 예측 불가능한 우리 우주 때문에 물리학자들이 당혹스러워한다고 이야기했다. 하지만 그럴 필요가 없어 보인다. 오히려 축하해야 할 것 같다. 결국 가벼운 힉스와 날씬한 우주상수는 우리에게 물리 세계의 구조에 대한 중요한 사실을 알려주려고 노력하고 있다. 그게 무엇일까? 그들을 그토록 작은 값으로 만드는 근본적인 물리학은 무엇일까? 아직 알려지지 않은 대칭성일까? 진공에 너지 격리 같은 예지력일까? 아니면 인류학에서 말하듯 생명 그 자체의 존재일까? 알 수 없다. 내가 말할 수 있는 것은 이 작은 수들이 새로운 발견의 관문이라는 사실이다. 언젠가 우리는 수학의 힘을 빌려 우리 생각의 일관성을 밀고 당기면서, 그리고 실험의 힘을 통해 예상치 못한 세계를 더 깊이 들여다보면서 그들이 우리에게 말하려는 게 무엇인지를 깨닫게 될 것이다.

무한대

INFINITY

무한대

무한대의 신들

예전보다 훨씬 마른 게오르크 칸토어의 허약한 몸에 외투가 무겁게 걸쳐져 있다. 그의 얼굴은 무표정했다. 한때는 자신의 지성과 수학적 꿈을 향한 소망에 한껏 고무되어 활기차고 당당했던 사람이다. 하지만 1917년에 고향 할레에서 찍은 칸토어의 마지막 사진에선 그런 모습을 찾아볼 수 없다. 혹독한 세계대전이 발발한 지 3년이 지난 시점이었고, 그간 독일 국민은 굶주렸다. 수확에 실패했고, 연합군 전함이 독일의 식량 공급을 막고 있었다. 일부 독일인은 직접 경작하거나 암시장을 통해 모자란 배급량을 보충했다. 그러나 칸토어는 아니었다. 그는 조울증을 앓은 후 할레의 네르벤클리닉이라는 정신병원에 수용되었다. 독일 기관의 식량 배급량이 평소의 절반도 안 되고 사망률도 두 배에 이르자, 그는 아내에게 집으로 돌아가게 해달라고 계속 편지를 썼다. 하지만 그녀는 소원을 들어주지 못했다. 1918년 1월 6일, 영양실조로 쇠약해진 게오르크 칸토어는 심장마비로 사망했다.

칸토어는 만년에 정신질환과 개인적 비극, 직업적 탈진으로 공포에 시달렸다. 하지만 그가 견뎌 온 이 바닥 같은 환경에도 불구하고, 그는 누구보다 높이 올라갔다. 감히 아무도 상상할 수 없는 것을 상상했고, 하늘에 도달해 천상의 수를 만났다. 바로 무한대였다. 칸토어는 단지 유한한 영역의 끝에서 무한대를 본 것이 아니라, 지상의 이해를 훨씬 뛰어넘는 높디높은 무한대를 보았다. 그 덕분에 우리는 작은 무한대들은 접근조차 할 수 없을 만큼 수학적으로 거대한 무한대들이 존재한다는 사실을 알게 되었다. 다시 말해, 무한의 영역을 넘은 무한의 영역이 존재하는 것이다.

무한대는 술에 취한 8이 테킬라를 너무 많이 마셔서 옆으로 누워 있는 모습, ∞으로 표현된다. 이 상징은 1655년 영국인 존 월리스John Wallis가 처음 도입했고, 간혹 '리본'을 의미하는 렘니스케이트lemniscate로 불리기도 한다. 하지만 여기서 이 무한대라는 기호는 숫자가 아니다. 한계를 나타내는 표시다. 우리가 도달하고자 하는 무언가를 넘어 영원히, 무한정ad infinitum으로 계속 나아간다는 그 생각을 나타내는 것이다. 그러나 칸토어가 보여 주었듯이 무한한 숫자는 존재하며, 무한히 많다. 그 숫자들은 5나 42, 심지어 구골처럼 실재한다. 그러나 이 숫자들은 유한한 영역에 존재하지 않는 것뿐이다. 유한성을 초월했기 때문이다. 이 숫자들은 괴물 알레프이자 강력한 오메가이며, 심지어 예티Yeti라고 불리기도 한다.

몇 가지 질문으로 시작해 보겠다.

짝수의 개수도 전체 정수만큼 많다는 걸 아는가?

0과 1 사이에 있는 숫자의 개수가 0과 TREE(3) 사이에 있는 숫자들만큼 많다는 걸 아는가?

원둘레 위의 점들도 원 내부에 있는 점만큼 많다는 걸 아는가?

무한대와 연관된 문제는 직관적으로 생각하기 어렵다. 이런 문제는 확실히 독일의 위대한 수학자 다비드 힐베르트의 이름을 딴 힐베르트 호텔 역설에 해당하는데, 힐베르트는 한 세기도 더 전에 이 개념을 떠올렸다. 힐베르트 호텔에는 객실이 무한히 많아서, 만실일 때도 호텔 관리인이 원하는 만큼 새로운 손님을 받을 수 있다. 어떻게 그럴 수 있는지 이해하려면 호텔 방에 번호를 붙여야 한다. 1호실, 2호실, 3호실 등등 무한정으로 말이다. 만실 상태에서 손님이 새로 왔을 때 관리인이 할 일은 모든 손님을 한 칸씩 옆으로 미는 것이다. 1호실 가족은 2호실로, 2호실 커플은 3호실로, 3호실 사업가는 4호실로 옮기는 식이다. 방이 무한해서 이 방법은 절대 실패하지 않는다. 모두가 방을 옮긴 후, 새로운 손님은 이제 막 비워진 1호실에 들어갈 수 있다. 새로운 손님이 무한히 많이 온다 해도 그는 당황하지 않는다. 그저 객실 수를 두 배로 늘려 새로운 방으로 안내하면 되기 때문이다. 기존 손님들은 모두 짝수 객실을 채우고, 새로운 손님들은 홀수 객실을 채운다. 힐베르트 호텔에는 항상 자리가 있다.

그가 직접 인정했듯 다비드 힐베르트는 학교에서 눈여겨보지 않는 '둔하고 바보스러운 아이'였지만, 결국 역사상 가장 영향력 있는 사상가 중 한 명으로 성장하게 된다. 힐베르트의 연구는 논리학과 증명 이론부터 상대성이론과 양자역학에 이르기까지 현대 수학과 물리학의 많은 기초를 형성했다. 하지만 다른 무엇보다 그는 1900년에 발표한 23가지 미해결 수학 문제 목록으로 가장 잘 알려져 있을 것이다. 지난 한 세기 동안 수많은 연구에 영향을 끼친 심오한 문제들이다. 그중 첫 번째 문제인 연속체 가설continuum hypothesis은 칸토어가 처음 제기했던 무한대에 관한 문제다. 오늘날에 이르기까지 힐베르트의 문제 중 수학계에서 완전히 인정한 해답이 밝혀진 문제는 8가지밖에 없다. 나중에 보겠지만 연속체 가설은 그 안에 포함되지 않는다.

무한에 관한 최초 기록은 기원전 6세기 고대 그리스와 아낙시만드로스Anaximander의 철학 저작물로 거슬러 올라간다. 아낙시만드로스는 밀레토스Milesian 학파의 대가로, 제자들에게 피타고라스를 가르쳤을 것이다. 비록 시간이 흐르면서 그의 글 대부분이 소실됐지만 남아 있는 몇몇 단편에서 그는 무한을 아페이론apeiron으로 표현했다. 그것은 문자 그대로 무한과 무경계 또는 무한정으로 해석된다. 아낙시만드로스는 만물의 기원을 이해하려고 노력했다. 끝없이

고갈되지 않는 물질인 아페이론을 상상하면서, 모든 것이 이것으로 태어나고 마침내 파괴된 후에도 이것으로 돌아간다고 생각했다. 고대 그리스인들에게 아페이론은 아름다움보다는 혼돈의 이미지로 느껴졌다. 그것은 천국이 아니라 심연이었다.

제논의 역설 중심에 무한대와 그 사촌인 극소수가 들어 있다. 여러분은 엘레아의 제논을 네아르코스의 폭정에 반대했던 철학자로 기억할지 모르겠다. 필사적으로 타도를 외치며 폭군의 살점을 물어뜯은 그는 붙잡혀 고문당한 후 결국 목숨을 잃었다. '0' 장에서 제논의 아킬레우스와 거북이에 대한 역설을 다뤘는데, 그 이야기 속에서 이 재빠른 전사는 느리게 움직이는 파충류를 추월할 수 없었다. 제논은 소위 '이분법dichotomy'이라고 불리는 또 다른 역설에서도 매우 간단한 질문을 던졌다. '어떻게 방을 가로질러 갈 수 있을까?' 얼핏 보면 터무니없는 질문 같지만, 제논은 우리가 일상에서 경험하는 환상에 도전하는 질문을 떠올린 것이다. 여러분이 이 책을 읽으며 앉아 있는 곳에 대해 생각해 보자. 그 방에서 나가려면 먼저 여러분과 문 사이의 중간 지점에 도달해야 한다. 그러나 중간 지점에 도달하려면 먼저 4분의 1지점에 도달해야 하고, 또 그곳에 가려면 그전에 총 거리의 8분의 1지점에 도달해야 한다. 제논처럼 움직임이 불가능하다고 믿기 시작할 때까지 여러분은 이 생각을 무한히 계속 이어 나갈 수 있다.

이 역설은 극소수와 0 사이의 미묘한 차이를 보여 준다. 제논의 속임수는 아래와 같은 일련의 유리수를 만들어 냈다.

$$\frac{1}{2}, \frac{1}{4}, \frac{1}{8}, \frac{1}{16} \cdots$$

양의 수라면 그 어떤 작은 수도 만들 수 있다. 우리가 제논이 말한 순서에 따라 계속 움직인다면 유한한 수의 발걸음으로 그 무엇보다 작은 수까지 도달할 수 있다. 하지만 제논의 믿음과 달리 0에는 도달할 수 없다. 0은 수열의 한계이긴 하지만 일부는 아니다. 아리스토텔레스가 한 세기 후에 생각했듯, 우리는 무한한 단계에 도달할 가능성에 대해 이해할 수는 있지만, 실제로는 절대 도달할 수 없다. 아리스토텔레스는 우리가 정신으로 무한을 생각할 수는 있지만, 손으로는 절대 붙잡을 수 없다고 믿었다. 아리스토텔레스와 그의 추종자들에 따르면 잠재적인 무한은 있지만, 실재하는 무한은 없다.

진실은 고대 그리스인들이 아페이론을 별로 좋아하지 않았다는 것이다. 플라톤은 궁극적 형태의 선Good을 상상한다면 그것은 무한의 혼돈에 절대 물들지 않으며, 유한하고 확실한 것이라고 선언했다. 기원후 3세기 초, 로마 태생의 철학자 플로티노스Plotinos는 그가 하나the One라고 표현한 극상의 실체와 무한대를 연결했다. 그가 말하는 하나는 분할과 곱함이자 한계 없이 존재하는 무한대를 넘어선 것이었다. 이것은 2세기 후 그리스도교의 성 아우구스티누스가 말하는 신에 관한 생각과 계속 공명하는 사상이었다. 그 무렵 로마의 권력이 무너지면서 그리스도교로 개종한 것에 대해 비난하는 사람들이 많았다. 이에 대응하여 아우구스티누스는 그리스도교가 고대 로마의 이데올로기를 넘어서는 이유를 주장하고 설득하는 일련의 책을 집필할 것을 의뢰받았다. 바로 그 책 속에서 그는 신의 마음에 무한이 존재할 것으로 생각했고 무한을 만나게 되었다. 그리고 숫자가 제한 없이 존재해야 한다는 사실을 깨달았다. 만일 우리가 가장 큰 수의 존재를 주장한다 해도, 언제나 그보다 하나를 더 추가할 수 있기 때문이다. 신이 모르는 숫자는 절대 있을 수 없으며, 그는 모든 숫자를 알고 있어야만 한다. 신은 무한한 사고가 가능해야 한다.

다른 많은 종교에서도 신과 무한대 사이의 연관성을 찾을 수 있다. 가령 유대교 신비주의자인 카발리스트들은 10가지 세피로트 Sefirot와 그 근본이 되는 아인소프Ein Sof에 대해 말한다. 각 세피로트는 신체의 각기 다른 면을 상징하지만, 아인소프는 뭔가 더 위대하고 형용할 수도 이해할 수도 없는 무한한 신을 의미했다. 그와 비슷하게도 힌두교에서는 신 비슈누를 끝없고 무한한 존재를 의미하는 산스크리트어인 아난타Ananta로 부른다. 이 또한 무한대로 볼 수 있다.

13세기가 되자, 아리스토텔레스의 고대 사상이 서구 세계에 다시 나타났다. 그 사상 안에는 무한대를 부정하는 생각도 포함되어 있었다. 그 결과, 중세 사상가 대부분은 아우구스티누스가 말한 자신의 존재를 넘어 무한을 창조하는 신의 능력을 받아들이길 꺼려했다. 이들 중 가장 주목할 만한 이는 성 토마스 아퀴나스로, 그는 신의 능력에도 그 한계가 성립된다고 주장했다. 그의 요점은 아리스토텔레스의 주장대로 추가적인 무한은 실제로 존재할 수 없으므로 신이 무한을 창조한다는 말이 논리적으로 모순된다는 것이었다. 신은 무한한 능력은 있으나 만들어지지 않은 것을 만들 수 없듯, 무한한 것을 만들 수는 없다는 말이었다. 그의 주장은 겉으로 보기에는 우아하지만, 자세히 살펴보면 개념이 돌고 돈다는 사실을 알 수 있다. 오직 유한한 것만 존재할 수 있다는 생각으로 시작하고 끝이 난다.

신학이 현대 과학사상에 자리를 내어 주면서, 무한에 도전하려는 욕망을 가진 이가 많지 않았다. 수많은 르네상스 수학자들이 아리스토텔레스와 같은 사상을 가지고 잠재적 무한이라는 개념을 이용하려 했지만, 감히 무한을 건드리지는 못했다. 그들은 점점 더 큰 숫자를 가지고 무한대에 접근하는 일에 만족할 뿐 무한대 자체에 대해서는 절대 묻지 않았다.

하지만 갈릴레오는 달랐다.

그는 이미 기존 사상을 뒤엎었다. 《두 우주 체계에 관한 대화 *Dialogue on the Two Principal World Systems*》에서 태양을 중심으로 보는 코페르니쿠스적 세계관에 찬성하는 주장을 펼치며 가톨릭교회에 도전장을 던졌다. 그의 책은 세 사람의 대화를 보여 준다. 그중 한 사람은 친구들에게 지동설을 설득하는 학자적인 살비아티, 다른 이는 지적인 인물인 사그레도, 나머지 한 명은 전통적이고도 퇴보하는 생각을 가진 우둔한 인물로, 많은 이들이 교황일 것이라고 본 심플리시오였다. 책을 통한 갈릴레오의 공격에 교황의 조카였던 프란체스코 바르베리니 추기경이 신속히 대응했다. 갈릴레오가 이단으로 재판

받도록 출두 명령을 내린 것이다.

　운 좋게도 이 위대한 과학자에게는 힘 있는 친구들이 있었다. 토스카나 대공이 그를 대신해 개입하려 했고, 심지어 베네치아 공화국으로부터 망명을 제안받기도 했다. 오만 때문인지 순진해서인지 알 수 없지만, 갈릴레오는 재판 직전에 이 모든 제안을 거절하고 자신을 직접 변호하기로 했다. 그는 고인이 된 벨라르미네 추기경으로부터 책을 출판할 허가를 받았다고 믿고, 심지어 그것을 증명할 수 있는 편지까지 갖고 있었다. 하지만 불행히도 그 편지는 바티칸에 보관되어 있던 편지 사본과 세부 내용이 달랐다. 종교재판소는 곧 그를 유죄로 판결했고, 그가 자신의 일을 포기하든지 죽을 때까지 고문을 당하든지 선택하라고 요구했다. 갈릴레오는 결국 코페르니쿠스적 세계관을 버리면서 그들 앞에 무릎을 꿇었으나, 이렇게 중얼거리며 반항했다고 한다. "그래도 지구는 돈다E pur is muove".

　갈릴레오는 가택연금 상태에서 여생을 보냈고, 그동안 인생의 역작《새로운 두 과학Discourses and Mathematical Demonstrations Relating to Two New Sciences》을 썼다. 이 연구에서 그는 운동에 관한 생각을 발전시켰고, 뉴턴에서 아인슈타인에 이르기까지 다른 과학자들이 현대 물리학의 탑을 세울 수 있는 기초를 형성했다. 갈릴레오가 무한대를 건드릴 엄두를 낸 것은 이 마지막 책에서였다. 갈릴레오는 다시 한번 그 내용을 세 주인공의 대화로 표현했는데, 이번에는 교회가 지켜보고 있었으며, 심플리시오가 전보다 조금 똑똑해졌다.

　갈릴레오의 이야기 속에서 살비아티는 두 친구를 초대하여 무한한 제곱수를 생각해 보자고 한다. 아리스토텔레스 사상에 얽매인 심플리시오는 살비아티의 끝도 없는 무모함이 마음에 들지 않았다. 사그레도는 살비아티를 격려하지만, 얼마 지나지 않아 살비아티는 모순에 직면하고 만다. 만약 여러분이 0과 15 사이의 정수를 모두 따져 볼 경우, 그중 0과 1, 4, 9까지 총 4개 숫자만이 제곱수임을 알 수 있다. 이와 마찬가지로 0에서 99 사이의 정수로 따져 본다면 제곱수가 딱 10개임을 알게 된다. 만약 정수의 범위를 무한대로 놓는다면 우리는 정수의 총 개수가 제곱수의 개수보다 더 많다고 말하고 싶어진다. 모든 제곱수는 정수이지만, 모든 정수가 제곱수는 아니기 때문이다.

하지만 우리는 지금 무한대에 관해 이야기하고 있다.

살비아티는 모든 제곱수 그룹을 제곱근으로 표시할 수 있음을 깨닫는다. 예를 들어, 0→0, 1→1, 4→2, 9→3, 이런 식으로 말이다. 이 표시를 앞으로 놓으면 우리는 모든 제곱수 그룹을 0, 1, 2, 3의 자연수 그룹으로 나열할 수 있다. 요점은 두 그룹이 서로 일대일로 일치한다는 사실이다. 즉 모든 제곱수에는 그 제곱근으로 대응되는 자연수가 있고, 모든 자연수에도 그에 대응하는 제곱수가 있다. 이는 분명 두 그룹이 정확히 같은 크기라는 사실을 의미한다! 그러나 이 논리가 진실임에도 불구하고, 살비아티는 결론을 너무 빨리 도출해 버리지 않고, 대신 무한한 모호성을 주장하기로 한다. 크다거나 작다거나 하는 비교 개념도 무한한 양 속에서는 소용이 없다고 말한다. 특정 규정들을 고수할 때는 그러한 비교 개념을 적용할 수 있겠지만 말이다. 나중에 알려지게 될 것처럼, 우리는 그룹 또는 '집합' 들 간의 수들이 서로 일대일로 대응한다면 두 집합의 수가 동등하다고 말할 수 있다. 무한대 그룹을 다른 특정 수 그룹과 대응시킬 때는 이 말이 직관에 반하는 것으로 보일 수 있다. 특정 그룹의 전부가 아닌 일부와 대응시킬 때는 말이다. 하지만 이 논리는 수학적 붕괴로 이어지지 않는다. 따라서 우리는 자연수가 짝수나 제곱수 또는 TREE(3)의 거듭제곱 개수만큼 있다고 말할 수 있다.

갈릴레오가 무한대라는 불가사의한 문제에 손을 댄 후, 충분히 용감하거나 어쩌면 어리석은 누가 그의 뒤를 따르기까지 200년이 걸렸다. 그 불가사의한 행태를 가까이해선 안 된다고 경고한 이는 소위 수학계의 황제라고 불렸던 최고 권위자, 카를 프리드리히 가우스Carl Friedrich Gauss였다. 1831년, 동료 독일인 하인리히 슈마허에게 보낸 편지에서 가우스는 "무한한 양을 완성된 수로 사용하는 일은 수학에서 절대 허용할 수 없다"라고 경고하며 "다른 사람들은 제한 없이 계속 커지는 것을 무한이라고 말하지만, 내가 말하는 무한이란 그저 특정 비율을 원하는 만큼 작게 만드는 일에 관한 표면적 표현일 뿐이다"라고 말했다. 하지만 프라하 출신에 가톨릭 신부였다가 면직당한 누군가는 다르게 생각했다. 그의 이름은 베르나르트 볼차노Bernard Bolzano였다.

볼차노는 이탈리아의 미술상인 베르나르트의 아들로 태어났다. 그의 아버지는 본인이 입양된 도시 프라하에 보육원을 세우고 온 재산을 가난한 사람들에게 아낌없이 베푸는 데 사용했다. 볼차노는 그런 아버지에게 영향을 받았으며 성인이 되어서도 인생의 많은 부분을 공정성과 더 큰 평등을 위해 싸우며 보냈다. 게다가 무한대와도 싸웠다.

스스로 인정하길 어릴 적 볼차노는 낮은 시력과 심한 두통에 시달리는 우울한 아이였다고 한다. 학교에서도 예외 없이 학업성적이 좋지 않았고 또래 아이들과 잘 어울리지 못했다. 그래서 혼자만의 시간을 자주 보냈지만, 볼차노는 그런 고립을 통해 독립적인 사고와 기존 지식에 도전하는 드문 능력을 갖추고 내면적으로 성장할 기회를 얻게 된 것 같다. 젊은 시절에는 신학 박사학위 공부를 했고, 얼마 지나지 않아 가톨릭 사제로 서품되었다. 이후 자유사상주의 기독교 철학자로 빠르게 명성을 얻었고, 불과 24세의 나이에 프라하 카를대학의 종교철학 교수에 임용되었다. 그는 기독교 신비주의에 절대 찬성하지 않았지만, 잔인함과 고난으로 얼룩진 사회에서 선을 이루고자 하는 도덕적 근거로서 그의 믿음을 정당화했다. 그 당시 프라하는 종교적 보수주의에 큰 영향을 받은 상태였는데, 볼차노는 몇 년 동안 갈릴레오와 마찬가지로 기득권층을 뒤흔드는 설교를 했고, 학생들에게 평화주의와 사회주의의 형태에 대해 설파했다. 이러한 그의 행동은 당시 빈에서 황제의 고해신부 역할을 했던 대표적인 신학자 야콥 프린트Jakob Frint가 그에게 새 교과서를 강의에서 사용하도록 권하기 전까지는 거의 눈에 띄지 않았다. 볼차노는 거절했다. 그가 생각하기에 그 책은 내용도 불완전했고, 학생들에게 너무 비쌌다. 프린트는 볼차노의 설교가 너무 급진적이고 보수적인 기독교

가치를 받아들이지 않는다고 지적하며 사람들의 반감을 일으켰다. 볼차노는 친구였던 프라하 대주교의 지지를 받긴 했으나 그를 향한 원성은 계속되었다. 그런데도 그는 자신의 신념을 고수하며 전쟁과 개인의 소유권, 기득권에 반대하는 설교를 중단하지 않았고 결국 어쩔 수 없이 면직당했다. 고작 40대 초반에 연금을 받고 대학을 떠나라는 권고를 받은 것이다. 프라하의 도시에서 주변 시골 마을로 떠난 볼차노는 종교를 등진 후 무한을 향해, 수학을 향해 갔다.

그는 스스로 간단한 질문을 던졌다. '만약 내가 무한을 손에 쥐게 된다면 그것은 무엇이 될까?' 가우스와 다른 이들은 무한이란 끝없이 변하고, 한계에 도달하지 않으며, 멈추지도 않고, 계속 성장하는 가변적인 양이라고 주장했다. 그러나 볼차노는 그 말을 부정했다. 가변적인 양은 진정한 양이 아니라 양의 개념일 뿐이었다. 충분치 않은 설명이었다. 그 말은 이미 바구니 속의 달걀 수를 다 세어 놓고서 달걀이 x개 있다고 말하는 것과 같았다!

볼차노는 자연수를 진짜 무한대의 실제 물품으로 인식한다면 다른 무한대도 정량화할 수 있다고 생각했다. 그리고 그 어떤 것이든 이 숫자들과 일대일로 대응시킬 수만 있다면 그것은 실제 무한대일 수밖에 없음을 깨달았다. 이 논리를 더 엄격히 만들기 위해, 볼차노는 집합에 대한 개념을 개발하기 시작했다. 집합은 '묵시록의 네 기수(성경에 나오는 인물들로, 재앙을 일으키며 세계를 멸망시킬 4인의 기사—옮긴이)' 또는 '프리미어 리그 풋볼클럽'과 같이 무언가가 모여 있는 개념일 뿐이다. 묵시록의 기수가 4명 있고, 프리미어 리그에 참여하는 풋볼클럽 20팀이 있다. 이것이 유한집합이다. 그러나 볼차노는 자연수의 집합이나 0과 1 사이의 실수 집합 같은 무한한 집합에 대해서도 과감히 생각했고, 그런 무한의 개념이 진짜 존재한다고 확신했다. 이 수들을 나눠서 개별적으로 일일이 상상할 수 없다는 것은 중요하지 않았다. 프라하에 사는 사람들에 대해 일일이 머릿속에 담아 두지 않는다고 해도 문제가 없다. 그는 이 논리를 무한한 집합에 적용한 것이다.

볼차노는 자신의 무한 경기장에 대한 확신을 갖고 경기에 나서기로 했다. 두 세기 전 갈릴레오는 자연수와 제곱수 사이의 일대일 대응을 증명하는 역설을 발견했다. 하지만 그보다 더 나아간 볼차노는 연속체로 뛰어들어 자신만의 역설을 발견했다. 0과 1 사이의 실수가 0과 2 사이의 실수만큼 많다는 것을 보여 준 것이다. 그가 한 일은 간단히 말해 다음과 같다. 먼저 비교적 작은 숫자 간격인 0과 1 사이에 대해 따져 보면서, 그 안의 모든 수를 두 배로 늘렸다. 다음과 같은 식으로 말이다. 0→0, 0.25→0.5, 0.75→1.5, 1→2. 이 방식은 0에서 시작하여 2로 끝나는 새로운 숫자 집합을 만들어 그 사이 공간을 채웠다. 더불어 볼차노는 모든 숫자를 절반으로 줄여 큰 간격에서 작은 간격으로 돌아감으로써 그 과정을 뒤로 되돌릴 수 있음을 깨달았다. 이 모든 것이 굉장히 명확해 보일 수도 있지만, 볼차노가 만든 것은 두 연속 집합 사이의 단순한 일대일 대응일 뿐이다. 갈릴레오가 자연수와 제곱수 집합으로 한 것처럼 말이다. 일대일 대응의 논리를 이용하면 우리는 0과 1 사이의 실수가 0과 2

사이에 있는 실수나 0과 TREE(3), 구골, 심지어는 0과 그레이엄 수 사이의 수만큼 많다고 말할 수 있다.

무한의 수는 계속해서 이어질 수 있었으나, 갈릴레오는 그저 무한의 집합들이 모두 똑같이 많다고 말하는 데 그쳤다. 볼차노도 그와 마찬가지로 조심스러웠다. 비록 일대일 대응으로 0과 1 사이의 수가 0과 2 사이의 수만큼 많이 있다는 걸 암시했지만, 그는 그 개념을 완전히 믿지 못했다. 바로 그 주저하는 마음으로 더 높이 나아가지 못한 볼차노는 누군가 그의 일에 관심을 보이기 전에 세상을 떠나고 말았다. 한편 다른 중요한 수학자들도 이 무한대의 경쟁에 뛰어들고 있었고, 19세기 중반에 이르러 마침내 무대가 마련되었다. 갈릴레오와 볼차노는 무한대를 만질 용기는 있었지만, 진정으로 하늘 높은 데까지 도달한 사람은 게오르크 칸토어였다. 그는 아무도 가능할 것으로 생각하지 못한 방식으로 몸을 일으켜 무한의 사이를 걸어 나갔다.

알레프와 오메가

"지금은 숨겨져 있는 것들이 빛을 발할 때가 올 것입니다."

이 문장은 1985년 칸토어의 마지막 출판물 중 하나에 등장한다. 최초의 코린토스 성경에서 따온 말로, 이 임무의 신성성에 대한 칸토어의 믿음을 드러낸다. 칸토어를 이 무한한 천국이자 지옥으로 인도한 이는 신이었다. 신은 그를 통해 소통했고, 그에게 알레프(알파에 해당하는 히브리어—옮긴이)와 오메가를 주었다. 심지어 요한계시록에는 그와 같은 구절이 있다. "나는 알파와 오메가요, 처음과 나중이요, 시작과 끝이라."

이것을 종교적 망상이라고 치부하기도 쉽고, 정말 맞는 말일지도 모른다. 하지만 칸토어는 그의 종교적 탐구에서 영감을 얻었다. 주변 다른 사람들이 그를 '잘난 체하는 사람', '타락한 청춘'이라고 부르며 무한을 향한 그의 무모함을 비난했지만, 칸토어는 신앙의 힘으로 굳건히 버텼다. 그는 무한을 정복할 수 있는 용기를 지녔고 승리했다. 그러나 패배하기도 했다. 자신의 거대한 탐구 대상에 압도되어 절대로 완전히 탈출할 수 없는 깊은 우울증에 빠졌다.

칸토어는 갈릴레오와 볼차노가 결코 온전히 받아들이지 못했을 어떤 개념을 인정하는 것부터 시작했다. 만약 두 집합이 일대일로 대응한다면 두 집합은 정확히 같은 크기를 가져야 한다는 개념이었다. 물론 이 말은 유한집합의 경우에는 논란의 여지가 없다. 묵시록의 네 기수를 예로 들어 보자.

(죽음, 기근, 역병, 전쟁)

그리고 비틀스라는 또 다른 유명한 집합도 있다.

(존, 폴, 조지, 링고)

두 집합은 일대일 대응으로 쉽게 연결된다. 죽음은 존, 기근은 폴, 역병은 조지, 전쟁은 링고와 연결할 수 있다. 연결 방법에 대해서는 특별할 게 없어서 죽음과 폴, 기근과 존을 연결할 수도 있다. 여기서 중요한 것은 모든 기수가 서로 다른 비틀스 멤버와 짝을 이루고, 그 반대도 마찬가지여서 소외되는 이가 없다는 점이다. 비틀스와 묵시록의 네 기수는 분명 같은 크기의 집합에 해당하기 때문에 모든 일이 잘 풀린다. 그러나 앞에서 본 것처럼 무한집합은 상황을 조금 더 불안하게 만든다. 제곱수의 집합은 정수 집합과 일대일로 쉽게 대응한다. 그러나 칸토어는 그런 대응이 무한과 관련되면 간혹 불가능할 것처럼 보일 수도 있다고 생각했다.

수학은 스스로 규칙을 만드는 게임이고, 논리적으로 모순되지 않는 한 어디까지고 진행할 수 있다. 칸토어는 집합의 구성원 개수를 의미하는 카디널리티cardinality를 통해 집합의 크기를 정의했다. 비틀스와 묵시록의 기수는 카디널리티 4의 집합이다. 각 집합을 처음 네 개의 자연수 {0, 1, 2, 3}과 대응시킬 수 있기 때문이다. (수학자들은 대부분 0부터 세는 것을 선호한다는 걸 기억해 주길 바란다.)

$$\text{죽음} \leftrightarrow \text{존} \leftrightarrow 0$$
$$\text{기근} \leftrightarrow \text{폴} \leftrightarrow 1$$
$$\text{역병} \leftrightarrow \text{조지} \leftrightarrow 2$$
$$\text{전쟁} \leftrightarrow \text{링고} \leftrightarrow 3$$

프리미어 리그 풋볼클럽은 카디널리티 20을 갖고 있다. 이 집합은 자연수 20개인 {0, 1, 2, 3 … 18, 19}와 일대일로 대응할 수 있다. 그렇다면 우리의 무한한 집합들은 어떨까? 칸토어는 일대일 대응법을 이용한다면 모든 제곱수 집합 {0, 1, 4, 9…}가 모든 자연수 집합 {0, 1, 2, 3…}과 동일한 카디널리티를 가져야 한다는 것을 깨달았다.

그렇다면 얼마나 많은 숫자가 들어 있는 걸까? 이 집합의 카디널리티는 얼마일까?

4도 아니고, 20도 아니고, 심지어 TREE(3)도 아니다. 무언가 더 크고, 무한한 것일 수밖에 없다. 칸토어는 그것을 히브리어 알파벳의 첫 글자를 따서 알레프 제로aleph zero라고 부르고 $\aleph_0$로 쓰기로 했다. 알레프 제로의 첨자 0은 이것이 첫 번째 무한집합이며, 무한집합이 더 많이 있다는 것을 암시한다. 하지만 지금은 기다려야 한다. 만일 이 첫 번째 무한대가 자연수 집합의 카디널리티로 정의된다면 일대일 대응법에 따라 제곱수 집합과 짝수, 그레이엄 수의 배수, TREE(3)의 거듭제곱 집합도 모두 같을 것이다. 칸토어는 수학적인 꼼수를 이용한 놀라운 표현 방법을 통해서 $\aleph_0$가 유리수, 즉 정수를 분수로 쓴 수 집합의 카디널리티이기도 하다는 사실을 보여 주었다.

그가 어떻게 했는지 살펴보자.

칸토어는 모든 분수를 적어 내려가는 체계적인 방법을 통해 증명했다.

$\frac{1}{1}$	$\frac{2}{1}$	$\frac{3}{1}$	$\frac{4}{1}$	$\frac{5}{1}$	$\cdots$
$\frac{1}{2}$	$\frac{2}{2}$	$\frac{3}{2}$	$\frac{4}{2}$	$\frac{5}{2}$	$\cdots$
$\frac{1}{3}$	$\frac{2}{3}$	$\frac{3}{3}$	$\frac{4}{3}$	$\frac{5}{3}$	$\cdots$
$\frac{1}{4}$	$\frac{2}{4}$	$\frac{3}{4}$	$\frac{4}{4}$	$\frac{5}{4}$	$\cdots$
$\frac{1}{5}$	$\frac{2}{5}$	$\frac{3}{5}$	$\frac{4}{5}$	$\frac{5}{5}$	$\cdots$
$\vdots$	$\vdots$	$\vdots$	$\vdots$	$\vdots$	$\ddots$

$\frac{1}{1}$	$\frac{2}{1}$	$\frac{3}{1}$	$\frac{4}{1}$	$\frac{5}{1}$	$\cdots$
$\frac{1}{2} \to 0$	$\frac{2}{2} \to 1$	$\frac{3}{2} \to 2$	$\frac{4}{2} \to 3$	$\frac{5}{2} \to 4$	$\cdots \longrightarrow$
$\frac{1}{3}$	$\frac{2}{3}$	$\frac{3}{3}$	$\frac{4}{3}$	$\frac{5}{3}$	$\cdots$
$\frac{1}{4}$	$\frac{2}{4}$	$\frac{3}{4}$	$\frac{4}{4}$	$\frac{5}{4}$	$\cdots$
$\frac{1}{5}$	$\frac{2}{5}$	$\frac{3}{5}$	$\frac{4}{5}$	$\frac{5}{5}$	$\cdots$
$\vdots$	$\vdots$	$\vdots$	$\vdots$	$\vdots$	$\ddots$

만약 이 표가 모든 방향으로 영원히 이어진다면 이 표에는 모든 유리수가 들어갈 것이다. 반복되는 수도 많겠지만 그건 해결할 수

있다. 문제는 우리가 이 표의 모든 항목을 정수의 집합과 일대일로 대응시킬 수 있느냐는 것이다. 아마도 여러분은 먼저 행 하나를 따라가며 분수들을 정수와 일대일로 대응시키면서 이 작업을 수행할 수도 있다. 예를 들어, 두 번째 행에서 이 작업을 시작할 경우 위와 같이 쓸 수 있다.

하지만 이 전략으로는 절대 효과를 낼 수 없다. 연료가 떨어지기 전에는 다음 행으로 넘어갈 수 없기 때문이다. 하지만 칸토어는 훨씬 좋은 방법을 생각해 냈다. 단순화할 수 있는 항목(회색)은 건너뛰고, 점점 크기가 커지는 대각선 줄을 따라 표를 뱀처럼 통과하기로 한 것이다.

정말 감탄스럽도록 영리한 방법이다. 칸토어의 이 전략은 절대 무너지지 않았고, 그가 전체 표를 몰래 빠져나갈 때는 모든 분수가

$\frac{1}{1} \to 0$	$\frac{2}{1} \to 1$	$\frac{3}{1} \to 4$	$\frac{4}{1} \to 5$	$\frac{5}{1} \to 10$	⋯
$\frac{1}{2} \to 2$	$\frac{2}{2}$	$\frac{3}{2} \to 6$	$\frac{4}{2}$	$\frac{5}{2}$	⋯
$\frac{1}{3} \to 3$	$\frac{2}{3} \to 7$	$\frac{3}{3}$	$\frac{4}{3}$	$\frac{5}{3}$	⋯
$\frac{1}{4} \to 8$	$\frac{2}{4}$	$\frac{3}{4}$	$\frac{4}{4}$	$\frac{5}{4}$	⋯
$\frac{1}{5} \to 9$	$\frac{2}{5}$	$\frac{3}{5}$	$\frac{4}{5}$	$\frac{5}{5}$	⋯
⋮	⋮	⋮	⋮	⋮	⋱

자연수와 대응되었다. 유리수의 카디널리티도 $\aleph_0$임이 증명되었다.

집합의 카디널리티는 우리가 수에 관해 이야기할 방법을 제공해 주었다. 사실 우리가 말하고 있는 수는 기수cardinal number(두 집합이 일대일 대응 관계일 때 서로 대응하는 원소의 수—옮긴이)다. 곧 다양한 수와 만날 것이다. 여기서 기수는 우리가 얼마나 많은 수를 가졌는지를 측정하는 방식이기도 하다. 기수에는 0, 1, 2, 3과 같은 모든 유한한 숫자들이 있으며, 당연히 우리의 첫 무한대인 $\aleph_0$도 포함된다. 그런데 더 높이도 올라갈 수 있을까? $\aleph_0$보다 더 높이?

$\aleph_0+1$은 어떨까?

이 문제를 해결하기 위해, 무한한 종류의 무늬를 가진 오리인형 집합을 자연수 집합과 대응시켜 보자.

여기에 확실히 $\aleph_0$개가 있다. $\aleph_0+1$에 도달하기 위해 흰색 오리 하나를 추가해 보자. 오리를 어디에 두든 상관없으니 흰색 오리를 첫 번째에 놓고 다른 오리들은 한 마리씩 뒤로 밀어 버리는 게 좋겠다.

이제 몇 개일까? 음, 오리인형이 모두 정수에 맞춰져 있으니, 분명히 $\aleph_0$개다. 즉 $\aleph_0 + 1 = \aleph_0$가 된다. 이상하다. 그러면 $\aleph_0 + \aleph_0$은 어떨까? 이것을 알아보기 위해 각각 무한한 크기 $\aleph_0$인 오리 집합 두 개를 만들고, 한 집합은 짝수로 표시한다.

그리고 다른 집합은 홀수로 표시한다.

이 두 개를 하나로 합치면 다음과 같다.

0 1 2 3 4 5 6 7 ...

이 그림을 보자마자 $\aleph_0 + \aleph_0 = \aleph_0$라는 걸 깨닫게 된다. 모든 게 조금 이상하다. 우리는 지금 유한한 숫자로는 경험할 수 없는 일을 경험하고 있다. 하지만 따질 필요가 있을까? 우리가 지금 있는 곳은 무한의 영역이다.

여러분에게 더 많은 무한을 보여 주겠다고 약속했지만, 지금 우리는 마치 $\aleph_0$를 넘으려고 안간힘을 쓰는 것 같다. 한 발짝 더 나아가기 위해서는 먼저 질서를 회복해야 한다. 지금까지 우리는 원소의 배열 순서가 정해지지 않은 집합에 관해 이야기했다. 예를 들어, 비틀스가 {존, 폴, 조지, 링고}로 되어 있다고 말했지만, {조지, 존, 폴, 링고}로 되어 있다고 말해도 상관없었을 것이다. 다를 게 없지 않을까? 꼭 그렇다고 할 순 없다. 각 멤버를 어떤 순서로 나열하는지, 즉 우리가 어떤 종류의 순서를 지정하는지에 따라 집합이 달라진다. 위에서 말한 두 번째 집합 {조지George, 존John, 폴Paul, 링고Ringo}에서는 비틀스 멤버가 알파벳 순서로 나열되어 있다. 어쩌면 여러분은 첫 번째 집합도 멤버의 능력 순서로 배열되었다고 주장할 수도 있지만, 그건 논란의 소지가 있다. (특히 〈꼬마 기관차 토마스〉의 내레이션을 맡았던 링고가 최고라고 말하는 내 아내에겐 그렇다.)

질서를 고려하기 시작하는 순간, 우리는 게임의 규칙을 바꾸고 숫자에 추가적인 의미를 부여하게 된다. 숫자 4를 생각해 보자. 우리는 이 4라는 수를 비틀스가 몇 명인지 알려주는 기수로 볼 수 있다. 그러나 4는 네 번째를 표시하는 수로 생각할 수도 있다. 비틀스의 경우, 링고가 알파벳순으로 네 번째이므로 4와 링고를 바로 연결할 수 있다. 이때 우리는 4를 자연수라는 컨베이어벨트 위에 놓인 숫자의 순서, 즉 서수ordinal number로 생각하게 된다. 그러나 우리가 유한한 영역을 벗어나 무한한 영역으로 들어가서 무한대를 가지고 놀기 전까지 서수와 기수의 차이는 그다지 중요하지 않다.

서수를 정의하는 편리한 방법은 당연히 집합의 관점에서 보는 것이다. 이 내용을 '0' 장에서 다루었다. 0을 공집합으로 보고, 1은 0 하나가 들어 있는 집합, 2는 0과 1이 포함되는 집합, 3은 집합 {0, 1, 2}으로 보는 식으로 서수를 따져볼 수 있으며, 결국 모든 서수는 n+1={0, 1, 2, 3 … n}으로 표현하는 서수 집합으로 정의할 수 있다. 모두 좋기는 하지만, 이것이 어떻게 우리를 무한대 너머로 데려간다는 걸까? 사실 모든 유한한 서수에서 한 단계 더 나아간 서수에 대해 정의하기만 하면 무한대에 도달할 수 있다. 이 일을 수행하기 위해 칸토어는 새로운 이름과 상징이 필요했다. 이미 알레프라는 이름을 붙인 기수 무한대와 마찬가지로, 그는 자신의 탐구에 담긴 신성神聖에서 영감을 얻었다. '나는 알파이자 오메가요.'

상징적인 기호 ω로 쓰이는 오메가는 칸토어의 서수 무한대 중 첫 번째 무한대가 되었다. 만약 모든 유한 서수를 n+1={0, 1, 2, 3 … n}으로 정의한다면 절대 끝나지 않는 ω는 자연스럽게 다음과 같이 정의된다.

$$\omega = \{0,\ 1,\ 2,\ 3...\}.$$

다시 말해, 우리의 첫 번째 서수 무한대는 자연수의 집합에 불과하다!

더 높이 가 보자.

ω 뒤에 뭐가 따라올까? 당연히 $\omega+1$이다. 만일 우리가 기존 규칙을 따른다면 이것도 앞에서 본 서수 집합으로 정의할 수 있다. 즉 자연수 집합 위에 오메가 하나가 체리처럼 올려져 있을 것이다.

$$\omega + 1 = \{0,\ 1,\ 2,\ 3...;\omega\}.$$

0, 1, 2, 3…으로 표현되는 끝없는 유한 서수의 집합과 무한 서수인 ω 사이의 경계를 나타내기 위해 세미콜론이 사용되었다. 하지만 이것은 표기법에 불과하며 특별히 중요한 사항은 아니다. 진짜 중요한 것은 $\omega+1$과 ω가 서로 같지 않다는 사실이다. 서수는 질서를 중시하기 때문이다. 이 말을 더 잘 이해하려면 오리들을 다시 데려와야

한다. 이제는 오리들이 살아 있다고 생각하고, 경주를 시켜 보자.

검은 오리는 1등으로 들어와 놓고도 0점을 받아서 조금 짜증이 났다. 하지만 0은 우리의 자연수 중 첫 번째이기 때문에 사실 검은 오리는 불평하면 안 된다. 체크무늬 오리는 2등을 한 후 두 번째 자연수 (1)을 얻었고, 줄무늬 오리는 3등을 해서 세 번째 자연수 (2)를 얻었으며 이런 식으로 계속 이어진다. 세 개의 점은 저 오리들 말고도 무한한 수의 오리가 뒤따르고 있으며 그들 각각이 자연수를 가졌음을 나타낸다. 하지만 이보다 오리 한 마리가 더 있는 두 번째 경주가 있다고 가정해 보자. 흰색 오리다. 이 오리는 좀 느려서 다른 오리들이 모두 통과한 후에 결승선을 넘는다. 그림으로 보면 다음과 같다.

$$0 \quad 1 \quad 2 \quad 3 \quad \ldots \quad ; \quad \omega$$

앞서 기수 내용에서 흰색 오리를 추가했을 때는 순서가 상관없었으므로 흰색 오리를 검은 오리 앞에 놓은 후 다른 오리들을 뒤로 밀었다. 그것이 $\aleph_0 + 1 = \aleph_0$를 보여 준 방식이다. 하지만 이제는 순서에 신경 써야 한다. 경주이기 때문이다! 흰색 오리는 다른 오리보다 늦게 마지막으로 들어왔으므로 앞으로 갈 수 없다. 그러면 이 오리에 몇 번을 부여해야 할까? 이미 다 써 버린 자연수는 줄 수 없으므로, 전체 목록의 하나 뒤, 즉 ω가 되어야 한다. 순서가 중요하기에 두 경기는 분명히 서로 다르다. 자연수 집합은 그 위에 오메가가 올려져 있는 자연수 집합과 다르다. 다시 말해, $\omega+1$은 ω와 같지 않다.

여기서 멈추지 않고 계속 올라갈 수 있다. $\omega+1$ 다음에는 $\omega+2$가 오고, 이전에 다룬 서수의 관점에서 다시 한번 다음과 같이 정의된다.

$$\omega + 2 = \{0,\ 1,\ 2,\ 3\ldots;\omega,\omega+1\}.$$

이것은 마치 새로운 사다리를 찾아 올라가다가 하늘까지 다다른 것처럼 보인다. $\omega+2$에서 $\omega+3$으로, 또 그다음으로 오르면서 $\omega+\omega$에 있는 하늘의 층을 찾을 때까지 올라가는 것이다. 이것은 보통 $\omega\times2$로 표기하고, 다음과 같은 집합으로 정의된다.

$$\omega \times 2 = \{0,\ 1,\ 2\ldots;\omega,\omega+1,\omega+2\ldots\}$$

그러나 우리는 더 높은 하늘인 $\omega\times3$과 $\omega\times4$ 너머로 계속 올라갈 수 있으며, 그 한계인 $\omega\times\omega$까지 다다를 수 있다. 분별 있는 사람이라면 간단히 ω^2으로 부를 것이다. 이제 우리는 무한한 하늘의 층에 도달했다. 하지만 더 높이 올라갈 수 있다. 여기서 시작해서 이전과 같은 방법으로 올라가 보면 ω^3까지 간 다음 ω^4에 오르고 결국 또 다른 한계인 ω^ω, 즉 기하급수적으로 높이 있는 하늘에 도달하게 된다.

자, 이제 로켓을 달아 보자.

우리는 ω^ω부터 시작해서 더욱더 높이 올라가고 또 높이 올라가 ω를 ω만큼 거듭제곱한 층까지 올라가는 걸 상상할 수 있다.

$$\left.\omega^{\omega^{\omega^{\cdot^{\cdot^\omega}}}}\right\} \omega\text{단계의 높이}$$

이전에 '그레이엄 수' 장에서 본 것처럼, 우리는 이중 화살표를 이용한 $\omega \uparrow\uparrow \omega$으로 이 거듭제곱 탑을 더욱 효과적으로 표기할 수 있다. 거기서부터 시작해서 아래와 같이 다음 단계로 올라가 보자.

$$\omega \uparrow\uparrow\uparrow \omega = \underbrace{\omega \uparrow\uparrow \left(\omega \uparrow\uparrow \left(\ldots \uparrow\uparrow \omega\right)\right)}_{(\omega\text{번 반복})}$$

그다음에는 $\omega \uparrow^4 \omega$로 올라가고 계속 같은 식으로 반복하면 이전의 그 무엇보다도 신과 같은 모습으로 우뚝 서 있는 또 다른 거대한 한계, $\omega \uparrow^\omega \omega$를 만나게 된다.

예전에 그레이엄 수가 크다고 생각했던 걸 기억하는가?

하지만 여기서 끝이 아니다.

$\omega+1$의 재미있는 점은 실제로 이것이 ω보다 크지 않다는 것이다. $\omega+1$은 그저 ω의 뒤에 올 뿐이다. 집합 $\omega+1=\{0, 1, 2, 3\cdots; \omega\}$의 크기는 여전히 $\aleph_0$이다. 이 말을 증명하려면 $\omega+1=\{0, 1, 2, 3\cdots; \omega\}$의 원소를 자연수와 대응시키기만 하면 된다. 그건 어렵지 않다. 그냥 ω는 0과 대응시키고 0은 1, 1은 2, 2는 3으로 쭉 연결하기만 하면 된다. 그렇게 $\omega+2$까지 올라가거나 심지어 $\omega \uparrow^\omega \omega$까지 올라가면 무한대

중에서도 더욱 높은 무한대에 닿겠지만, 그 크기가 무한대보다 더 큰 것은 아니다. 그들의 카디널리티는 모두 똑같이 알레프 제로다.

그다음에 더 큰 일이 벌어진다.

칸토어는 정말이지 상상하기 어려운 높이에 오른 후 이전과 전혀 다른 새로운 형태의 서수가 필요하다는 사실을 보여 주었다. 그런 서수가 꼭 있어야 하는지는 확실치 않지만 그래도 존재한다. 칸토어는 분수로 쓸 수 있는 유리수, 그리고 $\sqrt{2}$나 이렇게 표기할 수도 없는 π 같은 무리수*가 포함된 모든 실수의 집합, 즉 연속체 continuum 안에 더 큰 무한대가 숨어 있음을 증명했다. 그리고 우리의 평범한 능력으로는 그 연속체를 셀 수 없다는 사실을 보여 주었다. 하나, 둘, 셋, 넷……. 그 연속체는 알레프 제로보다 크다.

0과 1 사이의 연속체에 실수가 몇 개 들어 있는지 물어보자. 당연히 무한대겠지만, 그것은 알레프 제로일까 아니면 정말 그보다 더 큰 것일까? 칸토어가 알아낸 방법은 다음과 같다. 우선 우리가 이 연속체를 셀 수 있으며, 이것이 자연수와 일대일로 대응한다고 가정해 본다. 우리가 이 연속체를 전체 크기가 $\aleph_0$인 무한한 목록에 적어 넣을 수 있다는 말이다. 순서는 중요하지 않으니 0에서 1 사이의 수들을 무작위로 나열해 보자.

---

* 간혹 $\sqrt{2}$와 같은 무리수를 대수적algebraic 수라고 하는데, 이런 무리수가 x의 거듭제곱을 정수로 곱한 단순 대수방정식algebraic equation의 해이기 때문이다. (가령 $\sqrt{2}$는 단순 방정식 $x^2-2=0$의 해다). 그러나 π 또는 e 같은 무리수들은 대수적 수로도 볼 수 없으며, 소위 초월수transcendental라고 부른다.

0.12347348956792457 …
0.34579479867439087 …
0.73549874397493486 …
0.42784508734067383 …
0.54345689483459808 …
⋮

칸토어는 연속체가 $\aleph_0$보다 크다는 것을 나타내기 위해 이 목록에 모든 숫자가 나열되어 있지 않음을 보여 주었다. 그는 대각선을 따라 각 숫자를 굵게 강조해 보았다.

0.12347348956792457 …
0.34579479867439087 …
0.73549874397493486 …
0.42784508734067383 …
0.54345689483459808 …
⋮

이렇게 하면 대각선의 숫자들을 볼 수 있는데, 이 경우엔 0.14585…이다. 그다음에 칸토어는 이 수의 모든 숫자에 1씩 더해서 새로운 수를 만들었다. 예로 든 0.14585…의 경우에는 새로운 수 0.25696…으로 변환된다. 이 수는 위의 수 목록 중 첫 번째 수의 소수점 첫째 자리 숫자와 다르고, 두 번째 수의 소수점 둘째 자리 숫자와도 다르며, 세 번째 수의 소수점 셋째 자리와도 다르다. 이렇게 소수점 뒤 모든 숫자가 다 다르다. 다시 말해, 이 수는 $\aleph_0$와 완전히 다르다! 이것은 $\aleph_0$의 크기 목록 속에 연속체의 모든 숫자를 나열하기가 불가능하다는 것을 증명한다. 따라서 칸토어가 상상한 대로 연속체에는 더 큰 무한대가 숨겨져 있다.

이렇게 더 큰 무한대를 체계적으로 만들고, 알레프 제로를 넘어 우리만의 길을 찾을 방법이 존재할까? 답은 '그렇다'이다. 우리는 이미 $\omega = \{0, 1, 2, 3\cdots\}$과 $\omega+1 = \{0, 1, 2, 3\cdots; \omega\}$부터 $\omega \uparrow^{\omega} \omega$에 이르기까지 각각 $\aleph_0$ 크기인 무한 서수의 탑들과 그보다 더 큰 서수들까지 확인해 보았다. 이들은 가산 무한대라고 불리기도 하는데, 우리가 실제로 수를 세는 데 사용하는 자연수 집합과 일대일로 대응할 수 있는 서수 집합이기 때문이다. 하지만 이 탑들 너머에는 무엇이 있을까? 가산 무한대 너머로 한 걸음 더 나아간 서수는 무엇일까? 그것은 상징적인 기호 ω_1로 표기하는 오메가 원이다. 오메가 원은 그 정의에 따라 자연수와 일대일 대응을 할 수 없으므로 수를 셀 수 없다. 이 천상계의 거인은 새로운 카디널리티, 즉 새로운 크기를 가져야 한다. 바로 알레프 원, $\aleph_1$이다. 이것은 그냥 더 높기만 한 게 아니다. 크기가 더 큰 무한대다.

다른 것과 마찬가지로, ω_1은 그 앞에 놓인 서수들의 집합으로 정의된다. 다시 말해, 유한한 작은 수부터 가장 큰 가산 무한대에 이르기까지 셀 수 있는 수들의 전체집합이다. 하지만 우리는 ω_1부터 시작해서 ω_1+1까지, 심지어 그보다 더 높이도 올라갈 수 있다. 다시 한번 말하지만, 이들은 ω_1보다 큰 것은 아니다. 그저 ω_1의 다음에 오는 것뿐이다. ω_1+1도 셀 수 있는 수의 집합과 일대일 대응이 가능하기에 그 크기가 $\aleph_1$이다. 그다음에 또 다른 층이 있는데, $\aleph_1$ 크기를 넘어선 서수 집합이다. 이것은 훨씬 더 큰 숫자인 ω_2로, 그 규모 또한 더욱 새롭고 웅장한 크기인 $\aleph_2$이다.

내 생각에 여러분은 이 모든 내용으로 한없이 불안해하고 있을 것 같다. 무한대를 이해하기 쉽지 않겠지만, 결국 여러분은 지금 무한을 넘어선 무한, 괴물처럼 강력한 장대한 알레프와 오메가를 다루고 있다. 여기에 생각을 정리하는 데 도움이 될 만한 작은 표를 만들었다.

그 일이 벌어졌을 때, 칸토어는 $\aleph_2$를 넘어 무한대의 더 높은 층, 새로운 하늘과 신들을 향해 올라갔다. 그러나 당시에는 천상을 향한 그의 탐구를 이해하는 사람이 거의 없었다. 천상의 탐구와 반대로 그는 지옥에 있었다. 적어도 레오폴트 크로네커Leopold Kronecker라는 수학자는 그렇게 생각했다. 19세기 중반에 베를린은 수학계의 중심지였고, 크로네커는 대학에서 가장 영향력 있는 교수 중 한 명이었다. 똑똑했지만 보수적이었던 그는 이렇게 말했다. "정수는 하나님이 만드셨지만, 그 외 모든 것은 인간의 일이다." 크로네커는 무리수의 존재에 깜짝 놀랐다. 물론 그 뒤에 있는 수학적 내용을 이해하긴 했지만, 자연계에 무리수가 있을 자리는 없다고 생각했다. 무리수는 칸토어처럼 제멋대로인 사기꾼들의 환상에 지나지 않는 '인간의 일'이었다. 크로네커는 원래 칸토어의 멘토이자 선생이었으며 친구였다. 하지만 베를린을 떠나 남부에 있는 할레대학으로 자리를 옮긴 칸토어는 보수적인 스승에게서 자유로워지면서, 정수를 넘은 연속체와 그 안에 숨은 새롭고 무한한 층을 향해 달려갔다. 하

서수	집합의 정의	설명	카디널리티/크기	
0	{ }	공집합	0	
1	{0}	원소 1개 집합	1	
2	{0,1}	원소 2개 집합	2	자연수
3	{0,1,2}	원소 3개 집합	3	
⋮				
ω	{0,1,2...}	전체 자연수 집합	$\aleph_0$	
$\omega+1$	{0,1,2...;ω}	전체 자연수 위에 ω가 올려진 집합	$\aleph_0$	
⋮				
$\omega \times 2$	{0,1,2...;ω, $\omega+1$, $\omega+2$...}	n이 무한대일 때 $\omega+n$ 집합의 한계	$\aleph_0$	
⋮				가산 무한대
ω^2		n이 무한대일 때 $\omega \times n$ 집합의 한계	$\aleph_0$	
⋮				
ω^ω		n이 무한대일 때 ω^n 집합의 한계	$\aleph_0$	
⋮				
⋮				
ω_1		전체 자연수 및 모든 가산 무한대의 집합	$\aleph_1$	
ω_1+1		전체 자연수 및 모든 가산 무한대 위에 ω_1이 올려진 집합	$\aleph_1$	$\aleph_1$ 크기 무한대
⋮				
⋮				
ω_2		전체 자연수 및 가산 무한대와 $\aleph_1$ 크기 무한대의 집합	$\aleph_2$	더 큰 무한대

게오르크 칸토어의 무한대.

지만 크로네커는 그 일을 좋아하지 않았다.

결국 두 남자 사이에 전쟁이 일어났고, 곧 개인적인 싸움이 되었다. 크로네커는 수시로 칸토어를 모욕했으며 칸토어가 저명한 학술지에 연구물을 게재하지 못하도록 방해했다. 칸토어의 연구가 얼마나 놀랍고 탄탄하게 뒷받침되어 있는지는 중요하지 않았다. 칸토어는 2급 대학의 교수인 데 반해, 베를린의 기득권층인 크로네커는 정치적으로 우위에 있었다. 칸토어를 망가뜨린 건 다른 무엇보다 억울함이었다. 그는 자신이 베를린에서 교수직을 가질 만큼 능력 있고 더 많은 것을 누릴 자격이 있다고 믿었지만, 막대한 영향력을 가진 크로네커로 인해 그런 일이 절대 불가능하리란 사실을 잘 알았다.

크로네커의 공격이 계속되자, 칸토어는 점점 더 절망에 빠졌다. 그는 반격을 가하고자 베를린의 교수직에 지원했다. 성공 가망성이 없다는 걸 알았으나 이 일이 크로네커의 기분을 상하게 할 거라 확신했고 그것으로 충분하다 여겼다. 칸토어는 스웨덴 수학자 예스타 미타그레플레르Gösta Mittag-Leffler에게 다음과 같이 말했다. "나는 크로네커가 전갈에 쏘인 듯이 펄쩍 뛰리란 걸 확실히 알았네. 그가 부하들과 함께 하도 울부짖어서 베를린 사람들은 여기가 사자나 호랑이, 하이에나가 사는 아프리카 사막이 되었나 싶을 걸세."

칸토어는 우울한 분위기와 버럭하는 성격 때문에 친구가 별로 없었지만 미타그레플레르는 그나마 친구로 지냈다. 1년 전 1882년, 미타그레플레르는 학술지 〈수학동향Acta Mathematica〉을 창간했고 칸토어에게 크로네커의 계략을 피해 안전히 논문을 실을 방법을 제공해 주었다. 무슨 일이 벌어졌는지 알게 된 크로네커는 자신의 옛 제자에게 복수할 방법을 찾았다. 미타그레플레르에게 편지를 써서 자신이 그의 새 학술지에 연구물을 게재할 수 있는지 물은 것이다. 이 소식을 들은 칸토어는 또 다른 공격을 감지했다. 크로네커가 〈수학동향〉에서 출판하려는 의도가 자신의 연구물에 대한 신용도를 떨어뜨리기 위해서라고 생각했다. 성격상 분노로 대응한 칸토어는 미타그레플레르에게 더는 논문을 보내지 않겠다고 위협했고, 결국 친구 관계에 금이 갔다. 크로네커의 예상대로였다. 그는 사실 〈수학동향〉에 논문을 보낼 생각이 전혀 없었다.

1년도 되지 않아 칸토어는 처음으로 신경 쇠약에 시달렸다. 만일 다른 방식으로 조용하고 평범한 삶을 살았더라도 그는 여전히 정신 질환 문제를 겪었을지 모른다고 생각한다. 하지만 진실은 그가 그런 삶을 살지 않았다는 것이다. 칸토어는 격렬한 연구와 크로네커와의 싸움에 휩싸인 인생을 살았으며, 이후에도 개인적으로 끔찍한 비극을 겪으며 고통스러워했다. 1899년 강연을 위해 라이프치히로 떠나 있는 동안 막내아들 루돌프가 갑작스럽게 사망한 것이다.

칸토어는 하늘 위 무한대에 도달했고, 알레프와 오메가 사이를 걸었다. 신앙심이 깊었던 그는 신이 자신을 안내해 주었다고 믿었다. 수를 통해 인도받은 건 확실하다. 모든 수와 모든 연속체를 통해서 말이다. 칸토어가 알레프 제로 너머를 처음 본 곳은 바로 이 천상의 영역이었다. 그는 연속체가 더 큰 무한대의 종류, 즉 더 큰 알레프라는 사실을 보았다. 그러나 얼마나 크다는 것일까? $\aleph_1$ 또는 그보다 큰 것일까?

우리는 집합을 이야기할 때마다 묵시록의 네 기수든, 자연수 집합이든 상관없이 멱집합power set이라는 것에 대해 말할 수 있다. 멱집합이란 모든 부분집합을 모은 집합을 말한다. 예를 들어, {아토스, 포르토스, 아라미스}로 구성된 삼총사 집합을 생각해 보자. 이것으로 우리는 총 8개의 서로 다른 부분집합을 만들 수 있다. 일단 공집합이 있다.

{ }

그리고 삼총사 중 한 명만 있는 집합이 있다.

{아토스}
{포르토스}
{아라미스}

이번엔 삼총사 중 두 명이 있는 집합이다.

{아토스, 포르토스}
{포르토스, 아라미스}
{아라미스, 아토스}

물론 셋 다 있는 집합도 있다.

{아토스, 포르토스, 아라미스}

총 8개의 각기 다른 집합들은 삼총사의 멱집합을 구성한다. 아마도 여러분은 삼총사 집합은 크기가 3이지만, 삼총사의 멱집합은 그보다 훨씬 큰 $8=2^3$인 집합이라는 사실을 알아차렸을 것이다. 이건 우연이 아니다. 멱집합 속의 각 집합을 보면 아토스가 있거나 없고, 포르토스도 있거나 없고, 아라미스도 있거나 없다. 이것은 2×2×2의 가능성을 촉발한다. 똑같은 논리로 프리미어 리그 풋볼클럽 집합의 크기가 20이라면 그 멱집합의 크기는 2^{20}이다.

이 규칙은 무한 집합에도 적용된다. 우리는 자연수가 $\aleph_0$ 크기의 집합인 걸 안다. 그렇다면 자연수의 멱집합은 어떨까? 그것은 자연수의 부분집합들의 집합으로, 다시 말해, 공집합

{ }

그리고 숫자 하나의 집합들

{0}
{1}
{2}
⋮

그리고 숫자 둘의 집합들

{0, 1}
{0, 2}
{1, 2}
⋮

이런 식으로 이어지는 여러 숫자의 집합들을 말한다. 이 멱집합은 크기가 $2^{\aleph_0}$으로, 상상도 못 할 만큼 크다. 칸토어가 증명한 것처럼 이 집합은 확실히 $\aleph_0$보다 크며, 공교롭게도 연속체의 크기와 같다. 이것을 알아보기 위해 이진법 실수를 적는다고 상상해 보자. 그냥 0과 1이 특정 순서로 배열된 묶음들을 적어 보는 것이다. 예를 들면 다음과 같다.

$$\frac{5}{8} = 1 \times \frac{1}{2} + 0 \times \left(\frac{1}{2}\right)^2 + 1 \times \left(\frac{1}{2}\right)^3$$

이것은 0.101로 쓸 수 있다. 만약 다른 가능성도 모두 훑어보고 싶다면 위의 첫 번째 숫자에 대해 두 가지 선택권이 있음을 알 수 있다. 두 번째 숫자에 대해서도 두 가지, 세 번째 숫자에 대해서도 두 가지, 그리고 무한대에 대해서도 두 가지 선택권이 있다. 결국 이것은 다른 가능성에 대해 엄청난 크기의 총량을 산출한다.

$$\overbrace{2 \times 2 \times 2 \times \ldots \times 2}^{(\aleph_0\text{번 반복})} = 2^{\aleph_0}$$

칸토어는 연속체가 무한대 목록의 그다음 알레프가 되어야 한다고 생각했다. 다시 말해, $2^{\aleph_0}=\aleph_1$이라고 여긴 것이다. 이 내용을 연속체 가설이라고 부르며, 여러분도 앞서 힐베르트가 1900년부터 발표했던 미해결 수학 문제 23개 중 첫 문제로 이것을 기억할 것이다. 연속체 가설은 기본적으로 연속체가 자연수보다 1 알레프 더 높다고 말하지만, 이 말이 사실이어야만 하는지는 명백하지 않다. 연속체는 더 높은 알레프의 크기일 수도 있고, 어쩌면 알레프와 전혀 관련이 없을 수도 있다. 결국 칸토어는 자신의 가설에 집착하게 되었다. 그가 미타그레플레르에게 보낸 편지 속에는 점점 더 괴로워하는 한 남자의 이야기가 담겨 있다. 어느 때는 가설을 증명했다며 승리감에 차서 글을 썼다가, 다음에는 자신의 연구에서 치명적인 실수를 발견했다며 절망이 가득한 편지를 쓰기도 했다. 그는 환상 속의 성공과 현실의 실패 사이에서 증명과 반증을 오갔다.

오늘날까지 그 누구도 연속체 가설을 증명하거나 반증하지 못했다. 그러나 1963년에 미국 수학자 폴 코언Paul Cohen이 중요한 것을 발견했다. 체코의 위대한 논리학자 쿠르트 괴델Kurt Gödel의 연구에 영감을 받은 코언은 연속체 가설이 수학의 기본 구성 요소(수학자 에른스트 체르멜로와 아브라함 프렝켈Abraham Fraenkel의 이름을 따서 이른바 'ZFC 공리계'라고 불리는 요소)로부터 독립적이라는 사실을 보여 주었다. 이것은 연속체 가설이 참 또는 거짓으로 가정될 수 있으며, 그중 어느 것도 모순으로 이어지지 않음을 의미했다. 이 말이 무슨 뜻인지 이해하기 위해, 리버풀 팬에게 리버풀의 가장 큰 경쟁상대인 맨체스터 유나이티드도 응원할 수 있는지 물어본다고 상상해 보자. 여러분은 물어본 즉시 그럴 수 없다는 걸 알게 될 것이다. 두 풋볼클럽이 정면으로 대립하고 있기 때문이다. 하지만 만약 그에게 보스턴 레드삭스 야구팀도 응원하는지 물어본다면 어떨까? 레드삭스가 다른 스포츠의 팀이라는 것을 고려하면 그가 레드삭스를 응원하든 안 하든 어느 쪽에도 모순은 없다. 코언은 수학이 연속체 가설에 대해 그만큼 관대했을 뿐임을 증명해 보였다. 칸토어가 정신이상에 빠진 지 80년 후, 코언은 그의 연구를 통해 수학계 노벨상에 해당하는 필즈상을 받았다.

시간이 흐름에 따라, 칸토어는 연속체 가설을 신조의 문제이자 수학을 초월하는 문제로 보았다. 그 가설은 신의 것이었고, 칸토어의 정신 속에서 그것은 신의 보호 아래 있었다. 칸토어는 인생 후반부에 더 많은 시간을 요양원에서 보냈는데, 그의 좌절은 보통 격렬하게 시작되어, 세상의 불공평함에 분노했으며, 결국에 우울증이 그를 옥죄일 때까지 멈추지 않았다. 그의 딸 엘스가 훗날 회상한 것처럼 칸토어는 내성적인 성격으로 사람들과 교류하지 못했다. 오랜 회복 기간에 걸쳐 연속체와 싸웠고, 그 너머로 또 다른 강박에 빠져들었다. 그는 셰익스피어에게도 시비를 걸었다.

칸토어는 셰익스피어의 희곡들이 17세기 학자 프랜시스 베이컨 경Sir Francis Bacon의 작품이라고 확신하면서 그가 가짜라고 믿었다. 모국어인 독일어에 이어 덴마크어와 러시아어를 구사하고 네 번째 언어이긴 했으나 영어도 할 줄 알았던 칸토어는 셰익스피어에 대한 급진적 가설을 뒷받침할 소책자를 출간할 만큼 스스로 능력이 있다고 생각했다. 1899년 그는 또 다른 실패를 겪고 할레대학으로부터 병가를 받았다. 이후에 이어지는 기이한 이야기를 들어 보면 칸토어의 불안한 정신 상태를 엿볼 수 있다. 그는 독일 교육부에 편지를 써서 자신의 교수직을 풀어 달라며, 독일 황제를 위해 도서관에서 혼자 일할 수 있게 해 달라고 간청했다. 그리고 자신이 역사와 문학에 폭넓은 지식을 가지고 있다면서 직접 만든 소책자를 증거로 보여 주었고 심지어 본인이 영국 군주제와 초대 왕의 정체성에 대한 새로운 정보를 갖고 있음을 암시하는 글을 썼다. 만일 자신의 요청을 제때 들어주지 않는다면 러시아 황제에게 제안할 것이라고 맹세까지 했다. 그가 이런 일을 벌였으나 교육부는 그 편지를 무시했다. 그리고 칸토어는 단 한 번도 러시아에 접촉하지 않았다.

제1차 세계대전이 유럽을 휩쓸 무렵 칸토어의 수학적 연구의 중요성은 굳게 확립되어 있었다. 전쟁 중 독일의 상황을 보면 그가 요양소에서 보낸 마지막 날들이 어떠했는지를 알 수 있다. 1951년에 칸토어의 편지를 출간했던 영국의 사상가 버트런드 러셀Bertrand Russell은 칸토어를 "무한수 이론을 창조하는 데 명료 기간 lucid intervals(정신이상을 겪는 중 잠시 이성적으로 정상인 기간—옮긴이)을 바친 19세기의 가장 위대한 지식인 중 한 명"이라며 칭송했다. 그러나 "칸토어의 편지를 읽어 보면 누구라도 그가 인생의 오랜 시간을 정신병원에서 보낸 사실을 알고도 놀라지 않을 것이다"라고 덧붙였다.

칸토어는 감히 무한한 하늘을 탐험했다. 그리고 다른 사람들도 감히 더 멀리 내다볼 수 있게 해 주는 유산을 남겼다. 그는 한없는 무한 너머로 무한이 이어지며, 여기에는 등급이 있다는 사실을 밝혀냈다. 이들은 접근할 수 없는 수로 알려져 있다. 접근 불가능한 수의 개념을 이해하려면 우리는 먼저 유한한 영역, 즉 자연수로 돌아갈 필요가 있다. 산술 규칙을 이용해 알레프에 도달할 방법이 있을까? 대답은 '아니요'다. 유한한 영역에서 우리가 가질 수 있는 것은 유한한 수가 전부이며, 우리가 할 수 있는 일이란 유한한 수의 합이나 곱 또는 지수화를 수행하는 것뿐이다. 그 결과 우리는 알레프에 접근할 수 없게 되었다. 이러한 의미에서 $\aleph_0$는 접근 불가능한 기수다. 아래와 같은 유한한 기수의 산술 게임으로는 도달할 수가 없다.

하늘 위로 한번 뛰어올라 보자.

일단 $\aleph_0$를 손에 넣으면 멱집합과 지수화를 통해 훨씬 큰 기수들로 나아갈 수 있다. 연속체 가설이 맞을 경우, $2^{\aleph_0}$는 즉시 우리를 $\aleph_1$으로 데려갈 것이고, 거기서부터 산술 규칙을 이용해 $\aleph_2$, $\aleph_3$ 등으로 쭉 뻗어갈 수 있다. 계속 더 큰 기수를 손에 넣을수록 여러분은 우리가 접근할 수 없는 무한대가 있을지 궁금할 것이다. 진실은 우리도 잘 모른다는 것이다. 가능성 있는 한 가지 답은 '아니요'다. 애초부터 $\aleph_0$는 접근 불가능한 유일한 기수이기 때문이다. 하지만 이런 결론은 다소 지루하다. 그보다는 이전에 도달했던 모든 알레프도 접근할 수 없을 만큼 크고 높은 알레프들을 상상하는 편이 더 흥미룹다. 그래서 수학자들도 그런 연구를 하려는 경향이 있다. 자신만의 규칙을 만들고 무슨 일이 일어나는지 보는 것이다. 이러한 관점에서 우리의 새로운 접근 불가능한 수의 첫 번째 숫자를 생각해보자. 낮은 알레프 영역에서 보면 볼 수는 있지만 만질 수 없는 숫자다. 이전에 우리가 숫자를 아무리 기하급수적으로 증가시켜도 유한한 영역에서는 $\aleph_0$에 도달할 수 없었던 것처럼, 우리는 결코 이 첫 번째 숫자에 가 닿을 수 없을 것이다. 그것은 새로운 차원의 숫자이자, 무한대의 무한대를 교묘히 피해 가는 천상의 리바이어던이다. 이 숫자는 이름이 없어서, 조카의 도움으로 구골의 이름을 지은 에드워드 캐스너처럼 나도 아이들에게 이름 하나를 만들어 달라고 부탁했다. 아이들은 마침내 예티The Yeti라고 이름을 지었고, 내가 보기에 완벽했다. 결론적으로 예티는 아무도 접근할 수 없는 세상의 숫자이며, 실제로 존재하는지 아무도 확신하지 못한다.

알레프 가운데 실제로 존재하는 게 있을까? 그들은 물리적 영역의 일부일까? 칸토어를 제한할 수 있는 건 오직 그 자신의 상상력뿐이었으며, 그는 무한을 포용하고, 이해하고, 함께 걸을 수 있었다. 하지만 그 일은 숫자와 집합이라는 수학적 세계에서 가능했다. 물리적 세계에서의 무한은 종종 심각한 문젯거리나 이해가 부족하다는 신호, 계산 마비로 여겨지고 있다. 하지만 우리에게 이런 마비 증상을 극복하는 법을 가르쳐 준 곳들이 있다. 무한을 정복하고 우리의 물리적 이론이 번성한 곳이다. 바로 전자기학과 핵물리학에서 만난 무한이다. 그러나 중력에서는 다르다. 중력에도 무한대의 무한대가 존재한다. 다음 장에서 보겠지만, 그곳에는 마비가 무한하다.

무한한 세계와의 조우

중력의 물결을 조심하라. 시공간이 무한히 닿는 블랙홀 중심의 특이점에 유의하라. 우리에게서 팔다리와 원자와 쿼크를 모두 떼어내고 우리를 갈가리 찢어 버릴 거대한 중력을 경계하라. 우리의 모든 것이 미세한 우주 구조 속으로 집어삼켜지고 시간이 더는 존재하지 않을 때 맞이할 우리의 마지막 순간을 경계하라.

　이 내용은 책의 처음에 우리가 마주쳤던 리바이어던 블랙홀인 포웨히에 대한 공포를 표현한 것이다. 우리는 포웨히를 멀리서는 보았지만, 그 속에서 일어나는 참상은 어떨까? 특이점은 실재할까? 무한을 만지는 일이 정말 가능할까? 1965년 영국 수학자 로저 펜로즈Roger Penrose는 놀라운 사실을 알아냈다. 만약 아인슈타인이 중력에 대해 옳다면 블랙홀은 모두 완전한 끝이자 특이점을 가린 장막이며 무한대를 숨긴 허울이라는 것이다. 펜로즈는 사건의 지평선과 같은 표면이 있다면 특이점도 항상 존재할 것이며 그 너머에서는 누구도 빠져나올 수 없음을 보여 주었다. 그로부터 55년 후 이미 영국 왕실의 기사 작위를 받은 연로한 펜로즈는 그 연구 결과로 노벨상을 받았다. 하지만 스웨덴 노벨 위원회의 수여가 실제 자연 속에 펜로즈의 특이점이 존재한다는 것을 의미하지는 않는다. 펜로즈의 연구가 우리에게 보여 준 것은 만약 우리가 지금 믿고 있는 것처럼 블랙홀이 정말 있다면 아인슈타인의 이론이 깨진다는 사실이다. 아인슈타인의 이론은 무한대를 은닉함으로써 우리가 다룰 수 없는 것을 간단히 숨기고 있다. 물리학에서의 무한대는 치료해야 하는 질병이었다.

우리는 이런 종류의 것을 이전에 본 적이 있다.

그리 오래되지 않은 과거에 우리가 무한이라는 질병에 꽤 익숙하던 때가 있었다. 그때 무한은 블랙홀뿐만 아니라, 전구의 빛이나 무선 통신의 찌지직거리는 소리에도 숨어 있었다. 광자가 전자와 춤을 추고, 전자가 광자와 춤을 추듯 이런 일상적인 현상은 양자전기역학quantum electrodynamics의 발레 무대였다. 광자와 전자의 상호작용은 물리학을 통틀어 가장 기본적인 현상이다. 그러나 제2차 세계대전 발발과 함께 그 상호작용도 깨진 것처럼 보였다. 전자의 춤이 무한한 질병에 시달리게 된 것이다.

이 이야기는 나의 박사학위의 조상 격인 폴 디랙에서 시작한다. 그는 프랑스어를 가르치기 위해 영국 서부의 브리스톨로 이주한 스위스 이민자의 아들로, 어릴 적엔 조용한 소년이었으며 커서는 훨씬 더 조용한 어른이 되었다. 케임브리지대학의 동료들이 시간당 한 단어로 따지는 '디랙Dirac'이라는 언어 단위를 만들 정도였다. 디랙은 스스로 말이 거의 필요치 않다고 생각했다. 시를 좋아했던 로버트 오펜하이머Robert Oppenheimer를 비웃으면서 문장을 어떻게 끝낼지 모르겠으면 시작도 하지 말아야 한다는 걸 학교에서 배우지 않왔냐고 말했다. 그가 다닌 학교는 오펜하이머보다 훨씬 수다스러운 소년이었던 할리우드 배우 캐리 그랜트Cary Grant도 다녔던 학교다.

1927년에 디랙은 원자 속 전자의 양자화된 궤도에 관한 보어의 오래된 이론과 아인슈타인의 상대성이론을 결합하는 이론을 제안했다. 그 이론은 양자장 이론의 시초이자 미시세계의 혼란을 이해하기 위한 중대한 돌파구였다. 디랙은 원자 속 전자가 방사선으로 방출되는 광자와 어떻게 상호작용할 수 있는지를 정확히 보여 주었다. 전자와 광자는 모두 장에서의 양자적 파동으로 이해할 수 있다. 전자는 전자장에서 꿈틀거리고, 광자는 전자기장에서 꿈틀거린다. 그리고 이들의 파동은 다른 파동을 유발하고, 다른 파동은 또 다른 파동을 유발하는 식으로 이어진다. 디랙은 이 현상이 너무 아름다워 그 결과에 관해 탐구하는 것이 걱정됐다. 자연이 이보다 훨씬 덜 우아한 것을 선택할 만큼 어리석을지도 모른다는 두려움 때문이었다.

그의 연구는 처음에 큰 성공을 거두었다. 강력한 두뇌들이 양자전기역학, 줄여서 QED라는 물리학의 새로운 분야를 발전시키기 시작했다. 그 구성원은 미래의 노벨상 수상자 4인조인 파울리, 하이젠베르크, 페르미, 그리고 헝가리인 과학자 유진 위그너Eugene Wigner였다. 훗날 위그너의 여동생 만시는 디랙과 결혼한다. 디랙은 그들과 함께 자기장에서의 입자의 생성과 소멸 현상부터 반입자의 존재에 이르기까지 새롭고 흥미로운 현상을 발견했다.

QED의 초기 성공은 곧 그들이 전자기 복사와 하전입자를 포함한 모든 물리적 현상을 예측하게 되리라는 기대를 불러일으켰다. 그러나 이들의 초기 성공은 섭동론perturbation theory으로 알려진 기술을 적용해서 이룬 것이었다. 섭동론은 물리학자의 서랍 속 가장 중요한 도구 중 하나다. 어떻게 사용하는 것인지 알아보기 위해, QED를 잠시 제쳐 두고 더 익숙한 내용인 지구의 중력장에 대해 생각해 보자. 우리는 보통 문제를 쉽게 만들기 위해 지구를 완벽한 구체로 취급한다. 하지만 지구는 완벽한 구가 아니다. 회전 때문에 적도 부근에서 불룩 튀어나와 있어서 전체 형태의 1퍼센트 정도를 수정해야 한다. 이것이 중력에 영향을 얼마나 끼치는지 정확히 계산하기란 쉽지 않아서 대략적으로만 추정한다. 약간의 미적분학과 몇몇 획기적인 수학 정리를 사용하여 실제와 같이 1퍼센트 정도에서 중력 변화를 알아내는 것이다. 만약 중력장에 미치는 영향을 더 정확히 계산하고 싶다면 좀 더 열심히 일해서 섭동론의 다음 순서를 이행하면 된다. 1퍼센트의 제곱 또는 만 분의 1의 정확도로 계산해 보는 것이다. 나아가 1퍼센트의 세제곱, 심지어 거듭제곱을 해서 정확도를 높여 작업을 이어 나갈 수 있다. 이것이 섭동론 사용 방법이다. 작은 것을 먼저 식별하고(이 경우에는 구체와 1퍼센트 다른 지구의 모양), 그 작은 매개변수를 제곱하며 결과를 차례대로 확장하는 것이다.

QED 안에는 작은 수도 하나 있다. 일명 미세 구조 상수fine structure constant라는 것인데, 과학자들은 대부분 알파alpha라고 부른다. 앞 장에서 나온 알레프와 오메가하고는 관련이 없다. 알파는 그저 광자와 전자 사이의 상호작용 강도를 나타내는 상수로, 이 입자들이 얼마나 춤추고 싶어 하는지를 말해 준다. 자연은 우리 눈에 보이는 모든 것과 보이지 않는 많은 것을 이 알파 값으로 통제한다. 이것으로 원자의 크기, 자력의 강도, 자연의 색을 설정하는 것이다. 알파는 분수 1/137과 매우 근접한 값으로 측정되었는데, 과거와 현재를 막론하고 수많은 물리학자가 이 값을 더 제대로 이해하고자 노력했다. 이 문제에 가장 집착한 사람이 아마 파울리였을 것이다. 그는 우스갯소리로 이렇게 말했다. "내가 죽으면 악마에게 제일 처음 이 질문을 할 것이다. 미세 구조 상수의 의미가 무엇인가?" 파울리는 종종 알파가 파이$_{pi}$나 다른 중요한 수와 우연히 일치하는 꿈을 꾸곤 했다. 심지어 정신분석학자 칼 융을 찾아가기도 했는데, 융은 파울리의 꿈을 분석한 후 파울리가 "어떤 거대한 우주 질서"에 대한 통찰력을 얻고 있음을 확신했다. 기이한 우연의 일치로, 파울리는 결국 취리히 적십자 병원의 137호실에서 췌장암으로 사망했다.

작은 알파 값 덕분에 QED의 초기 물리학자들은 섭동론을 사용하여 계산할 수 있었다. 그들은 전하를 띤 입자들이 여기저기 흩어져 광자 주위에서 튕기며, 여러 방향으로 밀고 당기는 등 다른 과정이 일어날 확률을 계산했다. 그 결과는 알파를 소환할 만큼 정확했다. 다시 말해, 오차범위가 137분의 1, 즉 1퍼센트 미만이었다. 더 정확한 결과를 얻기 위해 그들은 그저 오차범위가 1퍼센트의 1퍼센트 이내가 되도록, 즉 알파를 제곱하거나 더 높이 거듭제곱하여 섭동론의 다음 단계를 실행하기만 하면 되었다. 여기서 문제는 수학적인 고통만 있을 뿐, 그 무엇도 잘못될 것이 없었다.

그러나 잘못되었다.

그 문제는 파울리에서 시작되었다. 파울리는 외로운 전자 하나가 사실은 그리 외롭지 않다는 것을 깨달았다. 전자가 전자기장을 촉발하기 때문이다. 우리가 우주의 작은 영역, 즉 전자기장으로 전하들을 모으려면 우리는 그때마다 반발의 힘에 대응하는 일을 해야 한다. 이 말은 우리가 계 안에 어떤 에너지를 공급해야 하고, 영역이 작을수록 더 많은 일을 해야 한다는 것을 의미한다. 이렇게 공급되는 여분의 에너지는 '자기에너지'로 알려져 있는데, 전자의 경우엔 이 에너지가 전자의 질량을 늘린다고 보면 된다(에너지와 질량이 동등하다는 사실을 기억하자). 파울리가 화를 낸 것은 점처럼 생긴 입자인 전자가 자신의 모든 전하를 무한히 작은 영역에 주입한다는 생각 때문이었다. 그러면 전자의 자기에너지, 즉 전자의 질량이 무한히 큰 값으로 늘어나게 된다.

물론 파울리는 이 생각이 그렇게 옳지 않다는 사실을 이해했다. 양자 효과도 고려해 봐야 했고, QED의 발전 덕분에 실제로 무슨 일이 일어나고 있는지 알아낼 수 있는 좋은 이론을 갖고 있다고 믿었다. 그리고 골초에 말이 빠른 미국인 신입 조교에게 그 문제를 넘겨주었다. 그의 이름은 로버트 오펜하이머다.

훗날 오펜하이머는 뉴멕시코 주 로스앨러모스 연구소의 전략핵무기개발 책임자가 된다. 1945년 7월 16일 로스앨러모스 팀은 뉴멕시코 사막에서 첫 원자폭탄을 성공적으로 폭발시켰다. 그리고 채 한 달이 되기 전에 미국 공군은 원자폭탄 두 개를 일본의 히로시마와 나가사키에 투하하여 20만 명이 넘는 사망자를 냈다. 이후 오펜하이머는 힌두교 경전을 인용하며 "이제 나는 죽음이요, 세상의 파괴자가 되었다"고 말했다.

전쟁 전에 파울리 밑에서 일했던 젊은 물리학자 오펜하이머는 뛰어난 재능으로 유명했지만 엉성한 성격으로도 유명했다. 파울리는 오펜하이머를 지켜보고 이렇게 말했다. "그의 물리학은 언제나 흥미롭지만, 계산은 항상 틀린다." 파울리가 전자의 자기에너지를 살펴보라고 하자, 오펜하이머는 이 문제를 구체적인 환경에서 연구해 보기로 마음먹었다. 수소 원자가 방출하는 빛의 스펙트럼을 QED를 사용해 계산한 것이다. 다른 때와 마찬가지로 그는 섭동론을 이용했다. 처음에는 비교적 간단한 문제였다. 그가 알파를 소환하기 위해 계산 작업을 하며 신경 쓸 문제는 핵 안에서 가상 광자와 궤도 위의 전자를 교환해 주는 양성자뿐이었다. 하지만 그가 알파를 제곱하며 정확도를 높이려고 하자 일이 까다로워졌다. 전자와 광자가 변형될 가능성이 있음을 깨달은 것이다. 특히 전자가 광자를 방출하자마자 다시 흡수하는 현상을 걱정해야 했다. 오펜하이머는 놀랍게도 그 현상이 무한히 반복된다는 사실을 깨달았다! 이것은 그가 계산을 잘못해서 생긴 문제가 아니었다. 이번만큼은 제대로 한 게 맞았다. 이 문제는 일시적으로 나타난 광자가 무한대까지 상승하는 모든 에너지양을 운반할 수 있어서 발생한 일이었다. 즉 오펜하이머가 이 모든 가능성을 합해야 한다는 것을 의미했다. 그는 무슨 짓을 해서라도 그 총합이 유한한 값이기를 바랐지만 그런

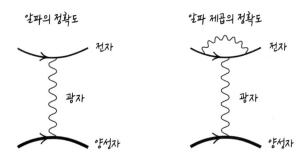

수소 원자의 양성자는 전자와 상호작용한다. 왼쪽 그림은 알파의 정확도 안에서
가상 광자의 교환이 일어나는 물리적 현상을 보여 준다. 오른쪽 그림은 알파 제곱의 정확도
안에서 전자가 다른 가상 광자를 방출하고 재흡수하는 모습을 보여 준다.

일은 일어나지 않았다. QED는 무한한 질병을 앓고 있었다. 그리고 세계대전의 혼란으로 그 질병은 거의 20년간 치료되지 못했다.

비록 세부 내용은 다르지만, 전자기장과 상호작용하는 방식 때문에 전자가 무한한 질량을 얻었던 무한한 자기에너지 문제가 또 제기된 것이다. 파울리는 낙담했다. 그는 물리학을 떠나 해외로 탈출해서 '유토피아 소설'을 쓰고 싶다고까지 말했다. 우울한 그의 상태는 오펜하이머에게 여운을 남겼다. 오펜하이머는 이 무한대를 치료 가능한 질병으로 인식하기보다는 물리학이 진로를 크게 벗어났다는 신호로 보았다. 좀 더 열린 마음을 가졌다면 그는 그 무한대를 어떻게 길들일 수 있는지를 누구보다 잘 이해할 수 있는 위치에 있었다. 하지만 그 영광은 슈윙거와 파인먼 그리고 일본 물리학자 도모나가 신이치로에게 돌아갔다.

이 사람들이 어떻게 결국 무한을 정복했는지를 이해하기 위해, 우리는 파울리의 별로 외롭지 않은 전자에게 돌아가야 한다. 전자는 전자기장 외에도 진공의 안팎을 오가는 수많은 입자의 바다에 둘러싸여 있다. 전자와 양성자, 광자가 다 같이 들끓고 가상입자가 부글거리는 진공 속에서 말이다. 의심할 여지 없이 이 바다는 질량을 포함한 전자의 특성에 영향을 미칠 것이다. 물속에서 탁구공을 잡고 있다가 놓았다고 상상해 보면 그 이유를 알 수 있다. 공의 가속도가 얼마나 크게 느껴질까? 탁구공은 둘러싸인 물보다 약 12배 가볍고, 이는 부력이 공의 무게보다 12배 크다는 사실을 의미한다. 만약 고려해야 할 것이 이게 다라면 공은 12g의 상승가속도와 1g의 일반적인 하강가속도를 경험하며 총 11g의 순 가속도를 가질 것이다. 가속도는 실제로 위로 올라가지만, 여러분은 그 값이 그리 크지 않다는 것을 느낄 수 있다. 여기서 우리는 공도 물을 밀어내야 한다는 것을 기억할 필요가 있다. 힘은 단순히 공만 가속하는 게 아니라, 주변 액체도 가속해야 하기에 공이 더 어렵게 움직이는 것처럼 보이게 만든다. 결국 공은 마치 관성이 더 높은 것처럼, 쉽게 말하면, 질량이 더 큰 것처럼 행동한다. 물리학자들은 공의 질량이 효과적으로 재구성되거나, 훨씬 큰 값으로 '재규격화'되어 상승 가속도가 2g 미만으로 끝난다고 말한다. 이러한 질량의 재규격화는 탁구공으로 인해 뒤로 밀린 유체와 탁구공이 상호작용하게 된 결과다. 전자를 둘러싼 가상입자들도 마찬가지다. 가상입자들은 전자의 질량을 '재규격화'시키고, 전자와의 상호작용으로 전자를 밀어낸다. 전자와 탁구공의 차이점은 탁구공은 마침내 물 밖으로 빠져나갈 수 있지만, 전자는 가상입자의 바다에서 절대 빠져나가지 못한다는 것이다.

오펜하이머는 계산을 수행하며 섭동론을 이용했다. 이것이 의미하는 바는, 첫 번째 근사치에서는 전자가 마치 진공 속에 있지 않고, '가상입자가 없는' 고전적 세계에서의 질량만 가진 것처럼 보였다는 것이다. 그러나 그가 정확도를 올려 교정했을 때, 그 일은 마치 그가 전자를 찌개 속에 넣는 것 같았다. 두럽게도 그는 이 교정값이 무한하다는 사실을 발견했다. 즉 전자의 새롭게 개선된 '진공 속' 질량은 진공 없는 맨몸의 질량과 무한한 차이가 났다. 물리적 세계에서 전자는 무한히 무겁지 않기 때문에, 이것은 무언가 처참하게 잘못된 것처럼 보였다.

그러나 잘못된 게 아니었다.

오펜하이머가 깨닫지 못한 것은 그가 계산 속에 서로 다른 두 질량, 즉 진공 속의 질량과 진공 없는 질량을 포함시켰지만, 이 중 물리적으로 관련된 것은 하나뿐이라는 사실이었다. 여기서 진실은 양자 진공을 벗어날 수 있는 전자는 절대 없으니 진공 속에 있는 질량을 측정할 수 있다는 것이다. 오펜하이머는 이론이 이치에 맞으려면 두 질량 모두 유한해야 한다고 생각했지만 그렇지 않았다. 진공 속에 있는 물리적 질량만 유한하면 된다. 마치 진공에 있지 않은 듯한 비물리적 질량은 절대 측정할 수 없으므로 무한해도 괜찮다. 사실 그 값은 적어도 오펜하이머의 무한한 양자 교정값만큼 무한해야 한다는 것이 밝혀졌으며, 그 반대 부호도 함께 있어야 한다.

진공 없는 질량 + 양자적 교정 = 진공 속 질량. 이 계산을 다시 살펴보자. 오펜하이머의 양자 교정값 속에 '무한대'가 있다면 진공 없는 질량의 값에 '마이너스 무한대'가 있어야 최종적으로 유한한 답을 얻을 수 있다. 이런 무한함 그 자체가 물리적으로 무의미하기에 우리는 이 때문에 너무 속상해할 필요는 없다. 당연히 우리는 어떤 계산을 하든 무한한 값을 사용하지 않는다. 통제할 수 없기 때문이다. 그 대신 크지만 유한한 기호를 임의로 사용하므로 수학적으로는 여전히 의미를 가진다. 그리고 이렇게 무한대를 대신해 주는 기호는 서로를 취소하는 것으로 간주한다. 우리는 이렇게 실험 측정값과 일치하는 진공 속 질량, 물리적 질량에 대한 유한한 값을 얻는다.

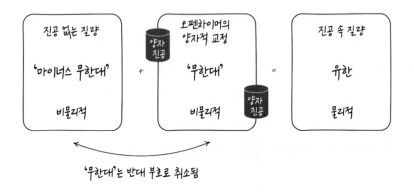

비유를 들어 설명할 수도 있다. 우리가 막대사탕 사업을 시작한다고 상상해 보자. 막대사탕 원가가 개당 1파운드이지만, 나중에는 원가에 근접해서 팔더라도 우리는 장사 첫날만큼은 원가의 두 배를 받고 팔 수 있다는 사실을 안다. 우리는 사업 운영을 위해 친구

에게서 무한한 액수의 돈을 빌린 후 막대사탕 무한개를 산다. 장사 첫날, 막대사탕 100개를 팔았다. 돈으로 따지면 우리는 실제로 얼마의 가치를 갖고 있을까? 만약 우리가 가지고 있는 것만 보고 자산의 가치를 따진다면 무한한 부자라고 할 수 있다. 첫날 판매한 현금 200파운드에다 원가에 팔 수 있는 막대사탕 무한개를 가지고 있기 때문이다. 하지만 이것은 반쪽짜리 이야기에 불과하다. 우리는 아직도 친구에게 빚진 상태다. 이 빚을 빼면 첫날 벌어들인 이익 100파운드만 남을 게 확실하다. 이게 우리가 가진 진정한 가치다.

이 이야기에 나온 우리 자산의 무한한 가치는 진공이 없는 고전적인 세계 속 전자 질량의 무한한 가치와 같고, 무한한 빚은 오펜하이머의 무한한 양자적 교정값과 같다. 그리고 우리가 가진 진정한 가치(이 경우엔 100파운드)는 양자 진공에 둘러싸인 전자 질량이 가지는 진정한 물리적 가치와 같다.

하지만 전자 이론이 무한 질병에서 치료되었음을 선언하기 전에, 우리는 다른 무한대를 살펴봐야 한다. QED를 통해, 전자의 전하가 무한히 큰 양자적 교정값을 보인다는 사실이 밝혀졌다. 하지만 이것도 문제없다. 앞에서 했던 것과 같이, 우리는 진공 없는 곳의 맨몸 전하의 값이 무한하다고 말하기는 쉽지만, 측정은 불가능하다. 무한한 양자적 교정값은 다시 반대 부호의 도움을 받는다. 그러면 두 무한대가 취소되고, 우리는 실험 결과와 일치하는 진공 속 전하의 유한한 값에 도달할 수 있다.

만약 이것이 그저 손재주 같다면 이제 진짜 마법을 구경해 보자.

전자와 광자가 무작위로 아무리 이리저리 튕겨 나가더라도 우리는 섭동론을 이용해서 우리가 원하는 어떤 과정이든 계산할 수 있으며, 우리가 진공 속 질량과 진공 속 전하가 유한하다고 선언하는 한 모든 것을 유한한 상태로 남길 수 있다. 마치 기적이 일어난 것 같다. 복잡한 과정을 통한 양자적 교정값의 총합은 무한할 수 있지만, 결국 그건 중요치 않다. 그 무한대들은 우리가 전자 질량과 전자 전하에 대해 보았던 무한대의 잔재일 뿐이다. 일단 진공 속 질량과 진공 속 전하를 실험으로 고정하면 다른 모든 것은 제자리로 들어온다. 걱정해야 할 무한대가 더는 존재하지 않는다.

무한 질병을 치료했다.

1948년 1월, 서른도 채 되지 않은 슈윙거는 미국 물리학회 모임으로 사람들이 가득한 뉴욕의 한 건물 앞에서 이런 생각을 하고 있었다. 그는 어린 나이였지만 이미 유명했다. 겨우 15세에 대학에 입학했고, 19세에 벌써 연구 논문을 7편이나 냈으며, 파울리, 페르미 같은 지식계의 거물들과 대화를 즐겼다. 10년 후 뉴욕에서 열린 학회에서 그는 청중을 사로잡았다. 그의 연구는 기술적으로 확실히 어려웠지만 모든 일이 순조롭게 진행됐다. 그가 실험 측정값을 이용해 진공 속 질량과 전하를 유한한 값으로 고정하는 순간, 그는 다른 과정에 미치는 영향까지 계산할 수 있었으며, 그 효과 또한 해당 데이터와 들어맞는다는 것을 보여 줄 수 있었다. 여기에는 수소 원자의 에너지 준위가 양자 효과에 의해 분할되는 방식이 들어 있었는데, 이는 윌리스 램이 1년 전인 1947년에 실험으로 측정한 것이었다. 멀리서 봤을 때는 그가 무한대를 가지고 너무 빠르거나 너무 느슨하게 연주하는 듯 보였지만, 그것은 중요하지 않았다. 슈윙거의 마스터 클래스가 그에게 모든 해답을 주고 있었다.

그날 파인먼은 무척 당황했다. 비슷한 개념을 구상하고 있었기 때문이다. 슈윙거의 발표가 끝나갈 무렵, 그는 청중들에게 자신도 같은 결과를 찾았다고 말했지만 아무도 듣지 않았다. 3개월 후, 파인먼은 펜실베이니아의 포코노 산맥에서 열린 학회에 다시 참석했다. 그는 QED에 관한 새롭고 직관적인 사고방식을 가지고 있었다. 모든 것을 그림으로 재해석했고, 전자는 직선으로, 광자는 꿈틀거리는 선으로 표시했다. 여러분에게 오펜하이머의 수소 스펙트럼 계산을 설명하면서 보여 준 그림과 같은 것이었다. 우리 그림에서는 보여 주지 않았지만, 파인먼은 모든 선과 꼭짓점에 대한 수학적 부호를 집어넣어 복잡한 계산을 반복할 때 두 배 빠르게 수행할 수 있도록 만들었다. 그러나 1948년에 그 부호를 아는 사람은 오직 파인먼뿐이었다. 그의 그림이 정말로 무슨 의미인지 이해하는 사람은 아무도 없었다. 슈윙거의 설명은 길고 어려웠으나, 적어도 사람들은 그의 언어를 이해했다. 파인먼은 자신의 내용도 그와 같은 거라고 주장했으나, 누구도 그의 말을 확신하지 못했다.

파인먼도 힘들었겠지만 도모나가 신이치로는 더 힘들게 일했다. 1943년에는 아직 전쟁 중이었고, 그는 일본에 고립된 채 외로운 늑대처럼 연구해 나갔다. 4년 후 램이 수소의 에너지 준위를 측정했지만, 도모나가는 일본의 신문 기사를 보고 나서야 이 사실을 알게 되었다. 자신의 이론도 같은 데이터를 재현할 수 있음을 깨달은 그는 오펜하이머에게 편지를 보냈고, 오펜하이머는 즉시 그를 프린스턴 대학으로 초대했다.

매우 다른 세 남자가 각기 다른 세 가지 일을 하는 듯 보였지만, 그들은 모두 같은 답을 얻고 있었다. 이를 하나로 꿴 이는 영국인 프리먼 다이슨Freeman Dyson이다. 파인먼과 함께 여행하고, 슈윙거의 강의까지 끈기 있게 들은 후, 그는 이들이 모두 같은 것을 생각하고 있음을 깨달았다. 그들의 연구는 정확히 같았지만 방식이 서로 달랐다. 네브래스카를 여행하는 버스에서 이런 깨달음을 얻은 그는 다음과 같이 회상했다. "폭발처럼 갑자기 내 의식 속으로 들어왔다. 연필도 종이도 없었지만, 모든 것이 너무 명확해서 적을 필요도 없었다." 결국 사람들이 파인먼의 다이어그램에 익숙해지면서 나중엔 그의 방법이 우세해졌다. 1965년 파인먼이 노벨상을 받으며 말했듯이, 무한은 "양탄자 밑으로" 쓸려 들어갔고, 무한 질병은 치료되었다.

칸토어와 달리 슈윙거, 파인먼, 도모나가는 실제로 무한한 하늘 위를 걷진 않았다. 앞서 암시한 대로, 그들의 무한한 몸놀림은 오직 유한한 영역에서만 행해졌다. 만약 그들이 연구 과정에서 무한한 합을 얻었다면 전체 합계는 생각하지도 않고 통제할 수 있을 만큼 일부만 잘라서 취급했을 것이다. 그들은 연구 결과의 총합을 크지만 유한한 값으로 임의대로 조정할 수 있었다. 만일 다른 맥락의 연구에서 또 다른 무한한 합이 등장한다면 그들은 같은 방법으로 그 일부를 잘라 낸 후 행복한 마음으로 두 합을 비교해 볼 것이다. 그러면서 이런 비교 작업이 무한의 한계를 극복했으니 이치에 맞을 수도 있다고 희망할 것이다. 하지만 진실은, 이 세 사람이 무한을 다룰 때 칸토어의 제안대로 신성한 방식을 통한 수치로 취급하지 않고, 그저 통제 가능한 한곗값으로만 취급했다는 것이다. 그들은 무한한 하늘에 도달하는 대신, 무한한 지옥을 피해 다니고 있었다.

이 실용적인 접근법은 전기약력 이론과 강한 핵력의 물리학까지 확장될 수 있다. 무한 질병은 더 어렵긴 하지만 그곳에서도 거의 같은 방법으로 치료할 수 있다. 이 치료법들은 그 어떤 것도 우리에게 무한대를 한곗값 이상으로 생각하도록 요구하지 않는다. 여기에는 그럴 만한 이유가 있다. 이론 자체가 불완전하기 때문이다. 예를 들어, 우리는 원자 하나 크기만 한 무도회장에서 춤을 추는 전자와 광자에 대해서는 QED가 정확히 설명할 수 있다는 사실을 알고 있다. 하지만 만약 무도회장이 원자 크기보다 구골 배 작다면 어떨까? QED를 그대로 적용할 수 있을까? 절대로 그렇지 않다. 우리가 무도회장의 크기를 쪼그라뜨리면 입자들의 춤은 점점 작아지고, 그 에너지는 점점 높아져서, QED는 전기약력 이론에게 자리를 내어줄 것이고, 이후엔 또 다른 이론이 자리를 차지할 것이다. 이제 우리는 QED에서 무한대가 등장한 것은 이 이론이 항상 성립할 거라고 상상했기 때문이라는 걸 알게 되었다. 그러나 항상 성립하지는 않는다. 무한히 작은 규모에 놓인 QED를 대체할 이론이 무엇인지 백 퍼센트 확신하는 사람은 아무도 없지만, 그것은 별로 중요하지 않다. 슈윙거와 그의 친구들은 실제로 무슨 일이 일어나고 있는지는 자세히 알 필요 없이, 그저 통제 가능한 한곗값을 취하며 극소수와 무한대를 지나 그들의 길로 나아가는 방법을 발견한 것이다.

이렇게 특정한 무한대들을 한곗값으로 취급하면 우리는 어떤 문제와 직면하게 된다. 칸토어는 어떻게 해야 할까? 그의 수학은 자연에 적용할 수 있는 걸까, 아니면 초자연적인 걸까? 칸토어의 영혼이 자연 어딘가에서 발견된다면 그곳은 분명 양자 중력의 물리학 세계일 것이다. 결국 아인슈타인의 고전적 모델에서 봤을 때, 중력은 시공간 연속체 이론이다. 칸토어의 삶 대부분을 차지했던 그 수학적 연속체와 같은 것이다. 우리가 특이점에 너무 가까이 다가가서 양자 효과가 나타나기 시작하면 그 연속체에는 어떤 일이 일어날까? 칸토어가 무한한 하늘에서 보았을지도 모르는 완전히 다른 것으로 변할까?

섭동론을 이용하면 아인슈타인 이론의 양자 버전을 처음부터 만들 수 있겠지만, 곧 심각한 문제에 처할 것이다. 다른 힘에서와 마찬가지로 그곳에도 무한대가 있기 한데, 무한히 많이 있다! 우리가 극복할 수 없는 문제다. 양자전기역학에서는 전자의 전하와 전자의 질량이라는 두 가지 무한대가 걱정이었다. 그러나 일단 이 무한대들을 실험에서 측정된 유한한 값으로 재설정하면 다른 모든 것들은 제자리에 놓을 수 있다. 그런데 비슷한 방법으로 중력을 양자화하려고 하면 우리는 모든 걸 통제하기 위해 다른 무한한 수의 양들을 전부 재설정해야 한다는 사실을 깨달았다. 그러려면 무한한 수를 측정하고 무한한 수를 입력해야 한다. 누가 보더라도 그건 효과적인 이론이 아니다.

중력을 양자화하려면 좀 더 급진적인 방식을 취해야 한다. 루프 양자 중력loop quantum gravity에서 시공간은 셀 수 없을 만큼 많은 조각, 이른바 스핀 네트워크spin network로 분쇄되고 분할된다. 문제는 이 모든 조각을 다시 조립하는 일이 그리 쉽지 않다는 것인데, 만일 다시 조립하지 못하면 아이작 뉴턴 경이 400년 전에 정립한 기초적이고 실증적인 중력과 맞닿을 수가 없다. 바로 이 때문에 나를 포함한 물리학자 대부분이 대안적이면서도 그에 못지않게 급진적인 이론에 의지하는 것이다. 우주를 울리는 것은 입자의 들썩거림이 아닌, 끈의 교향곡이다.

모든 것의 이론

끈이론은 양자중력 이론 그 이상이다. 이것은 전자와 광자, 글루온, 중성미자, 중력자, 그리고 물리적 세계에 존재하는 모든 것의 춤을 지휘하고 그 우주적 왈츠에 점수를 매기는 모든 것의 이론이다. 그리고 우리의 예상이 맞는다면 끈이론은 유한의 이론인 동시에 무한 질병의 궁극적인 치료제다. 무한대는 이제 양자전기역학에서처럼 양탄자 밑으로 쓸려 들어가지 않는다. 무한대는 패배했고 완전히 자리를 비웠다. 칸토어는 무한한 하늘을 걸었을지 모르지만, 끈이론 학자들은 그저 그럴 필요가 없다.

이 모든 것은 올바른 오답에서 시작되었다.

1968년 여름, 세계가 혼란에 빠졌다. 베트남에서는 격렬한 전쟁이 벌어졌고, 파리에서는 학생들이 폭동을 일으켰으며, 미국은 마틴 루터 킹과 바비 케네디의 암살로 격변이 일어났다. 베네치아 이름이지만 출신은 피렌체였던 젊은 물리학자 가브리엘레 베네치아노Gabriele Veneziano는 세른에서 미시세계의 혼돈에 초점을 두고 연구하고 있었다. 그는 두 개의 강입자를 가지고 함께 충돌시키면 무슨 일이 일어날지를 알고 싶어 했다.

이제 우리는 양성자나 중성자 같은 강입자가 절대 풀리지 않게 결합한 쿼크로 구성되어 있다는 사실을 알고 있다. 머리 겔만이 쿼크에 관한 이론을 제안한 건 1960년대 초반이었지만, 1960년대 말이 되도록 쿼크가 진짜라고 완전히 확신하는 사람은 없었고, 강입자 물리학도 여전히 난해했다. 입자물리학에서는 입자 하나를 다른 입자에 충돌시켜 무슨 일이 일어나는지 관찰하면서 진폭이라는 크기에 관해 연구한다. 이 크기는 특정 과정이 일어날 가능성을 나타내는 복소수 값에 불과하다. 베네치아노는 파이온 하나를 생산하기 위해 오메가라는 또 다른 강입자(칸토어의 오메가와는 아무 상관없다)와 함께 부서진 두 개의 파이온에 관해 관심을 가지고 연구하고 있었다. 그의 목표는 당시 실험 데이터를 재현할 수 있고 양자역학 및 상대성이론과도 일치하는 진폭에 대한 수학 공식을 추측하는 것이었다.

그 목표를 위해 베네치아노는 몇 가지 맞춤 성질을 가진 수학적

함수가 필요하다는 사실을 알고 있었다. 하지만 그 함수는 무엇일까? 간단한 다항식이나 삼각함수로는 충분하지 않았다. 좀 더 정교한 것이 필요했다. 그리고 결국 두 세기 전의 위대한 스위스 수학자 레온하르트 오일러Leonhard Euler의 연구물 속에서 정확히 그가 원했던 걸 찾아냈다. 논문을 제출한 후 이탈리아에서 휴가를 보내고 4주 만에 돌아온 베네치아노는 자신이 성취한 일에 대한 흥분에 휩싸여 있었다. 오래지 않아 다른 강입자 과정에서 유사한 공식이 제안되었다. 어떤 수준에서는 수학 게임 같았지만, 세계에서 가장 창조적인 물리학자 세 사람인 난부 요이치로, 홀게르 베크 닐센Holger Bech Nielsen, 레너드 서스킨드가 방정식들을 좀 더 자세히 보기 시작하자 무언가 꿈틀거리는 것이 발견되었다.

끈이었다. 작지만 영원히 쉬지 않는.

세 사람은 성격이 각양각색이었다. 수줍음이 많은 일본인 난부, 특이한 덴마크인 닐센, 카리스마 넘치는 뉴요커 서스킨드. 하지만 그들 모두 베네치아노의 공식 안에서 실제로 무슨 일이 일어나는지 볼 수 있는 창조적 불꽃을 가지고 있었다. 그들은 각기 베네치아노의 진폭이 점과 같은 입자가 아닌 작은 고무줄처럼 생긴 강입자의 모습에서 발생할 수 있다는 사실을 깨달았다. 이 고무줄이 바로 우리가 지금 기본적인 끈으로 생각하는 존재들이다. 이 끈들은 한 방향으로 뻗은 채 진동하고 꿈틀거린다. 강입자를 이런 식으로 상상한 적이 없던 베네치아노는 무심코 끈이론을 접하게 되었다. 그리고 어쩌다 올바른 오답을 발견했다.

끈은 작다. 너무 작아서 보통 입자처럼 보인다. 제대로 확대해야만 그것이 조금 뻗어 있는 형태란 걸 알 수 있다. 끈은 열려 있거나 닫혀 있을 수도 있고, 서로 다른 두 지점 사이에서 뻗어 있거나 고리처럼 웅크릴 수도 있다. 그리고 끈을 튕기면 진동한다. 여기서부터 음악이 시작된다. 기타 줄을 다양하게 진동시키면 각기 다른 음색을 낼 수 있듯이, 기본 끈의 진동도 다른 입자의 행동을 모방할 수 있다. 예를 들어, 광적으로 심하게 진동할수록 끈에는 더 많은 에너지가 저장된다. 질량과 에너지는 같기에 가장 격렬하게 진동하는 끈은 가장 무거운 입자와 일치해야 한다.

끈이론 초기에는 끈의 스펙트럼과 그 끈에 해당하는 입자의 스펙트럼이 문제되었다. 가장 가벼운 끈 때문이었다. 가장 가벼운 끈이 튕겨지지 않았다. 어쩌면 여러분은 그 끈이 사라지는 질량을 가져서 그렇다고 생각할지 모르지만 사실이 아니다. 마지막 장에서 우리는 피할 수 없는 양자 진동으로 얻는 에너지, 즉 영점에너지에 대한 모든 걸 배웠다. 끈이론에서 그 영점에너지는 음의 에너지가 된다. 가장 가벼운 끈이 가진 의미를 파악해 보면 여러분은 그 끈이 음의 에너지가 아니라, 그 에너지값을 제곱한 에너지를 가졌음을 깨달을 것이다. 즉 그 끈에 해당하는 입자의 질량이 마이너스 1의 제곱근에 비례하는 가상 질량인 것이다. 이 입자는 불안정성을 뜻하는 붉은 깃발, 타키온tachyon으로 불린다. 타키온을 간지럽혀서 존재하도록 만드는 행위는 심 끝으로 서 있는 연필을 건드리는 행위와 비슷하다. 전부 다 무너져 버린다. 갓 태어난 끈이론에 관한 한

타키온은 추방되어야 했다.

타키온에서 한 단계 더 올라가자, 끈이론은 실험 결과로 인한 문제에 부딪혔다. 끈이론이 상대성이론과 양립하려면 부드럽게 퉁겨진 끈의 질량은 사라져야 한다는 사실이 밝혀진 것이다. 게다가 스핀도 가져야 했다. 끈이론은 강입자의 모델이 되도록 설계되었는데, 실험 결과를 통해 이러한 성질을 가진 강입자는 존재하지 않음이 밝혀져 문제가 되었다. 상황이 더욱 심각해졌을 때, 일반상대성이론과 양자역학을 15세 나이에 독학한 영국 태생 물리학자 클로드 러블레이스Claud Lovelace가 놀라운 발견을 했다.

끈이론은 처음부터 시공간 차원이 존재하지 않는다고 가정한다. 실제로 그 내용이 기초 이론에 등장한다. 기본 끈이 1차원 공간에 뻗어 있는 것에서 시작하며, 그 공간이 끈을 따라 놓인 모든 점에서 다양한 값을 취하는 수많은 장으로 가득 채워져 있다고 상상한다. 이 장들은 전체 시공간에 있는 끈의 좌표를 암호화할 수 있으므로 장이 많을수록 총 시공간 차원도 더 많아진다. 러블레이스는 26개 장이 있어야만 끈이론이 양자역학과 호환될 수 있다는 사실을 깨달았다. 다시 말해, 시공간이 26차원이어야 하는 것이다. 그것은 시간 1차원과 공간 25차원으로, 우리에게 익숙한 3차원 세계보다 차원이 많다. 훗날 러블레이스가 말한 대로 "시공간이 26차원이라고 주장하려면 용감해야 한다."

이때가 1971년이고, 비슷한 시기에 끈이론이 초끈이론으로 변했다. 이것은 게으른 마케팅 전략 그 이상이었다. 끈이론은 화려하고 새로운 대칭성, 즉 초대칭성으로 강화되었다. 우리는 이런 종류의 대칭성에 대해 '0.0000000000000001' 장에서 처음 다룬 바 있다. 힉스입자의 질량을 제어하려는 내용이었다. 세부 사항은 다르지만 원리는 같다. 모든 페르미온이 보손과 짝을 이루고, 모든 보손은 페르미온과 짝을 이룬다. 끈이론의 경우, 이러한 협력 관계가 약간의 개선을 일으켰다. 시공간 차원이 26차원에서 10차원으로 감소하고 타키온이 성공적으로 추방된 것이다. 하지만 그래도 충분하지 않았다. 끈은 그만의 매력을 잃어 가기 시작했다. 강입자의 모델 자리를 양자색역학quantum chromodynamics에 빼앗기고 있었다. 양성자와 중성자, 파이온 그리고 나머지 모든 입자가 다양한 색의 만화경 속에서 쿼크와 글루온으로 만들어졌음을 보여 주는 실험 데이터들이 나오기 시작했다. 결국 베네치아노의 진폭은 더더욱 높은 에너지에서의 강입자 간 충돌에 대한 올바른 답을 제공하지 못했다. 끈이론은 예뻤지만, 쓸모없었다.

정말 그럴까?

존 슈워츠John Schwarz는 끈이론의 아름다움에 매료되었던 젊은 미국 물리학자였다. 그는 칼텍에서 우연히 비슷한 생각을 하는 뛰어난 프랑스 청년 조엘 셰르크Joël Scherk와 마주쳤다. 어린 천재 두 명은 가장 가벼운 끈을 다시 살펴보았다. 타키온은 초대칭에 의해 추방되어 사라졌다. 하지만 질량이 없는 끈은 어떻게 되어야 할까? 셰르크와 슈워츠는 놀라운 깨달음을 얻었다. 태평양 반대편에 있던 일본 물리학자 요네야 다마키도 마찬가지였다. 세 사람은 질량이 없는 끈이 입자물리학의 글루온과 일반상대성이론의 중력자와 매우 흡사하다는 사실을 알아챘다. 강입자와 상관없이 끈이론은 어쩌면 양자중력 이론일지도 몰랐다. 아니, 어쩌면 그것은 모든 것에 대한 이론일지도 모른다.

이 시점에서 여러분은 물리학계 세상이 멈춰 있었다고 생각할 수도 있다. 모든 물리학자가 마치 금을 찾아 헤매는 채굴꾼처럼 숨은 보물을 찾기 위해 혈안이 되어 있었다고 말이다. 하지만 그렇지 않았다. 사실 끈이론은 이후로도 10년은 더 변두리에 남아 있었다. 1970년대와 1980년대 초, 지식계의 거물들은 이론과 실험 양쪽을 모두 빠르게 발전시키면서 입자물리학에 관심을 쏟았다. 끈이론은 부차적 분야였다. 10차원에서도 양자역학과 만날 수 있다는 것을 추가적인 연구로 밝혀냈음에도 명성을 높이는 데 큰 도움이 되지 못했다. 비극적이게도 조엘 셰르크는 끈이론이 승리하는 모습을 끝까지 보지 못했다. 1970년대 말 그는 신경쇠약에 시달렸다. 때때로 파리 거리를 기어 다녔고, 칼텍에서 알고 지내던 파인먼 같은 유명 물리학자에게 기이한 내용의 전보를 보내기도 했다. 그리고 겨우 33세의 나이에 스스로 목숨을 끊었다.

1984년 첫 번째 끈 혁명이 일어났다. 슈워츠는 다시 한번 영국 물리학자 마이클 그린Michael Green(훗날 이 책의 저자에게 양자장 이론을 가르쳤다!)과 함께 끈이론의 중심에 섰다. 그린과 슈워츠는 끈과 양자역학 사이의 미묘한 충돌에 관해 연구했고, 그 충돌이 가짜였음을 밝혔다. 끈이론은 다시 중력의 양자 이론으로 돌아왔으며, 이번에는 물리학 세계의 주목을 받았다. 많은 사람에게 빠른 속도로 '이 동네 유일한 게임'이 되고 있었다.

얼마 지나지 않아 끈 이론에 적용되는 일관된 방정식이 한 가지가 아니라 다섯 가지나 된다는 사실이 명확해졌다. 과학자들의 목표는 그중 올바른 공식을 선택하고, 제대로 된 방법으로 끈을 건드려서 빙고를 외치는 것이었다. 그러면 우주에 존재하는 모든 것을 설명해 주는 이론을 발견하게 된다. 그러려면 이 모든 것의 이론은 전자와 양성자, 중성자, 그리고 자연의 네 가지 기본 힘으로 정확히 밀고 당겨지며 정확한 질량을 가진 입자들 전부의 기원에 관해 설명할 수 있어야 한다. 하지만 초기 끈이론은 절대 그럴 수 없었다. 마지막에는 언제나 방정식을 다루기가 너무 어려웠다. 사람들은 여기저기에 있는 물질을 근사치로만 보고, 우리와 비슷한 우주에 대한 암시 정도만 발견했을 뿐, 결코 충분한 답을 얻지는 못했다. 이 동네 유일한 게임이 더는 그리 재미있지 않았다. 끈이론은 서서히 멈춰 가고 있었다.

또 다른 혁명이 필요했다.

두 번째 끈 혁명은 1995년 3월 14일에 시작되었다. 에드 위튼은 남부 캘리포니아에서 열린 끈이론 학회에서 아침에 제일 먼저 발표할 준비를 했다. 그리고 청중들 앞에서 연설할 때, 그는 조용하면서도 평소보다 높은 음조로 말했지만, 그 내용은 심오하고 지적인 권위를 담고 있었다. 위튼은 요새를 습격할 준비가 되어 있었다. 다섯 가지 다른 버전의 끈이론이 각기 다른 언어로 똑같은 물리학에 관해 기술하고 있다는 사실을 증명해 보인 것이다. 한 언어에서 방정식이 너무 어려워지면 그는 다른 언어를 통해 방정식을 쉽게 만드는 방법을 보여 주었다. 이 깊은 통찰력 덕분에 끈이론은 방정식 감옥에서 풀려났다.

그러나 위튼은 여기서 그치지 않았다.

그는 우리가 이미 알고 있는 다섯 가지 끈이론을 아우르는 어머니 같은 새로운 이론을 제안했다. 그리고 끈보다는 고차원의 막膜, membrane이 존재하는 11차원 시공간에서 이 이론을 봐야 가장 잘 이해할 수 있다고 주장했다. 이것이 바로 끈이론 다섯 가지를 통합하는 신비로운 11차원의 이론, M 이론이다. 위튼은 항상 막이라는 뜻의 M이라고 말했지만, 사람들은 M이 어머니mother나 마술magic, 심지어 미스터리mystery를 의미한다고 생각한다. 문제는 M 이론이 진짜 무슨 말인지를 우리가 아직 모른다는 것이다. 아직은 말이다.

M 이론의 방 안에는 고차원 코끼리가 존재한다.

초끈이론은 10차원의 시공간에서만 의미가 있다. M 이론은 11차원에서 가장 잘 이해할 수 있다. 대체 이게 무슨 소리일까? 양자중력은 잊어버리고 우리 주변을 둘러보자. 10차원이나 11차원이 아닌, 3차원의 공간과 1차원의 시간인 4차원이다. 여기서 6 또는 7차원이 더 있어야 한다면 어디에 있는 걸까?

소파 뒤에 숨어 있다. 우리 코끝에 있다. 심지어 여왕의 오이 샌드위치 안에서도 그 차원들을 찾을 수 있다. 그 차원들은 바로 여기서부터 안드로메다은하나 악마의 눈 은하Evil Eye galaxy에 이르기까지 어디에나 존재한다. 매우 작은 상태로, 눈에 보이지 않게 웅크린 채로 조용히, 영원히 우리의 거시세계와 함께 살고 있다.

차원이란 단지 움직임의 새로운 방향에 불과하다. 만약 우리가 3차원 공간에 있다고 말한다면 그것은 우리에게 독립적인 3가지 이동 방향이 있음을 의미한다. 앞뒤 방향, 좌우 방향, 위아래 방향이다. 끈이론에서 추가된 6개 차원은 단지 6가지의 새로운 이동 방향일 뿐이다. 이 방향들은 작은 원처럼 싸여 있어서, 우리가 처음 시작한 곳으로 돌아가기 전에는 이 새로운 방향으로 이동할 수 없다. 그래서 추가 차원들을 알아채지 못하는 것이다.

이 말을 좀 더 잘 이해하기 위해 우리가 개미라고 상상해 보자. 그냥 개미가 아니라, 남아메리카 저지대 숲에 사는 덩치 큰 총알개미다. 땅 위를 날쌔게 돌아다니다가 막대기 하나를 발견한다. 숙련된 실험주의자인 우리는 막대기 표면을 따라 기어가 보면서 이것이 얼마나 많은 차원을 가졌는지 알아보기로 한다. 막대기의 길이를 따라 앞뒤로 움직일 수 있다는 건 확실히 알아차리지만, 축을 따라 돌 수 있다는 건 깨닫지 못한다. 결국 우리는 승리를 선언한다. '막대기 표면은 1차원이다!' 하지만 틀렸다. 그 원형 방향을 알아차리기에 우리는 너무 괴물처럼 거대하다. 영국 정원에 사는 검은 개미가 더 나을 수도 있다. 그 개미는 훨씬 작아서 막대기의 길이와 축 방향까지 두 개 차원을 모두 발견했을 것이다. 끈이론에서는 6개의 추가적 공간 차원이 막대기의 원형 차원처럼 작게 싸여 있다고 본다. 총알개미의 경우처럼 우리는 단순히 너무 크다는 이유로 그 차원을 볼 수 없는 것이다. 대형 강입자 충돌기를 통해 원자보다 10억 배나 작은 세상을 들여다볼 수 있음에도 불구하고 추가 차원들을 보지 못했다. 정말 존재한다고 해도, 추가 차원은 우리가 자연에서 접하는 모든 것들로 인해 왜소해진다.

하지만 비록 그렇게 숨어 있어도, 추가 차원은 엄청난 잠재력으로 끈이론을 무장시킨다. 그들을 포장하는 방법이 구골 가지나 된다는 사실이 밝혀진 것이다. 추가 차원은 도넛 모양이 될 수도 있고, 기하학적으로 더 특이하게 뒤틀리고 구부러진 '칼라비-야우 Calabi-Yau'라는 상상하기도 힘든 모양이 될 수도 있다. 우리는 자속 magnetic flux으로 차원들을 채우거나 끈 또는 막으로 차원을 묶을 수도 있다. 차원을 둘러싸는 방법들은 거시세계에 아직 남아 있는 차원에 영향을 미친다. 6차원을 어떤 크기의 도넛 모양으로 포장하면 매우 특정한 힘으로 밀고 당겨지는 입자들로 가득한 4차원 세계를 발견할 것이다. 추가 차원을 좀 더 특이한 모양으로 포장하면 세상은 완전히 다르게 보일 수 있다. 끈이론가들은 이 화려한 칼라비-야우 모양체를 다루길 좋아한다. 그 어떤 기본적인 초대칭성도 파괴하지 않기 때문이다. 초대칭성은 우리의 4차원 세계에도 조금 남아 있다. 이미 우리는 힉스입자가 예상보다 가벼운 원인을 이해할 때나 기본 힘 일부를 통합할 때 초대칭성이 유용하게 사용된 이야기를 나눈 바 있다. 하지만 끈이론의 추가 차원을 정리할 때도 초대칭성은 수학을 통제해 주는 중요한 역할을 한다. 초대칭성 없이는 설정도 믿을 수 없고 이론의 예측도 매번 신뢰하기 어렵다. 현대적 견해로는 끈이론이 우리에게 다중우주, 즉 다양한 칼라비-야우 표면들을 따라 다양하게 나타나는 우주들의 모습을 보여 준다고 보고 있다. 그 우주들은 입자도 서로 다르고, 가지고 있는 힘도 다르며, 진공에너지나 심지어 차원들도 다 다르다. 마치 우리 우주가 수많은 우주 중 하나일 뿐인 듯 보일 것이다.

하지만 우리가 이 힘겨운 오르막길을 오르도록 등 떠밀었던 무한이라는 질병은 어떨까?

끈이론에서 무한은 패배한다. 끈이론은 1930년대 이후 입자물리학을 괴롭혔던 무한의 저주에 내성을 가진 유한한 이론으로 기대된다. 비록 이 주장을 뒷받침할 빈틈없는 증거는 없지만, 그 말이 사실이라고 믿을 만한 이유는 충분하다. 입자물리학에서 무한대는 입자가 서로 키스, 즉 접촉할 수 있어서 발생한다. 이러한 접촉은 입자 쌍들이 무한히 작은 시간과 작은 거리에 걸쳐 나타났다가 사라지게 만든다. 그것은 마치 팝콘을 미친 듯이 터뜨리는 모습과 비슷하다. 물리학을 무한한 에너지와 무한한 운동량의 영역으로 발사하는 것이다. 끈의 경우에는 키스하는 법을 모르므로 이 모든 일이 일어날 수 없다. 끈은 공간적으로 많이 늘어나지는 않지만, 입자들처럼 시공간의 한 지점에서 접촉하는 일은 막을 만큼 충분히 확장되어 있다. 끈이 모이면 모든 것이 매끄러워진다. 정신없이 터지는 팝콘은 사라지고, 무한은 정복당한다.

이 상황을 기뻐해야 한다. 끈이론은 무한 질병을 종식시킨 백신이다. 친구와 가족에게, 술집에서 만난 사람들에게 루프 양자중력에 관해 이야기해 주자. 끈이론이 20세기 초에 상대성이론과 양자역학 두 기둥에서 시작하여 연속적인 연구로 이어진 데는 필연적인 이유가 있다. 우리를 올바른 오답으로 이끌었기 때문이다. 베네치아노와 당시 사람들은 작은 고무줄 같은 끈에는 관심이 없었다. 그들은 게임의 규칙을 존중하는 수학 공식이자 기둥이 되는 물리학 이론들과 일치하는 진폭에만 관심이 있었다. 그들은 끈을 찾으려 했던 게 아니었지만, 결국 올바른 오답 속에서 꿈틀대고 몸부림치던 끈을 발견했다. 그리고 양자중력도 찾아냈다.

이 같은 상대성이론 및 양자역학과의 친밀함은 끈이론을 취약하게도 만든다. 하지만 좋은 일이다. 사람들은 종종 끈이론이 실험을 넘어서는 이론이라고 비판한다. 바로 그 때문에 원칙적으로도 절대 실패하지 않는다고 말이다. 하지만 이 말은 사실이 아니다. 상대성이론과 양자역학을 뒷받침하는 원리는 바로 지금 이 순간에도 실험으로 확인 중에 있다. 만약 그 기둥들이 무너진다면 끈이론도 무너질 것이다.

무한대가 패배한 상황에서, 블랙홀 속 특이점을 향해 운명적으로 나아가다가 중력의 물결로 온몸이 찢긴 우주비행사의 진정한 운명에 대해 끈이론은 뭐라고 말해 줄 수 있을까? 우리는 여전히 그 답을 모른다. 아직도 그 계산이 너무 어려워 알아내지 못했다. 적어도 자연에서 볼 수 있는 블랙홀 종류에 관해서는 말이다. 더 많은 걸 알아내기 위해서는 아마도 M 이론에 대한 통찰력과 가장 폭력적인 환경에서도 끈을 가지고 놀 수 있는 그런 또 다른 혁명이 필요할 것이다. 이 혁명은 인류 역사상 가장 심오한 발견이 될 것이며, 그 이유 또한 타당할 것이다. 시간과 공간의 연속체가 망각으로 뒤틀리면 블랙홀 내부의 특이점도 무한한 빅뱅의 특이점과 그리 다르지 않다. 만일 다음 끈 혁명이 우리에게 블랙홀 깊숙한 곳에서 실제로 무슨 일이 일어나는지 가르쳐 준다면 우주가 어떻게 존재하게 되었는지 또한 가르쳐 줄 수 있다. 우리에게 창세기, 즉 우리가 창조된 과정 속의 특이점에 관해 알려줄지도 모른다.

우리가 시간의 시작에 대해 궁금해하듯, 우리의 이야기도 그렇게 끝을 맺는다. 우리는 큰 수와 작은 수, 그리고 천상의 무한대 같은 환상적인 수의 등에 올라탄 채 물리적 세계의 구조를 여행했다. 미시적인 무도회장에서 함께 춤추는 입자와 끈에 감탄하고, 리바이어던과 씨름하고, 작은 수에 창피당하고, 우주 가장자리에서 홀로 그램이 된 우리 모습을 목격하면서 예측 불가능한 이 세상의 가장 먼 구석까지 여행했다.

하지만 이 모든 것을 통해 우리는 실제로 무엇을 보았을까? 그건 바로 공생관계인 수학과 물리학이 서로의 곁에서 함께 번성하는 방식이다. 우주가 어떻게 만들어지는지 이해하는 데 있어 두 학문의 시너지만큼 밀접하게 연관된 것은 없다. 이제 우리 지식은 너무 깊어져서, 더 많은 것을 실험으로 관찰하기가 기술적으로 어려워졌으며 돈도 눈물이 날 만큼 많이 든다. 이를테면 세른에 있는 대형 강입자 충돌기보다 10배 더 강력한 입자 충돌기에 200억 달러 이상의 비용이 들 것으로 추정된다. 하지만 물리학의 영역을 넓히려면 수학을 이용할 수도 있다. 현재 끈이론이 양자중력에 관한 독특한 이론이라는 사실을 수학적으로 증명하고자 노력하는 사람들이 있다. 만일 그들이 성공한다면 더는 실험을 통해 끈이론을 직접 확인할 필요가 없다. 그저 기초수학에 들어간 가정들에 관해 시험해 보기만 하면 된다.

물리학자는 수학으로 춤 출 수 있고, 수학자는 물리학으로 노래 부를 수 있다. 우주에서 가장 크고 웅장한 수의 리바이어던들을 만났을 때는 그들의 크기나 기초수학의 아름다움이 감탄스럽지 않았다. 그러나 우리의 물리적 세계에서 그들을 이해하려고 노력했고, 그들은 우리에게 세계를 가장 궁극적으로 볼 기회를 주었다. 수학이 노래하기 시작한 곳은 바로 그곳, 물리학의 가장자리다. 그곳에서 상대성이론과 양자역학의 달콤한 선율을 노래했고, 포웨히의 공포에 대해 노래했으며, 홀로그램의 진실에 대해 노래했다. 작은 수들이 예측 불가능한 세계의 신비로움으로 우리를 조롱할 때, 물리학자들은 대칭으로 춤을 추었다. 아니, 최소한 그렇게 하려고 했다. 하지만 그들은 아직 모든 스텝을 터득하지 못했다.

환상적인 수들에 관해 생각하면서 그들이 기초물리학의 환상적인 세계에서 노래하게 하자. 1.00000000000000000858를 떠올리면서 우리가 우사인 볼트와 나란히 달리며 상대론적 마법사처럼 시간을 늦추는 모습을 상상해 보자. 구골과 구골플렉스를 생각하고, 구골플렉스 우주를 가득 채운 도플갱어들, 즉 또 다른 여러분과 나와 도널드 트럼프 대통령과 저스틴 비버를 상상해 보자. 그레이엄 수를 떠올리며 머리를 터뜨리는 블랙홀을 경험해 보자. TREE(3)을 생각하면서 나무 게임을 하는 우리 모습을 상상해 보자. 그리고 우리 우주의 먼 미래보다 훨씬 먼 곳에서 처음부터 다시 시작되느라 멈춰버린 우주를 경험해 보고, 딱 맞는 때에 홀로그램의 진실을 깨달아 보자.

0을 생각해 보자. 0의 죄가 아닌, 0의 아름다움과 자연의 대칭성이 가진 마법에 대해 생각하자. 0.0000000000000001과 10^{-120}을 떠올리고, 우리 우주의 신비를 바라보자. 힉스입자의 예상치 못한 본질과 우주 진공의 에너지를 생각할 기회다. 무한대를 생각하며 천국과 지옥을 만난 칸토어를 떠올리자. 무한대가 끈의 진동에 정복당한 과정에 감탄하고 물리학의 교향악에 경탄하자.

어떤 수든지 여러분이 좋아하는 수를 생각해 보길 바란다. 그중에는 분명히 멋진 것, 환상적인 수가 있을 것이다. 여러분이 이 책을 모두 읽었는데도 아직 나를 못 믿겠다면 위대한 수학자 두 명에 관한 100년 전 이야기를 이곳에 남겨 놓도록 하겠다. 전설적인 수학 이론가 G. H. 하디Hardy와 그의 인도인 제자 스리니바사 라마누잔Srinivasa Ramanujan에 관한 이야기다. 그들은 어울리지 않는 사람들이었다. 하디는 케임브리지대학의 교수였고, 라마누잔은 영국의 식민지 지배하에 있는 인도 마드라스에서 자라며 정규 수학 교육을 받지 못했다. 그러나 라마누잔은 무한대를 이해하고 본능적으로 수학을 다루는 천재였다. 1913년, 마드라스 항만 신탁사무소의 회계부서에서 사무원으로 일하던 라마누잔은 하디에게 자신의 연구물을 출판해 달라고 요청하는 자기소개서와 함께 서류 꾸러미를 보냈다. 하디는 라마누잔의 글을 보자마자 그의 총명함을 즉시 알아차리고 서신을 썼다. 이듬해 라마누잔은 하디와 함께 연구하기 위해 영국으로 떠났다. 그리고 이후 5년간 그곳에 머물렀다.

영국에서의 시간이 끝나갈 무렵, 라마누잔은 결핵과 비타민 부족으로 심각한 병에 걸리고 말았다. 그가 있는 요양원으로 찾아간 하디는 본인이 타고 온 택시 번호 1729가 너무 지루한 수라고 불평하며 그것이 나쁜 징조라고 걱정했지만, 라마누잔은 개의치 않았다. 그리고 이렇게 답했다. "아니요, 하디. 그건 매우 흥미로운 수입니다. 세제곱 두 개의 합을 두 가지 방법으로 표현할 수 있는 가장 작은 수니까요."

$$1,729 = 1^3 + 12^3 = 9^3 + 10^3$$

이 이야기에는 라마누잔의 놀라운 두뇌에서 나온 통찰력 그 이상의 것이 있다. 여기에 21세기 물리학을 뿌리면 우리는 물리적 세계의 근본적 구조까지 엿볼 수 있다.

그것은 피타고라스와 그의 직각삼각형에서 시작한다. 만약 변의 길이가 a, b, c일 경우, 우리는 그 세 변이 다음 형태의 방정식을 만족한다는 사실을 안다.

$$a^2 + b^2 = c^2$$

이 방정식의 정수 해는 쉽게 찾을 수 있다. 예를 들어, $a=3$, $b=4$이면 $c=5$이고, $a=5$, $b=12$이면 $c=13$이다. 하지만 만일 우리가 지수를 증가시켜서 $a^3+b^3=c^3$이나 $a^4+b^4=c^4$ 또는 더 높은 지수를 가진 방정식을 둔다면 어떻게 될까? 여전히 정수로 된 해답을 찾을 수 있을까? 1637년경, 피에르 페르마Pierre de Fermat라는 프랑스 수학자는 대담하게 아니라고 주장했다. 그는 디오판토스Diophantus의《산수론 Artithmetica》여백에 다음과 같이 썼다.

"세제곱을 두 개의 세제곱으로 분리하거나, 네제곱을 두 개의 네제곱으로 분리하는 등 일반적으로 제곱보다 높은 거듭제곱을 두 개의 유사 거듭제곱으로 분리하는 일은 불가능하다. 이 말을 증명할 정말 놀라운 증거를 발견했는데, 여백이 너무 좁아서 쓰기 어렵다."

물론 이 주장은 사실이지만, 1990년대 중반이 되어서야 영국 수학자 앤드루 와일스Andrew Wiles에 의해 증명된 것으로 유명하다. 그보다 약 80년 전에 라마누잔은 페르마의 말을 반증하기 시작했고, 그 와중에 하디의 택시 번호인 1729를 우연히 알게 되었다. 그때 페르마의 주장에 반대하는 예시를 만들 생각이었다. 하지만 이제 우리는 그 일이 불가능하다는 사실을 알고 있으며, 라마누잔이 왜 그 아까운 수들과 싸워야 했는지도 설명할 수 있다. 보다시피 9^3+10^3은 1729를 만들긴 하지만, 이는 12^3과 비슷하나 목표 수보다 1이 부족하다. 그는 또한 $11,161^3+11,468^3$이 $14,258^3$보다 고작 1이 많다는 것과 $65,601^3+67,402^3$도 $83,802^3$보다 1이 많다는 것을 알아차렸다. 사실 그는 목표가 1 차이로 비껴가는 무한히 많은 유사한 예들을 찾는 방법을 알아낸 것이다.

그러나 이 이야기는 페르마의 마지막 정리에 대한 실패한 공격으로 끝나지 않는다. 실패를 겪었지만, 라마누잔은 그 과정을 통해 세제곱 지수와 유리수가 포함된 특정 방정식에 관한 해답을 얻었다. 학자 켄 오노Ken Ono는 트리니티칼리지의 렌 도서관에 반세기 이상 숨어 있던 그 유명한 라마누잔의 잃어버린 공책 속에서 그 자료를 찾은 사람 중 한 명이다. 오노와 그의 박사과정 학생 사라 트레바트-레더Sarah Trebat-Leder가 방정식을 더욱 자세히 들여다보니, 라마누잔이 K3 표면으로 알려진 특별한 기하학적 구조 계열을 다루고 있었다는 사실이 드러났다. 1950년대 후반이던 당시는 라마누잔이 죽은 지 오래된 시점으로, K3라는 이 이상하고 놀라운 고차원 형태를 향한 관심이 꽃피웠던 시기다. K3라는 명칭은 그와 밀접하게 관련된 주제를 연구한 세 명의 수학자, 쿠머Kummer와 켈러Kähler, 고다이라Kodaira의 이름을 딴 것이며, 히말라야에 있는 죽음의 산 K2를 기리기 위해 만든 것이기도 했다. 등반가 조지 벨George Bell은 K2를 '우리를 죽이려는 야만적인 산'이라고 묘사한 적 있다. 마찬가지로 최소한 K3 표면을 연구할 만큼 용감한 수학자들의 눈에도 K3가 그만큼 적대적일 수 있었다.

하지만 이 모든 것이 물리적 세계와 대체 무슨 관계가 있는 걸까?

수학계의 이 야만적인 분야를 연구하는 데는 매우 좋은 이유가 있다는 사실이 밝혀졌다. K3가 앞서 언급된 칼라비-야우 표면의 원형이기 때문이다. 끈이론가 대부분이 추가 차원을 없애기 위해 사용하는 작고 이국적인 그 칼라비-야우 말이다. 이것은 우리 거시 세계의 물리학을 지배하는 형태다. 하디는 숫자 1729가 다소 지루한 수라고 불평했지만, 사실 그는 완전히 틀렸다. 1729는 우리 한 사람 한 사람 옆에 조용히 숨어 있는 추가 차원과 밀접하게 연결된 숫자이며, 왜 우주는 그런 모습인지, 그리고 왜 지금의 우리가 있는지를 결정 짓는 숫자다.

틀렸어요, 하디. 1729는 지루하지 않아요. 오히려 매우 환상적인 수입니다. 다른 모든 수와 마찬가지로.

감사의 말

64. 또 다른 환상적인 수다. 사실 이 수는 십이각수dodecagonal number 로, 삼각수(정삼각형을 이룰 수 있는 점의 개수―옮긴이)나 사각수(정사각형 을 이룰 수 있는 점의 개수―옮긴이)처럼 정십이각형을 이룰 수 있는 점 의 개수다. 64는 내가 감사해야 할, 이 책을 펴는 데 도움을 준 사람 들의 수이기도 하다. 물론 실제로 나를 도와준 사람들의 수는 64명 보다 많을 것이다. 하비 프리드먼이 TREE(3)에 대한 추정치를 제시 했던 경우처럼, 이 수도 실제 수보다 훨씬 낮을 게 분명하다.

　그중에서도 헨도 이야기를 먼저 하고 싶다.

　내 친구.

　몇 년 전 헨도는 자신이 암으로 위독하다고 말했다. 수많은 이들 처럼 나도 그 사실을 받아들이기 어려웠다. 우리는 헨도가 낫도록 필요한 일은 무엇이든 할 수 있었고, 그래서 돈을 모으기 시작했다.

나는 전국 각지의 큰 단체들을 방문해 '환상적인 수'에 관한 공개 강연을 열었고, 강연을 듣기 위해 온 사람들에게 기부를 부탁했다. 그런 식으로 몇 천 파운드씩 모았다. 그렇게 헨도의 친구들과 가족들은 모두 약 20만 파운드를 모았지만, 그를 치료하는 데는 충분치 않았다. 결국 우리는 헨도를 구하지 못했다. 그는 우리를 떠났고, 우리는 그가 너무나 그립다.

하지만 그 공개 강연에서 좋은 것 하나를 얻었다. 강연이 책을 만들 씨앗이 될 수 있음을 알게 된 것이다. 그래서 이 책이 나왔다. 내 모든 친구와 가족의 응원으로 완성된 책이다. 내 귀여운 아이들에게 먼저 감사 인사를 전한다. 말괄량이 그 자체인 내 사랑스러운 두 딸 제스와 벨라는 내가 너무 우쭐댄다 싶으면 매번 나를 '길데로이(해리 포터 시리즈에 나오는 인물로, 자기 자랑을 자주 늘어놓는 호그와트 교수—옮긴이)'라고 놀렸다. 사실 내 아내 레나타가 아이들을 부추긴 것이다. 레나타는 나를 부추기기도 했다. 아내는 내가 쓴 모든 글을 가장 먼저 읽었고, 항상 정직하고 통찰력 있는 의견을 주었다. 과학에 별 관심이 없는 그녀가 어떻게 그렇게 할 수 있었는지 모르겠다. 과학보다는 베이킹 경연 방송 〈베이크오프Bake Off〉를 더 좋아하면서 말이다. 하지만 어찌 된 일인지 레나타는 내가 출판사에 '밑바닥이 눅눅한' 원고를 보내지 않도록 도와주었다. 당신에겐 모든 게 고마워, 레나타.

그리고 언제나 내 곁에서 항상 나를 믿어 주는 어머니와 아버지, 그리고 내 남동생 라몬과 여동생 수지에게 감사한다. 처가 식구 캐시, 그레이엄, 밥, 웬디, 오스틴, 마이크에게도 감사를 전한다. 내 오랜 친구 닐과 조카들, 그리고 나의 대녀 커스틴과 애덤, 공군 사령관 엘리엇과 리버풀의 차기 스타 루카스, 라일라, 주드, 그리고 자고와 해티에게도 감사한다. 모두 이 책을 읽어 보면 좋겠다. 시험을 치를 예정이니 말이다. 그리고 특별히 '0' 장에서 철학적인 생각을 할 수 있도록 도와준 애덤에게 감사 인사를 전하고 싶다. 애덤이 언젠가는 철학자가 되기를 바란다.

내 에이전트 윌 프랜시스와 출판사 '쟁클로 앤 네스비트'에 있는 모든 사람에게 큰 감사를 표한다. 그들은 내가 제안한 기획서를 의미 있는 자료로 정리하는 일부터 새로운 거래와 기회를 위해 전 세계를 샅샅이 뒤지는 일까지 믿을 수 없을 정도로 많이 지원해 주었다. 윌은 항상 나를 지지해 주었다.

내 편집자들과 펭귄 출판사의 로라 스틱니와 사라 데이, FSG 출판사의 에릭 친스키에게도 감사한다. 로라와 가까이서 일했는데, 그녀가 의견을 준 덕분에 원고가 놀라울 만큼 좋아졌다. 내가 이쪽 경기는 처음이라, 가끔 서투른 모습이 보였으리라 생각한다. 로라의 노련함 덕분에 우리 모두가 자랑스러워할 원고를 만들 수 있었다. 작업하는 내내 펭귄과 FSG의 모든 사람이 훌륭하게 지원해 주었다.

스마트와 벨라르스, 노리, 데아노, 버렐, 장인어른, 밥, 동료들, 에드 코플랜드, 피트 밀링턴, 플로리안 니더만, 그리고 내 학생 로버트 스미스 등 원고 일부를 읽어 주고 좋은 부분과 개선이 필요한 부분에 대해 조언해 준 모든 이들에게 감사한다. 그리고 내 또 다른 지도 학생인 세스크 쿠닐레라에게도 특별한 감사를 표한다. 그는 책 속에 나오는 사실 정보를 모두 확인해 주었고, 모든 계산을 검산해 준 훌륭한 젊은 수리물리학자다. 그는 어쨌든 대부분의 경우에서 내가 정답을 맞혔다고 말해 주었다.

이 책에 언급된 모든 친구와 가족에게 감사한다. '0' 장 마지막 부분에서 언급했던 내 이웃 게리는 슬프게도 더는 우리와 함께 있지 않다. 그가 없으니 우리 동네 거리가 예전만큼 즐겁지 않다.

나를 수학자이자 물리학자로 만들어 준 루스 그레고리와 네마냐 칼로퍼에게 감사를 전한다. 오마르 알마이니와 타소스 아브구스티디스, 스티븐 뱀포드, 클레어 버라제, 앤디 클라크, 크리스토스 샤무시스, 프랭크 클로즈, 지아 드발리, 페드로 페레이라, 잉그리드 그네를리히, 앤 그린, 스티븐 존스, 헬게 크라그, 후안 말다세나, 필 모리아티, 애덤 모스, 루보스 모틀, 다비드 페세츠키, 폴 사핀, 토머스 소티루, 조너선 탈란트, 그리고 제임스 웍스 등 물리학에서든 수학에서든, 고대 그리스의 별난 점에 대해서든, 내가 이 책을 쓰면서 조언을 구한 모든 사람에게 감사를 표한다. 또한 내가 영감을 얻었던 놀라운 책과 논문, 그리고 글을 써 준 모든 이에게 감사한다.

그리고 그중에는 브래디 하란이 있다.

나는 이 특별한 꿈을 이룰 기회를 준 유튜브 채널 〈식스티 심볼스Sixty Symbols〉와 〈넘버필Numberphile〉이 어떤 일을 해 주었는지 기억한다. 브래디와 함께 영상을 만드는 일은 항상 아주 즐거웠다. 브래디는 수학적 우주의 경이에 푹 빠져 그것을 표현하는 일도 좋아하지만, 우리에게 갑작스러운 변화구를 던지는 것도 좋아한다. 그는 수학적 아이디어에 접근할 수 있는 발판을 마련해 주었고, 지금까지도 내게 그 방법을 가르쳐 주고 있다.

또 다른 숫자로 인사를 마치고 싶다. 리버풀인으로서, 다른 어떤 것보다 중요한 숫자가 하나 있다.

97이다(1989년 힐스버러 스타디움에서 리버풀 FC의 경기가 열렸고 경기장 허용 관람객 수보다 훨씬 많은 인원이 경기장에 들어와 97명이 압사하는 사건이 발생했다—옮긴이).

희생자들이 편히 잠들기를, 그리고 그 가족들이 마땅히 받아야 할 정의를 얻기를 바란다.

주

1.000000000000000858

1. 엄밀히 말하면 초속 299,792,458미터는 진공 속 빛의 속도다. 공기나 유리 같은 매질에서의 빛은 약간 느려질 수 있지만, 상대성이론과는 관계가 없다. 빛은 물질을 구성하는 원자나 분자에 의해 계속 흡수되고 재방출되므로 이렇게 밀도 높은 환경에서는 더 느리게 움직이는 것처럼 보일 뿐이다.

2. 만약 상대속도가 v라면 시간은 $\gamma = 1 / \sqrt{1 - v^2 / c^2}$ 의 인자만큼 느려진다는 것이 확인된다. 여기서 c는 빛의 속도로 초속 299,792,458미터. 만약 v가 빛의 속도에 근접할 경우, 시간은 정지 상태에 가깝도록 매우 느려진다. 우사인 볼트가 베를린 경기장 트랙에서 초속 12.42미터로 움직이면 시간은 1.000000000000000858배 느려진다.

3. $E = mc^2$에서 c^2인 이유는 무엇일까? 에너지와 질량은 '속도의 제곱' 단위에 따라 다르다고 알려져 있으니 c^2의 추가 계수는 방정식의 양쪽 단위가 일치하는지 확인하는 데 도움을 준다. 달러를 파운드로 바꾸는 것과 비슷하다. 그런데 왜 $3c^2$나 $0.5c^2$가 아니라 c^2일까? 가령 볼트가 달리기 시작하면 우리는 특정량의 운동에너지를 얻는다고 예상하고, 곧 $E = mc^2 + \dfrac{1}{2} mv^2$을 갖

게 된다. 하지만 이것은 보통의 경우와 마찬가지로 특수상대성이론에서의 $\gamma = 1 / \sqrt{1 - v^2 / c^2}$ 인자를 빠뜨린 추정값에 불과하다. 정확한 에너지값은 $E = mc^2 / \sqrt{\left(1 - v^2 / c^2\right)}$ 이다. 이것은 선행 순서 부분이 정확하게 mc^2일 때만 적용된다.

4. $x / t = c$이기에 우리는 시공간 거리에 대한 민코프스키의 공식에 $x = ct$를 재배열하고 연결한다. 그러면 $d^2 = c^2t^2 - c^2t^2 = 0$이 된다.

5. *Albert Einstein and His Inflatable Universe*, by Mike Goldsmith (Scholastic, 2001).

6. *The Young Centre of the Earth*, by U. I. Uggerhøj, R. E. Mikkelsen and J. Faye, in *European Journal of Physics* 37, 3, May 2016.

7. 회전하지 않는 블랙홀의 경우, 어떤 행성이나 별의 가장 안쪽에 있는 안정된 원형 궤도는 사건의 지평선 반지름의 1.5배 거리에 놓여 있다. 회전하는 블랙홀의 경우에는 블랙홀의 적도 주위를 도는 안정적인 원형 궤도가 있으며, 그 궤도는 회전률이 높을수록 지평선에 더 가까워지는 것으로 보인다. 블랙홀에는 질량으로 결정되는 최대 가능 회전률이 있으며, 그 최대 회전률로 회전하는 블랙홀이라면 가장 안쪽의 안정된 궤도가 사건의 지평선을 거의 스칠 수도 있다.

구골

1. 이 재귀적 명명 방식의 정의는 헤드론두드Hedrondude라는 이름으로도 알려진 저명한 구골학 수학자 조나단 바우어스Jonathan Bowers가 제안했다.

2. Our Mathematical Universe: *My Quest for the Ultimate Nature of Reality*, by Max Tegmark (Alfred A. Knopf, 2014).

3. 클라우지우스 공식의 최신 버전에서는 $\Delta S = \dfrac{\Delta E}{kT}$에서 ΔE는 에너지의 변화, ΔS는 엔트로피의 변화, T는 온도, k는 일명 볼트만 상수라고 한다. 일상적인 단위에서 k는 켈빈당 1.38×10^{-23}줄에 해당하는 다소 작은 값이다. 원래 공식에서 클라우지우스는 볼츠만 상수를 넣지 않았다. 볼츠만 상수는 그가 정의한 엔트로피에 따라 비밀리에 흡수되었다.

4. 아인슈타인의 경이로운 해였던 1905년, 그는 베르누이 모형의 분자 충돌이 브라운 운동, 즉 유체 속에 들어 있는 작은 알갱이들이 마치 살아 있는 듯 들쭉날쭉하며 움직이는 모습을 어떻게 설명할 수 있는지를 보여 주었다.

5. 1990년대 중반, 하버드대학의 앤디 스트로밍거Andy Strominger와 캄란 바파Cumrun Vafa가 다소 인공적이고 끈이론에서 블랙홀 계열에 속해 있는 고도로 전문화된 미시 상태들을 식별하는 데 성공했다. 그 미시 상태들의 수를 세어 본 후, 베켄슈타인과 호킹의 엔트로피 공식이 회복될 수 있었다.

6. 이 블랙홀의 경우, 지평선 영역은 A_H ~ 1미터이며, l_p ~ 10^{-35}이후 엔트로피가 $1 / (4 \times (1\text{미터}))^2 / (1.6 \times 10^{-35}\text{미터})^2$ ~ 10^{69}에 이른다.

구골플렉스

1. *The Elegant Universe* by Brian Greene (Vintage, 1999).

2. 온도 T에서 각 뱀 쌍은 평균적으로 kT의 에너지를 운반하는 것으로 확인되었다. 오븐은 섭씨 180도로 가열되는데, 이는 453켈빈에 해당하며, 켈빈당 k = 1.38×10^{-23}줄의 에너지를 낸다고 가정할 경우, 우리는 평균 에너지로 kT = $1.38 \times 10^{-23} \times 453$줄 = 6.25×10^{-21}줄을 얻을 수 있다. 다시 말해, 약 6젭토 줄의 에너지를 얻는다.

3. 19세기 말, 독일 물리학자 루머Lummer와 쿠를바움Kurlbaum, 프링스하임Pringsheim은 뜨거운 물체가 방출하는 에너지를 측정하는 중요한 실험을 수행했다. 물론 루머와 동료들은 우리처럼 오븐에서 방사선을 측정하는 대신, 전기로 가열된 백금 실린더와 같이 오븐과 유사한 방사선원을 이용해 측정했다.

4. 드브로이는 운동량 p의 입자가 파장 $\lambda = 2\pi\hbar/p$의 파동과 연관될 수 있다고 주장했다. 우리가 각주파수 ω와 에너지 E를 알고 있는 광자 하나의 경우에는 다음과 같이 적용된다. 기본적인 덩어리의 경우엔 $E = \hbar\omega$로 연관시킬 수 있지만, 광자는 광속으로 이동하기 때문에 운동량 $p = E / c$와 파장 $\lambda = 2\pi c / \omega$를 갖는다. 셋을 모두 합하면 $\lambda = 2\pi\hbar/p$가 된다. 드브로이는 단순히 이 파동 공식을 모든 입자로 확장했다.

그레이엄 수

1. *Numericon* by Marianne Freiberger and Rachel Thomas (Quercus, 2015).

2. 수학자들은 일반적으로 램지수를 정수 n과 m의 쌍으로 언급하는데, 여기서 $R(m, n)$은 친구들의 무리 m이나 낯선 사람들의 무리 n을 얻기 위해 초대해야 하는 가장 작은 수의 사람들이다. 하지만 나는 간단한 설명을 위해 램지수를 항상 $R(n, n)$으로 표기할 것이다.

3. 전형적인 집 먼지 한 톨의 질량은 1마이크로그램 정도다. 동일한 질량의 데이터를 축적하려면 $10^{-3} / 10^{-26} = 10^{23}$비트를 저장해야 한다. 1바이트는 8비트이므로 약 10^{22}바이트 또는 10^{13}기가바이트다.

4. 내 아이폰은 총 무게의 약 4분의 1에 해당하는 31그램짜리 알루미늄으로 만들어졌다. 전체 엔트로피의 대략적인 수치를 얻으려면 알루미늄에 저장된 엔트로피를 계산해야 한다. 알루미늄의 표준 몰 엔트로피(볼츠만 상수의 단위로 측정)는 1켈빈, 1몰당 28.3줄이다. 우리가 사용하고 있는 무차원 엔트로피 단위에서, 그 값은 몰당 2×10^{24}내트와 같다. 알루미늄은 1몰당 질량이 26.98그램이기에 알루미늄 31그램은 $31 \times 2 \times 10^{24} / 26.98 = 2.3 \times 10^{24}$내트의 엔트로피를 가져야 한다. 이것을 휴대전화 전체에 적용하면 총 10^{25}내트 또는 약 10^{15}기가바이트의 엔트로피로 추정할 수 있다.

5. 내 아이폰의 표면적은 약 19,000제곱밀리미터다. 호킹의 공식에 따르면 내 아이폰과 사건의 지평선 크기가 같은 블랙홀의 엔트로피는 약 2×10^{67}내트다. 이는 대략 10^{57}기가바이트에 해당한다.

6. 서스킨드의 엔트로피 한계는 완벽하지 않다. 우주선이나 달걀에는 적용할 수 있지만 붕괴하는 별이나 구형 우주처럼 극단적인 상황에서는 실패한다. 버클리대학의 물리학자 라파엘 부소Rafael Bousso가 그보다 정교한 엔트로피 한계를 개발했으며, 이 새로운 한계는 더욱 특수한 사례들을 포함할 뿐 아니라 모든 상황에 적용할 수 있는 것으로 보인다.

0

1. 대칭이동은 옥수수에 반복적으로 붙어 있는 알갱이 줄 형태나 반짝이는 물고기 비늘이 촘촘하게 나 있는 모습처럼 특정 이미지 부분이 고정된 방향으로 일정한 양만큼 이동하는 대칭 형태다. 미끄럼 반사는 더 특이한데, 이미지가 뒤집히며 이동하는 형태로 생각하면 된다. 우리가 걷는 방식 때문에 사람의 발자국은 자동으로 미끄럼 반사 대칭을 이루며 흔적을 남긴다. 직접 확인하고 싶다면 축축한 모랫길을 산책해 보자. 왼쪽 발자국을 살펴볼 때 오른쪽 발자국과 정확히 같은 모양에서 뒤집힌 채로 앞으로 약간 이동한 게 맞는지 확인해 보자.

2. 다음 참고. Chapter 3 of *The Symmetries of Things* by John H. Conway, Heidi Burgiel and Chaim Goodman-Strauss (A. K. Peters/CRC Press, 2008).

3. 다음 참고. *Zero: The Biography of a Dangerous Idea* by Charles Seife (Viking Adult, 2000).

4. 다음과 같이 증명할 수 있다. 1을 반복하여 $x = 1.111\cdots$라고 가정하고, 여기에 10을 곱하면 $10x = 11.111\cdots$이 되어 다시 1이 반복된다. 여기서 x를 빼면 $10x - x = 11.111\cdots - 1.111\cdots$으로 1의 반복이 상쇄되어 $9x = 10$이 되니까 $x = \dfrac{10}{9} = 1 + \dfrac{1}{9}$이 된다.

5. 박샬리 필사본 날짜가 불확실하기에 최초의 영은 캄보디아에서 찾아보아야 한다. 최초의 영은 서기 683년의 돌판에 새겨진 고대 크메르 문자의 점인 것으로 보이며, 그 시기는 확실하다고 판단된다. 고대 크메르 지역은 인도 아대륙과 문화적 연관성이 강했으므로 이 특별한 영도 여전히 인도 수학과 관련되어 있다. 본래 이 고대 석판은 19세기 말에 발견되었지만, 크메르 루주Khmer Rouge의 살인적인 통치 이후로 오랫동안 찾을 수 없었다. 2013년이 되어서야 작가 아미르 악셀Amir Aczel이 앙코르 유적보관소의 창고에서 이 먼지 쌓인 석판을 발견했다.

0.000000000000001

1. 입자물리학자들은 eV 단위의 에너지, 즉 '전자볼트'에 대해 이야기하기를 좋아
   한다. 1전자볼트는 1볼트의 전위를 통해 전자를 가속한 후 그 전자에 의해 얻
   어지는 운동에너지다. 아인슈타인의 유명한 공식인 $E = mc^2$을 통해 우리는 이
   에너지를 약 1.78×10^{-38}킬로그램의 등가 질량과 연관시킬 수 있다. 전자볼트는
   기본 입자의 작은 질량과 에너지를 측정하기에 좋지만, 우리 인간과 같은 일상
   적인 대상을 측정하는 데는 맞지 않다. 당신의 무게가 약 40조조조 전자볼트라
   는 말을 듣길 좋아하는 사람은 없을 것이다. 그보다는 돌 11개가 훨씬 낫다.

2. 아주 영리한 독자라면 파울리의 배타 원리가 '구골' 장과 '구골플렉스' 장에서의
   도플갱어 찾기와 어떤 관계가 있는지 궁금해할 수 있다. '구골' 장과 '구골플렉
   스' 장에서 나는 여러분의 도플갱어가 여러분과 정확히 같은 양자 상태를 가진
   정확한 복제품이라고 설명했다. 페르미온의 존재를 고려하면 그 말이 파울리
   의 배타 원리와 모순돼 보일 수 있다. 하지만 당신의 도플갱어는 매우 멀리 떨
   어져 있어서, 도플갱어가 같은 양자계에 있다고 생각할 수 없으므로 모순이 아
   니다.

3. 왼쪽 및 오른쪽 회전과 관련된 용어를 이해하려면 나사 돌리기를 생각하면 좋
   다. 언젠가 내 아내는(나보다 DIY에 훨씬 능숙하다) 다음과 같은 연상법을 알려준
   적이 있다. "오른쪽은 꽉, 왼쪽은 느슨하게." 즉 나사는 시계 방향으로 돌리면
   앞으로 가고, 시계 반대 방향으로 돌리면 뒤로 움직인다. 전자의 경우에는 스
   핀이 나사를 입자와 같은 방향으로 앞으로 움직이면 우회전이고, 반대로 나사
   를 뒤로 움직이면 좌회전이라고 할 수 있다.

4. 와인버그와 글래쇼는 영국인 존 워드John Ward와 함께 일하며 글래쇼와 유사
   한 이론을 독자적으로 발전시킨 파키스탄의 유명 물리학자 압두스 살람Abdus
   Salam과 함께 1979년 노벨상을 공동 수상했다. 노벨상 수상자는 3명까지만 허
   용되므로 탈락한 존 워드는 살람에게 다음과 같은 내용의 전보를 보내 탈락
   사실에 의견을 냈다. "기꺼이 인정하며, 충분히 자격 있습니다Warmly Admired,
   Richly Deserved." 원문 단어들의 첫 글자를 확인해 보자.

5. 키블은 2013년 힉스와 앙글레르에게 수여된 노벨상뿐만 아니라, 1979년 노벨

상을 받은 글래쇼, 살람, 와인버그의 수상에도 중요한 이바지를 했다. 더욱 복잡한 환경에서의 자발 대칭 깨짐 현상을 설명하는 키블의 연구는 전기약 이론의 발전에 필수 요소였다.

6. 불확실성 관계를 한계까지 밀어붙임으로써 에너지의 극단성을 해결할 수 있다. 플랑크 시간인 $t_{pl} \approx 5 \times 10^{-44}$초만큼 짧은 시간 만에 우리는 $E_{max} = \dfrac{\hbar}{2t_{pl}}$ 만큼 높은 에너지에 도달할 수 있다. 플랑크 상수가 $\hbar \approx 10^{-34}$줄초인 것을 고려할 때, 이는 약 10억 줄에 이른다. 그러면 우리는 아인슈타인의 공식 $E = mc^2$을 사용해서 이 에너지를 약 11마이크로그램의 등가 질량, 즉 양자 블랙홀의 질량으로 변환할 수 있다! 이것은 실제로 힉스입자를 통해 공급되는 질량 값에 대한 꽤 일리 있는 추정치다. 공교롭게도 더 정교하게 정식대로 계산하면 힉스의 질량은 약간 더 적은 값인 $\dfrac{1}{\sqrt{2\pi^2}} \times 11$마이크로그램 $\oplus$2.5마이크로그램으로 요정말벌의 질량에 더 가까워진다.

10^{-120}

1. 다음 참고. *Nullpunktsenergie und Anordnung nicht vertauschbarer Faktoren im Hamiltonoperator* by C. P. Enz and A. Thellung, Helvetica Physica Acta 33, 839 (1960).

2. 각 상자의 에너지를 계산하려면 $E_{max} = \dfrac{\hbar}{2t_{min}}$를 사용하여 최단 시간 $t_{min} \approx 10^{-23}$초 동안의 불확정성 원리를 최대화해야 한다. 우리가 가진 현대적 지식이 없던 파울리는 이 계산을 약간 다르게 했을 것이다. 이 에너지값에 대한 파울리의 추정치 계산은 플랑크가 10년도 더 전에 제안한 양자 이론의 특이한 모델을 기초로 했던 것으로 보인다.

3. 하이젠베르크는 복잡한 수학적 틀 속에서도 아주 적은 작업 부분만 가지고 양자역학을 설명할 수 있었다. 그와 대조적으로, 슈뢰딩거는 파동함수를 도입함으로써 구조를 단순화했지만, 과도하게 해석하기 쉬운 추가 굴절률을 첨가했다. 파동함수는 종종 고전적인 전자기장만큼이나 물리적으로 진짜인 것처럼

상상되곤 하지만, 사실 정확하진 않다. 이것은 단순히 목적을 위한 수단이다. 실험을 통해 나올 가능성이 있는 결과나 확률을 암호화하는 방식일 뿐이다. 실험에서 직접 측정할 수 있는 것은 아니다.

4. 다음 참고. *Likely Values of the Cosmological Constant* by Hugo Martel, Paul R. Shapiro and Steven Weinberg, *Astrophysical Journal* 492, 1.